Jähnig · Hering · Sommerhäuser (Hrsg.)

Fließgewässer-Renaturierung heute und morgen

Limnologie aktuell

Herausgegeben von
Heinz Brendelberger und Mario Sommerhäuser
in Zusammenarbeit mit der
Deutschen Gesellschaft für Limnologie

Band 13
Fließgewässer-Renaturierung heute und morgen
EG-Wasserrahmenrichtlinie, Maßnahmen und Effizienzkontrolle

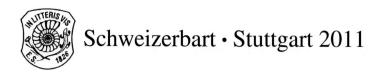 Schweizerbart · Stuttgart 2011

Fließgewässer-Renaturierung heute und morgen

EG-Wasserrahmenrichtlinie, Maßnahmen und Effizienzkontrolle

Herausgegeben von
Sonja Jähnig
Daniel Hering
Mario Sommerhäuser

Mit 74 teils farbigen Abbildungen und 55 Tabellen

Schweizerbart · Stuttgart 2011

Fließgewässer-Renaturierung heute und morgen; herausgegeben von S.C. Jähnig, D. Hering und M. Sommerhäuser

Adressen der Herausgeber
SONJA C. JÄHNIG, Abteilung Limnologie und Naturschutzforschung, Senckenberg Gesellschaft für Naturforschung, Clamecystraße 12, 63571 Gelnhausen. E-mail: sonja.jaehnig@senckenberg.de
DANIEL HERING, Universität Duisburg-Essen, Abteilung Angewandte Zoologie / Hydrobiologie, 45117 Essen. E-mail: daniel.hering@uni-due.de
MARIO SOMMERHÄUSER, Emschergenossenschaft, Kronprinzenstr. 24, 45128 Essen.
E-mail: sommerhaeuser.mario@eglv.de

Umschlagbild: Kiesbänke und Nebengerinne in einem renaturierten Abschnitt der Lahn bei Colbe (Foto: Armin Lorenz).

Für die Förderung der Drucklegung dieses Buches
danken Verlag und Herausgeber der:

Bundesanstalt für Gewässerkunde

Deutschen Gesellschaft für Limnologie e.V.

Emschergenossenschaft

ISBN 978-3-510-53011-3
Information on this title: **www.schweizerbart.de/9783510530113**

© 2011 E. Schweizerbart'sche Verlagsbuchhandlung (Nägele u. Obermiller), Stuttgart, Germany

Das Werk einschließlich aller seiner Teile ist urheberrechtlich geschützt. Jede Verwertung außerhalb der engen Grenzen des Urheberrechtsgesetzes ist ohne Zustimmung des Verlages unzulässig und strafbar. Das gilt besonders für Vervielfältigungen, Übersetzungen, Mikroverfilmungen und die Einspeicherung und Verarbeitung in elektronischen Systemen.

Verlag: E. Schweizerbart'sche Verlagsbuchhandlung (Nägele u. Obermiller),
Johannesstr. 3A, 70176 Stuttgart, Germany
www.schweizerbart.de
mail@schweizerbart.de

∞ Gedruckt auf alterungsbeständigem Papier nach ISO 9706-1994

Satz: DTP + TEXT Eva Burri, Stuttgart
Druck: Druck- und Medienzentrum Gerlingen GmbH

Printed in Germany

Geleitwort

Alles braucht seine Zeit.
Als 1980 für die Fließgewässer in Nordrhein-Westfalen eine „Richtlinie für naturnahen Ausbau und Unterhaltung" erschien, war der Bau von Kläranlagen schon weit fortgeschritten. Auch die europäische Richtlinie von 1978 über die Qualität von Fischgewässern enthält nur eine lange Liste von Stoffen und physikalischen Parametern des Wassers. Dass Fische einen Lebensraum benötigen und nicht nur Sauerstoff zum Atmen, findet keine Erwähnung. Flüsse und Bäche wurden damals nach den überkommenen Regeln der maximalen Nutzung der Auen betrieben und nach rein technischen Gesichtspunkten ausgebaut und unterhalten. Zudem wurde immer stärker in die Hochwasserbetten hinein gebaut. Diese „Denaturierung" wurde zwar von Ökologen und Naturschützern beklagt, aber der notwendige Druck dies zu verhindern baute sich nur langsam auf. Grund dafür war sicher auch das mangelhafte Verständnis ökologischer Zusammenhänge bei den Verantwortlichen und in der Öffentlichkeit. Saubere Gewässer waren schon lange ein politisches Ziel. Die Kosten dafür werden anteilmäßig auf alle Wassernutzer verteilt. Ganz anders sieht es bei der naturnahen Umgestaltung von Gewässern aus. Änderungen am Gewässerbett oder dessen Umfeld betreffen jeweils nur wenige Menschen, die sich in der Ausübung ihres Eigentumsrechtes behindert fühlen. Außerdem waren diese Änderungen noch viele Jahre durch das geltende Recht gedeckt. Hinzu kommt, dass Kläranlagen nach Inbetriebnahme unmittelbar einen sichtbaren Erfolg bringen. Naturnahe Umgestaltung bzw. Renaturierung sind jedoch langwierige Prozesse und benötigen in der Regel Jahre, bis das Ziel erreicht ist. Die ersten zaghaften Versuche, Fließgewässer wieder naturnäher zu gestalten oder sich gar selbst entwickeln zu lassen wurden oft Mangels ausreichender Kenntnisse falsch angegangen und das angestrebte Ziel meist nicht erreicht. Dazu kam ein lange währender, heftiger Streit darüber, was der erstrebte Endzustand sein soll.

Das „Leitbild" der einzelnen Akteure war je nach Interessenlage völlig unterschiedlich. Erst mit der Einführung eines aktualistischen Ansatzes für die Renaturierung, welcher der heutige potenziell natürliche Zustand (hpnG) zugrunde liegt, kam die notwendige Ruhe in die weitere Diskussion. Umso erfreulicher ist es, dass sich die Renaturierung inhaltlich in der Europäischen Wasserrahmenrichtlinie (von 2000) wiederfindet.

Der vorliegende Band zieht eine umfassende Bilanz der Ergebnisse zahlreicher Projekte zur Renaturierung von Fließgewässern. Dabei wurde eine Fülle von Erkenntnissen gewonnen, die nicht nur unser Verständnis der Ökologie fließender Gewässer erweitert haben. Sie können auch unmittelbare Hilfe bei der Planung und Durchführung künftiger Renaturierungsmaßnahmen sein. Insoweit sind sie in der Schriftenreihe „Limnologie aktuell" genau am rechten Platz. Als einer der bisherigen, scheidenden Herausgeber freue ich mich daher ganz besonders, dass die neuen Herausgeber gerade dieses Thema als Einstieg gewählt haben.

Dem Band 13 von Limnologie aktuell wünsche ich eine große Zahl von Lesern, die daraus vielfältigen Nutzen für ihre Forschung und Praxis gewinnen können. Den beiden neuen Herausgebern, Prof. Dr. Heinz Brendelberger und Dr. Mario Sommerhäuser wünsche ich weiterhin eine glückliche Hand.

Günther Friedrich

Vorwort der Herausgeber

Als Herausgeber von „Limnologie aktuell" freuen wir uns, den nunmehr 13. Band einer Buchreihe vorlegen zu können, die es sich zum Ziel gesetzt hat, aktuelle gewässerkundliche Themen aus Forschung und Praxis in einer umfassenden und anschaulichen Monografie aufzubereiten. Neben Werken zu den Flüssen Rhein, Donau, Weser, Spree oder zum Unteren Odertal erschienen in dieser Reihe Bücher zu angewandten Themen der Gewässerbewirtschaftung z.B. der Restaurierung stehender Gewässer, der Seeuferrenaturierung und zu Typologie, Bewertung und Management von Oberflächengewässern. In dieser Tradition steht auch der aktuelle Band mit dem Titel „Fließgewässerrenaturierung heute und morgen - Wasserrahmenrichtlinie, Maßnahmen und Effizienzkontrolle".

„Renaturierung" als Begriff wurde nach einer ersten enthusiastischen Phase in der ökologischen Umgestaltung naturfremd ausgebauter Fließgewässer in den frühen 80er Jahren bald nur noch ungern verwendet. Schnell war erkannt, dass viele gut gemeinte, aber nur an diffusen Zielvorstellungen eines idealtypischen Gewässers – meistens dem eines Gebirgsflusses – ausgerichtete Maßnahmen kein „zurück zu einem natürlichen Zustand" (Re-Naturierung) bedeuteten. Planungen betrachteten nur kurze Strecken, auf denen gleichwohl alles „gebaut" werden sollte: vom Kolk bis zur Rauschestrecke, vom Fischunterstand bis zur benachbarten Obstwiese; es wurde versucht, vielen und nicht immer gewässerökologischen Vorstellungen gerecht zu werden.

Erst mit dem Verständnis und der Akzeptanz von „potenziell natürlichem Gewässerzustand" und „naturraumtypischem Leitbild", welche in der Gewässertypisierung ihre Ausdifferenzierung erfuhren, kann wieder von einer gezielten Gewässerentwicklung „in Richtung Natur" gesprochen werden. Deswegen kann der Terminus Renaturierung heute dort wieder Verwendung finden, wo ökologische Verbesserungsmaßnahmen grundsätzlich den typspezifischen Referenzzustand als Leitbild und Orientierungshilfe zugrunde legen, auch wenn dieses Entwicklungsziel in einer dicht besiedelten Landschaft mit vielfältig genutzten Wasserläufen nicht das unmittelbare Ergebnis sein wird. „Du steigst nie zweimal in denselben Fluss" bedeutet hier, dass jedes Gewässer seine Kulturgeschichte hat, die keine vollständige Wiederherstellung von Natur erreichen lässt.

Mit dem „guten ökologischen Zustand" als Zielzustand für die Oberflächengewässer Europas, der nur geringe Abweichungen vom anthropogen unbeeinflussten Zustand zulässt, hat im Jahr 2000 auch die EG-Wasserrahmenrichtlinie die Messlatte für Europas Gewässer hoch gelegt. Zehn Jahre nach Inkrafttreten dieser „Richtlinie für einen Ordnungsrahmen im Gewässerschutz" werden vermehrt Renaturierungsmaßnahmen umgesetzt.

Band 13 von „Limnologie aktuell" bewertet eine große Zahl von Maßnahmen in verschiedenen Regionen und zu unterschiedlichen Fließgewässertypen Deutschlands. Die Spanne des Natürlichkeitsgrades reicht vom Biosphärenreservat bis zum dicht besiedelten Ballungsraum. Viele Einzelmaßnahmen an erheblich veränderten Gewässern verdeutlichen auch, dass die Erreichbarkeit des guten ökologischen Zustandes/Potenzials nicht alleiniges Kriterium für die Durchführung oder das Unterlassen von Maßnahmen sein kann: Jede kleine Verbesserungsmaßnahme wie z.B. der Ersatz einer Spundwand durch eine bepflanzte Steinschüttung, kann lokal zur Verbesserung der Lebensraumqualität beitragen. Der gute ökologische Zustand ganzer Wasserkörper wird hingegen weitergehende Maßnahmen auf langen Gewässerstrecken und die Beachtung des Gewässerverbundes und Einzugsgebietes bzw. Planungsraumes verlangen.

In diesem Sinne hoffen wir, dass die vielen dargestellten Maßnahmen Mut zum Machbaren begründen und Hilfe beim Erkennen und Entwickeln des Notwendigen bieten.

Sehr herzlich bedanken wir uns bei den Begründern und langjährigen Herausgebern der Buchreihe, Herrn Prof. Dr. Günther Friedrich, Krefeld, und Herrn Prof. Dr. Ragnar Kinzelbach, Rostock, für das Vertrauen, das sie mit der Übertragung der Herausgeberschaft in uns setzen.

Dieser Band ist in Kooperation mit der Bundesanstalt für Gewässerkunde, der Emschergenossenschaft und der Deutschen Gesellschaft für Limnologie e. V. entstanden, denen dafür ebenfalls gedankt sei.

Kiel und Essen, im März 2011,

Heinz Brendelberger *Mario Sommerhäuser*

Inhalt

Geleitwort V

Vorwort... VII

PROBLEMSTELLUNG

Jähnig, S.C., Sommerhäuser, M. & Hering, D.: Fließgewässer-Renaturierung heute: Zielsetzungen, Methodik und Effizienzkontrolle....................................... 1–6

FALLSTUDIEN ZUR RENATURIERUNG UND ERFOLGKONTROLLE VON GEWÄSSERTYPEN IN UNTERSCHIEDLICHEN LANDSCHAFTSRÄUMEN

Lorenz, A.W. & Januschke, K.: Die Wirkung von Renaturierungsmaßnahmen auf die Makrozoobenthos-, Fisch- und Makrophytenzönose dreier organischer Tieflandgewässer in NRW 7–21

Antons, C.: Evaluation ausgewählter Revitalisierungsprojekte an Fließgewässern des Mittelgebirges 23–42

Jähnig, S.C., Lorenz, A.W., Brunzel, S. & Hering, D.: Renaturierung von Mittelgebirgsflüssen – Auswirkung auf verschiedene Organismengruppen: Makrozoobenthos, Auenvegetation, Laufkäfer 43–58

Pottgiesser, T. & Rehfeld-Klein, M.: Gewässerentwicklungskonzept für ein urbanes Gewässer zur Zielerreichung der Wasserrahmenrichtlinie – Das Pilotprojekt Panke in Berlin.. 59–81

Semrau, M., Junghardt, S. & Sommerhäuser, M.: Die Erfolgskontrolle renaturierter Schmutzwasserläufe – Monitoringkonzept, Erfahrungen und Messergebnisse aus dem Emscher- und Lippegebiet 83–101

Schade, U. & Jedicke, E.: Entwicklung und Implementierung eines Monitoringkonzepts zur Erfolgskontrolle von Fließgewässer-Revitalisierungen im Biosphärenreservat Rhön 103–122

ÖKOLOGISCHE VERBESSERUNGSMASSNAHMEN AN STRÖMEN UND KANÄLEN I. MODELLGESTÜTZTE VORHERSAGE DER LEBENSRAUMEIGNUNG FÜR PFLANZEN UND TIERE

Horchler, J.P., Rosenzweig, S. & Schleuter, M.: Modellgestützte Vorhersage der Lebensraumeignung für Pflanzen und Tiere der Flussauen 125–128

ÖKOLOGISCHE VERBESSERUNGSMASSNAHMEN AN STRÖMEN UND KANÄLEN II. MASSNAHMEN ZUR SOHLSTABILISIERUNG UND ENTWICKLUNG VON FLACHWASSERZONEN UND IHR ÖKOLOGISCHER ERFOLG

Anlauf, A.: Sohlstabilisierung Elbe 131–134

Hüsing, V. & Sommer, M.: Untersuchung zur ökologischen Wirksamkeit von Kompensationsmaßnahmen an der Mosel 135–139

Wahl, D., Sundermeier, A. & Wolters, B.: Röhrichtentwicklung am Main bei Hasloch ... 141–145

Wieland, S.: Funktionskontrolle an Flachwasserzonen am Mittellandkanal 147–150

Farbtafeln 151–158

Ökologische Verbesserungsmassnahmen an Strömen und Kanälen III. Alternative Ufersicherungsarten und ihre Auswirkungen auf aquatische Biozönosen

Liebenstein, H., Bauer, E.-M. & Schilling, K.: Versuchsstrecke zu technisch-biologischen Ufersicherungen – Versuchsstrecke Stolzenau an der Mittelweser 161–164

Liebenstein, H.: Auswirkungen verschiedener Ufersicherungsarten und Bauweisen auf die Lebensgemeinschaften der Ufer von Bundeswasserstraßen 165–168

Schöll, F.X.: Auswirkungen verschiedener Ufersicherungsarten und Baumaterialien auf aquatische Biozönosen 169–171

Sundermeier, A.: Alternative Ufersicherung an stark befahrenen Kanalstrecken am Beispiel der Versuchsstrecke Haimar am Mittellandkanal... 173–176

Ökologische Verbesserungsmassnahmen an Strömen und Kanälen IV. Ökologische Effizienz der Optimierung von Buhnen und Gestaltung von Parallelwerken

Rödiger, S., Schröder, U., Anlauf, A. & Kleinwächter, M.: Ökologische Optimierung von Buhnen in der Elbe... 179–183

Schöll, F.X.: Ökologische Bewertung des hinterströmten Parallelwerks Walsum Stapp mittels Makrozoobenthos.. 185–187

Regionale Konzepte – Auswertungen zum Renaturierungsbedarf und Renaturierungserfolg am Beispiel verschiedener Bundesländer

Brunke, M. & Lietz, J.: Regenerationsmaßnahmen und der ökologischer Zustand der Fließgewässer in Schleswig-Holstein 189–205

Arle, J. & Wagner, F.: Die Bedeutung der Gewässerstruktur für das Erreichen des guten ökologischen Zustands in den Fließgewässern des Freistaates Thüringen 207–233

Weber, A., Schomaker, C. & Wolter, C.: Das fischökologische Potential urbaner Wasserstraßen 235–249

Kail, J. & Wolter, C.: Die deutschen Maßnahmenprogramme zur Umsetzung der EU-Wasserrahmenrichtlinie in Fließgewässern: Maßnahmen-Schwerpunkte, potenzielle ökologische Wirkung und Wissensdefizite 251–271

Bewertung und Handlungsempfehlung

Hering, D., Jähnig, S.C. & Sommerhäuser, M.: Fließgewässer-Renaturierung morgen: Zusammenfassende Bewertung und Handlungsempfehlungen 273–279

Fließgewässer-Renaturierung heute: Zielsetzungen, Methodik und Effizienzkontrolle

Sonja C. Jähnig[1], Mario Sommerhäuser[2] und Daniel Hering[3]

[1] Senckenberg Gesellschaft für Naturforschung, Abteilung Limnologie und Naturschutzforschung, Clamecystraße 12, 63571 Gelnhausen
Biodiversität und Klima Forschungszentrum (Bik-F), Senckenberganlage 25, 60325 Frankfurt am Main
[2] Kooperationslabor Emschergenossenschaft / Lippeverband und Ruhrverband, Kronprinzenstraße 37, 45128 Essen
[3] Universität Duisburg-Essen, Abteilung Angewandte Zoologie / Hydrobiologie, 45117 Essen

Abstract. Recent European legislation, in particular the EU Water Framework Directive, demands for large-scale restoration of European water bodies with the aim of achieving "good ecological status". In Germany, more than 80% of the rivers are presently not achieving this aim, mainly due to hydromorphological degradation. Restoration projects under the Water Framework Directive are not just aiming at providing conditions for near-natural biota: "good ecological status" requires the actual establishment of near-natural fish, invertebrate and aquatic flora assemblages. A large number of (mainly short) river stretches has recently been restored; however, the success of most of these projects has not been controlled and in many cases the success is questionable. Against this background, this special issue asks the following questions: (1) Which types of restoration measures have recently been performed in Germany? (2) How to best measure restoration success? (3) How successful were recent restoration projects? (4) How can restoration measures be prioritized within large geographical areas? (5) Which parameters support or impede restoration success?

Veränderungen der Struktur und Wasserqualität von Bächen und Flüssen sind Teil der Kulturgeschichte. Landwirtschaft und Siedlungen in den Auen wurden durch Entwässerungsmaßnahmen, Uferbefestigungen und Längsbauwerken ermöglicht, die Nutzung der Wasserkraft erforderte Querbauwerke, Staustrecken und Wasserausleitungen. Für lange Zeit dienten Bäche und Flüsse zum Abtransport von Abwässern und Abfällen aller Art, oft im Konflikt mit der Nutzung als Trink- und Brauchwasserspender.

Der Umgang mit den Fließgewässern veränderte sich seit Mitte der 1970er Jahre: zunehmend wurden die Gewässer als Lebens- und Erlebnisraum gesehen und nicht nur als „Wasserstraße" oder „Vorfluter". Während sich die Wasserqualität in der Folge der Investitionen in den Kläranlagenausbau erheblich verbesserte, waren zu Beginn des 21. Jahrhunderts nur noch zwei Prozent der Gewässer in Deutschland strukturell unverändert (LAWA 2002). Viele Gewässersysteme, vor allem im Tiefland, sind heute naturferne Abflusssysteme, gekennzeichnet durch eine massiv veränderte Hydrologie und Morphologie; sie können ihre Funktionen im Naturhaushalt nur eingeschränkt erfüllen und sind vorwiegend von anspruchslosen Tier- und Pflanzenarten besiedelt. Auch für den Wunsch des Menschen nach Naturerlebnis und Erholung sind sie nur eingeschränkt nutzbar, da sie zu monotonen, oft übersehenen und unbekannten Landschaftselementen degradiert worden sind.

Etwa seit den 1980er Jahren wird versucht, Fließgewässer über die reine Verbesserung der Wasserqualität hinaus zu renaturieren, das heißt, sie ihrem natürlichen Zustand wieder anzunähern, um so Bedingungen für naturnahe Funktionen und Lebensgemeinschaften zu schaffen. Bis Ende des 20. Jahrhunderts basierten Renaturierungen in Deutschland häufig auf Programmen oder Verwaltungsvorschriften der Bundesländer, z. B. dem niedersächsischen „Fließgewässer-

Schutzprogramm" oder den Initiativen zum Themenkreis „naturnahe Gewässerentwicklung" in Nordrhein-Westfalen (z. B. Rasper et al. 1991a, b, MURL NRW 1999a, b). Darüber hinaus gab es seit den 1990er Jahren – unter anderem durch diese Programme angestoßen – eine Vielzahl von Einzelprojekten unterschiedlicher Träger wie Kommunen, Sondergesetzlicher Wasserverbände, Wasser- und Bodenverbände und Naturschutzorganisationen, häufig abzielend auf die Verbesserung hydromorphologischer Strukturen, wie z.B. die fast 1.400 bis zum Jahr 2005 durchgeführten Maßnahmen in Nordrhein-Westfalen, Rheinland-Pfalz und Hessen (Feld et al. 2007). Häufig waren dies Einzelmaßnahmen, z. B. das Schleifen einzelner Wehre, die Entfernung der Ufer- und Sohlbefestigung, der Wiederanschluss eines Gewässers an seine Aue oder eine ökologisch orientierte Gewässerunterhaltung.

Der Anspruch an Renaturierungen hat sich seither durch europäische Vorgaben weiter verändert. Neben der Flora-Fauna-Habitat-Richtlinie, die unter anderem auf den Schutz von Arten und Lebensräumen der Flussauen abzielt, ist es vor allem die im Jahre 2000 in Kraft getretene EG-Wasserrahmenrichtlinie, die eine umfassende Untersuchung und Sanierung von Gewässern vorschreibt, gerade auch aus ökologischer Sicht. Die Wasserrahmenrichtlinie formuliert das ambitionierte Ziel des guten ökologischen Zustands aller Gewässer (im Falle „erheblich veränderter Gewässer" des guten ökologischen Potenzials) bis zum Jahr 2015, wobei Fristverlängerungen bis 2027 möglich sind. Der Anspruch von Renaturierungsmaßnahmen im Zusammenhang mit der Wasserrahmenrichtlinie unterscheidet sich fundamental von Maßnahmen in den 1980er und 1990er Jahren. Das Ziel ist klar definiert: die Erreichung des „guten ökologischen Zustandes", der über Organismengruppen des Gewässers (im Fall kleinerer Fließgewässer sind dies Phytobenthos, Makrophyten, Makrozoobenthos und Fische) gemessen wird. Es genügt demnach nicht, aus anthropozentrischer Sicht als geeignet angenommene *Bedingungen* für eine anspruchsvolle Lebensgemeinschaft zu schaffen; der langfristige Erfolg der Maßnahmen wird an der *Etablierung* dieser Lebensgemeinschaft gemessen.

Von einem guten ökologischen Zustand der Gewässer sind fast alle europäischen Länder nach einer ersten Bestandsaufnahme weit entfernt (z. B. ICPDR 2005, ICPR 2005). In Deutschland werden etwa vier Fünftel der Fließgewässer den guten ökologischen Zustand in erster Linie aufgrund hydromorphologischer Beeinträchtigungen bis 2015 nicht erreichen; organische Verschmutzung, im 20. Jahrhundert der dominierende Belastungsfaktor, betrifft hingegen „nur" noch gut ein Drittel der Gewässer (BMU 2005). Die umfassenden Bewirtschaftungspläne, die zur Umsetzung der Wasserrahmenrichtlinie aufgestellt wurden, legen daher einen Schwerpunkt auf die hydromorphologische Verbesserung der Gewässer.

Obwohl Renaturierungen im Zusammenhang mit der Wasserrahmenrichtlinie heute einen weitreichenden Anspruch haben, hat sich der Ansatz von Renaturierungsmaßnahmen in den letzten Jahrzehnten nicht grundlegend gewandelt. Es besteht weitgehende Übereinstimmung, dass es eine Hierarchie von Maßnahmen gibt: Am Anfang steht die Verbesserung der Wasserqualität als Grundvoraussetzung für ein naturnahes Gewässer, seine Funktionen und Lebensgemeinschaften; ist dies erfolgt, können Habitate und Strukturen aufgewertet werden, um die Bedingungen für eine naturnahe Lebensgemeinschaft und für die Funktionen eines naturnahen Gewässers weiter zu verbessern. Die Verbesserung der Wasserqualität beinhaltet im Idealfall die Erfassung und Beseitigung aller punktuellen Belastungsquellen in einem Einzugsgebiet und möglichst auch die Reduktion der Nährstoffbelastung aus diffusen Quellen. Hydromorphologische Maßnahmen zur Aufwertung der Strukturen gleichen hingegen einem Flickenteppich. Meist werden relativ kurze Flussabschnitte renaturiert und auch einzelne Maßnahmen unterscheiden sich in ihrem Umfang erheblich. Ein umfassender Ansatz wie bei der Abwasserreinigung ist nicht möglich, da fast alle hydromorphologische Maßnahmen zur Voraussetzung haben, dass ufernahe Flächen zur Verfügung stehen, was im Regelfall für längere Gewässerabschnitte nicht gegeben ist.

Der Erfolg von Renaturierungsmaßnahmen im Zusammenhang mit der Wasserrahmenrichtlinie wird an der Etablierung naturnaher Lebensgemeinschaften gemessen; dies wird im Rahmen des operativen Monitoring überprüft. Das in den Jahren 2006–2009 durchgeführte erste flächendeckende Monitoring hatte zunächst zum Ziel, die 2004 anhand von vorhandenen Daten durchgeführte Einschätzung zu überprüfen, den aktuellen ökologischen Zustand anhand der neuen Bewertungsverfahren einzuordnen und geeignete Maßnahmen abzuleiten; über den Erfolg der Maßnahmen, sofern sie schon durchgeführt wurden, liegen daher noch keine belastbaren Daten vor. Die Wirkung in anderem Zusammenhang durchgeführter Renaturierungsmaßnahmen wurde nur in Ausnahmefällen untersucht. In den USA wurden nur 10% von über 37.000 Projekten einer Erfolgskontrolle unterzogen (Bernhardt et al. 2005). Ähnliches gilt für Mitteleuropa (Bratrich 2004); in Nordrhein-Westfalen wurde die Wirkung von nur 6,4% der bis Mitte 2004 durchgeführten Maßnahmen überprüft (MUNLV 2005). Mehrere Studien deuten jedoch darauf hin, dass sich hydromorphologische Maßnahmen häufig nicht oder nur geringfügig auf die Besiedlung auswirken (z.B. Friberg et al. 1998, Muotka et al. 2002, Lepori et al. 2005b, Muotka & Syrjanen 2007, Jähnig et al. 2009b, Lorenz et al. 2009). Es besteht daher ein Wissensdefizit, in welchem Umfang Renaturierungsmaßnahmen im Zusammenhang mit der Zielsetzung der Wasserrahmenrichtlinie geeignet sind, die Gewässerqualität, im Besonderen die Situation der aquatischen Lebensgemeinschaften, zu verbessern.

Die Ursachen für den ausbleibenden Erfolg von Renaturierungsmaßnahmen sind vielfältig: So können z.B. die Maßnahmen der Belastungssituation nicht gerecht werden oder mehrere gleichzeitig auftretende Belastungen können die Wirksamkeit einer Einzelmaßnahme herabsetzen. Häufig wird die Maßnahmen-Hierarchie nicht beachtet: ohne eine gute Wasserqualität haben hydromorphologische Maßnahmen kaum Wirkung auf die Lebensgemeinschaften. Eine besondere Bedeutung kommt dem Wiederbesiedlungspotenzial zu. Im Regelfall werden nur wenige 100 m lange, oft isoliert gelegene Gewässerabschnitte renaturiert, wobei diese Maßnahmen zur biozönotischen Aufwertung ganzer Wasserkörper beitragen sollen, die eine Länge zwischen 5–200 km aufweisen können. Eine solche, über den eigentlichen renaturierten Abschnitt hinausgehende Erfolgserwartung muss folgende Voraussetzungen berücksichtigen: (1) Die hydromorphologische Aufwertung einzelner Abschnitten eines Gewässersystems muss auch zur Etablierung einer naturnahen Lebensgemeinschaft in den renaturierten Abschnitten führen; (2) ausgehend von den renaturierten Abschnitten müssen die sich anschließenden, hydromorphologisch degradierten Abschnitte ebenfalls mit einer naturnahen Lebensgemeinschaft besiedelt werden. Die zweite These wird in dem Konzept der „Strahlwirkung" aufgegriffen (DRL 2008, 2009). Nach diesem Konzept werden ausgehend von naturnahen, hydromorphologisch hochwertigen Abschnitten (sogenannten Strahlursprüngen) die sich anschließenden degradierten Abschnitte (sogenannte Strahlwege) biozönotisch aufgewertet. Es entspricht aus populationsökologischen Gesichtspunkten dem Konzept der Metapopulation, mit Kernpopulationen in Gebieten mit optimalen Lebensbedingungen und Satellitenpopulationen in weniger geeigneten benachbarten Lebensräumen, die in ungünstigen Phasen aussterben können, sich aber ausgehend von der Kernpopulation immer wieder neu etablieren.

Wird der Erfolg von Renaturierungen am „ökologischen Zustand" gemessen, so sind Neubesiedlung und Etablierung von Populationen anspruchsvoller Arten entscheidende Erfolgskriterien. Grundsätzlich ist zwischen der Neubesiedlung renaturierter Strecken und der Besiedlung degradierter Strecken aus naturnahen Abschnitten zu unterscheiden. Präzise Modellierungen sind für beide Vorgänge derzeit nicht möglich; zu verschieden sind Ausbreitungsdistanzen und Ansprüche einzelner Arten, zudem besteht eine erhebliche Abhängigkeit von der lokalen Situation. Isolierte Renaturierungsstrecken, fernab von möglichen Besiedlungsquellen anspruchsvoller Arten, werden in den meisten Fällen nicht in einer kurzfristigen Verbesserung des ökologischen Zustandes resultieren. Im Idealfall sollten Gewässersysteme daher ausgehend von noch vorhandenen naturnahen Abschnitten entwickelt werden, von denen aus sich Umweltbedingungen und Organismen in ein Netz renaturierter Abschnitte ausbreiten können.

Bedingt durch die Vorgaben der Wasserrahmenrichtlinie ist die Diskussion zum Erfolg von Renaturierungsmaßnahmen stark auf den ökologischen Zustand gerichtet, während andere Aspekte oft außer Acht gelassen werden. Viele Studien zeigen, dass andere Artengruppen (Auenvegetation, Laufkäfer) und Funktionen wie aquatisch-terrestrische Interaktionen, Selbstreinigung und Denitrifizierung im Gewässer erheblich von Renaturierungen profitieren und sich schneller verbessern als die aquatische Ziel-Lebensgemeinschaften (Lepori et al. 2005a, Rohde et al. 2005, Kaushal et al. 2008, Aldridge et al. 2009, Jähnig et al. 2009a, Klocker et al. 2009, Tullos et al. 2009). Es fehlen etablierte Verfahren, um auch den wirtschaftlichen und gesellschaftlichen Nutzen zu bewerten und damit die gesamte Ökosystem-Dienstleistung, auch wenn eine Diskussion darüber begonnen hat (Palmer & Filoso 2009, BMU 2010). Andere Aspekte, zum Beispiel Erholungsnutzung oder Landschaftsästhetik, werden noch seltener berücksichtigt, obwohl sie in der subjektiven Erfolgseinschätzung des Renaturierungserfolgs eine große Rolle spielen (Jähnig et al. 2010).

Vor diesem Hintergrund hat der hier vorgelegte Band zum Ziel, Konzeption, Durchführung und Effizienz aktuell in Deutschland durchgeführter und geplanter Renaturierungen vorzustellen. Die erste Gruppe von Beiträgen beschäftigt sich mit einzelnen Maßnahmen: ausgewählten Projekten an Mittelgebirgsbächen (Antons 2011), Mittelgebirgsflüssen (Jähnig et al. 2011), Tieflandflüssen (Lorenz & Januschke 2011), Bundeswasserstraßen (Schöll et al. 2011), urbanen Gewässern (Pottgiesser & Rehfeld-Klein 2011, Semrau & Sommerhäuser 2011) sowie Gewässern in einem Biosphären-Reservat (Schade & Jedicke 2011). Somit entsteht ein Muster ganz verschiedener Maßnahmen, die aber oft mit ähnlich gelagerten Problemen zu kämpfen haben. Die zweite Gruppe stellt die Konzeption von Renaturierungsmaßnahmen für größere Gebiete vor: ein Bundesland im Tiefland (Brunke & Lietz 2011), ein Bundesland im Mittelgebirgsraum (Arle & Wagner 2011), urbane Wasserstraßen (Weber et al. 2011) und für das Gebiet der ganzen Bundesrepublik Deutschland (Kail & Wolters 2011).

Die folgenden Fragen stehen dabei im Mittelpunkt:
- Welche Maßnahmen wurden durchgeführt?
- Wie ist der Erfolg von Renaturierungen messbar, welche Auswirkungsbereiche werden bewertet (ökologisch, wasserwirtschaftlich, ökonomisch, gesellschaftlich)?
- Wie erfolgreich sind diese Renaturierungsmaßnahmen?
- Wie lassen sich Renaturierungsmaßnahmen großräumig konzipieren und priorisieren?
- Welche Randbedingungen beeinflussen den Erfolg von Renaturierungen?

Abschließend erfolgt eine kritische Würdigung verschiedener Renaturierungsmaßnahmen und ihrer räumlichen Konfigurationen sowie Empfehlungen für zukünftige Planungen.

Literatur

ALDRIDGE, K.T., BROOKES, J.D. & GANF, G.G. (2009): Rehabilitation of Stream Ecosystem Functions through the Reintroduction of Coarse Particulate Organic Matter. – Restoration Ecology 17(1): 97–106.
ANTONS, C. (2011): Evaluation ausgewählter Revitalisierungsprojekte an Fließgewässern des Mittelgebirges. – Limnologie Aktuell 13: 23–42.
ARLE, J. & WAGNER, F. (2011): Die Bedeutung der Gewässerstruktur für das Erreichen des guten ökologischen Zustands in den Fließgewässern des Freistaates Thüringen. – Limnologie Aktuell 13: 207–233.
BERNHARDT, E.S., PALMER, M.A., ALLAN, J.D., ALEXANDER, G., BARNAS, K., BROOKS, S., CARR, J., CLAYTON, S., DAHM, C., FOLLSTAD-SHAH, J., GALAT, D., GLOSS, S., GOODWIN, P., HART, D., HASSETT, B., JENKINSON, R., KATZ, S., KONDOLF, G.M., LAKE, P.S., LAVE, R., MEYER, J.L., O'DONNELL, T.K., PAGANO, L., POWELL, B. & SUDDUTH, E. (2005): Synthesizing U.S. river restoration efforts. – Science 308: 636–637.
BMU (Bundesministerium für Umwelt) (2010): Die Nationale Strategie zur biologischen Vielfalt. – Hintergrundpapier zum 3. Nationalen Forum für Biodiversität am 27.05.2010 in Köln.
BMU (Bundesministerium für Umwelt, Naturschutz und Reaktorsicherheit) (2005): Die Wasserrahmenrichtlinie – Ergebnisse der Bestandsaufnahme 2004 in Deutschland. – Bonifatius, Paderborn.

BRATRICH, C.M. (2004): Planung, Bewertung und Entscheidungsprozesse im Fließgewässer- Management: Kennzeichen erfolgreicher Revitalisierungsprojekte. – Dissertation, ETH Zürich.

BRUNKE, M. & LIETZ, J. (2011): Regenerationsmaßnahmen und der ökologischer Zustand der Fließgewässer in Schleswig-Holstein. – Limnologie Aktuell 13: 189–205.

DRL (Deutscher Rat für Landespflege) (2008): Kompensation von Strukturdefiziten in Fließgewässern durch Strahlwirkung. – Schriftenreihe des DRL 81: 1–138.

DRL (Deutscher Rat für Landespflege) (2009): Verbesserung der biologischen Vielfalt in Fließgewässern und ihren Auen. – Schriftenreihe des DRL 82: 1–160.

FELD, C.K., HERING, D., JÄHNIG, S., LORENZ, A., ROLAUFFS, P., KAIL, J., HENTER, H.-P. & KOENZEN, U. (2007): Ökologische Fließgewässerrenaturierung – Erfahrungen zur Durchführung und Erfolgskontrolle von Renaturierungsmaßnahmen zur Verbesserung des ökologischen Zustands. – Abschlussbericht für das Umweltbundesamt.

FRIBERG, N. & SVENDSEN, L.M. (1998): Long-term, habitat-specific response of a macroinvertebrate community to river restoration. Aquatic Conservation. – Marine and Freshwater Ecosystems 8(1): 87–99.

ICPDR (International Commission for the Protection of the Danube River) (2005): Danube Basin Analysis (WFD Roof Report 2004). Wien. ICPDR Document IC/084. 18 March 2005.

ICPR (International Commission for the Protection of the Rhine) (2005): Internationale Flussgebietseinheit Rhein: Merkmale, Überprüfung der Umweltauswirkungen menschlicher Tätigkeiten und wirtschaftliche Analyse der Wassernutzung – Teil A (übergeordneter Teil). – ICPR Document CC 02-05d. 18 March 2005.

JÄHNIG, S.C., LORENZ, A.W., HERING, D., ANTONS, C., SUNDERMANN, A., JEDICKE, E. & HAASE, P. (2010a): River restoration success – a question of perception. – Ecological Applications: in press.

JÄHNIG, S.C., BRUNZEL, S., GACEK, S., LORENZ, A.W. & HERING, D. (2009a): Effects of re-braiding measures on hydromorphology, floodplain vegetation, ground beetles and benthic invertebrates in mountain rivers. – Journal of Applied Ecology 46(2): 406–416.

JÄHNIG, S.C., LORENZ, A.W. & HERING, D. (2009b): Restoration effort, habitat mosaics, and macroinvertebrates – does channel form determine community composition? Aquatic Conservation. – Marine and Freshwater Ecosystems 19(2): 157–169.

JÄHNIG, S.C., LORENZ, A.W., BRUNZEL, S. & HERING, D. (2011): Renaturierung von Mittelgebirgsflüssen – Auswirkung auf verschiedene Organismengruppen: Makrozoobenthos, Auenvegetation, Laufkäfer. – Limnologie Aktuell 13: 43–58.

KAIL, J. & WOLTER, C. (2011): Die deutschen Maßnahmenprogramme zur Umsetzung der EU-Wasserrahmenrichtlinie in Fließgewässern: Maßnahmen-Schwerpunkte, potenzielle ökologische Wirkung und Wissensdefizite. – Limnologie Aktuell 13: 251–271.

KAUSHAL, S.S., GROFFMAN, P.M., MAYER, P.M., STRITZ, E. & GOLD, A.J. (2008): Effects of stream restoration on denitrification in an urbanising watershed. – Ecological Applications 18: 789–804.

KLOCKER, C.A., KAUSHAL, S.S., GROFFMAN, P.M., MAYER, P.M. & MORGAN, R.P. (2009): Nitrogen uptake and denitrification in restored and unrestored streams in urban Maryland, USA. – Aquatic Sciences 71(4): 411–424.

LAWA (Länderarbeitsgemeinschaft Wasser) (2002): Gewässergüteatlas der Bundesrepublik Deutschland – Gewässerstruktur in der Bundesrepublik Deutschland 2001. – Kulturbuch-Verlag, Berlin.

LEPORI, F., PALM, D. & MALMQVIST, B. (2005a): Effects of stream restoration on ecosystem functioning: detritus retentiveness and decomposition. – Journal of Applied Ecology 42(2): 228–238.

LEPORI, F., PALM, D., BRÄNNÄS, E. & MALMQVIST, B. (2005b): Does Restoration of structural heterogeneity in streams enhance fish and macroinvertebrate diversity? – Ecological Applications 15(6): 2060–2071.

LORENZ, A. & JANUSCHKE, K. (2011): Die Wirkung von Renaturierungsmaßnahmen auf die Makrozoobenthos-, Fisch- und Makrophytenzönose dreier organischer Tieflandgewässer in NRW. – Limnologie Aktuell 13: 7–21.

LORENZ, A., JÄHNIG, S. & HERING, D. (2009): Re-meandering German lowland streams: qualitative and quantitative effects of restoration measures on hydromorphology and macroinvertebrates. – Environmental Management 44(4): 745–754.

MUNLV (Ministerium für Umwelt und Naturschutz, Landwirtschaft und Verbraucherschutz des Landes Nordrhein-Westfalen) (2005): Erfolgskontrolle von Maßnahmen zur Unterhaltung und zum naturnahen Ausbau von Gewässern. – Unveröffentlichter Bericht, Düsseldorf.

Muotka, T. & Syrjanen, J. (2007): Changes in habitat structure, benthic invertebrate diversity, trout populations and ecosystem processes in restored forest streams: a boreal perspective. – Freshwater Biology 52(4): 724–737.

Muotka, T., Paavola, R., Haapala, A., Novikmec, M. & Laasonen, P. (2002): Long-term recovery of stream habitat structure and benthic invertebrate communities from in-stream restoration. – Biological Conservation 105(2): 243–254.

MURL (Ministerium für Umwelt, Raumordnung und Landwirtschaft) NRW (1999a): Richtlinie für naturnahe Unterhaltung und naturnahen Ausbau der Fließgewässer in Nordrhein-Westfalen. – RdErl. d. MURL vom 6. April 1999 (MBl. NRW. S. 716)

MURL (Ministerium für Umwelt, Raumordnung und Landwirtschaft) NRW (1999b): Richtlinie über die Gewährung von Zuwendungen im Rahmen der "Initiative ökologische und nachhaltige Wasserwirtschaft in NRW". – Runderlass des Ministeriums für Umwelt, Raumordnung und Landwirtschaft vom 20. September 1999 (MBl. NRW S. 1175 – SMBl. NRW Nr. 772), zuletzt geändert durch RdErl. vom 4. Oktober 2004 (MBl. NRW. 969 S.)

Palmer, M. A. & Filoso, S. (2009): Restoration of Ecosystem Services for Environmental Markets. – Science 325: 575–576.

Pottgiesser, T. & Rehfeld-Klein, M. (2011): Gewässerentwicklungskonzept für ein urbanes Gewässer zur Zielerreichung der Wasserrahmenrichtlinie – Das Pilotprojekt Panke in Berlin. – Limnologie Aktuell 13: 59–81.

Rasper, M., Sellheim, P. & Steinhardt, B. (1991a): Das Niedersächsische Fließgewässerschutzprogramm. Grundlagen für ein Schutzprogramm. – Naturschutz und Landschaftspflege Niedersachsen 25: 1–4.

Rasper, M., Sellheim, P. & B. Steinhardt (1991b): Das Niedersächsische Fließgewässerschutzsystem – Einzugsgebiete von Weser und Hunte. – Naturschutz und Landschaftspflege in Niedersachsen 25/3: 1–306.

Rohde, S., Schütz, M., Kienast, F. & Englmaier, P. (2005): River widening: an approach to restoring riparian habitats and plant species. – River Research and Applications 21(10): 1075–1094.

Schade, U. & Jedicke, E. (2011): Entwicklung und Implementierung eines Monitoringkonzepts für Fließgewässer-Revitalisierungen im Biosphärenreservat Rhön. – Limnologie Aktuell 13: 103–122.

Schöll, F. et al. (2010): Auswirkungen verschiedener Ufersicherungsarten und Baumaterialien auf aquatische Biozönosen. – Limnologie Aktuell 13: 169–171.

Semrau, M., Junghardt, S. & Sommerhäuser, M. (2011): Die Erfolgskontrolle renaturierter Schmutzwasserläufe – Monitoringkonzept, Erfahrungen und Messergebnisse aus dem Emscher- u. Lippegebiet. – Limnologie Aktuell 13: 83–101.

Tullos, D.D., Penrose, D.L., Jennings, G.D. & Cope, W.G. (2009): Analysis of functional traits in reconfigured channels: implications for the bioassessment and disturbance of river restoration. – Journal of the North American Benthological Society 28: 80–92.

Weber, A., Schomaker, C. & Wolter, C. (2010): Das fischökologische Potential urbaner Wasserstraßen. – Limnologie Aktuell 13: 235–249.

Die Wirkung von Renaturierungsmaßnahmen auf die Makrozoobenthos-, Fisch- und Makrophytenzönose dreier organischer Tieflandgewässer in NRW

Armin W. Lorenz und Kathrin Januschke

Universität Duisburg-Essen, Abteilung Angewandte Zoologie/Hydrobiologie, 45117 Essen,
E-mail: armin.lorenz@uni-due.de

Mit 5 Abbildungen und 5 Tabellen

Abstract. In recent years a large number of river restoration measures had been implemented targeting the good ecological quality which is requested by the Water Framework Directive. In the focus of the restoration measures are particularly lowland streams which are heavily affected by anthropogenic pressures. This study deals with three organic lowland streams and the effects of restoration measures on the colonization by macroinvertebrates, fishes and macrophytes. Organic lowland streams represent a special case within the group of lowland stream types because in the near-natural state organic material is the main habitat which is furthermore inhabited by a specialized biocoenosis. The three organism groups were investigated according to standardized methods in a space-for-time approach; i.e. the restored sites of each river were compared to an upstream not-restored section of the same river. For each river individually we compared the results of the relevant assessment systems as well as results of biological indices like the presence of type-specific species. Biological improvements as an effect of restoration measures were detectable. The ecological quality class of fishes and macrophytes improved in two streams whereas macroinvertebrates did not show an effect of the restoration measures. The analysis of biological indices revealed similar reactions. Several indices (e.g. number of taxa, number of type-specific taxa, number of growth forms) improved in fish and macrophytes while macroinvertebrate indices persisted. Especially the widening of the river channels increased macrophyte growth due to less shading. Furthermore shallow and slow flowing areas had been created which are used as habitats by fishes and macrophytes. All in all the restoration measures led to increased habitat diversity which in turn led to improvements in fish and macrophytes. Recolonization by macroinvertebrate species seems to take longer.

Key words: Renaturierung, Bewertung, Indices, ökologische Verbesserung, Makroinvertebraten, Fische, Makrophyten

Zusammenfassung. Im Zuge der Umsetzung der EU-Wasserrahmenrichtlinie wurde in den letzten Jahren eine Vielzahl von Fließgewässerabschnitten renaturiert. Im Mittelpunkt der Maßnahmen stehen die Wiederherstellung der Naturnähe sowie die ökologische Funktionsfähigkeit mit dem Ziel, den geforderten guten ökologischen Zustand zu erreichen – besonders großer Handlungsbedarf besteht auf Grund der starken anthropogenen Nutzung bei Tieflandgewässern. In der hier vorgestellten Untersuchung werden die Auswirkungen von Renaturierungsmaßnahmen an drei renaturierten Abschnitten organisch geprägter Tieflandgewässer analysiert und die Effekte auf Makrozoobenthos, Fische und Makrophyten verglichen. Alle drei Organismengruppen wurden nach standardisierten Verfahren an den renaturierten Abschnitten untersucht und mit jeweils einem einige hundert Meter oberhalb gelegenen nicht-renaturierten Abschnitt verglichen. Die Ergebnisse zeigen uneinheitliche Reaktionen der drei biologischen Qualitätskomponenten. Beim Makrozoobenthos ändert sich die ökologische Zustandsklasse nicht und die Auswertung weiterer biologischer Indices zeigt lediglich eine Zunahme der Taxazahl und Abundanz, jedoch keine Verbesserungen hinsichtlich positiver Indikatorarten. Bei den Fischen und den Makrophyten verbessert sich die ökologische Zustandsklasse in der Mehrzahl der renaturierten Abschnitte. Im Zuge der Renaturierungsmaßnahmen neu geschaffene flache Bereiche mit geringer Strömung sowie Nebenarme und Stillwasserbereiche bieten diesen beiden Organismengruppen eine gute Besiedlungsgrundlage. Die Makrophyten profitieren im Besonderen von größeren Gewässerbreiten und der dadurch geringeren Beschattung des Gewässers. Eine deutlich erhöhte (Makrophyten-)Quantität führt zudem zu einer Diversifizierung von Strömungs- und Substrathabitaten, die sich positiv auf die Fischfauna auswirkt. Die Auswertung weiterer biologischer Indices spiegelt die biologischen Verbesserungen ebenfalls wider. Die deutliche Erhöhung der Individuenzahlen des Makrozoobenthos und der Fische als auch der Quantität der Makrophyten zeigen eine Habitatverbesserung sowie bessere Lebensbedingungen (Nahrung, Schutz, Reproduktion). Allerdings wird sichtbar, dass die Stärke der Effekte maßgeblich von dem vorhandenen Arteninventar im Einzugsgebiet beeinflusst wird. Unterschiede ergeben sich auch aus dem unterschiedlichen Ausbreitungspotenzial der Taxa.

Einleitung

Im Zuge der Umsetzung der EU-Wasserrahmenrichtlinie wurde und wird in den letzten Jahren eine Vielzahl von Fließgewässerabschnitten renaturiert. Im Mittelpunkt der Maßnahmen stehen die Wiederherstellung der Naturnähe sowie die ökologische Funktionsfähigkeit mit dem Ziel, den geforderten guten ökologischen Zustand zu erreichen. Diese Zielerreichung ist besonders im Tiefland von Deutschland in vielen Fließgewässern unwahrscheinlich (BMU 2005). Begradigungen und Tieferlegungen im letzten Jahrhundert zum Zwecke des Hochwasserschutzes und geregelten Abflusses haben die Gewässer stark beeinträchtigt und sowohl eine stark erniedrigte Substratvielfalt als auch homogene Strömungs- und Tiefenverhältnisse hervorgerufen. Damit verbunden waren auch die Loslösung der Gewässer von ihren Auen sowie anthropogene Belastungen auf Grund des Ackerbaus im Einzugsgebiet.

Einen Sonderfall hinsichtlich negativer Einflüsse stellen die organischen Tieflandgewässer dar. Zusammengenommen machen die organischen Bäche (BRD-Typ 11) und die organischen Flüsse (BRD-Typ 12) in Bezug auf ihr prozentuales Vorkommen jeweils nur ca. 3 % der Gewässertypenlängen in Deutschland und auch in NRW aus (LUA NRW 2002, Sommerhäuser & Pottgiesser 2005). Naturnahe Zustände dieser Typen sind darüber hinaus eine Rarität (Sommerhäuser & Schuhmacher 2003). Unverbaute und nicht begradigte Abschnitte, die keinem anthropogenen Druck unterliegen, sind äußerst selten. Durch den Ausbau haben die organischen Gewässer ihren Charakter eines langsam fließenden Gewässers in einer breiten, von mächtigen organischen Ablagerungen geprägten Aue weitgehend verloren. Die organische Auflage wurde häufig abgetragen bzw. die Gewässer tieften sich bis auf die darunter liegende mineralische Fraktion (hauptsächlich Sand) ein. Durch den fast vollständigen Verlust der organischen Habitate reduzierten sich die Biozönosen größtenteils auf Rumpfbiozönosen, die mit den vollständig veränderten Bedingungen zurechtkommen. Die wenigen Abschnitte naturnaher Bereiche oder renaturierter Bereiche sind Inseln in einem weitgehend flächendeckenden Agrarmeer. Renaturierungsmaßnahmen mit dem Anspruch der Verbesserung des ökologischen Zustandes der Gewässer scheinen somit im Vorhinein mit geringen Erfolgsaussichten gesegnet zu sein. Die Schwalm, die Niers und der Gartroper Mühlenbach sind keine Ausnahme in Hinsicht auf die genannten anthropogenen Veränderungen. Die Steckbriefe der Planungseinheiten (MUNLV 2009) zeigen deutlich den überwiegend mäßigen bis schlechten Zustand der Gewässer. Trotz der vermutlich geringen Erfolgsaussichten wurden an allen drei Gewässern große Renaturierungsmaßnahmen auf einer Länge von mehreren Kilometern durchgeführt. Ein natürlicheres Gewässerbett und eine deutlich verringerte Fließgeschwindigkeit waren Hauptziele der Maßnahmen mit der Implikation, dass diese deutlichen hydromorphologischen Verbesserungen auch ökologische Verbesserungen nach sich ziehen.

Ökologische Verbesserungen werden im Zuge der EU-WRRL maßgeblich durch biologische Qualitätskomponenten (Makrozoobenthos, Fische, Makrophyten und Phytobenthos) gemessen und bewertet. Die spärlich vorhandenen Untersuchungen zu den Auswirkungen von Renaturierungsmaßnahmen in den letzten Jahrzehnten zeigten inhomogene Ergebnisse (Palmer et al. 2010), besonders in Hinsicht auf die Reaktion der verschiedenen biologischen Qualitätskomponenten. Deutliche Verbesserungen der Hydromorphologie zogen beim Makrozoobenthos nur selten ökologische Verbesserungen nach sich (Roni et al. 2006, Jähnig et al. 2009). Untersuchungen der Fischfauna ergaben teilweise eine erhöhte Diversität in renaturierten Abschnitten (Cederholm et al. 1997, Roni 2003, Roni et al. 2006), teilweise wurden aber auch keine Verbesserungen festgestellt (Hamilton 1989, Lepori 2005). Die Effekte der Maßnahmen auf die Makrophytenbesiedlung sind nur wenig untersucht (Pedersen et al. 2006) oder beziehen sich auf die Ufervegetation (Rohde et al. 2005). Diese Ergebnisse zeigen, dass in Hinsicht auf die Reaktion der einzelnen biologischen Qualitätskomponenten auf Renaturierungsmaßnahmen ein großer Forschungsbedarf besteht. Darüber hinaus besteht die Notwendigkeit, fallspezifische Analysen durchzuführen, da einzelne Gewässertypen spezifische Charakteristika besitzen, die die Reaktion der unterschiedlichen Organismengruppen verlangsamen oder beschleunigen können.

Anhand einer Detailbetrachtung von drei renaturierten Abschnitten organisch geprägter Tieflandgewässer soll der speziellen typspezifischen Biozönose dieses Gewässertyps Rechnung getragen werden. Nicht allein die Bewertung nach Wasserrahmenrichtlinie wird betrachtet, sondern die einzelnen Biozönosen in Hinsicht auf das Vorkommen typspezifischer Arten als auch die Reaktion weiterer biologischer Indices auf die Renaturierungsmaßnahmen werden analysiert. Ein Hauptaugenmerk liegt dabei auf dem Vergleich der Reaktionen der einzelnen Qualitätskomponenten.

Material und Methoden

An drei Modellgewässern (Tab. 1) wurde jeweils ein renaturierter Abschnitt einem begradigten (nicht renaturierten) Abschnitt, der ca. 500 m oberhalb lag, gegenüber gestellt. Es gab keine Wanderbarrieren zwischen den beiden Abschnitten. Die begradigten Abschnitte entsprachen jeweils dem Zustand der renaturierten Abschnitte vor Durchführung der Maßnahme (sog. „space-for-time Untersuchungen"). Bei den Modellgewässern handelte es sich um organisch geprägte Tieflandgewässer, deren Renaturierungsstrecken 800 bis 2500 m betrugen. Die Renaturierungen der Schwalm und der Niers wurden im Jahr 1995 bzw. 2000 durchgeführt. Die untersuchte Maßnahme am Gartroper Mühlenbach wurde im Jahr 2004 fertig gestellt und war eine Ausgleichsmaßnahme für bergbauliche Veränderungen in einem nahegelegenen Bachsystem.

Bei allen Modellgewässern handelte es sich um größere Maßnahmen mit Veränderungen der Gewässerstruktur sowie der Bereitstellung einer neuen bzw. der Förderung der vorhandenen Aue.

Makrozoobenthos

Die Beprobung des Makrozoobenthos erfolgte nach dem Multi-Habitat-Sampling (Meier et al. 2006), d.h. die vorkommenden Habitate wurden proportional zu ihrem Vorkommen an der Probestelle mit Hilfe eines Shovel-Samplers (25 x 25 cm, 500 µm Maschenweite) beprobt. Hierzu wurden zunächst alle Habitate in 5%-Stufen kartiert. Jedes 5%-Habitat entsprach einer Teilprobe; insgesamt bestand die Gesamtprobe aus 20 Teilproben, die gemeinsam ausgewertet wurden. Die Größe einer Teilprobe umfasste eine Fläche von 25 x 25 cm. Die mineralische Fraktion wurde noch im Gelände abgetrennt und verworfen. Das Probenmaterial wurde konserviert und

Tab. 1. Basisdaten der Untersuchungsgewässer; * nach Pottgiesser & Sommerhäuser (2008)

Gewässer	Gartroper Mühlenbach	Schwalm	Niers
Typ*	11 (organisch geprägter Tieflandbach)	12 (organisch geprägter Tieflandfluss)	12 (organisch geprägter Tieflandfluss)
EZG	ca. 9 km^2	ca. 319 km^2	ca. 386 km^2
Jahr der Renaturierung	2003/2004	1995	2000
Jahr der Beprobung	2008	2007	2007
Länge der Renaturierungsstrecke [m]	1400	2500	800
Primäres Ziel der Maßnahme	– Naturnahe Umgestaltung – Ökologische Aufwertung	– Verbesserung der Gewässerstruktur – Erlebbarkeit der Auenlandschaft – Hochwasserschutz – Wiederherstellung der Durchgängigkeit	– Verbesserung Gewässerstruktur – Hochwasserschutz
Art der Maßnahme	– Retrassierung in das historische, mäandrierende Bachbett – Anlagen von Kleingewässern und Altarmen – Bereitstellung einer 50 m breiten Aue	– Rücknahme von Verbaumaßnahmen – Neuer Gewässerverlauf und Verlängerung der Gewässerstrecke – Extensivierung der Nutzung im Bereich der Aue – Umbau von Abstürzen zu Sohlgleiten	– Rücknahme von Verbaumaßnahmen – Neuer Gewässerverlauf und Verlängerung der Gewässerstrecke – Extensivierung der Nutzung im Bereich der Aue

im Labor nach Meier et al. (2006) aussortiert. Die Bestimmung der Organismen folgte den Kriterien der Operationellen Taxaliste (Haase et al. 2006). Der ökologische Zustand der Probestellen wurde mit Hilfe der Software ASTERICS/PERLODES Version 3.1.1 berechnet (Download unter www.fliessgewaesserbewertung.de).

Fische

Die Erfassung der Fischfauna erfolgte je nach Gewässergröße auf einer Länge von 300 bis 500m, beginnend am untersten Ende des Untersuchungsabschnitts (Dußling et al. 2005). Der Gartroper Mühlenbach wurde aufgrund seiner geringen Gewässerbreite und -tiefe watend, die Niers und die Schwalm vom Boot aus befischt. Die Befischung wurde mit Gleichstrom mittels Standardelektrofischereigeräten der Firma Bretschneider (EFGI 650 u. EFGI 1300) durchgeführt. Die Befischungsstrecken wurden in 100m-Abschnitte unterteilt. Um eine Doppelterfassung zu vermeiden, wurden die Fische innerhalb eines 100m Abschnitts dem Gewässer entnommen, in einer belüfteten Wanne zwischengelagert und nach Protokollierung der Art und der Länge wieder zurückgesetzt. Die Protokolle der einzelnen 100m Abschnitte jeder Probestelle wurden am Ende aufsummiert. Der ökologische Zustand der jeweiligen Probestellen wurde mit dem fischbasierten Bewertungssystem für Fließgewässer fiBS Version 8.06 (Download unter www.landwirtschaft-bw.info) berechnet.

Makrophyten

Für die Kartierung der Makrophyten wurden die jeweiligen Probestellen entgegen der Fließrichtung auf einem 100m-Abschnitt (kleine Gewässer: Gartroper Mühlenbach) bzw. 200m-Abschnitt (große Gewässer: Niers und Schwalm) begangen. Um die gesamte Breite des Fließgewässers zu erfassen, wurde das Gewässer im Zickzack durchwatet. Es wurden alle submersen und emersen höhere Pflanzen und Moose erfasst, die zumindest bei mittlerem Wasserstand im Gewässer wurzeln. Die Determination der Arten erfolgte weitestgehend vor Ort, nicht vor Ort bestimmbare Arten wie *Callitriche* sp., Algen und Moose wurden entnommen und später im Labor bestimmt. Moosproben wurden in einer aus Papier gefalteten Moostüte aufbewahrt. Die Pflanzenmenge jeder Art wurde nach der Schätzskala von Kohler (1978) protokolliert. Zusätzlich wurden die Parameter Deckungsgrad nach Londo (1974), Vitalität und Soziabilität sowie Wuchsform aufgenommen.

Die ökologische Zustandsklasse wurde mit der aktuellen Fassung des Auswertungsprogramms PHYLIB Version 2.6 (Download unter http://www.lfu.bayern.de) und nach der Handlungsanweisung von Schaumburg et al. (2005a, b) berechnet. Des Weiteren wurden die Wuchsformen der vorkommenden Arten protokolliert und die Anzahl der Referenzarten nach dem LANUV-Verfahren (Van de Weyer 2001, LANUV NRW 2008) berechnet.

Auswertung

Bei der Auswertung der Qualitätskomponenten wird sowohl auf die Ergebnisse der offiziellen Bewertungssysteme als auch auf Ergebnisse einzelner biologischer Metrics eingegangen. Hierbei liegt das Hauptaugenmerk auf Metrics, die Veränderungen der Gewässermorphologie anzeigen. Beim Makrozoobenthos betrifft dies vor allem die Metrics des Moduls allgemeine Degradation, bei den Fischen die Metrics, welche die Altersstruktur sowie die Artenabundanz und Gildenverteilung anzeigen. Bei den Makrophyten werden Metrics betrachtet, die die Habitatdiversität indizieren, wie z.B. die Anzahl der Wuchsformen. Darüber hinaus zielt die Auswertung auf die Typspezifität der Biozönosen und die Biomasseproduktion der Abschnitte ab.

Ergebnisse/Bewertung

Die drei untersuchten biologischen Qualitätskomponenten reagieren unterschiedlich auf die Renaturierungsmaßnahmen (Tab. 2). Die ökologische Zustandsklasse ändert sich beim Makrozoobenthos in zwei Gewässern nicht, in der Niers ist sie im nicht-renaturierten Abschnitt um eine

Tab. 2. Ökologische Zustandsklassen der drei Qualitätskomponenten für die sechs Probestellen; * der für die Bewertung mit fiBS empfohlene Richtwert zur Mindestindividuenzahl wurde unterschritten.

	Gartroper Mühlenbach		Schwalm		Niers	
	nicht-renaturiert	renaturiert	nicht-renaturiert	renaturiert	nicht-renaturiert	renaturiert
Makrozoobenthos	Gut	Gut	Mäßig	Mäßig	Gut	Mäßig
Fische	Unbefriedigend*	Unbefriedigend	Unbefriedigend	Gut	Unbefriedigend	Mäßig
Makrophyten	----	Sehr gut	---	Mäßig	Gut	Gut

Klasse besser als im renaturierten. Bei den Fischen verbessern sich zwei Gewässer und bei den Makrophyten werden zwei Gewässer durch die Maßnahme bewertbar, d.h. es konnte eine für eine Bewertung nach Phylib ausreichenden Menge an Pflanzen gefunden werden. Bei der Komponente Fische am Gartroper Mühlenbach wurde am nicht-renaturierten Abschnitt die empfohlene Mindestzahl für eine korrekte Bewertung unterschritten.

An allen renaturierten Abschnitten besteht nach wie vor Handlungsbedarf, da zumindest eine biologische Qualitätskomponente jeweils schlechter ist als gut.

Faunistik und biologische Kennzahlen

Makrozoobenthos

Das Modul allgemeine Degradation prägt das Ergebnis der ökologischen Zustandsklassen der untersuchten Abschnitte; saprobielle Belastungen wurden nicht vorgefunden (Tab. 3). Das Ergebnis des deutschen Fauna Index, der zur Hälfte das Ergebnis des Moduls allgemeine Degradation bestimmt, zeigt für den Gartroper Mühlenbach und die Niers keine Verbesserung. Im renaturierten Abschnitt der Schwalm findet man zwar eine Erhöhung der Qualitätsklasse, allerdings weist dieser einen immer noch unbefriedigenden Zustand auf. Auch an der Niers ist die Qualitätsklasse des Fauna Index unbefriedigend. Die anderen bewertungsrelevanten Indices der Schwalm und der Niers werden entweder mit gut oder sehr gut bewertet, wohingegen beim Gartroper Mühlenbach die anderen Metrics im Bereich mäßig liegen und der Fauna Index bei gut bzw. sehr gut.

Relevant für den Fauna Index ist insbesondere die Anzahl der positiv eingestuften Arten, die an den nicht-renaturierten Abschnitten jeweils höher ist als an den renaturierten Abschnitten (Abb. 1). Bei einem Vergleich der Gewässer untereinander fällt auf, dass die Anzahl dieser positiven Fauna Index Arten im Gartroper Mühlenbach deutlich höher ist als an der Schwalm und der Niers. Die Anzahl negativer Indikatorarten des Fauna Index nimmt nur im renaturierten Abschnitt der Schwalm ab, ist aber dort im Vergleich zu den anderen Gewässern immer noch sehr hoch. Die absolute Taxazahl ist in den renaturierten Bereichen des Gartroper Mühlenbachs

Tab. 3. Biologische Metrics der biologischen Qualitätskomponente Makrozoobenthos der sechs Probestellen.

Metric	Gartroper Mühlenbach		Schwalm		Niers	
	nicht-renaturiert	renaturiert	nicht-renaturiert	renaturiert	nicht-renaturiert	renaturiert
Saprobie	Gut (1,93)	Sehr gut (1,68)	Gut (2,18)	Gut (2,11)	Gut (2,17)	Gut (2,13)
Allgemeine Degradation	Gut (0,8)	Gut (0,61)	Mäßig (0,51)	Mäßig (0,52)	Gut (0,62)	Mäßig (0,6)
Score Fauna Index Typ 11/12	Sehr gut (1)	Gut (0,74)	Schlecht (0,12)	Unbefriedigend (0,22)	Unbefriedigend (0,36)	Unbefriedigend (0,36)
Score EPT [%] (Abundanz-Kl.)	Mäßig (0,52)	Mäßig (0,52)	Gut (0,78)	Gut (0,63)	Gut (0,75)	Sehr gut (0,82)
# Trichoptera-Taxa	Gut (6)	Mäßig (4)	Sehr gut (13)	Sehr gut (7)	Sehr gut (7)	Gut (6)

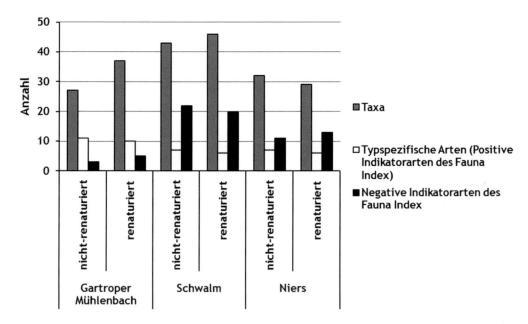

Abb. 1. Taxazahlen, Anzahl typspezifischer Arten und Anzahl negativer Indikatorarten des Makrozoobenthos.

als auch der Schwalm jeweils höher als im nicht-renaturierten Vergleichsabschnitt. Bei der Niers ist es umgekehrt. Alle drei renaturierten Abschnitte zeichnen sich jeweils durch deutlich höhere Abundanzen aus als die nicht-renaturierten Vergleichsabschnitte (Abb. 2).

Fische

Die Fischfauna des Gartroper Mühlenbachs ist stark verarmt und zeigt in den bewertungsrelevanten Indices keine Unterschiede zwischen den beiden Abschnitten (Tab. 4). Die Schwalm weist zumindest hinsichtlich des Metrics Altersstruktur eine deutliche Verbesserung im renaturierten Abschnitt auf. Der renaturierte Abschnitt der Niers verbessert sich im Vergleich zu dem nicht-renaturierten Abschnitt in den Metrics Artenabundanz und Gildenverteilung sowie Altersstruktur. Beide Metrics sind in Hinsicht auf die Qualitätsklasse nicht in einem guten oder sehr guten Zustand, aber jeweils besser als in dem nicht-renaturierten Abschnitt. Dies spiegelt die Reproduktion und eine deutlich höhere Abundanz der Leitarten in dem renaturierten Abschnitt wider.

Die absolute Artenzahl ist in allen drei untersuchten renaturierten Abschnitten höher als in den jeweiligen Vergleichsabschnitten (Abb. 3). Die Anzahl typspezifischer Arten und Leitarten der Referenz sind lediglich im renaturierten Abschnitt der Schwalm erhöht, bei der Niers um eine Art geringer. Beim Gartroper Mühlenbach ändert sich auch die Anzahl an Begleitarten nicht, wohingegen diese bei der Schwalm um eine Art ab- und bei der Niers um eine Art zunimmt. Die Abundanz ist in den renaturierten Abschnitten des Gartroper Mühlenbaches und der Schwalm höher als in den zugehörigen nicht-renaturierten Abschnitten (Abb. 4). Die Fische in der Niers weisen sowohl im nicht-renaturierten als auch im renaturierten Abschnitt eine wesentlich geringere Abundanz als die Abschnitte der anderen beiden Gewässer auf.

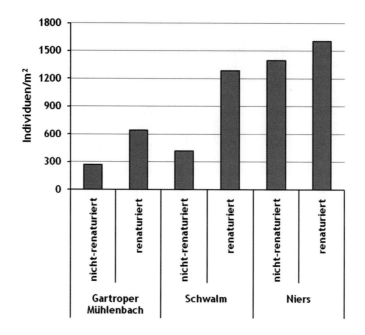

Abb. 2. Abundanzen des Makrozoobenthos (Ind./m^2).

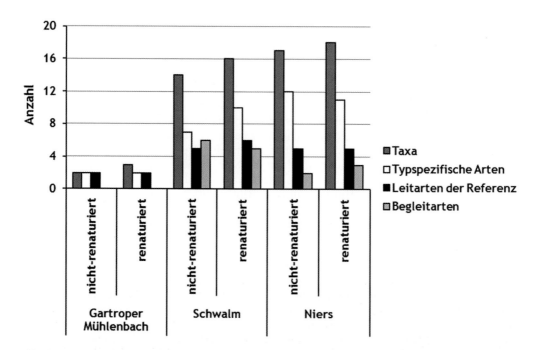

Abb. 3. Taxazahl, Anzahl typspezifischer Arten, Anzahl Leitarten und Anzahl Begleitarten der Fische.

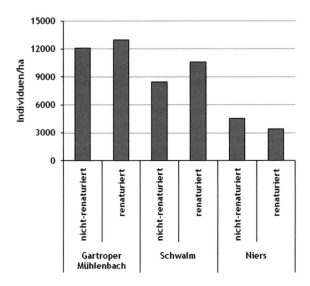

Abb. 4. Abundanzen der Fische (Ind./ha).

Makrophyten

Bei den Makrophyten zeigen fast alle untersuchten Metrics eine Verbesserung in den renaturierten Abschnitten im Vergleich zu den nicht-renaturierten (Tab. 5). Die Quantität der Makrophyten ist in allen drei renaturierten Abschnitten deutlich erhöht, jeweils begleitet von einer Steigerung der Taxazahl. Beim Gartroper Mühlenbach und der Schwalm sind die Unterschiede sehr deutlich, da in den nicht-renaturierten Abschnitten entweder keine (Gartroper Mühlenbach) oder nur eine Art (Schwalm) gefunden wurden. Im nicht-renaturierten Abschnitt der Niers wurden 11 Taxa vorgefunden, im renaturierten Abschnitt 13 (siehe Abb. 5). Nicht nur die Taxazahl, sondern auch die Quantität ist im renaturierten Abschnitt erhöht und es wurde zumindest eine typspezifische Art (nach Phylib-Verfahren) gefunden. Keine Unterschiede zeigt der Vergleich des nicht-renaturierten und renaturierten Abschnittes der Niers hinsichtlich der Leitarten (LANUV-Verfahren), der Anzahl submerser Arten und der Anzahl Wuchsformen, wobei diese Metrics im nicht-renaturierten Abschnitt schon vergleichsweise hohe Werte aufweisen. In den renaturierten Abschnitten des Gartroper Mühlenbachs und der Schwalm sind die Anzahl submerser Arten und die Anzahl Wuchsformen gegenüber den jeweiligen renaturierten Abschnitten deutlich erhöht.

Diskussion

Erfreulicherweise zeigen unsere Untersuchungen, dass eindeutig ökologische Verbesserungen nachweisbar sind. Dies betrifft in Bezug auf die Bewertung zwar nicht alle untersuchten Qualitätskomponenten, dennoch sind die Ergebnisse für die Zukunft viel versprechend. Ausgehend von dem sehr stark anthropogen überprägten Zustand der Gewässer ist allein die Tatsache, dass Verbesserungen detektiert werden konnten, sehr positiv zu bewerten.

Wenn man nur die ökologische Zustandsklasse (nach Perlodes, fiBS und Phylib) in Betracht zieht, ist eine Verbesserung bei den Fischen und bei den Makrophyten erkennbar; die ökologi-

Tab. 4. Biologische Metrics der biologischen Qualitätskomponente Fische der sechs Probestellen. EQR (Ecological quality ratio) = von fiBS berechnetes Endergebnis der Bewertung, QK = Qualitätsklasse.

Metric	Gartroper Mühlenbach		Schwalm		Niers	
	nicht-renaturiert	renaturiert	nicht-renaturiert	renaturiert	nicht-renaturiert	renaturiert
EQR	0,14	0,14	0,13	0,40	0,20	0,30
QK Arten- und Gilden-inventar	Unbefriedigend (1,67)	Unbefriedigend (1,67)	Gut (2,67)	Gut (3,33)	Gut (3,33)	Gut (3,33)
QK Artenabundanz und Gildenverteilung	Schlecht (1,31)	Schlecht (1,31)	Unbefriedigend (1,47)	Unbefriedigend (1,94)	Schlecht (1,27)	Unbefriedigend (1,67)
QK Altersstruktur	Schlecht (1,00)	Schlecht (1,00)	Schlecht (1,00)	Gut (2,71)	Unbefriedigend (1,67)	Mäßig (2,50)
QK Migration	Schlecht (1,00)	Schlecht (1,00)	Schlecht (1,00)	Schlecht (1,00)	Schlecht (1,00)	Schlecht (1,00)
QK Fischregion	Sehr gut (5,00)	Sehr gut (5,00)	Schlecht (1,00)	Sehr gut (5,00)	Schlecht (1,00)	Schlecht (1,00)
QK Dominante Arten	Schlecht (1,00)	Schlecht (1,00)	Schlecht (1,00)	Schlecht (1,00)	Schlecht (1,00)	Schlecht (2,00)

Tab. 5. Biologische Metrics der biologischen Qualitätskomponente Makrophyten der sechs Probestellen; * Arten Gruppe A (Phylib-Verfahren).

Metric	Gartroper Mühlenbach		Schwalm		Niers	
	nicht-renaturiert	renaturiert	nicht-renaturiert	renaturiert	nicht-renaturiert	renaturiert
Referenzindex	---	0,71	---	0,36	0,43	0,57
Quantität	0	51	1	107	161	198
Anzahl typspezifischer Arten *	0	2	0	0	0	1

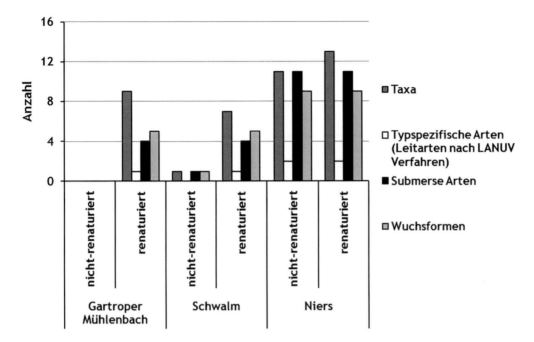

Abb. 5. Taxazahlen, Anzahl typspezifischer Arten (LANUV-Verfahren), Anzahl submerser Arten und Anzahl Wuchsformen der Makrophyten.

sche Zustandsklasse des Makrozoobenthos verbessert sich in keiner der Untersuchungen. Die Qualitätskomponenten reagieren somit unterschiedlich auf die verbesserten Habitatbedingungen. Während das Makrozoobenthos weiterhin einen degradierten Zustand anzeigt, reagieren die Makrophyten besonders auf die größeren Gewässerbreiten, die die Beschattung herabsetzt und somit das Pflanzenwachstum fördert. Die Abschnitte an der Schwalm und dem Gartroper Mühlenbach sind durch die Maßnahmen erstmals „bewertbar" geworden, da die Pflanzenmenge zugenommen hat bzw. sich Makrophyten angesiedelt haben. Außerdem werden die neu geschaffenen flachen Bereiche mit geringer Strömung sowohl von den Makrophyten als auch (vor allem) von den Jugendstadien der Fische als Habitat besiedelt. Diese beiden Faktoren führen somit zu einer Verbesserung der Zustandsklasse bei beiden Komponenten. Die fiBS-Bewertung spiegelt diese Entwicklung teilweise wider, wobei jedoch an der Niers nicht der gute Zustand erreicht wird, sich aber zumindest die ökologische Zustandsklasse um eine Stufe verbessert. Defizite in den Parametern des Bewertungssystems zur Migration, Fischregion und dominante Arten wirken sich jedoch negativ auf die Gesamtbewertung aus. Eine Verbesserung des ökologischen Zustandes wird bei der Niers und der Schwalm auch deutlich, wenn man die Ergebnisse mit der Bestandsaufnahme des MUNLV (2009) vergleicht. Die Fischfauna der Niers wird dort mit unbefriedigend bewertet und für die Schwalm variieren die Angaben zwischen mäßig und schlecht je nach betrachtetem Wasserkörper. Somit ist die Verbesserung z.B. in dem renaturierten Abschnitt der Schwalm von unbefriedigend auf gut sehr positiv zu sehen. Für den Gartroper Mühlenbach gibt es keine Bestandsaufnahme der Fischfauna durch das MUNLV. Bezogen auf die Makrophyten zeigen die renaturierten Abschnitte verglichen mit den Ergebnissen des MUNLV (2009) für die mittlere und untere Niers (immer mäßig) als auch für die Schwalm (unbefriedigend oder nicht bewertet) deutlich, dass die Renaturierungsmaßnahmen erfolgreich sind.

Biozönotische Veränderungen

Die deutliche Diskrepanz zwischen den Ergebnissen des Makrozoobenthos und den anderen beiden Qualitätskomponenten ist sowohl in Hinsicht auf die ökologische Zustandklasse als auch in Hinsicht auf die Reaktion verschiedener biologischer Metrics zu erkennen. Da jedes der drei Gewässer einen eigenen Charakter hat, der durch die Historie und das Einzugsgebiet geprägt ist, sind Einzelfallbetrachtungen notwendig, um diese Ergebnisse einzuordnen.

Makrozoobenthos

Beim Gartroper Mühlenbach deutet eine hohe Anzahl an Gütezeigern auf ein insgesamt gut vorhandenes Grundarteninventar im Gewässer hin. Die Anzahl an negativ eingestuften Arten des Fauna Index ist ganz im Gegensatz zur Niers und der Schwalm gering. Dort sind diese negativen Taxa um fast den Faktor drei höher als die positiv eingestuften Taxa. Die Anzahl positiv eingestufter Taxa ist generell geringer als beim Gartroper Mühlenbach und diese typspezifischen Defizite wirken sich entscheidend auf die Bewertung aus. Unterschiede zwischen den renaturierten und den nicht-renaturierten Abschnitten sind gering. Da das typspezifische Grundarteninventar defizitär ist, hilft auch kein hoher Prozentanteil der EPT-Taxa, um das Ergebnis des Bewertungssystems zu verbessern. Der hohe Anteil an negativen Indikatortaxa deutet auf eine sehr starke anthropogene Typüberprägung hin. Der ursprünglich organische Charakter hat sich grundlegend verändert hin zu einem kies- bzw. sandgeprägtem, schnell fließendem Gewässer. Dies führt zu einer deutlichen Veränderung der Biozönose an Schwalm und Niers. Der Gartroper Mühlenbach hat trotz anthropogener Überformung in großen Abschnitten seinen Charakter und sein Grundarteninventar größtenteils erhalten. Dies dürfte in erheblichem Maße auch auf die im Vergleich zu den beiden Typ 12 Gewässern geringere Einzugsgebietsgröße zurückzuführen sein. Die ökologische Zustandsklasse der Schwalm und der Niers ist laut MUNLV (2009) an allen Probestellen oberhalb der Renaturierungsmaßnahmen mit mäßig oder schlechter eingestuft. Gründe für diese Bewertung sind besonders in der Strukturgüte des Einzugsgebiets zu sehen. Bei der Niers sind ca. zwei Drittel des Einzugsgebietes den Strukturgüteklassen 6 und 7 zuzurechnen (MUNLV 2009). Dies gibt schon einen Hinweis auf ein geringes Besiedlungspotenzial und somit die nur geringe Möglichkeit der biozönotischen Verbesserung durch in die Renaturierungsstrecken eindriftende, positiv indizierte Arten. Die Qualitätskomponente Makrozoobenthos wird somit je nach Gewässersystem sehr lange brauchen, um positiv auf Renaturierungsmaßnahmen zu reagieren. Das Grundarteninventar des Einzugsgebietes ist maßgebend für die Wiederbesiedlung von renaturierten Abschnitten. Hierbei ist zu beachten, dass die Wanderfähigkeit des Makrozoobenthos deutlich geringer ist als zum Beispiel die der Fische, so dass eine zeitlich stark verzögerte Reaktion des Makrozoobenthos in Hinsicht auf die Etablierung positiver Fauna Index Arten zu erwarten ist.

Fische

Die Artenzahl der Fische ist in allen renaturierten Abschnitten höher als im jeweils zugehörigen nicht-renaturierten Abschnitt. Die Anzahl typspezifischer Arten liegt lediglich im renaturierten Abschnitt der Schwalm höher. Des Weiteren verbessern sich die Abundanz sowie die Altersstruktur in den renaturierten Abschnitten der Schwalm und der Niers. Die Fischdichte nimmt zumindest im Gartroper Mühlenbach und der Schwalm zu. Besonders die Verbesserung der Altersstruktur zeigt, dass die renaturierten Abschnitte von den Fischen angenommen werden und dort Reproduktion stattfindet. Der Grund ist in einer stark erhöhten Anzahl verschiedener Habitate und Fließgeschwindigkeiten in den renaturierten Abschnitte zu sehen, welche nicht nur von einer erhöhten Anzahl unterschiedlicher Fischarten, sondern auch von den verschiedenen Altersstadien der einzelnen Fischarten genutzt werden.

Insgesamt gesehen deutet sich für die Fischzönosen der Schwalm und der Niers in den renaturierten Abschnitten eine positive Entwicklung an. Von 8 (Schwalm) bzw. 6 (Niers) Leitarten der Referenz kommen bereits 6 (Schwalm) bzw. 5 (Niers) vor. Auch die Anzahl typspezifischer Arten ist in beiden Gewässern relativ hoch (Schwalm 10 von 16; Niers 11 von 15). Die deutlichen morphologischen Verbesserungen lassen somit hoffen, dass sich die Altersstruktur neben dem bereits z.B. bei der Niers mit gut bewerteten Arten- und Gildeninventar im Laufe der Zeit weiter verbessert.

Beim Gartroper Mühlenbach sind im Arteninventar eindeutige Limitationen vorhanden, da z.B. nur 2 von 6 Leitarten der Referenz vorkommen und auch nur 2 von 13 typspezifischen Arten gefangen wurden. Wanderbarrieren im Unterlauf durch einen Düker unter dem Wesel-Datteln-Kanal machen wenig Hoffnung auf Besserung.

Makrophyten

Die renaturierten Abschnitte der drei Gewässer haben eine deutlich höhere Gewässerbreite und geringere Wassertiefe (Januschke et al. 2009), wodurch das Pflanzenwachstum in Verbindung mit geringerer Beschattung gefördert wird. Gleichzeitig besitzen die neu geschaffenen Habitate mit geringerer Strömung und stellenweise Stillwassercharakter eine höhere Retentionsfunktion für eingeschwemmte Pflanzenteile, wodurch die Ansiedlung von Makrophyten gefördert wird. Die Betrachtung der Makrophyten-Metrics zeigt diese Verbesserungen in den renaturierten Abschnitten im Vergleich zu den nicht-renaturierten deutlich. Neben einer sichtbar erhöhten Quantität, gesteigerten Taxazahlen und Wuchsformen ist auch die Anzahl typspezifischer Arten höher oder es sind zumindest welche vorhanden. Die Makrophyten zeigen somit, dass sich die renaturierten Abschnitte in der Entwicklung zurück zu einem naturnäheren Zustand befinden. Das Vorkommen der Makrophyten hat über den Eigenwert hinaus weitere positive Effekte. Makrophyten sind in langsam fließenden Tieflandgewässern „Renaturierungsmultiplikatoren". Ihre Anwesenheit bewirkt kleinräumig eine starke Diversifizierung der Habitate. Sie beruhigen die Strömung, lenken diese aber auch gleichzeitig, wodurch wiederum Sedimentation und Abtragung gesteuert werden. Damit erzeugen sie sowohl für Fische als auch für das Makrozoobenthos eine Vielzahl an Habitaten, die gleichzeitig als Nahrungsquelle, Schutz und Aufenthaltsort dienen. Besonders in den Hartsubstratarmen Tieflandgewässern können somit Makrophyten eine Schlüsselrolle und -funktion bei der Renaturierung von Abschnitten einnehmen, die weitere Qualitätskomponenten sehr positiv beeinflussen kann.

Zusammenfassung

Die exemplarische Untersuchung von großen Renaturierungsmaßnahmen an drei organisch geprägten Tieflandgewässern zeigt uneinheitliche Reaktionen der drei biologischen Qualitätskomponenten Makrozoobenthos, Fische und Makrophyten. Als Vergleich diente jeweils ein einige hundert Meter oberhalb gelegener nicht-renaturierter Abschnitt. Die ökologische Zustandsklasse des Makrozoobenthos ändert sich nicht und die Auswertung weiterer biologischer Indices zeigt lediglich eine Zunahme der Taxazahl und Abundanz, jedoch keine Verbesserungen hinsichtlich positiver Indikatorarten. Bei den Fischen und den Makrophyten verbessert sich die ökologische Zustandsklasse in der Mehrzahl der renaturierten Abschnitte. Im Zuge der Renaturierungsmaßnahmen neu geschaffene, flache Bereiche mit geringer Strömung sowie Nebenarme und Stillwasserbereiche bieten diesen beiden Organismengruppen eine gute Besiedlungsgrundlage. Die Makrophyten profitieren im Besonderen von größeren Gewässerbreiten und der dadurch geringeren Beschattung des Gewässers. Eine deutlich erhöhte Quantität führt zudem zu einer Diversifizierung von Strömungs- und Substrathabitaten, die sich positiv auf die Fischfauna auswirkt. Die Auswertung weiterer biologischer Indices spiegelt die biologischen Verbesserungen ebenfalls wider. Die deutliche Erhöhung der Individuenzahlen des Makrozoobenthos und der Fische als auch der Quantität der Makrophyten zeigen eine Habitatverbesserung sowie bessere Lebensbedingungen (Nahrung, Schutz, Reproduktion), z.B. bei der Schwalm als auch dem Gartroper Mühlenbach. Allerdings wird auch hier sichtbar, dass die Stärke der Effekte maßgeblich von dem vorhandenen Arteninventar im Einzugsgebiet beeinflusst wird. Der Erfolg einer Maßnahme ist im Besonderen abhängig vom Wiederbesiedlungspotenzial bzw. Neubesiedlungspotenzial der umgebenden Gewässer sowie der oberhalb und unterhalb der Renaturierungsmaßnahme liegenden Abschnitte. Die Ansiedlung neuer anspruchsvoller Arten, die eine ökologische Verbesserung indizieren würden, kann lange dauern, wie das Makrozoobenthos im Falle der Schwalm zeigt. Grund dafür ist das relativ geringe Ausbreitungspotenzial vieler Makrozoobenthosarten, besonders im Vergleich zu den Fischen. Des Weiteren sind Tieflandgewässer auf Grund ihres geringen Talbodengefälles durch geringere Fließgeschwindigkeiten und somit auch eine geringere Transportkraft geprägt als Gewässer im Mittelgebirge oder den Alpen (vgl. Pottgiesser & Sommerhäuser 2008). Dadurch ist das Potenzial für eine Wiederbesiedlung durch Drift von Organismen oder Verbreitungseinheiten von Pflanzen weitaus geringer oder deutlich zeitverzögert.

Literatur

BMU (Bundesministerium für Umwelt, Naturschutz und Reaktorsicherheit) (2005): Die Wasserrahmenrichtlinie – Ergebnisse der Bestandsaufnahme 2004 in Deutschland. Berlin: 67 S.

CEDERHOLM, C.J., BILBY, R.E., BISSON, P.A., BUMSTEAD, T.W., FRANSEN, B.R., SCARLETT, W.J. & WARD, J.W. (1997): Response of juvenile coho salmon and steelhead to placement of large woody debris in a coastal Washington stream. – North American Journal of Fisheries Management 17: 947–963.

DUẞLING, U., BISCHOFF, A., HABERBOSCH, R., HOFFMANN, A., KLINGER, H., WOLTER, C., WYSUJACK, K. & BERG, R. (2005): Die fischbasierte Bewertung von Fließgewässern zur Umsetzung der EG-WRRL. – In: Feld, C., Rödiger, S., Sommerhäuser, M. & Friedrich, G. (eds.): Typologie, Bewertung, Management von Oberflächengewässern. Stand der Forschung zur Umsetzung der EG-Wasserrahmenrichtlinie. Limnologie aktuell 11: 91–104.

HAASE, P., SUNDERMANN, A. & SCHINDEHÜTTE, K. (2006): Operationelle Taxaliste als Mindestanforderung an die Bestimmung von Makrozoobenthosproben aus Fließgewässern zur Umsetzung der EU-Wasserrahmenrichtlinie in Deutschland. Abteilung Limnologie und Naturschutz. Forschungsinstitut Senckenberg. – http://www.fliessgewaesserbewertung.de/downloads/Informationstext_zur_Operationellen_Taxaliste_Stand_17Mrz06.pdf [02.03.2010]

HAMILTON, J.B. (1989): Response of juvenile steelhead to in-stream deflectors in a high gradient stream. – In: Gresswell, R.E., Barton, B.A. & Kershner, J.L. (eds.): Practical approaches to riparian resource management: 149–158: U.S. Bureau of Land Management, Billings.

JÄHNIG, S.C., LORENZ, A.W. & HERING, D. (2009): Restoration effort, habitat mosaics, and macroinvertebrates – does channel form determine community composition? – Aquatic Conservation: Marine and Freshwater Ecosystems 19: 157–169.

JANUSCHKE, K., SUNDERMANN, A., ANTONS, C., HAASE, P., LORENZ, A. & HERING, D. (2009): Untersuchung und Auswertung von ausgewählten Renaturierungsbeispielen repräsentativer Fließgewässertypen der Flusseinzugsgebiete Deutschlands. – In: Schriftenreihe des Deutschen Rates für Landespflege, Heft 82: Verbesserung der biologischen Vielfalt in Fließgewässern und ihren Auen: 23–39.

KOHLER, A. (1978): Methoden der Kartierung von Flora und Vegetation von Süßwasserbiotopen. – Landschaft Stadt 10: 73–85.

LUA NRW (Landesumweltamt Nordrhein-Westfalen) (Hrsg.) (2002): Fließgewässertypenatlas Nordrhein-Westfalen. – Merkblätter 36: 1–62.

LANUV NRW (Landesamt für Natur, Umwelt und Verbraucherschutz Nordrhein-Westfalen) (2008): Fortschreibung des Bewertungsverfahrens für Makrophyten in Fließgewässern in Nordrhein-Westfalen gemäß den Vorgaben der EG-Wasser-Rahmen-Richtlinie. – LANUV Arbeitsblatt 3. Recklinghausen: 77 S.

LEPORI, F., PALM, D., BRÄNNÄS, E. & MALMQVIST, B. (2005): Does restoration of structural heterogeneity in streams enhance fish and macroinvertebrate diversity? – Ecological Applications 15: 2060–2071.

LONDO, G. (1974): The decimal scale for relevés of permanent quadrats. – In: Knapp, R. (ed.): Sampling methods in vegetation science: 45–49. W. Junk Publishers, The Hague/Boston/London.

MEIER, C., HAASE, P., ROLAUFFS, P., SCHINDEHÜTTE, K., SCHÖLL, F., SUNDERMANN, A. & HERING, D. (2006): Methodisches Handbuch Fließgewässerbewertung – Handbuch zur Untersuchung und Bewertung von Fließgewässern auf der Basis des Makrozoobenthos vor dem Hintergrund der EG-Wasserrahmenrichtlinie. – http://www.fliessgewaesserbewertung.de [Stand Mai 2006].

MUNLV (Ministerium für Umwelt und Naturschutz, Landwirtschaft und Verbraucherschutz des Landes Nordrhein-Westfalen) (2009): Steckbriefe der Planungseinheiten in den nordrhein-westfälischen Anteilen von Rhein, Weser, Ems und Maas (Entwurf) – Oberflächengewässer und Grundwasser – Teileinzugsgebiet Maas/Maas Nord NRW (www.umwelt.nrw.de).

PALMER, M.A., MENNINGER, H.L. & BERNHARDT, E. (2010): River restoration, habitat heterogeneity and biodiversity: a failure of theory or practice? – Freshwater Biology 55: 205–222.

PEDERSEN, T.C.M., BAATTRUP-PEDERSEN, A. & MADSEN, T.V. (2006): Effects of stream restoration and management on plant communities in lowland streams. – Freshwater Biology 51: 161–179.

POTTGIESSER, T. & SOMMERHÄUSER, M. (2008): Beschreibung und Bewertung der deutschen Fließgewässertypen – Steckbriefe und Anhang. – http://www.wasserblick.net/servlet/is/18727/?lang=de [16.02.2010]

ROHDE, S., SCHÜTZ, M., KIENAST, F. & ENGLMAIER, P. (2005): River widening: an approach to restoring riparian habitats and plant species. – River Research and Applications 21: 1075–1094.

RONI, P. (2003): Response of benthic fishes and giant salamanders to placement of large woody debris in small Pacific Northwest streams. – North American Journal of Fisheries Management 23: 1087–1097.

RONI, P., BENNETT, T., MORLEY, S., PESS, G.R., HANSON, K., VAN DYKE, D. & OLMSTEAD, P. (2006): Rehabilitation of bedrock stream channels: the effects of boulder weir placement on aquatic habitat and biota. – River Research and Applications 22: 967–980.

SCHAUMBURG, J., SCHRANZ, C., STELZER, D., HOFMANN, G., GUTOWSKI, A. & FOERSTER, J. (2005a): Bundesweiter Test: Bewertungsverfahren „Makrophyten & Phytobenthos" in Fließgewässern zur Umsetzung der WRRL. – Endbericht. Bayerisches Landesamt für Umwelt, München: 225 S.

SCHAUMBURG, J., SCHRANZ, C., MEILINGER, P., STELZER, D., HOFMANN, G., FOERSTER, J., GUTOWSKI, A., SCHNEIDER, S., KÖPF, B. & SCHMEDTJE, U. (2005b): Makrophyten und Phytobenthos in Fließgewässern und Seen – Das deutsche Bewertungsverfahren: Entwicklung, Praxistest und Ausblick. – In: Feld, C., Rödiger, S., Sommerhäuser, M. & Friedrich, G. (eds.): Typologie, Bewertung, Management von Oberflächengewässern. Stand der Forschung zur Umsetzung der EG-Wasserrahmenrichtlinie. Limnologie aktuell 11: 63–75.

SOMMERHÄUSER, M. & SCHUHMACHER, H. (2003): Handbuch der Fließgewässer Norddeutschlands – Typologie, Bewertung, Management. Atlas für die limnologische Praxis. ecomed, Landsberg. 218 S.

SOMMERHÄUSER, M. & POTTGIESSER, T. (2005): Die Fließgewässertypen Deutschlands als Beitrag zur Umsetzung der EG-Wasserrahmenrichtlinie. In: Feld, C., Rödiger, S., Sommerhäuser, M. & Friedrich, G. (eds.): Typologie, Bewertung, Management von Oberflächengewässern. Stand der Forschung zur Umsetzung der EG-Wasserrahmenrichtlinie: Limnologie aktuell 11: 13–27.

WEYER, K. VAN DE (2001): Klassifikation der aquatischen Makrophyten der Fließgewässer von Nordrhein-Westfalen gemäß den Vorgaben der EU-Wasser-Rahmen-Richtlinie. – Landesumweltamt Nordrhein-Westfalen (LUA) (Hrsg.). Merkblätter Nr. 30. – Düsseldorf: Albersdruck. 108 S.

Evaluation ausgewählter Revitalisierungsprojekte an Fließgewässern des Mittelgebirges

Claudia Antons

Universität Münster, Institut für Evolution und Biodiversität (IEB), Hüfferstrasse 1, 48149 Münster, clantons@web.de

Mit 5 Abbildungen und 3 Tabellen

Summary. The present study evaluated 13 river restoration projects in low mountain ranges in Germany. Following a "space-for-time-substitution" approach restored reaches were compared with non-restored reaches upstream. The aim of the study was to demonstrate the effectiveness of restoration measures on hydromorphological parameters and different aquatic organisms (macroinvertebrates, macrophytes and fish) according to the European Waterframework Directive (WFD).

The results show an increase in variability of depth and flow and diversity of channel features within the restored sites. The improvement of habitat diversity is not yet reflected in the composition of aquatic communities. Although assessment results according to the biological quality components of the WFD show in some cases a better evaluation, the demanded ´good´ ecological status according to the biological quality components was only achieved in one case. There might be several reasons for the delayed reaction of organisms:

First of all sensitive taxa with strong relevance for assessment have great demands on near-natural habitats. Some case studies show that secondary substrates important for the settlement like woody-debris are under-represented and chemical load as well as a loss of sources of resettlement might superimpose the structural improvement.

To meet the requirements of the WFD it is necessary that future restoration measures give priority to considerations about the ecological effectiveness and take into account the potentials and deficits in the whole catchment area of the river.

Key words: restoration measures, WFD, macroinvertebrates, macrophytes, fish

Zusammenfassung. Im Rahmen der vorliegenden Studie wurden 13 Revitalisierungsprojekte an Fließgewässern aus der Region „Mittelgebirge" evaluiert. Nach dem Prinzip der „space-for-time-substitution" wurden revitalisierte Abschnitte mit oberhalb liegenden, nicht revitalisierten Abschnitten verglichen. Ziel der Studie war es, die Wirksamkeit verschiedener Revitalisierungsmaßnahmen auf hydromorphologische Parameter und bewertungsrelevante Organismengruppen (Makrozoobenthos, Fische, Makrophyten) der Europäischen Wasserrahmenrichtlinie (WRRL) zu untersuchen.

Die Ergebnisse zeigen eine Erhöhung der Strömungs- und Tiefenvarianz sowie der Diversität der einzelnen Strukturelemente an den revitalisierten Abschnitten. Die Auswirkungen auf die biologischen Qualitätskomponenten spiegeln die festgestellte höhere Habitatvielfalt jedoch (noch) nicht wider. Bezogen auf die Bewertungsergebnisse gemäß der Wasserrahmenrichtlinie wurde an den revitalisierten Abschnitten in einigen Fällen zwar eine bessere Bewertung, der geforderte „gute" ökologische Zustand im Hinblick auf alle drei Qualitätskomponenten jedoch nur in einem Fall erzielt. Die bisher ausgebliebene Reaktion der Organismen kann dabei verschiedene Ursachen haben: Gerade sensitive und damit bewertungsrelevante Taxa haben einen hohen Anspruch an ihre Habitatausstattung. Die Auswertung von Fallbeispielen zeigt, dass wichtige, besiedlungsrelevante Sekundärsubstrate wie Totholz unterrepräsentiert sind und übergeordnete stoffliche Belastungen sowie fehlende Wiederbesiedlungsquellen die gewässerstrukturellen Verbesserungen überlagern können. Um den Anforderungen der WRRL gerecht zu werden, ist es erforderlich, den Aspekt der ökologischen Effektivität künftig stärker in den Vordergrund zu stellen und auch die Potenziale und Defizite im Einzugsgebiet bei einer Maßnahmenplanung zu berücksichtigen.

Einleitung

Während in den letzten 20 Jahren die chemisch-physikalische Wasserqualität deutlich verbessert wurde, sind viele Fließgewässer immer noch massiv verbaut, begradigt und ihrer ökologischen Funktionen beraubt. Der ökologische Zustand der meisten Fließgewässer, wie er durch die EG-Wasserrahmenrichtlinie bewertet wird, ist deshalb häufig „nicht ausreichend". Die Ergebnisse der ersten Bestandsaufnahme zur Umsetzung der EG-Wasserrahmenrichtlinie zeigten, dass in Deutschland bundesweit rund 60 % der Gewässer den von der EU geforderten „guten ökologischen Zustand" nicht erreichen und für weitere 26 % die Zielerreichung als unsicher angesehen wird (BMU 2005). Im Wesentlichen werden dafür die defizitäre Gewässerstruktur und eine mangelnde Durchgängigkeit verantwortlich gemacht.

In den kommenden Jahren sind daher umfangreiche Revitalisierungsmaßnahmen erforderlich (Europäische Union 2000). Viele dieser Maßnahmen werden sich dabei vorrangig auf die Verbesserung der Gewässermorphologie beziehen. Bei bisher durchgeführten Maßnahmen in Deutschland, Europa und Nordamerika lassen jedoch die gewünschten ökologischen Verbesserungen der Lebensgemeinschaften auf sich warten (Palmer et al. 2010). So zeigte sich, dass eine reine Verbesserung hydromorphologischer Bedingungen oftmals nicht ausreicht, um die ökologische Funktion oder die angestrebte Zustandsklasse der Gewässer wiederherzustellen (Palmer et al. 2010).

Es ist somit eine gewisse „Entkopplung" von Maßnahmenkonzepten und den Notwendigkeiten, die sich aus der ökologischen Gewässerbewertung ergeben, zu beobachten. Insbesondere stellt sich die Frage, ob und wie schnell die Organismen auf Verbesserungen der Gewässermorphologie reagieren. Es stehen allerdings bisher keine allgemein verbreiteten oder festgelegte, standardisierte Verfahren oder Monitoringprogramme zur Verfügung, die zur Erfolgsmessung verwendet werden könnten. So werden oft vereinfachend, wenn überhaupt, lediglich strukturelle Veränderungen dokumentiert; Lebensgemeinschaften werden eher selten und dann überblickshaft untersucht. Detaillierte biologische Untersuchungen mit unterschiedlichen aquatischen und terrestrischen Organismengruppen werden meist nur im wissenschaftlichen Kontext beachtet (Jähnig et al. 2009, Paetzold et al. 2008, Lepori et al. 2005); in der Wasserwirtschaft erfolgt dies eher bei langjährigen, größeren Renaturierungsvorhaben (Sommerhäuser & Hurck 2008, Semrau et al. 2011, dieser Band).

Ziel der vorliegenden Studie war es, die Wirkung von Revitalisierungsmaßnahmen auf verschiedene Organismengruppen (Fische, Makrozoobenthos, Makrophyten) auf Basis der europäischen Vorgaben und methodischen Standards an konkreten Revitalisierungsprojekten zu evaluieren. Zusätzlich werden gewässermorphologische Transektuntersuchungen einbezogen.

Anhand dieser Auswertungen verschiedener Umgestaltungsbeispiele soll dazu beigetragen werden, Bewertungshilfen und Empfehlungen für zukünftige Umgestaltungsmaßnahmen bereit zu stellen. Die in der vorliegenden Studie erzielten Ergebnisse sollen im Besonderen aufzeigen, welche Parameter schnell und welche möglicherweise zeitverzögert oder gar nicht auf Revitalisierungsmaßnahmen reagieren und ob Maßnahmen benannt werden können, die einen größeren Einfluss auf die Besiedlung haben. In diesem Zusammenhang werden auch Ziel und Art der Maßnahmen näher beleuchtet.

Methodik

Konzeption des Untersuchungsprogrammes

Aus dem Projekt „Evaluation von Fließgewässer-Revitalisierungsprojekten als Modell für ein bundesweites Verfahren zur Umsetzung effizienten Fließgewässerschutzes", gefördert durch die Deutsche Bundesstiftung Umwelt (DBU) und das hessische Ministerium für Umwelt, ländlichen Raum und Verbraucherschutz, wurden 13 Revitalisierungsprojekte ausgewählt (vgl. Sundermann et al. 2009a). Die untersuchten Gewässer lassen sich gewässertypologisch der Ökoregion 9 „Mittelgebirge" und den Fließgewässertypen 5, 5.1, 9 oder 9.2 zuordnen.

Oftmals waren für die Evaluierung notwendige Daten aus dem Zeitraum vor der Durchführung der Revitalisierungsmaßnahmen nicht vorhanden. Dieses Defizit wurde mittels einer „space-for-time-substitution" kompensiert: Dabei werden fehlende Daten aus dem Zeitraum vor Durchführung der Renaturierungsmaßnahmen durch eine Raumkomponente ersetzt. Für jedes Revitalisierungsprojekt wurden zwei Untersuchungsabschnitte ausgewählt: Der erste befindet sich innerhalb des revitalisierten Abschnittes („Revitalisiert") und der zweite in geringer Entfernung (im Mittel ca. 1000 Meter) oberhalb, im nicht revitalisierten Bereich („Vergleich"). Der oberhalb liegende Vergleichsabschnitt sollte dem revitalisierten Bereich vor der Revitalisierung weitgehend gleichen. Durch den Vergleich der Daten dieser beiden Untersuchungsbereiche sollten maßnahmenbedingte Unterschiede sichtbar gemacht werden und damit eine Aussage zum Erfolg der Maßnahmen ermöglicht werden.

Kartierung und Bewertung gewässermorphologischer Parameter

Wesentliches Ziel der Revitalisierungsprojekte war neben der Wiederherstellung der Durchgängigkeit die Verbesserung der Gewässerstruktur (Tab. 1). Vor dem Hintergrund, dass in der Regel eine diverse und naturnahe Gewässerstruktur die Basis für das Vorkommen einer artenreichen Biozönose bildet, wurden gewässermorphologische Parameter für die Bewertung herangezogen, um den Einfluss der Revitalisierung auf die Gewässerstruktur für die vergleichende Auswertung erfassen zu können.

Senkrecht zum Gewässerverlauf bzw. zur Hauptströmungsrichtung wurden in jedem Untersuchungsabschnitt 10 Transekte im gleichmäßigen Abstand durch das Gewässer gelegt:
- in Bächen (EZG 10–100 km²) entlang einer Fließstrecke von 100 m mit einem Abstand von 10 m zwischen jedem Transekt,
- in Flüssen (EZG 100–1000 km²) entlang einer Fließstrecke von 200 m mit einem Abstand von 20 m zwischen jedem Transekt.

Für jedes Transekt wurden bei Mittelwasser die Wasserspiegelbreite und die Anzahl an Gewässerelementen aufgenommen. Zu den Gewässerelementen zählen:
- Sand-/Kiesbänke (vegetationslos, krautig oder holzig bewachsen) mit einer Mindestbreite von 20 cm,
- Inseln (vegetationslos, krautig oder holzig bewachsen),
- im Wasser liegenden Totholzverklausungen mit einem Volumen > 1 m³ bei Mittelwasser,
- im Wasser liegenden Baumstämme > 10 cm Durchmesser,
- Auentümpel, wenn bei bordvollem Abfluss Kontakt zum Hauptgewässer besteht,
- Seitenarme (abgeschnitten, teilweise bzw. voll durchgängig), wenn bei mittlerem Hochwasser Kontakt zum Hauptgewässer besteht.

Tab. 1. Evaluierte Revitalisierungsmaßnahmen. Die Gewässer sind aufsteigend nach dem Fließgewässertyp (Typ) geordnet, der Code entspricht jeweils den ersten zwei bis vier Buchstaben des Gewässernamens und ggf. zwei weiteren für die Kennzeichnung des Ortes in der Nähe.

Code	Gewässer	Rechtswert	Hochwert	Fließgewässertyp (LAWA)	Einzugsgebiet [km²]	Länge Revitalisierter Abschnitt [km]	Alter der Maßnahme [Jahre]	Ziele: Verbesserung Gewässerstruktur	Hochwasserschutz	Wiederherstellung Durchgängigkeit	Maßnahmen: Sohlanhebung	Rücknahme Verbau	Neuer Gewässerverlauf	Einbringen von Totholz	Wiederverzweigung Gewässerverlauf	Nutzungsextensivierung (Aue)	Wiederanbindung Altarme	Einbringen Strömungslenker	Verlängerung Gewässerstrecke	Kosten pro 100 m [Tausend EUR]
Fal	Fallbach	3500167	5560998	5	29	1,0	4	x	-	-	x	x	x	-	x	-	-	x	x	21,0
Lac	Lache	3500082	5556835	5	11	0,8	3	x	-	-	x	-	x	-	-	-	-	-	x	2,3
Nid	Nidder	3499255	5574325	5	153	0,3	5	x	-	-	-	x	x	x	x	-	x	-	-	28,1
Zil	Zillierbach	4417446	5744080	5	23	8,0	5	-	-	x	x	x	-	-	-	-	-	-	-	2,3
Jos	Josbach	3498425	5641822	5,1	29	0,4	5	x	-	-	x	-	x	x	-	x	-	x	-	24,3
Dil	Dill	3451245	5619450	9	314	0,8	2	-	-	x	-	-	x	x	x	-	-	-	-	100,0
Kin	Kinzig	3501472	5558207	9	885	0,1	7	x	-	-	x	x	-	-	x	x	-	-	-	12,0
Ni_BV	Nidda Bad Vilbel	3483937	5563665	9	1.200	0,5	6	x	x	-	-	x	x	x	x	-	x	x	x	56,2
Ni_Il	Nidda Ilbenstadt	3484537	5570277	9	1.168	1,5	1	x	x	-	x	x	x	-	-	-	-	-	-	21,3
Ni_Ra	Nidda Ranstadt	3495740	5579040	9	226	2,5	3	x	x	-	x	x	x	x	x	-	x	x	x	57,8
Uls	Ulster	3567340	5627665	9	384	0,4	1	x	x	-	x	x	x	x	x	-	x	x	x	114,2
Fu_Me	Fulda Mecklar	3553780	5643015	9,2	2.375	1,0	2	x	x	x	-	-	x	-	x	x	-	-	-	80,0
Fu_Ni	Fulda Niederaula	3541190	5625820	9,2	1.290	2,0	2	x	-	-	-	x	-	-	x	x	-	-	-	2,3
Mittelwert bzw. Anzahl Nennungen					622	1,5	4	11	5	3	6	7	8	6	6	8	3	6	5	40,1

Im Gewässer selbst wurden entlang eines jeden Transektes an 10 Messpunkten die Wassertiefe gemessen und das dominierende Substrat in Anlehnung an das Feldprotokoll der Makrozoobenthos-Erhebung (Abschätzung für je eine Fläche von 25 x 25 cm) sowie die Strömungsgeschwindigkeit in Anlehnung an die Gewässerstrukturgütekartierung (6-stufige Skala) geschätzt. Bei Bächen wurde die Anzahl der Messpunkte aufgrund der geringeren Gewässerbreite von 10 auf 5 reduziert.

Die Diversität der Gewässerelemente wurde mit dem Diversitätsindex nach Shannon-Wiener (Shannon & Weaver 1949) beschrieben. Um Unterschiede in der Strömungs- und Tiefenvarianz zu ermitteln, wurde der Variationskoeffizient (Vk) als maßstabsunabhängiges Streuungsmaß verwendet. Mit Hilfe des Spatial-Diversity-Index nach Fortin et al. (1999) wurde die Substratdiversität ermittelt (vgl. Jähnig et al. 2008), die anders als der Shannon-Wiener-Index auch die räumliche Abfolge der Substrate berücksichtigt. Der Index spiegelt das Vorkommen der einzelnen Substrate und ihre Verteilung innerhalb des gemessenen Transektes wider. Die Werte wurden auf eine Skala von 0 bis 1 normiert, wobei 0 eine monotone und 1 eine heterogene Substratverteilung abbildet.

Untersuchung der biologischen Qualitätskomponenten

Die Erfassung und Bewertung der biologischen Qualitätskomponenten folgte den nationalen Standards, die zur Umsetzung der WRRL entwickelt wurden (Makrozoobenthos: Meier et al. 2005, Meier et al. 2006a, 2006b; Fische: Dußling et al. 2004, Dußling et al. 2005, Diekmann et al. 2005; Makrophyten: Schaumburg et al. 2005a, Schaumburg et al. 2005b, Schaumburg et al. 2006). Die Berechnung der ökologischen Zustandsklasse erfolgt auf Grundlage der nationalen Bewertungsprogramme ASTERICS Version 3.1.1 für das Makrozoobenthos, fiBS Version 8.0.6 für die Fische und PHYLIB Version 2.6 für die Makrophyten. Basierend auf diesen Einstufungen wird die ökologische Zustandsklasse durch das jeweils schlechteste Ergebnis der einzelnen Module vorgegeben („Worst-Case-Prinzip", weitere Details in Meier et al. 2006b). Die Ergebnisse der ökologischen Qualitätsklassen sowie die daraus abgeleitete ökologische Zustandsklasse wurden miteinander verglichen.

Für jede Organismengruppe wurden weitere bewertungsrelevante Parameter herangezogen, um die Auswirkungen der Revitalisierung differenzierter zu betrachten: Taxa- und Individuenzahlen, Artendiversität nach Shannon-Wiener (Shannon & Weaver 1949) sowie die Ergebnisse der einzelnen Module der drei Qualitätskomponenten.

Makrozoobenthos

Die Makrozoobenthosbeprobung erfolgte nach der Multi-Habitat-Sampling-Methode (Meier et al. 2006b). Das Probenmaterial wurde konserviert und anschließend im Labor weiterbehandelt. Die Bestimmung der Organismen richtete sich nach den Kriterien der Operationellen Taxaliste (Haase et al. 2006).

Die Ableitung der ökologischen Zustandsklasse nach WRRL für die Qualitätskomponente Makrozoobenthos basiert auf dem Bewertungsergebnis dreier Module: Saprobie, Allgemeine Degradation und ggf. Versauerung (nur für silikatische Mittelgebirgsbäche relevant). Die Ergebnisse der Module wurden auf der Basis der Taxalisten berechnet und anschließend in eine Qualitätsklasse zwischen eins („sehr gut") und fünf („schlecht") überführt.

Fische

Die Erfassung der Fischfauna erfolgte mittels Elektrobefischung über die gesamte Gewässerbreite, watend oder vom Boot aus entgegen der Strömung. Die Abschnittslänge wurde abhängig von der Gewässergröße gewählt. Dabei wurden an Bächen 300 m und an Flüssen 500 m beprobt. Ab einer Gewässerbreite > 5 m wurden zwei, ab einer Gewässerbreite > 10 m drei Elektrofischgeräte mit Gleichstrom (Bretschneider EFGI 650 u. EFGI 1300) eingesetzt. Der Einsatz von Fanggeräten (Kescher) mit einer Maschenweite < 6 mm stellte eine ausreichende Erfassung von 0+ Fischen (Jungfische desselben Jahres) sicher. Weitere Details siehe Dußling et al. (2005) und Diekmann et al. (2005). An einem Gewässer (Uls) wurde die Genehmigung für die Elektrofischerei nicht erteilt, so dass sich der Datensatz bei der Bewertung der Fische auf 12 reduziert. Die Angaben zu den Fischreferenzen wurden von den jeweiligen Landesämtern zur Verfügung gestellt.

Makrophyten

Die Kartierung der Makrophyten erfolgte über die gesamte Breite des Fließgewässers. Erfasst wurden höhere Pflanzen, Armleuchteralgen und Moose, die submers wachsen bzw. zumindest bei mittlerem Wasserstand im Gewässer wurzeln. Nicht vor Ort bestimmbare Arten wurden entnommen und im Labor bestimmt. Für weitere Details siehe Schaumburg et al. (2006). Bei der Bewertung mit dem System PHYLIB Version 2.6 liegt bei dem Modul Makrophyten dann eine gesicherte Bewertung vor, wenn die aus den ermittelten Pflanzenmengen errechnete Gesamtquantität der submersen Taxa größer als 26 sowie der Anteil der eingestuften Arten größer als 75 % ist. Nicht gesicherte Ergebnisse wurden entsprechend den aktuellen Vorgaben nicht in eine ökologische Zustandsklasse nach EG-WRRL überführt (Schaumburg et al. 2007).

Messung des Erfolges von Revitalisierungsmaßnahmen

Untersucht wurde, ob bestimmte Parameter benannt werden können, die den Erfolg von Revitalisierungsmaßnahmen nachweisbar machen. Der Renaturierungserfolg wurde als Differenz verschiedener Kenngrößen zwischen revitalisiertem und Vergleichsabschnitt bestimmt. Für das Makrozoobenthos wurde dabei die Differenz im Multimetrischen Index (MMI), für die Fische die Differenz im Gesamtergebnis nach fiBs und für die Makrophyten die Differenz des Referenzindex zu Grunde gelegt. Da ein Teil der Untersuchungsabschnitte mit dem Bewertungsprogramm PHYLIB nicht bewertet werden konnte, wurde zudem das Qualitätskriterium „Gesamtquantität submers" herangezogen. Der paarweise Vergleich zwischen revitalisierten und Vergleichsabschnitten erfolgte mit dem Wilcoxon-Test.

Des Weiteren wurde der Renaturierungserfolg mittels Spearman-Rangkorrelation mit Projektkenngrößen verglichen. Parameter wie Kosten, Länge und Alter der Maßnahme, oder die Einzugsgebietsgröße (vgl. Tab. 1) wurde mit den ermittelten morphologischen Kenngrößen Substratvielfalt, Strömungs- und Tiefenvarianz sowie Diversität der Strukturelemente korreliert.

Ergebnisse

Charakterisierung der Revitalisierungsprojekte

Das übergeordnete Ziel von 11 der 13 Revitalisierungsprojekte war die Verbesserung der Gewässerstruktur, daneben wurden Hochwasserschutz und Wiederherstellung der Durchgängigkeit als weitere Ziele benannt (Tab. 1). Bei zwei Projekten (Zil, Dil) stand primär die Wiederherstellung der Durchgängigkeit im Vordergrund.

Die Maßnahmen waren im Mittel 1,5 km lang, wobei Querbauwerke am Zillierbach über eine Gesamtlänge von 8 km zurückgebaut und der Gewässerlauf durchgängig gestaltet wurden. Die geringste Maßnahmenlänge wies die Kinzig auf (100 m), hier wurde ein ehemaliger Altarm wieder mit dem Hauptgewässer verbunden.

Die Gesamtkosten betrugen im Mittel 40.100 EUR pro 100 Meter. Die kostenaufwendigste Umgestaltung mit 114.000 EUR erfuhr die Ulster. Hier wurden in den Hauptlauf Strömungslenker integriert, das Gewässer wurde aufgeweitet und Inselbildungen wurden initiiert. Der Zeitraum zwischen Fertigstellung und Probenahme kennzeichnet das Alter der Maßnahme. Die Maßnahmen waren durchschnittlich 4 Jahre alt, wobei die ältesten 6 bzw. 7 (Ni_BV, Kin) und die jüngsten Maßnahmen ein Jahr alt waren (Uls, Ni_Il).

Auswirkungen der Revitalisierungsmaßnahmen auf die Gewässermorphologie

Die Strömungsdiversität zeigte sich an den revitalisierten Abschnitten leicht erhöht (Abb. 1, Wilcoxon $p < 0,05$), die Tiefenvarianz deutlich erhöht ($p < 0,01$) wohingegen sich die Substratdiversität unverändert zeigte (Wilcoxon $p = 0,17$). Der Einbau von Strömungslenkern, die Anlage neuer Gewässerstrecken und Wiederverzweigungen bis hin zur Schaffung neuer Gewässerarme führten zu einem deutlichen Anstieg der Diversität der Gewässerelemente (Median$_{Vergleich}$ = 0, Median$_{Revitalisiert}$ = 1,2).

Die Unterschiede hinsichtlich der Substratanteile waren weniger ausgeprägt (Tab. 2). In vielen Fällen war der Anteil an künstlichen Steinsubstraten (Steinschüttungen, Befestigungen) an den revitalisierten Abschnitten deutlich vermindert, im Mittel von 27,3 auf 6,0 %. Die am häufigsten vertretenen Substrate waren Schotter, Grobkies und sandige Substrate; insbesondere die Anteile von Grob- und Feinkies (Mittelwert$_{Vergleich}$ = 8,5 %, Mittelwert$_{Revitalisiert}$ = 20,8 %) erschienen in den revitalisierten Abschnitten deutlich erhöht. An den revitalisierten Abschnitten hat sich der Anteil organischer Substrate nur leicht erhöht, wobei die Makrophyten den größten Anteil ausmachen (Mittelwert$_{Vergleich}$ = 11,7 %, Mittelwert$_{Revitalisiert}$ = 14,9 %). Der Anteil an Totholz und CPOM (CPOM = coarse particulate organic matter: grobpartikuläres organisches Material) war deutlich geringer und betrug im Mittel jeweils weniger als 1 % an den Vergleichsabschnitten und weniger als 2% an den revitalisierten Abschnitten.

Tab. 2. Angabe der gemessenen Substratanteile (%) sowie Anzahl ausgewählter Gewässerelemente an revitalisierten und Vergleichsabschnitten (CPOM = grobpartikuläres organisches Material, FPOM = feinpartikuläres organisches Material, LTTP = Lebende Teile terrestrischer Pflanzen).

	Abschnitt	Mittelwert	Fal	Lac	Nid	Zil	Jos	Dil	Kin	Ni_BV	Ni_II	Ni_Ra	Uls	Fu_Me	Fu_Ni
Substrat (%)															
Steinschüttung	Vergl.	27,3	6,2	74,0	14,3	0,0	0,0	13,0	44,8	55,4	50,0	5,3	15,0	36,7	40,0
(Befestigung)	Rev.	6,0	0,0	0,0	6,1	4,0	0,0	0,0	55,8	8,6	3,0	0,0	0,0	0,0	0,0
Blöcke/Schotter	Vergl.	26,4	13,8	0,0	0,0	88,0	5,0	71,0	8,3	13,0	0,0	0,0	81,0	6,3	56,0
	Rev.	22,1	4,0	0,0	11,0	76,0	0,0	68,4	0,0	7,5	23,0	0,0	67,0	9,1	21,6
Grobkies/Feinkies	Vergl.	8,5	1,5	0,0	0,0	0,0	10,0	3,0	12,5	27,2	50,0	1,3	0,0	5,1	0,0
	Rev.	20,8	0,0	4,0	0,0	2,0	35,0	8,2	10,4	78,5	53,0	0,0	22,0	35,4	21,6
Sand/Schlamm	Vergl.	11,7	15,4	0,0	0,0	0,0	20,0	6,0	33,3	2,2	0,0	18,7	4,0	51,9	0,0
	Rev.	14,6	8,0	26,0	3,7	0,0	50,0	8,2	28,6	3,2	2,0	0,0	6,0	6,2	47,7
Lehm	Vergl.	11,4	60,0	0,0	32,9	0,0	55,0	0,0	0,0	0,0	0,0	0,0	0,0	0,0	0,0
	Rev.	14,0	88,0	14,0	57,3	0,0	5,0	0,0	0,0	0,0	16,0	0,0	0,0	0,0	2,3
CPOM/ FPOM	Vergl.	1,8	0,0	2,0	8,6	2,0	10,0	1,0	0,0	0,0	0,0	0,0	0,0	0,0	0,0
	Rev.	4,5	0,0	18,0	19,5	0,0	10,0	6,1	0,0	0,0	0,0	1,0	0,0	0,0	3,4
Makrophyten/	Vergl.	11,7	0,0	22,0	41,4	8,0	0,0	2,0	1,0	1,1	0,0	72,0	0,0	0,0	4,0
Phytobenthos	Rev.	14,9	0,0	24,0	0,0	16,0	0,0	7,1	0,0	0,0	3,0	95,7	0,0	46,5	1,1
LTTP	Vergl.	0,7	0,0	2,0	2,9	0,0	0,0	0,0	0,0	1,1	0,0	2,7	0,0	0,0	0,0
	Rev.	1,5	0,0	14,0	1,2	0,0	0,0	0,0	0,0	0,0	0,0	4,3	0,0	0,0	0,0
Totholz	Vergl.	0,7	3,1	0,0	0,0	2,0	0,0	4,0	0,0	0,0	0,0	0,0	0,0	0,0	0,0
	Rev.	1,7	0,0	0,0	1,2	2,0	0,0	2,0	5,2	2,2	0,0	0,0	4,0	3,0	2,3
Auswahl Gewässerelemente (Anzahl)															
Treibholz	Vergl.	0,1	0	0	0	1	0	0	0	0	0	0	0	0	0
	Rev.	0,5	0	0	0	1	3	0	1	0	0	0	0	1	1
Baumstämme	Vergl.	0,9	0	0	0	0	9	0	0	2	0	0	1	0	0
	Rev.	3,5	0	0	6	0	14	5	9	2	0	0	4	3	2

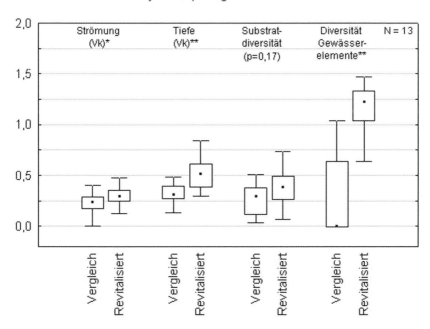

Abb. 1. Vergleich hydromorphologischer Parameter an Vergleichs- und revitalisierten Abschnitten (Median; Box: 25%–75%; Whisker: Min-Max). Signifikante Werte werden mit ** (p < 0,01) bzw. * (p < 0,05) gekennzeichnet. Vk = Variationskoeffizient.

Auswirkungen der Revitalisierungsmaßnahmen auf aquatische Organismen

Makrozoobenthos

In drei von insgesamt 13 Fällen wurde der ökologische Zustand an den revitalisierten Abschnitten besser bewertet als an den Vergleichsabschnitten (Abb. 2, Uls, Fu_Me, Nid). Durch die Revitalisierung wurde an zwei Gewässern eine Anhebung auf den „guten" ökologischen Zustand am revitalisierten Abschnitt erzielt (Uls, Fu_Me), d.h. nach den Kriterien der WRRL besteht für drei Gewässerabschnitte kein (weiterer) Handlungsbedarf hinsichtlich der Qualitätskomponente Makrozoobenthos. Neun Gewässer zeigten keine Unterschiede zwischen revitalisierten und Vergleichsabschnitten, eines (Zil) erzielte den „guten" ökologischen Zustand an beiden Abschnitten. Bei einer der untersuchten Maßnahmen fiel das Bewertungsergebnis der ökologischen Zustandsklasse am revitalisierten Abschnitt schlechter aus als am Vergleichsabschnitt (Fu_Ni). Nach Betrachtung der einzelnen Module (Saprobie, Allgemeine Degradation und, wo relevant, Versauerung – Daten nicht gezeigt) wurde deutlich, dass das Ergebnis der ökologischen Zustandsklasse Makrozoobenthos aufgrund des „Worst-Case-Prinzips" im Wesentlichen vom Modul „Allgemeine Degradation" vorgegeben wird.

Eine nähere Betrachtung der Biozönosen ergab einen Anstieg der Individuenzahlen mit einem Median von 2079 an den revitalisierten Abschnitten gegenüber 983 an den Vergleichsabschnitten. Die Taxazahl war in den revitalisierten Abschnitten signifikant erhöht (Median$_{Vergleich}$

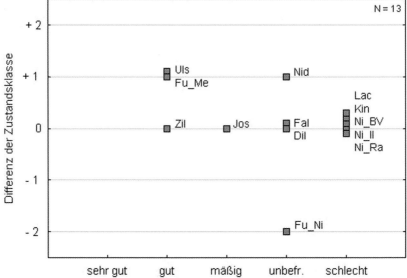

Abb. 2. Unterschiede des ökologischen Zustands bezogen auf die Qualitätskomponente (QK) Makrozoobenthos: Positive Werte bedeuten eine Verbesserung am revitalisierten Abschnitt gegenüber dem Vergleichsabschnitt um eine (+1) oder zwei (+2) Klassen, bei 0 erzielen revitalisierter und Vergleichsabschnitt die gleiche Klasse. Ein negativer Wert steht für eine schlechtere Qualitätsklasse am revitalisierten Abschnitt um eine (−1) oder zwei (−2) Klassen.

= 35; Median$_{\text{Revitalisiert}}$ = 38, Wilcoxon p < 0,05). Es wurden keine Unterschiede hinsichtlich der Artendiversität nach Shannon-Wiener festgestellt, die an den revitalisierten Abschnitten einen Median von 2,3 gegenüber einem Wert von 2,2 an den Vergleichsabschnitten erreichte (Wilcoxon p = 0,09).

Fische

Eine bessere Bewertung an den revitalisierten Abschnitten um mindestens eine Klasse wurde an fünf der 13 Gewässer erzielt (Jos, Ni_BV, Fu_Me, Fu_Ni, Kin, vgl. Abb. 3). In einem Fall wurde dabei eine Anhebung in den „sehr guten" Zustand erreicht (Jos). An fünf Gewässern wurde im Hinblick auf den ökologischen Zustand der Fische kein Unterschied zwischen revitalisiertem und Vergleichsabschnitt beobachtet (Zil, Fal, Nid, Ni_Il, Ni_Ra), wobei in einem Fall der „gute" Zustand erfüllt wurde (Zil). In zwei Fällen wurden die revitalisierten Abschnitte in eine schlechtere Qualitätsklasse eingestuft als der Vergleichsabschnitt (Dil, Lac). Mit Ausnahme zweier Gewässer besteht hinsichtlich der Qualitätskomponente Fische also weiterer Handlungsbedarf nach WRRL.

Die Gesamtbewertung resultiert aus einem gewichteten Mittel der sechs fischökologischen Qualitätsmerkmale. Dabei wird aus den drei Merkmalen Migration, Fischregion und Dominante Arten ein Mittelwert gebildet. Die Gesamtbewertung erfolgt aus dem vorgenannten Mittelwert und den verbleibenden Qualitätsmerkmalen Arten- und Gildeninventar, Artenabundanz und Gildenverteilung. Auf einer Skala von 1 bis 5 spiegeln hohe Werte eine naturnahe Fischzönose wider und niedrige Werte zeigen einen degradierten Zustand an. Der Median unterscheidet sich

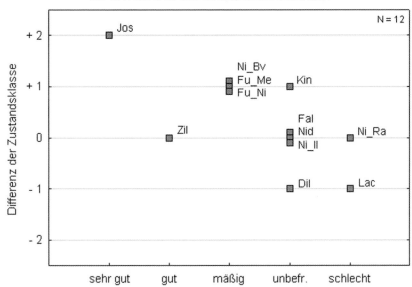

Abb. 3. Unterschiede des ökologischen Zustands bezogen auf die Qualitätskomponente (QK) Fische: Positive Werte bedeuten eine Verbesserung am revitalisierten Abschnitt gegenüber dem Vergleichsabschnitt um eine (+1) oder zwei (+2) Klassen, bei 0 erzielen revitalisierter und Vergleichsabschnitt die gleiche Klasse. Ein negativer Wert steht für eine schlechtere Qualitätsklasse am revitalisierten Abschnitt um eine (−1) oder zwei (−2) Klassen.

mit einem Wert von 2,0 an den revitalisierten Abschnitten gegenüber einem Wert von 1,8 an den Vergleichsabschnitten kaum. Die sehr gute Bewertung am Josbach resultiert aus einer deutlichen Verbesserung in den Qualitätsklassen Arten- und Gildeninventar, Artenabundanz und Gildenverteilung und der sehr guten Bewertung der Qualitätsmerkmale Fischregion und Dominanz der Arten.

Das Qualitätsmerkmal Migration unterschied sich in keinem Fall an den revitalisierten und Vergleichsabschnitten und erhielt durchgehend eine schlechte Bewertung.

Hinsichtlich der Biozönosen nahmen die Individuenzahlen mit einem Median von 245 an den revitalisierten Abschnitten gegenüber 199 an den Vergleichsabschnitten zu (Wilcoxon p = 0,05). Größere Unterschiede hinsichtlich der Taxazahl (Median$_{Vergleich}$ = 8, Median$_{Revitalisiert}$ = 9; Wilcoxon p = 0,17) und der Diversität (Median$_{Vergleich}$ = 1,6, Median$_{Revitalisiert}$ = 1,2; Wilcoxon p = 0,58) wurden nicht festgestellt.

Makrophyten

Bei sieben der 13 Maßnahmen wurden die bewertungsrelevanten Qualitätskriterien an beiden Untersuchungsabschnitten eingehalten und führten damit zu einer gesicherten Bewertung (Abb. 4). Diese Gewässer wiesen keine Unterschiede hinsichtlich der ökologischen Zustandsklasse an revitalisierten und Vergleichsabschnitten auf: In einem Fall wurde der „gute" (Uls), in vier Fällen der „mäßige" (Lac, Ni_Ra, Fu_Me, Fu_Ni) und in zwei Fällen der „unbefriedigende" (Nid, Ni_Il) ökologische Zustand ermittelt.

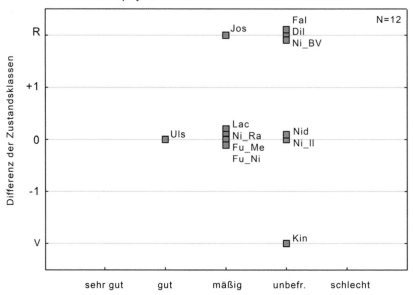

Abb. 4. Unterschiede des ökologischen Zustands bezogen auf die Qualitätskomponente (QK) Makrophyten: Positive Werte bedeuten eine Verbesserung am revitalisierten Abschnitt gegenüber dem Vergleichsabschnitt um eine (+1) Klasse, bei 0 erzielen revitalisierter und Vergleichsabschnitt die gleiche Klasse. Ein negativer Wert steht für eine schlechtere Qualitätsklasse am revitalisierten Abschnitt um eine (–1) Klasse. R = nur revitalisierter Abschnitt bewertbar, V = nur Vergleichsabschnitt bewertbar.

In vier von 13 Fällen (Jos, Fal, Dil, Ni_BV) wurden die bewertungsrelevanten Qualitätskriterien an den Vergleichsabschnitten nicht eingehalten, so dass nur für die revitalisierten Abschnitte eine Bewertung mit PHYLIB durchgeführt werden konnte. Umgekehrt kam es in einem Fall lediglich an der Vergleichsstrecke zu einer gesicherten Bewertung (Kin).

Um die Ergebnisse zu differenzieren, wurde die mengenmäßige Zunahme der submersen Makrophyten an den revitalisierten Abschnitten zwischen Vergleichs- und revitalisierten Abschnitten in Form der Gesamtquantität submers verglichen: Der Median der Gesamtquantität submers an den revitalisierten Abschnitten hatte einen Wert von 89 gegenüber einem Wert von 64 an den Vergleichsabschnitten. Das bedeutet, dass an den revitalisierten Abschnitten dieser Gewässer eine höhere Gesamtdeckung mit Makrophyten nachgewiesen wurde.

Hinsichtlich der Gesamttaxa und der Diversität wurden an den revitalisierten Abschnitten signifikant höhere Werte als an den Vergleichsabschnitten erzielt. Der Median bezogen auf Gesamttaxa und submerse Taxa hat sich an den Vergleichsabschnitten erhöht (Gesamttaxa: Median$_{Vergleich}$ = 9, Median$_{Revitalisiert}$ = 5; Wilcoxon $p < 0,01$ gegenüber submerse Taxa: Median$_{Vergleich}$ = 5, Median$_{Revitalisiert}$ = 3; Wilcoxon $p < 0,05$). Die Diversität ist an den revitalisierten Abschnitten mit einem Median von 2,2 gegenüber 1,6 leicht angestiegen (Wilcoxon $p < 0,01$).

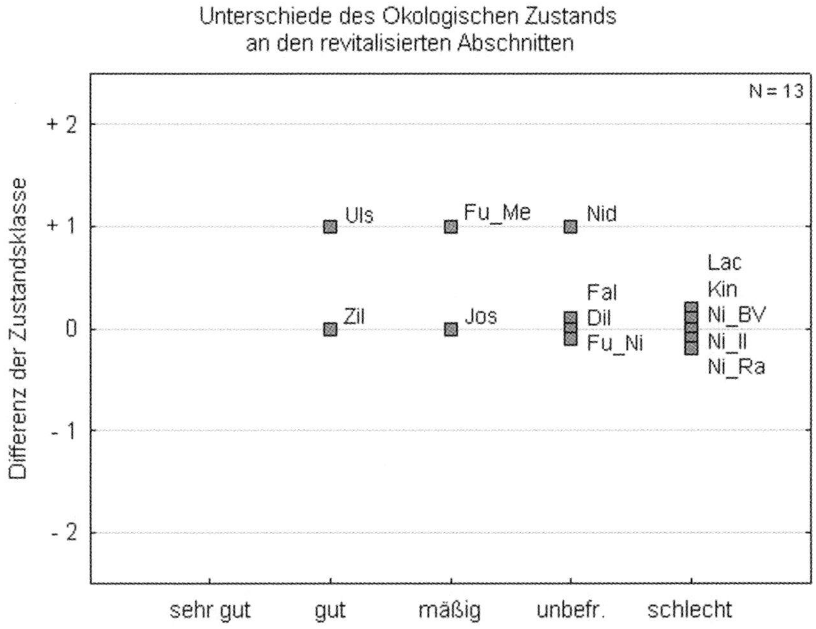

Abb. 5. Nach dem Worst-Case-Prinzip abgeleitete ökologische Zustandsklasse nach WRRL: Positive Werte bedeuten eine Verbesserung am revitalisierten Abschnitt gegenüber dem Vergleichsabschnitt um eine (+1) oder zwei (+2) Klassen, bei 0 erzielen revitalisierter und Vergleichsabschnitt die gleiche Klasse. Ein negativer Wert steht für eine schlechtere Qualitätsklasse am revitalisierten Abschnitt um eine (–1) oder zwei (–2) Klassen.

Ökologische Zustandsklasse nach WRRL

Die ökologische Zustandsklasse wurde auf Basis der Ergebnisse der drei Qualitätskomponenten abgeleitet, wobei das jeweils schlechteste Ergebnis der Qualitätskomponenten das Ergebnis vorgibt (Abb. 5). An drei der 13 Gewässer (23%) wurde eine bessere Bewertung am revitalisierten Abschnitt erzielt, dabei kam es zu einer Anhebung um eine Qualitätsklasse vom „schlechten" oder „unbefriedigenden" Zustand in den „unbefriedigenden" bzw. „mäßigen" Zustand. An zehn Gewässern (77%) wurde kein Unterschied in der Gesamtbewertung der ökologischen Zustandsklasse festgestellt, wovon zwei Gewässer den „guten" ökologischen Zustand erreichten. Hinsichtlich der Bewertung nach WRRL besteht an 11 der 13 Gewässer weiterer Handlungsbedarf.

Zusammenhang zwischen Projektkenngrößen und Bewertungsergebnissen
Im Allgemeinen wurde durch die Spearman-Rang-Korrelationsanalyse kein Zusammenhang zwischen dem Erfolg der Revitalisierungsmaßnahmen und hydromorphologischen Parametern oder dem Einsatz von Kosten, Länge, oder Alter der Maßnahmen nachgewiesen. Nur die Zunahme der Diversität der Gewässerelemente korrelierte mit einer höheren Individuendichte der Fische ($p < 0{,}05$, vgl. Tab. 3). Die Anlage von Seitenarmen, Sohlanhebung oder der Eintrag von Totholz führten zu einer höheren Strukturvielfalt und damit zu einem Nebeneinander von strömungsstarken und strömungsberuhigten Bereichen, was sich positiv auf die Individuendichte auswirkt.

Tab. 3. Spearman r für die Differenz im Bewertungsergebnis der biologischen Qualitätskomponenten Makrozoobenthos, Fische und Makrophyten mit Eckdaten wie Kosten, Länge, Größe des Einzugsgebietes, Alter der Maßnahmen (Zeit) sowie hydromorphologischen Parametern.
Statistisch signifikante Ergebnisse (p < 0,05) sind mit * gekennzeichnet.

	Makrozoobenthos		Fische		Makrophyten			
	Multimetrischer Index		Gesamtbewertung		Referenzindex		Quantität submers	
	R	N	R	N	R	N	R	N
Einzugsgebiet [km²]	0,01	13	0,55	12	0,04	7	0,05	12
Länge [km]	-0,31	13	-0,28	12	-0,13	7	0,37	12
Zeit [Jahre]	-0,33	13	0,25	12	-0,36	7	-0,51	12
Kosten [EUR]	0,46	13	-0,09	12	0,25	7	0,42	12
Wasserspiegelbreite [km]	0,03	13	0,39	12	-0,02	7	-0,08	12
Substratdiversität	0,36	13	-0,14	12	-0,40	7	0,50	12
Variationskoeffizient Strömung	0,29	13	0,36	12	0,29	7	-0,35	12
Variationskoeffizient Tiefe	0,10	13	0,56	12	-0,49	7	0,08	12
Diversität Gewässerelemente (Differenz)	0,26	13	**0,66** *	12	-0,07	7	-0,07	12

Diskussion

Die in dieser Studie untersuchten Maßnahmen zielten im Wesentlichen darauf ab, eine Verbesserung struktureller und hydromorphologischer Bedingungen zu erreichen. Ein weiteres Anliegen war die Verbesserung der Hochwassersicherheit, da durch die Renaturierung der Wasserrückhalt gestärkt wird.

Die durchgeführten Maßnahmen führten zu positiven und messbaren Auswirkungen auf die Gewässerstruktur. Am deutlichsten wurden diese Veränderungen bei der Tiefenvarianz und Diversität der Gewässerelemente, hinsichtlich der Strömungs- oder Substratdiversität fielen die Unterschiede geringer aus. Die positiven Veränderungen der Gewässerstruktur bildeten sich nicht in gleicher Weise in einer Veränderung der aquatischen Biozönosen ab, die nur geringe Veränderungen zeigten. Ein solcher Befund konnte auch bei einigen anderen Studien, bei denen die Wirkung von Revitalisierungsmaßnahmen auf aquatische Organismen in Mittelgebirgen gemessen wurde (z. B. Jähnig & Lorenz 2008), festgestellt werden.

Da die Zusammensetzung der aquatischen Biozönosen von einer Vielzahl von Wirkfaktoren abhängt, sollen im Folgenden daher Besonderheiten der evaluierten Maßnahmen herausgestellt werden, die sich besonders positiv (oder negativ) auf die Biozönosen ausgewirkt haben. Daraus lassen sich Vorschläge für künftige Revitalisierungsprojekte ableiten, die die Erreichung des „guten ökologischen Zustandes" möglicherweise erleichtern können.

Die Besiedlung aquatischer Organismen hängt im Wesentlichen von der Habitatverfügbarkeit und -qualität ab, so dass das Einbringen „biozönotisch wirksamer" Substrate den Erfolg von Revitalisierungsmaßnahmen positiv beeinflussen könnte. Typisch für grobmaterialreiche Mittelgebirgsbäche (LAWA-Typ 5) und -Flüsse (LAWA-Typ 9) sind Sohlen mit Schotter und Steinen sowie die Ausbildung von Schotterbänken bei Bächen und Schotter- bzw. Kiesbänken bei Flüssen. Feinere Substrate kommen in schwach durchströmten Stillen vor. Aufgrund der Strömungsverhältnisse und Substrateigenschaften ist ein gut ausgebildetes Interstitial typisch für diese Gewässertypen. Größere Flüsse (LAWA Typ 9.2) verfügen daneben über großflächige feinsedimentreiche Ablagerungen. Dominierende Substrate der feinsedimentreichen Mittelgebirgsbäche (LAWA-Typ 5.1) sind vor allem Sande und Kiese, Totholz spielt hier als Hartsubstrat eine wichtige Rolle (Sommerhäuser & Pottgießer 2008).

In den hier untersuchten Abschnitten veränderte sich die Substratzusammensetzung im Sinne des beschriebenen typspezifischen Referenzzustandes, d. h. es war eine Zunahme typspezifischer Substrate an den revitalisierten Abschnitten festzustellen. Organische Substrate wie Totholz oder CPOM sind mit einem Mittel von < 2 % jedoch weiterhin in nur sehr geringen Mengen vorhanden. In einem Fall, am Josbach (Jos), wurde selektiv Totholz in Form von Baumstämmen und Ästen in den Gewässerverlauf integriert (drei Treibholzverklausungen und 14 Baumstämme). Mit dem Eintrag von Totholz wurden die Habitatvielfalt erhöht, die Ausbildung lenitischer Bereiche gefördert und Fallen für Blattlaub und CPOM geschaffen, die Nahrungsquellen für Zerkleinerer und Detritusfresser sind. Fische finden hier zahlreiche Versteckmöglichkeiten zwischen den Ästen. Verschiedene Studien belegen den positiven Effekt von Totholz auf aquatische Biozönosen (z. B. Kail et al. 2007, Lehane et al. 2002, DeJong et al. 1997, Hildebrand et al. 1997). Die Bewertung der Fische ergab am revitalisierten Abschnitt den „sehr guten" Zustand nach WRRL; typspezifische Fischarten wie Bachforellen, Groppen und Schmerlen wurden erfasst. In den durch die Totholzhindernisse gebildeten Sandauflandungen wurde eine Larve des Bachneunauges (Querder) nachgewiesen. Durch den Eintrag von Totholz wurde die Sohle erfolgreich angehoben, sandige und kiesige Substrate haben zugenommen. Die Strömungs- und Substratdiversität hat sich im Vergleich mit den anderen Gewässern deutlicher erhöht. Dabei zählte die Revitalisierungsmaßnahme zu den vergleichsweise kostengünstigen Maßnahmen (vgl. Tab. 1). Bei zukünftigen Maßnahmen könnte das aktive Einbringen von Totholz oder die Regeneration natürlicher Totholzquellen (Uferbewuchs) auch in größeren Gewässern zu einer Verbesserung struktureller und hydromorphologischer Bedingungen und damit einhergehend zu einer Verbesserung des ökologischen Zustands beitragen.

Im Hinblick auf die Habitatqualität haben die biologischen Ergebnisse gezeigt, dass die geschaffenen Habitate entweder noch nicht angenommen wurden oder noch nicht ausreichen, um die Ausbildung einer naturnäheren Biozönose zu erwirken. Die Zunahmen der Individuendichten belegen, dass die geschaffenen Habitate aber in höherem Maße besiedelt werden. Ein deutlicher Anstieg konnte hinsichtlich der Gesamtartenzahl der Makrophyten festgestellt werden. In einem Fall (Lac = Lache) sollte beispielsweise die Fließgewässerdynamik durch Uferabflachung mit Herstellung verschiedener Böschungsneigungen verbessert werden. Dabei wurde eine deutliche Zunahme emerser Makrophyten durch Anlage eines möglichst flachen Profils mit Kontakt zur Gewässeraue erzielt, auch die submerse Vegetation hat zugenommen. Beim Makrozoobenthos konnte eine Erhöhung der Taxazahl sowie des Anteils anspruchsvoller EPT-Taxa (Eintags-, Stein- und Köcherfliegen) festgestellt werden, jedoch ohne den ökologischen Zustand zu verbessern. Möglicher Grund hierfür ist eine Rückstausituation, die eine Erhöhung der Strömungsdiversität und damit Ansiedlung der für diesen Gewässertyp typischen rheophilen Taxa einschränkt. Strukturdefizite und Wehrhindernisse im Längsverlauf schränken eine Wiederbesiedlung mit anspruchsvollen Taxa weiter ein.

In die Untersuchung wurde auch der zeitliche Aspekt der Wiederbesiedlung einbezogen. Im Hinblick auf den Zeitraum der Wiederbesiedlung von Organismen existieren widersprüchliche Aussagen. Für das Makrozoobenthos weisen einige Studien darauf hin, dass die Fauna noch Jahre nach der Umsetzung der Maßnahmen nur wenig divers oder immer noch verarmt ist (Fuchs & Statzner 1990, Hildrew & Ormerod 1995, Kronvang et al. 1997, Muotka & Syrjänen 2007). Sommerhäuser & Hurck (2008) nennen 10 Jahre als Erfahrungswert aus der Umgestaltung ehemaliger Schmutzwasserläufe im Emschergebiet bis zu einer deutlichen Verbesserung der Biozönose, die in der Erreichung des guten ökologischen Zustandes messbar ist (Qualitätskomponente Makrozoobenthos). Andererseits wird angenommen, dass benthische Invertebraten vergleichsweise schnell in der Lage sein sollten, ehemals unbesiedelte Gewässerabschnitte wieder zu besiedeln (Fuchs & Statzner 1990, Malmqvist et al. 1991). Fische können neu geschaffene Habitate aufgrund der höheren Mobilität flussauf- und flussabwärts schnell besiedeln. Für die vergleichsweise jungen Maßnahmen wie z. B. an der Ulster (Uls) oder Fulda (Fu_Me und Fu_Ni) kann sicherlich nicht davon ausgegangen werden, dass der Prozess der Wiederbesiedlung zum Zeitpunkt der Probenahme abgeschlossen war. Dennoch wurde an diesen Gewässern eine Anhebung der ökologischen Zustandsklasse festgestellt. Würde die Zeit einen übergeordneten Faktor im Hinblick auf die Wiederbesiedlung darstellen, hätten jedoch bei den älteren Maßnahmen wie z.B. bei der Nidda bei Bad Vilbel (Ni_BV) stärkere Verbesserungen in den Biozönosen der revitalisierten Abschnitte messbar sein sollen. Dieses war jedoch nicht der Fall (kein signifikanten Zusammenhang zwischen dem Faktor Zeit und einer messbaren Veränderung in der Biozönose).

Die Bewertungsergebnisse aller drei Qualitätskomponenten zeigen, dass eine Wiederbesiedlung anspruchsvoller bzw. gewässertypspezifischer Taxa in vielen Fällen noch nicht stattgefunden hat. Ein wesentlicher Aspekt für den messbaren Erfolg ist in diesem Zusammenhang das Vorhandensein so genannter Restpopulationen und das damit verbundene Wiederbesiedlungspotenzial eines Gewässers. Im Allgemeinen hofft man nach Durchführung einer Revitalisierung auf die Wiederbesiedlung revitalisierter Abschnitte durch zuvor fehlende Taxa, doch der Erfolg ist keineswegs garantiert (Palmer et al. 1997). Es ist davon auszugehen, dass Faktoren wie die Länge der Maßnahme, aber auch die räumliche Distanz von Revitalisierungsmaßnahmen eine wichtige Rolle im Hinblick auf die biozönotische Zusammensetzung spielen, da Arten mit einem begrenzten Ausbreitungsvermögen revitalisierte Abschnitte trotz passender Habitate möglicherweise nicht erreichen können (Skinner et al. 2008).

Ausgehend von einem Gewässer mit einer verarmten Restpopulation reicht eine Revitalisierung an wenigen ausgewählten Gewässerabschnitten nicht aus. Eine sinnvolle Konzentration möglichst vieler Revitalisierungsprojekte innerhalb eines Einzugsgebietes könnte demnach zum Erfolg von Revitalisierungsmaßnahmen beitragen. Durch die dadurch entstandenen „Trittsteine" (vgl. Ausführungen in DRL 2008) können Voraussetzungen für die Besiedlung dazwischen liegender Abschnitte entstehen (Feld et al. 2007, Palmer & Bernhardt 2006). In diesem Zusammenhang ist die Ausbreitungsfähigkeit einzelner Arten ein wesentlicher Aspekt (Hauer & Lamberti 2007).

Im Fallbeispiel Nidda kann dieser Zusammenhang veranschaulicht werden: Das Einzugsgebiet der Nidda ist stark agrarisch geprägt (die „Wetterau"). Seit den 1990er Jahren wurden entlang der Nidda umfangreiche Revitalisierungsmaßnahmen vorgenommen, drei dieser revitalisierten Abschnitte wurden einem Monitoring unterzogen (Ni_BV, Ni_Il, Ni_Ra). Die Vergleichsabschnitte sind als Trapezprofil ausgebildet. Aufgrund der Besiedlungs- und Nutzungsstruktur in der Wetterau ist eine Initiierung eigendynamischer Entwicklungen nur beschränkt möglich. Inzwischen sind etwa 12 km des insgesamt 90 km langen Flusses umgestaltet worden: Teilabschnitte wurden entsprechend naturnäher gestaltet, die Ufer abgeflacht und Gewässeraufweitungen vorgenommen. Vor allem das Makrozoobenthos hat aber bisher kaum auf die Revitalisierungen reagiert. Gründe dafür können die insgesamt verarmten Biozönosen im Einzugsgebiet sein (vgl. Januschke et al. 2009). Wertvolle Substrate wie Totholz und CPOM sind an allen revitalisierten Abschnitten deutlich unterrepräsentiert. Die Fischfauna hingegen wurde mittels Besatzmaßnahmen aufgewertet. Ehemals typische und durch zahlreiche Ausbau- und Aufstaumaßnahmen sowie übergeordneten Beeinträchtigungen aus dem Einzugsgebiet verdrängte empfindliche Arten wie Nase und Barbe wurden wieder eingesetzt und konnten sich vor allem in den Kiesbänken der revitalisierten Abschnitten fortpflanzen und ausbreiten. Eine Ausbreitung in den Oberlauf ist durch noch vorhandene Wehre derzeit nicht möglich, eine Etablierung der Arten im Gewässersystem wurde aber innerhalb weniger Jahre festgestellt (Popp & Lehr 2008). Im Rahmen des Montorings wurde zwar insgesamt ein Defizit typspezifischer Taxa festgestellt, im revitalisierten Abschnitt der Nidda bei Bad Vilbel (Ni_BV) wurden jedoch eine Nase sowie Barben dokumentiert. Im weiter oberhalb liegenden Abschnitt der Nidda Ranstadt (Ni_Ra) schränken Rückstaubedingungen die natürliche Eigendynamik ein. Die Folge ist eine herabgesetzte Strömungsgeschwindigkeit und damit verbunden die Anwesenheit von Vegetationselementen stehender Gewässer. Die herabgesetzte Strömungsgeschwindigkeit zeigt sich auch beim Makrozoobenthos mit einem nicht typgemäß hohen Anteil an Litoral-Besiedlern, die geringe Strömungsgeschwindigkeiten, feinere Substrate und höhere Temperaturen bevorzugen.

Nach der Wasserrahmenrichtlinie ist mit Erreichen des guten ökologischen Zustandes auch die Einhaltung der Orientierungswerte z. B. von Nährstoffen verbunden, daneben sind für einen guten chemischen Zustand Grenzwerte bei zahlreichen Stoffen einzuhalten. In der vorliegenden Untersuchung zeigten sich in mehreren Fällen Hinweise auf stoffliche Belastungen (vgl. Sundermann et al. 2009b). Diese können dem Wiedereinstellen gewässertypspezifischer Biozönosen entgegen wirken. Selbst unter optimalen hydromorphologischen Bedingungen werden sich bei einer stofflichen Belastung der Gewässer keine typischen Biozönosen einstellen. Eine besondere Bedeutung hat auch der Eintrag von Feinsedimenten. Ein gutes Beispiel ist die Revitalisierung der Dill (Dil), die eine deutliche Verbesserung hinsichtlich der Gewässerstruktur erfahren hat. Im Rahmen der Kartierung wurden großflächig Feinsedimentauflagen festgestellt (Kolmatierung), diese Feinsedimenteinträge verhindern die Ausbildung eines gut durchlüfteten Interstitials, wie es für die Gewässersohle typisch wäre. Der Anteil an EPT-Taxa beim Makrozoobenthos wurde an beiden Abschnitten mit „schlecht" bewertet. Viele Taxa dieser Ordnungen besitzen einen hohen Anspruch an ihren Lebensraum und im Falle der Mittelgebirgsgewässer sind die Taxa an gut durchlüftete Kiesbänke gebunden. Auch wenn stoffliche Einträge und Feinsedimenteinträge inzwischen reduziert worden sind, wird die Erholung der Gewässer einige Zeit in Anspruch nehmen. Bei der Maßnahmenplanung und einer anschließenden Erfolgskontrolle sind diese Einflüsse zu berücksichtigen.

Zusammenfassend kann gesagt werden, dass der Erfolg von Revitalisierungsprojekten einerseits von der Qualität der Maßnahmen selbst, aber auch von verschiedenen Wirkfaktoren des Einzugsgebietes abhängig ist.

Hinweise für künftige Maßnahmenplanungen

Aus den Ergebnissen der vorliegenden Studie ist abzuleiten, dass eine ganzheitliche Betrachtung der Gewässer in ihrem Einzugsgebiet grundlegend ist; besonders wichtig ist dabei, das Potenzial und die Defizite im Einzugsgebiet zu berücksichtigen. Daneben sollte die Konzeption der Maßnahmen den Aspekt der ökologischen Effektivität auf aquatische und auegebundene Organismen einbeziehen. Dabei spielen vor allem naturnahe Biozönosen im Einzugsgebiet eine Rolle, die als Besiedlungsquellen für revitalisierte Abschnitte fungieren könnten. Fehlen diese, wie es in den hier vorgelegten Fällen in der Regel der Fall ist, könnten Besatzmaßnahmen den Prozess der Wiederbesiedlung beschleunigen.

Dank

Das Projekt wurde von der Deutschen Bundesstiftung für Umwelt (FK 25032-33/2) und dem Hessischen Ministerium für Umwelt, ländlichen Raum und Verbraucherschutz (FK III 2-79i02) finanziert. Ganz besonderer Dank geht an das Senckenberg Institut, Abteilung für Limnologie und Naturschutzforschung, Gelnhausen, insbesondere Dr. A. Sundermann und PD P. Haase, für die Bereitstellung der Daten sowie an die Herausgeber dieses Bandes für die wertvolle Anregung und Kritik.

Literatur

Bundesministerium für Umwelt, Naturschutz und Reaktorsicherheit (BMU) (2005): Die Wasserrahmenrichtlinie – Ergebnisse der Bestandsaufnahme 2004 in Deutschland. Bonifatius, Paderborn.

DE JONG, M.C.V., COWX, I.G. & SCRUTON, D.A. (1997): An evaluation of instream habitat restoration techniques on salmonid population in a Newfoundland stream – Regulated Rivers: Research and Management 13: 603–614.

Deutscher Rat für Landespflege (DRL) (Hrsg.) (2008): Kompensation von Strukturdefiziten in Fließgewässern durch Strahlwirkung – Schriftenreihe des Deutschen Rates für Landespflege 81.

DIEKMANN, M., DUSSLING, U. & BERG, R. (2005): Handbuch zum fischbasierten Bewertungssystem für Fließgewässer (fiBS) – Hinweise zur Anwendung. Fischereiforschungsstelle Baden-Württemberg, Langenargen – Online unter: www.LVVG.bwl.de/FFS.

DUSSLING, U., BISCHOFF, A., HABERBOSCH, R., HOFFMANN, A., KLINGER, H., WOLTER, C., WYSUJACK, K. & BERG, R. (2005): Die fischbasierte Bewertung von Fließgewässern zur Umsetzung der WRRL. In: Feld, C.K., Rödiger, S., Sommerhäuser, M. & Friedrich, G. (Hrsg.): Typologie, Bewertung, Management von Oberflächengewässern. Stand der Forschung zur Umsetzung der EG-Wasserrahmenrichtlinie – Limnologie aktuell 11: 91–104.

DUSSLING, U., BISCHOFF, A., HABERBOSCH, R., HOFFMANN, A., KLINGER, H., WOLTER, C., WYSUJACK, K. & BERG, R. (2004): Verbundprojekt: Erforderliche Probenahmen und Entwicklung eines Bewertungsschemas zur ökologischen Klassifizierung von Fließgewässern anhand der Fischfauna gemäß EG-WRRL. Abschlussbericht, allgemeiner Teil: Grundlagen zur ökologischen Bewertung von Fließgewässern anhand der Fischfauna. Online unter: www.LVVG.bwl.de/FFS.

Europäische Union (2000): Directive 2000/EC of the European Parliament and the Council establishing a framework for community action in the field of water policy: PE-CONS 3639/00. Brüssel.

FELD, C., HERING, D., JÄHNIG, S., LORENZ, A., ROLAUFFS, P., KAIL, J., HENTER, H.-P., KOENZEN, U. (2007): Ökologische Fließgewässerrenaturierung – Erfahrungen zur Durchführung und Erfolgskontrolle von Renaturierungsmaßnahmen zur Verbesserung des ökologischen Zustands. Schlussbericht im Auftrag des Umweltbundesamtes Dessau.

FORTIN, M.J., PAYETTE, S. & MARINEAU, K. (1999): Spatial vegetation diversity index along a postfire successional gradient in the northern boreal forest – Écoscience 6: 204–213.

FRIEDRICH, G. & SOMMERHÄUSER. M. (2010): Fließgewässer. In: Nießner, R. (Hrsg.): Höll. Wasser. Nutzung im Kreislauf. Hygiene, Analyse und Bewertung. 9. Auflage. De Gruyter, Berlin, New York: 467–505.

FUCHS, U. & STATZNER, B. (1990): Time scales for the recovery potential of river communities after restoration: lessons to be learned from smaller streams – Regulated Rivers: Research and Management 5: 77–87.

HAASE, P., SUNDERMANN, A. & SCHINDEHÜTTE, K. (2006): Operationelle Taxaliste als Mindestanforderung an die Bestimmung von Makrozoobenthosproben aus Fließgewässern zur Umsetzung der EU-Wasserrahmenrichtlinie in Deutschland. Online unter: http://www.fliessgewaesserbewertung.de.

HAUER, F.R. & LAMBERTI, G.R. (2007): Methods in Stream Ecology. Elsevier, Burlington.

HILDEBRAND, R.H., LEMLY, A.D., DOLLOFF, C.A. & HARPSTER, K.L. (1997): Effects of large woody debris placement on stream channels and benthic macroinvertebrates – Canadian Journal of Fisheries and Aquatic Science 54: 931–939.

HILDREW, A.G. & ORMEROD, S.J. (1995): Acidification – Causes, consequences and solutions – Ecological Basis for River Management: 147–160.

JANUSCHKE, K., SUNDERMANN, A., ANTONS, C., HAASE, P., LORENZ, A. & HERING, D. (2009): Untersuchung und Auswertung von ausgewählten Renaturierungsbeispielen repräsentativer Fließgewässertypen der Flusseinzugsgebiete Deutschlands – Schriftenreihe des Deutschen Rates für Landespflege, Heft 82: 23–39.

JÄHNIG, S.C., LORENZ, A.W. & HERING, D. (2008): Hydromorphological parameters indicating differences between single- and multiple-channel mountain rivers in Germany, in relation to their modification and recovery – Aquatic Conservation 18: 1200–1216.

JÄHNIG, S. & LORENZ, A. W. (2008): Substrate-specific macroinvertebrate diversity patterns following stream restoration – Aquatic Science 70: 292–303.

JÄHNIG, S., BRUNZEL, S., GACEK, S., LORENZ, A.W. & HERING, D. (2009): Effects of re-braiding measures on hydromorphology, floodplain vegetation, ground beetles and benthic invertebrates in mountain rivers. Journal of Applied Ecology 46: 406–416.

KAIL J., HERING, D., MUHAR, S., GERHARD, M. & PREIS, S. (2007): The use of large wood in stream restoration: experiences from 50 projects in Germany and Austria – Journal of Applied Ecology 44: 1145–1155.
KRONVANG, B., GRANT, R. & LAUBEL, A.L. (1997): Sediment and phosphorus export from a lowland catchment: Quantification of sources – Water Air and Soil Pollution 99: 465–476.
LEHANE, B.M., GILLER, P.S., O'HALLORAN, J., SMITH, C. & MURPHY, J. (2002): Experimental provision of large woody debris in streams as a trout management technique – Aquatic conservation 12: 289–311.
LEPORI, F., PALM, D., BRANNAS E. & MALMQVIST, B. (2005): Does restoration of structural heterogeneity in streams enhance fish and macroinvertebrate diversity? – Ecological Applications 15: 2060–2071.
MACNEALE, K.H., PECKARSKY, B.L. & LIKENS, G.E. (2005): Stable isotopes identify dispersal patterns of stonefly populations living along stream corridors – Freshwater Biology 50: 1117–1130.
MALMQVIST, B., RUNDLE, S., BROENMARK, C. & ERLANDSSON, A. (1991): Invertebrate colonization of a new, man-made stream in southern Sweden – Freshwater Biology 26: 307–324.
MEIER, C., HERING, D., HAASE, P., SUNDERMANN, A. & BÖHMER, J. (2005): Die Bewertung von Fließgewässern mit dem Makrozoobenthos. In: Feld, C.K., Rödiger, S., Sommerhäuser, M. & Friedrich, G. (Hrsg.): Typologie, Bewertung, Management von Oberflächengewässern. Stand der Forschung zur Umsetzung der EG-Wasserrahmenrichtlinie – Limnologie aktuell 11: 76–90.
MEIER, C., BÖHMER, J. BISS, R., FELD, C., HAASE, P., LORENZ, A., RAWER-JOST, C., ROLAUFFS, P., SCHINDEHÜTTE, K., SCHÖLL, F., SUNDERMANN, A., ZENKER, A. & HERING, D. (2006a): Weiterentwicklung und Anpassung des nationalen Bewertungssystems für Makrozoobenthos an neue internationale Vorgaben – Abschlussbericht im Auftrag des Umweltbundesamtes. Online unter: www.fliessgewaesserbewertung.de.
MEIER, C., HAASE, P., ROLAUFFS, P., SCHINDEHÜTTE, SCHÖLL, F., SUNDERMANN, A. & HERING, D. (2006b): Methodisches Handbuch Fließgewässerbewertung zur Untersuchung und Bewertung von Fließgewässern auf der Basis von Makrozoobenthos vor dem Hintergrund der EG-Wasserrahmenrichtlinie. Stand Mai 2006. Online unter: www.fliessgewaesserbewertung.de.
MÜLLER, K. (1954): Investigations on the organic drift in north Swedish streams – Report for Institute of Freshwater Research, Drottningholm 35: 133–148.
MUOTKA, T. & SYRJÄNEN, J. (2007): Changes in habitat structure, benthic invertebrate diversity, trout populations and ecosystem processes in restored forest streams: a boreal perspective – Freshwater Biology 52: 724–737.
PAETZOLD, A., YOSHIMURA, C. & TOCKNER, K. (2008): Riparian arthropod responses to flow regulation and river channelization – Journal of Applied Ecology 45: 894–903.
PALMER, M.A., AMBROSE, R.F. & POFF, L.N. (1997): Ecological theory and community restoration ecology – Restoration Ecology 5: 291–300.
PALMER, M.A. & BERNHARDT, E.S. (2006): Hydroecology and river restoration: ripe for research and synthesis – Water Resources Research 42: W03S07.
PALMER, M.A., MENNINGER, H.L. & BERNHARDT, E. (2010): River restoration, habitat heterogeinity and biodiversity: a failure of theory or practice? – Freshwater Biology 55 (Suppl. 1): 205–222.
POPP, H. & LEHR, G. (2008): Renaturierungsprojekte in Hessen am Beispiel der Wisper und der Nidda – Versuch einer Erfolgsbewertung – Schriftenreihe des Deutschen Rates für Landespflege, Heft 81: 93–95.
RAHEL, F.J. (2002): Homogenization of freshwater faunas – Annual Review of Ecology and Systematics 33: 291–315.
SCHAUMBURG, J., SCHRANZ, C., STELZER, D., HOFMANN, G., GUTOWSKI, A. & FOERSTER, J. (2007): Vorbereitung des nationalen Bewertungsverfahrens für Makrophyten & Phytobenthos zur Interkalibrierung sowie Fachliche Unterstützung beim Interkalibrierungsprozess – Endbericht im Auftrag der Universität Duisburg-Essen. Online unter: http://www.lfu.bayern.de.
SCHAUMBURG, J., SCHRANZ, C., STELZER, D., HOFMANN, G., GUTOWSKI, A. & FOERSTER, J. (2006): Handlungsanweisung für die ökologische Bewertung von Fließgewässern zur Umsetzung der EU-Wasserrahmenrichtlinie: Makrophyten und Phytobenthos – Informationsbericht im Auftrag der LAWA, Projekt-Nr. 02.04. Stand Januar 2006. Online unter: http://www.lfu.bayern.de.
SCHAUMBURG, J., SCHRANZ, C., MEILINGER, P., STELZER, D., HOFMANN, G., FOERSTER, J., GUTOWSKI, A., SCHNEIDER, S., KÖPF, B. & SCHMEDTJE, U. (2005a): Makrophyten und Phytobenthos in Fließgewässern und Seen – Das deutsche Bewertungsverfahren: Entwicklung, Praxistest und Ausblick. In: Feld, C.K.,

Rödiger, S., Sommerhäuser, M. & Friedrich, G. (Hrsg.): Typologie, Bewertung, Management von Oberflächengewässern. Stand der Forschung zur Umsetzung der EG-Wasserrahmenrichtlinie – Limnologie aktuell 11: 63–75.

SCHAUMBURG, J., SCHRANZ, C., STELZER, D., HOFMANN, G., GUTOWSKI, A. & FOERSTER, J. (2005b): Bundesweiter Test: Bewertungsverfahren „Makrophyten & Phytobenthos" in Fließgewässern zur Umsetzung der WRRL – Endbericht im Auftrag des Bayerischen Landesamtes für Umwelt. München.

SEMRAU, M., JUNGHARDT, S. & SOMMERHÄUSER, M. (2011): Die Erfolgskontrolle renaturierter Schmutzwasserläufe – Monitoringkonzept, Erfahrungen und Messergebnisse aus dem Emscher- und Lippegebiet. – Limnologie aktuell 13: 83–101.

SHANNON, C.E. & WEAVER, W. (1949): The Mathematical Theory of Communication – Urbana, Illinois: The University of Illinois Press.

SKINNER, K., SHIELDS JR., F.D. & HARRISON, S. (2008): Measures of Success: Uncertainty and Defining the Outcomes of River Restoration Schemes. In: Darby, S. & Sear, D. (Hrsg.) (2008): River Restoration – Managing the Uncertainty in Restoring Physical Habitat. West Sussex.

SOMMERHÄUSER, M. & HURCK, R. (2008): Aufbau des Arteninventars in isolierten, renaturierten Gewässerabschnitten im städtische Bereich – Trittsteine und Strahlwirkung im Emschergebiet. – Schr.-R. d. Deutschen Rates für Landespflege 81: 101–105.

SOMMERHÄUSER, M. & POTTGIESSER, T. (2008): Erste Überarbeitung Steckbriefe der deutschen Fließgewässertypen. Online unter: http://www.wasserblick.net.

SUNDERMANN, A., ANTONS, C., HEIGL, E., HERING, D., JEDICKE, E., LORENZ, A. & HAASE, P. (2009a): Evaluation von Fließgewässer-Revitalisierungsprojekten als Modell für ein bundesweites Verfahren zur Umsetzung effizienten Fließgewässerschutzes – Schlussbericht im Auftrag der Deutschen Bundesstiftung für Umwelt und dem Hessischen Ministerium für Umwelt, ländlichen Raum und Verbraucherschutz.

SUNDERMANN, A., ANTONS, C., CROHN, N., LORENZ, A., HERING, D. & HAASE, P. (2009b): Hydromorphological restoration of rivers: Is there a measurable effect on benthic invertebrate assemblages? – Freshwater Biology: FW FWB-A-Nov-09-0550.

Renaturierung von Mittelgebirgsflüssen – Auswirkung auf verschiedene Organismengruppen: Makrozoobenthos, Auenvegetation, Laufkäfer

Sonja C. Jähnig[1], Armin W. Lorenz[2], Stefan Brunzel[3] und Daniel Hering[2]

[1] Senckenberg Gesellschaft für Naturforschung, Abteilung Limnologie und Naturschutzforschung, Clamecystrasse 12, 63571 Gelnhausen
Biodiversität und Klima Forschungszentrum (BiK-F), Senckenberganlage 25, 60325 Frankfurt am Main
Übrige Autoren-Adressen fehlen:
[2] Universität Duisburg-Essen, Abteilung Angewandte Zoologie / Hydrobiologie, 45117 Essen
[3] Philipps-Universität Marburg, Abteilung Allgemeine Ökologie & Tierökologie, Karl-von-Frisch Str. 8, 35032 Marburg

Mit 3 Abbildungen und 2 Tabellen

Dieser Beitrag beruht auf einer internationalen Publikation der Autoren, die hier in Bezug auf die Anwendung in Deutschland umgeschrieben worden ist.

Abstract. Large river restoration measures, re-establishing a more natural river course do effect the habitat composition – but only little is known about the effects on aquatic and terrestrial organisms. We investigated the effects of restoration on hydromorphology, floodplain vegetation, ground beetles and benthic invertebrates of German mountain rivers by comparing seven restored, multiple-channel sections with seven nearby non-restored, straight sections. Floodplain mesohabitats and aquatic microhabitats were recorded along 20 transects per river section (200 m long). Samples of floodplain vegetation (444 samples), ground beetles (153) and benthic invertebrates (134) were taken per habitat type and section. Two hydromorphological indices and 13 biotic indices were calculated. The number of floodplain mesohabitats was significantly higher in restored sections, but there was no significant effect on the number of aquatic microhabitats. Floodplain vegetation reacted most strongly to restoration, with more vegetation assemblages and higher species numbers in restored sections. The number of ground beetle species also increased, but there was no effect on species numbers or diversity of benthic invertebrates. Habitat composition and assemblages were compared by cluster analysis. When using mesohabitat data, restored versus non-restored sections clustered to separate groups, while the use of aquatic microhabitat data produced mixed groups. Floodplain vegetation data clustered in restored and non-restored sections. For benthic invertebrates the restored and non-restored sections of each individual river were always clustered together. Ground beetle assemblages responded more strongly to restoration than benthic invertebrates but less than floodplain vegetation. The investigated river restoration measures differ in their effect on floodplain vegetation, ground beetles and benthic invertebrates. Floodplain vegetation was mainly influenced by "stream channel form" (restored or non-restored). Benthic invertebrates seem to be mainly influenced by site and age of the restoration measure; riparian ground beetles were influenced by both, channel form and site with riparian ground beetles reacting mainly to the increased availability of gravel bars. Our results indicate that restored river sections resemble more closely near-natural habitat conditions and we argue that overall ecological condition has been considerably improved by the river restoration measures.

Key words: aquatische Habitate, Gerinneform, FFH Richtlinie, Wasserrahmenrichtlinie, Auen, Monitoring, Uferzone

Zusammenfassung. Große Renaturierungsmaßnahmen, bei denen die potenziell natürliche Laufform wiederhergestellt wird, bewirken auch jeweils eine Veränderung auf der Habitatebene. Ob diese Veränderung aber auch Auswirkungen auf die Besiedlung durch Organismen zeigt, wird zwar angenommen, ist aber bis jetzt unklar. Im Rahmen dieser Untersuchung wurden die Auswirkungen von Fließgewässerrenaturierungen an sieben wieder-verzweigten Mittelgebirgsflüssen auf vier Parameter untersucht: Hydromorphologie, Auenvegetation, Laufkäfer und Makrozoobenthos. Es wurde jeweils ein renaturierter mit einem nicht-renaturierten Abschnitt verglichen. Auf zwei Skalen wurden die für die drei Orngansimengruppen (Makrozoobenthos, Laufkäfer und Auenvegetation) verfügbaren Habitate protokolliert: Auf einer Länge von ca. 200 m wurden entlang von 10 quer zur Fließrichtung verlaufenden Transekten die Mesohabitate (Flussbereiche in Fluss und Auen) und die Mikrohabitate (Substrate) aufgenommen. Die drei Organismengruppen wurden in jedem Flussabschnitt habitatspezifisch beprobt. Zwei morphologische und 13 biologische Indices wurden berechnet. Die Anzahl der Auen-Mesohabitate war in den renaturierten Abschnitten signifikant höher, aber es gab keine Unterschiede bei der Anzahl der Mikrohabitate. Zwei der drei Organismengruppen (Auenvegetation und Laufkäfer) zeigten eine positive Reaktion auf die veränderten Habitatbedingungen. Der Shannon-Wiener-Index war in den verzweigten Abschnitten für alle Organismengruppen erhöht, allerdings nicht signifikant. Ein Gradient hinsichtlich der Stärke der Auswirkungen ist erkennbar, d.h. die Auenvegetation zeigt deutlichere Unterschiede als die Laufkäfer-Gemeinschaft, und diese stärkere Unterschiede als das Makrozoobenthos. Die Ergebnisse spiegeln somit die Habitatzusammensetzung wider. Mit Hilfe von Clusteranalysen konnten unterschiedliche Parameter identifiziert werden, die die Lebensgemeinschaften strukturieren: für die Vegetation scheint die „Gerinneform" (unverzweigt oder verzweigt) die Zusammensetzung der Lebensgemeinschaften zu bestimmen. Die Zusammensetzung des Makrozoobenthos scheint vor allem von den Parametern „Probestelle" und „vergangene Zeit seit der Wiederverzweigung" beeinflusst zu sein. Die Parameter „Probestelle" and „Gerinneform" beeinflussen die Zusammensetzung der Laufkäfer-Gemeinschaften. Morphologisch erfolgt eine deutliche Annäherung an das Leitbild der silikatischen, fein- bis grobmaterialreichen Mittelgebirgsflüsse. Durch die größere Mesohabitatvielfalt und das Zulassen dynamischer Prozesse profitieren bereits kleinräumig einzelne Organismengruppen. Bei größerskaligen Maßnahmen kann von einer deutlichen Verbesserung der allgemeinen ökologischen Qualität von Flussabschnitte ausgegangen werden.

Einleitung

Renaturierungsmaßnahmen dienen in der Regel der Strukturverbesserung und dem Hochwasserschutz und zielen auf die Verbesserung des ökologischen Zustandes ab. Doch die häufig lange Vorlaufzeit und Planung der Maßnahmen steht im Gegensatz zu selten durchgeführten Erfolgskontrollen und/oder Monitoring nach der Maßnahmenausführung. Ob die erreichten morphologischen Veränderungen auch Auswirkungen auf die Besiedlung durch Organismen zeigen, wird zwar angenommen ist aber für die Mehrzahl der Projekte nicht belegt (Bernhardt et al. 2005, Bratrich 2004). Ziel dieser Untersuchung war es deshalb, unverzweigte (nicht renaturierte) und verzweigte (renaturierte) Flussabschnitte im Mittelgebirge hinsichtlich ihrer hydromorphologischen Ausprägungen sowie der Besiedlung verschiedener Organismengruppen zu vergleichen. Die Renaturierungsmaßnahmen stellten natürlichere Flussverläufe und morphologische Dynamik wieder her, die als Voraussetzung für Habitatdiversität und naturnahe Ökosystemfunktionen gelten können. Im Mittelpunkt der Untersuchung standen Mittelgebirgsflüsse, die gemäß ihrer Größe, ihres Gefälles, des Abflussregimes und Sedimenthaushaltes im potenziell natürlichen Zustand eine verzweigte Gerinneform aufweisen (LUA NRW 2001). Solche Flüsse sind in naturnahem Zustand durch eine vielfältige Habitatmatrix charakterisiert und beherbergen eine entsprechend diverse Flora und Fauna (Tockner et al. 2006). Doch auf Grund der im 18. Jahrhundert stattgefundenen hydrologischen Veränderungen sind solche Flussläufe in Mitteleuropa mit Ausnahme des Alpenraumes so gut wie verschwunden, obwohl sie früher häufig das Landschaftsbild prägten (Gurnell & Petts 2002). Sie sind heute aber nicht nur selten, sondern zählen auch zu den besonders degradierten Fließgewässertypen (Böhmer et al. 2004). Wegen ihrer Größe, der häufig intensiven Auennutzung und möglicher hydrologischer Gefährdung flussabwärtsliegender Bereiche sind umfassende Renaturierungsmaßnahmen selten. Durchgeführte Renaturierungsmaßnahmen an Mittelgebirgsflüssen sind andererseits mit besonders hohen Erwartungen verbunden. Diese Studie beschäftigt sich mit den Auswirkungen auf Hydromorphologie, Auenvegetation, Laufkäfer und Makrozoobenthos, um einen Gradienten vom Fluss zur Aue abzudecken. Das Makrozoobenthos ist die am häufigsten verwendete Organismengruppe in der Fließgewässerbewertung (Hering et al. 2006), Laufkäfer (Carabidae) zeigen die Intensität von aquatisch-terrestrischen Interaktionen an (Hering & Plachter 1997, Paetzold et al. 2008), die Auenvegetation ist hingegen ein zentrales Element der FFH-Richtlinie. Die folgenden Hypothesen leiteten unsere Untersuchungen: (1) die Habitatdiversität und -verfügbarkeit wird durch die Renaturierungsmaßnahmen erhöht; (2) die erhöhte Habitatdiversität wirkt positiv auf Artenvielfalt und Biodiversität in den renaturierten Flussabschnitten.

Die Untersuchung hat folgende Leitfragen:
- Welche Veränderungen hinsichtlich der Hydromorphologie, der aquatischen und uferbezogenen Lebensgemeinschaften treten in Folge von Wiederverzweigungen auf?
- Welche Parameter und welche Organismengruppen reagieren am stärksten?
- Welche Bedeutung hat der (hydro-)morphologische Zustand auf die Lebensgemeinschaften?
- Ändert sich der ökologische Zustand der renaturierten Abschnitte im Vergleich zu den nicht-renaturierten Abschnitten?

Material und Methoden

Untersuchungsgebiet und Ansatz

An sieben Probestellen der Mittelgebirgsflüsse Lahn, Eder, Orke, Nims und Bröl wurden im Frühjahr und Sommer 2004 und 2005 Untersuchungen der Hydromorphologie und verschiedener Organismengruppen durchgeführt. Die Flüsse sind den silikatischen, fein- bis grobmaterialreichen Mittelgebirgsflüssen zuzuordnen (Sommerhäuser & Pottgiesser 2005). Jede Probestelle umfasste einen renaturierten oder naturnahen, verzweigten Flussabschnitt und einen begradigten, unverzweigten Vergleichsabschnitt, da keine Daten aus dem Zeitraum vor der Renaturierung zur Verfügung standen. An den renaturierten Flussabschnitten war durch die naturräumliche Situation oder durch Renaturierungsmaßnahmen die laterale Ausdehnung der Flüsse in die Aue und die Entwicklung von verzweigten Flussverläufen möglich. Die Probestellen besitzen Einzugsgebiete von 180–650 km^2 und sind in Bezug auf Abfluss, großräumige Landnutzung und Wasserbeschaffenheit vergleichbar. Die Untersuchungsstellen weisen keine oder nur eine geringe organische Belastung auf und erreichen mindestens einen guten saprobiellen Zustand.

Drei der verzweigten Flussabschnitte wurden „aktiv" durch Erdbewegungen und Entfernungen der Uferbefestigung renaturiert. Vier der Stellen entwickelten sich natürlich, da Maßnahmen der Gewässerunterhaltung reduziert oder eingestellt wurden. Hochwasserereignisse formten dann Nebenarme, Altarme und andere Habitate. Unabhängig von der Art der Renaturierung nehmen die renaturierten Abschnitte deutlich mehr Talbodenfläche ein, wenngleich immer noch weniger als im potenziell natürlichen Zustand, da der Großteil der Aue nach wie vor landwirtschaftlicher Nutzung unterliegt. Die renaturierten Abschnitte besitzen alle wenigstens einen Nebenarm, der z.B. durch eine Insel oder eine Schotterbank vom Hauptarm getrennt ist. Die nicht-renaturierten

Tab. 1. Beschreibung der Probestellen, Einzugsgebiete und Renaturierungsmaßnahmen. Daten gelten jeweils für renaturierte und nicht-renaturierte Abschnitte. Die Begriffe „Lahn-W", „Lahn-LH" and „Lahn-C" benennen verschiedene Stellen an der Lahn. Die Parameter „Abschnitts-Fläche", „Gewässerstrukturgüte" und „mittlere Breite" vergleichen jeweils nicht-renaturierten und renaturierten Abschnitt (obere vs. untere Zahl).

Probestelle	Lahn-W	Lahn-LH	Lahn-C	Orke	Eder	Nims	Bröl
Geogr. Breite (N)	50°55'37"	50°55'29"	50°51'47"	51°9'8"	51°1'38"	49°56'48"	50°49'36"
Geogr. Länge (O)	8°29'20"	8°29'59"	8°47'25"	8°50'37"	8°34'21"	6°29'3"	7°22'58"
Einzugsgebiet (km^2)	278	288	650	289	480	222	181
Abschnittsfläche (ha)[a]	0,29 — 0,62	0,31 — 1,14	0,48 — 1,24	0,43 — 0,92	0,73 — 0,74	0,35 — 0,55	0,45 — 1,04
Höhe (m über NN)	300	300	190	300	300	240	104
Mittlerer Abfluss (m^{3}s^{-1})	5,1	5,2	8,3	6,3	10,5	2,8	3,4
Lokales Gefälle (m km^{-1})	0,21	0,40	0,20	0,45	0,20	0,48	0,60
Jahr der Renaturierung und Maßnahme	2001 (aktiv) Entfernung von Auelehm; Trassierung eines Nebenarmes	2002 (aktiv) Entfernung von Auelehm; Trassierung eines Nebenarmes	2000 (aktiv) Trassierung von zwei Nebenarmen; Rücknahme von Verbaumaßnahmen	1998 (passiv) Extensivierung von Unterhaltungsmaßnahmen: Kiesbankentwicklung	2000 (passiv) Extensivierung von Unterhaltungsmaßnahmen: Kiesbankentwicklung nach Baumsturz	1996 (passiv) Extensivierung von Unterhaltungsmaßnahmen: Kiesbankentwicklung nach Baumsturz	1995 (passiv) Extensivierung von Unterhaltungsmaßnahmen: Kiesbankentwicklung nach Baumstürze
Gewässerstrukturgüte[b]	6 — 3	6 — 3	3 — 2	5 — 3	5 — 3	5 — 3	5 — 2
Mittlere Breite (m)[c]	18,5 — 56,0	15,8 — 67,3	25,5 — 57,8	22,9 — 49,2	34,6 — 39,3	17,9 — 31,4	19,0 — 54,2
Entfernung zur Quelle (km)	25	26	50	31	74	44	30
Länge der Renaturierung (m)	200	400	1000	200	250	200	600
Anteil der renaturierten Länge an Gesamtlänge (%)	0,8	1,5	2	0,6	0,6	0,3	2,0

[a] bezogen auf ca. 200m Talweg zwischen Böschungskanten
[b] Gewässerstrukturgüte nach LAWA (2002)
[c] aus Jähnig et al. (2008)

Abschnitte sind Einbettgerinne und werden durch Blocksteine an Ausuferungen gehindert. Auch die renaturierten Abschnitte weisen im Vergleich zum morphologischen Leitbild (LAWA 2002) einen leicht oder mäßig veränderten morphologischen Zustand auf; keiner kann als unbeeinflusst eingestuft werden (Tab. 1). Die nicht-renaturierten Abschnitte hingegen sind stark oder sehr stark verändert. Die Renaturierungsmaßnahmen lagen zum Zeitpunkt der Untersuchung mindestens zwei Jahre zurück und umfassten mindestens 200 m Fließstrecke.

Die folgenden Arbeitsschritte wurden durchgeführt:

- Hydromorphologische Aufnahme der für die drei Organismengruppen (Makrozoobenthos, Laufkäfer und Auenvegetation) verfügbaren Habitate auf zwei Skalen: Mesohabitate (Flussbereiche in Fluss und Auen) und Mikrohabitate (Substrate) der Gewässersohle.
- Habitatspezifische Beprobung im Bereich der Mesohabitate (Auenvegetation und Laufkäfer) bzw. im Bereich der aquatischen Mikrohabitate (Makrozoobenthos).
- Für die Auswertung wurden die habitatspezifischen Taxalisten zu Gesamt-Abschnittslisten verrechnet, d.h. mit den Habitatanteilen multipliziert und dann addiert. Die Habitatanteile ergaben sich aus der Länge der Vegetationseinheiten entlang der Transekte, der Länge der Mesohabitate für die Laufkäfer und dem Anteil der Mikrohabitate im Gerinne (Makrozoobenthos).
- Die Auswertung erfolgte in zwei Schritten: Jeweils alle renaturierten und nicht-renaturierten Abschnitte wurden hinsichtlich einer Auswahl von einfachen, direkten Parametern miteinander verglichen, z.B. Anzahl der Mesohabitate, Anzahl der Mikrohabitate, Artenzahl, Vegetationseinheiten, Anteil ripicoler Laufkäfer und Shannon-Wiener-Diversität. Zusätzlich wurden die quantitativen Artenlisten getrennt nach Organismengruppen Cluster-Analysen unterzogen.
- Zusätzlich wurde der ökologische Zustand mit Hilfe der Software ASTERICS/PERLODES (v 3.1.1) bestimmt (biologische Qualitätskomponente Makrozoobenthos).

Probennahme

Meso- und Mikrohabitate

An jedem Flussabschnitt wurde entlang von 20 Transekten die Länge von Mesohabitaten gemessen, die sich in sechs aquatische (Hauptarm, Nebenarm, Seitenarm mit und ohne Anschluss, temporäre und permanente Auengewässer), drei semiaquatische (Inselbank, Uferbank und Ufer) und drei terrestrische Habitate (Böschung, bewachsene Inseln, Auenbereiche) differenzieren lassen. In den aquatischen Bereichen wurden an 400 Punkten je Abschnitt Substrat, Tiefe und Strömungsgeschwindigkeit dokumentiert.

Auenvegetation

Die Auenvegetation wurde entlang von 10 Transekten von je 2 m Breite aufgenommen (jedes zweite Transekt aus der Habitatkartierung). Die Vegetationseinheiten wurden mit Oberdorfer (1983, 1992) und Ellenberg (1996) auf Verbandsniveau klassifiziert. Die Begriffe „aquatische Vegetation" und „Schotterbänke" wurden verwendet, wenn phytocoenologische Einheiten nicht anwendbar waren. Die Vegetationseinheiten wurden in Abhängigkeit von ihrem Deckungsgrad mit 1–24 Proben je Vegetationseinheit und Probestelle beprobt. Um Artenzahlen und Diversität vergleichen zu können wurden die Vegetationseinheiten vollständig beprobt, und Art und Deckungsgrad jeder gefundenen Art angegeben (1%, 5%, 10%, 15%, 20% und weiter in 10%-Schritten bis 100%).

Laufkäfer

Für jeden Abschnitt wurden drei repräsentative Transekte gewählt, die ausreichend Schotter- bzw. Lehmbänke für Probennahmen aufwiesen. Die Probenahme erfolgte in zwei Schritten. Als erstes wurden zwei bis vier Handproben, abhängig von Anzahl bzw. Größe der im Transekt vorhandenen Uferbänke, mit einem Exhaustor genommen. Da in den nicht-renaturierten Abschnitten sehr oft keine Uferbänke vorhanden waren, konnten dort nur zum Teil Handproben genommen werden. Im zweiten Schritt wurden auf beiden Ufern ca.1–2 Meter von der Uferlinie entfernt pro Transekt je eine Barberfalle ausgebracht (Fangdauer: eine Woche). Die Anzahl der Proben variierte so zwischen 6 und 17, in Abhängigkeit der Fläche des beprobten Mesohabitats. Alle gefangenen Laufkäfer wurden bis zur Art bestimmt.

Makrozoobenthos

Insgesamt 134 habitatspezifische Makrozoobenthos-Aufsammlungen wurden mit Hilfe eines Shovel-Samplers (25 x 25 cm, 500 µm Maschenweite) durchgeführt. Da sich die Besiedlung in renaturierten und nicht-renaturierten Abschnitten nicht signifikant unterschied (vielmehr die Besiedlung der Substrate selber, vgl. Jähnig & Lorenz 2008) wurde jedes Substrat in jedem Abschnitt einmal beprobt, so dass auch nur in geringem Umfang vorhandene Substrate gleichberechtigt besammelt wurden. Die Proben wurden nach dem RIVPACS-Schema (Murray-Bligh et al. 1997) sortiert und zumeist auf Artniveau bestimmt (Oligochaeta meist bis zur Ordnung und Chironomidae meist bis Tribus-Level).

Auswertung

Aus den morphologischen Aufnahmen wurde die Anzahl und Häufigkeit von Meso- und Mikrohabitaten berechnet. Für alle Organismengruppen an jedem Flussabschnitt wurden quantitative Taxalisten erstellt, die die jeweilige Habitatzusammensetzung berücksichtigen. Die Daten wurden jedoch nicht auf die Fläche hin korrigiert, da größere Flächen von Auen- oder Gewässerhabitaten Erfolge der Renaturierungsmaßnahmen sind.

Die Datenanalyse umfasste den Vergleich von 10 einfachen Metrics zwischen renaturierten und nicht-renaturierten Flussabschnitten: Anzahl von Taxa und Shannon-Wiener-Index für alle Organismengruppen. Zusätzlich für Auenvegetation und Laufkäfer wurden die Anzahl der Vegetationseinheiten und der Anteil der ripicolen Laufkäfer (Koch 1993) ermittelt. Für die Habitatzusammensetzung wurden die Anzahl der Mesohabitate und die Anzahl der Mikrohabitate berechnet. Für die relative Breite der Mesohabitate, die Zusammensetzung der Mikrohabitate und die Taxahäufigkeiten wurden Clusteranalysen durchgeführt. Die Cluster-Analyse verwandte den Soerensen (Bray-Curtis) Index als Distanzmaß und die flexible beta linkage method (flexible beta = –0.25) (PCOrd5, McCune & Mefford 1999). Zuletzt wurde der ökologische Zustand der Probestellen mit der Software ASTERICS/PERLODES (v3.1.1) berechnet.

Ergebnisse

Vergleich der renaturierten und nicht-renaturierten Abschnitte

Fünf der 10 Metrics unterscheiden sich signifikant zwischen renaturierten und nicht-renaturierten Abschnitten. Die Anzahl der Mesohabitate verdoppelte sich im Mittel und zeigte damit die erwarteten strukturellen Veränderungen. Die mittlere Länge der Mesohabitate entlang der Transekte war in den renaturierten Abschnitten dreimal höher (terrestrische Teile), 1,4 mal länger (aquatische Teile) bzw. fast 6 mal länger (semiaquatische Bereiche). Die Anzahl der Mikrohabitate war nicht verändert, obwohl sich ihre Zusammensetzung veränderte und z.B. die Häufigkeit des dominanten Substrates von 75 auf 62% abnahm; auch die kleineren mineralischen Korngrößen und organische Substrate waren in den renaturierten Abschnitten häufiger zu finden (vgl. Jähnig et al. 2008 für Details).

Für die Auenvegetation unterschieden sich alle Metrics bis auf die Shannon-Wiener Diversität signifikant zwischen renaturierten und nicht-renaturierten Abschnitten ($P < 0,05$; Abb. 1, Abb. 2); im Mittel traten zwei Vegetationstypen zusätzlich in den renaturierten Abschnitten auf. Insgesamt wurden 287 Pflanzenarten aufgenommen (60–173 Arten pro Abschnitt; Mittelwert = 103 Arten). Der Median der Artenvielfalt betrug 60 in den nicht-renaturierten und 125 in den renaturierten Abschnitten. Ruderal- und kurzlebige Arten, die auf den eher trockenen Kiesbänken vorkommen (z.B. *Melilotus* spp., *Atriplex* spp., *Barbarea* spp.) und Arten, die auf feuchten Lehm und Sand auftreten (e.g. *Chenopodium* spp., *Bidens* spp., *Rorippa* spp.) profitierten am meisten von den Renaturierungsmaßnahmen.

Bei den uferbewohnenden Laufkäfern stieg die Artenvielfalt in den renaturierten Abschnitten an, ebenso war der Anteil der ripicolen Arten signifikant höher ($P < 0,05$; Abb. 1). Insgesamt wurden 48 Laufkäferarten gefunden (2–17 Arten pro Abschnitt; Mittelwert = 10 Arten). In den renaturierten Abschnitten betrug der Median der Artenzahl 12, in den nicht-renaturierten Abschnitten betrug er 5; auch die Anzahl von Gattungen und Familien war in den renaturierten Abschnitten höher. Am deutlichsten veränderte sich der Anteil ripicoler Arten von 29,5% in den nicht-renaturierten Abschnitten auf 75,2% in den renaturierten Abschnitten ($P < 0,01$). Während eine ähnliche Anzahl von Arten in den Fallen gefangen wurde (Median = 5 sowohl in renaturierten als auch nicht-renaturierten Abschnitten), wurden deutlich mehr Arten auf den unbewachsenen Kies- und Sandbänken der renaturierten Abschnitte durch Handaufsammlung gefunden (Median = 0 in nicht-renaturierten Abschnitten und Median = 10 in renaturierten Abschnitten). Die Shannon-Wiener Diversität der Laufkäfer-Gemeinschaften unterschied sich nicht signifikant zwischen den Abschnitten.

Insgesamt wurden 169 Makrozoobenthostaxa gefunden (97–111 Taxa pro Abschnitt; Mittelwert = 93 Taxa). Die Metrics waren in den renaturierten Abschnitten jeweils etwas höher als in den nicht-renaturierten Abschnitten, z.B. betrug der Median der Taxazahl 91 in den nicht-renaturierten Abschnitten und 96 in den renaturierten (Abb. 1). Die Unterschiede waren jedoch nicht signifikant; dies gilt auch für Diversitätsparameter.

Die ökologische Zustandsklasse ändert sich beim Makrozoobenthos an sechs der Probestellen nicht, an der Probestelle Lahn-C ist sie im nicht-renaturierten Abschnitt um eine Klasse besser als im renaturierten (Tab. 2). An fünf der renaturierten Abschnitte besteht in Bezug auf die biologische Qualitätskomponente Makrozoobenthos nach wie vor Handlungsbedarf, da der ökologische Zustand nicht als gut bewertet wird.

Vergleich der quantitativen Taxalisten

Die Ergebnisse der Clusteranalysen von Habitatdaten und Taxalisten unterstützten die Analyse der Metricdaten (Abb. 3). Für die Mesohabitate zeigen sich zwei hauptsächliche Cluster, getrennt nach nicht-renaturierten und renaturierten Abschnitten. Im Gegensatz sind im Fall der Mikrohabitate die renaturierten und nicht-renaturierten Abschnitte auf verschiedene Cluster verteilt. Bei der Auenvegetation bestimmt vor allem der Zustand des Abschnitts (renaturiert vs. nicht-renaturiert) die Zusammensetzung der Lebensgemeinschaft: alle renaturierten Abschnitte mit Ausnahme der Eder formen einen Cluster und die nicht-renaturierten Abschnitte einen zweiten Cluster.

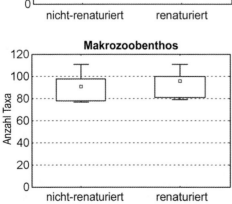

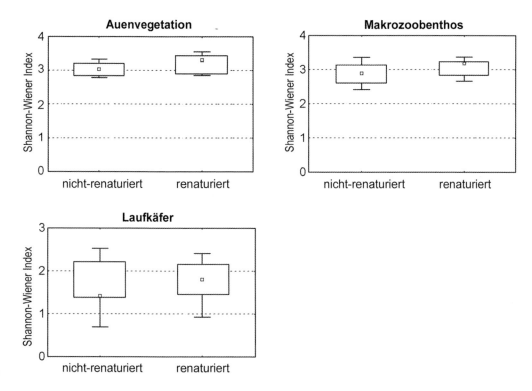

Abb. 2. Vergleich Shannon-Wiener Diversität zwischen renaturierten und nicht-renaturierten Flussabschnitten für drei Organismengruppen (Median; Box: 25%–75%; Whisker: Min-Max); * = Unterschiede sind signifikant mit $P < 0{,}05$ (U-Test).

Gegensätzlich stellen sich die Makrozoobenthos-Gemeinschaften dar, bei denen die Probestelle jeweils die Gemeinschaft bestimmt. Die Hauptgruppen sind anhand der Größe des Einzugsgebietes zusammengesetzt: Lahn und Eder mit größeren Einzugsgebieten bilden eine Gruppe und stehen den kleineren Gewässern Orke, Nims und Bröl gegenüber. Die Cluster-Ergebnisse der Laufkäfer liegen zwischen diesen beiden Ergebnissen: vier der nicht-renaturierten Abschnitte bilden einen Cluster, für drei der Abschnitte (Eder, Lahn-C, Orke) sind die nicht-renaturierten Abschnitte ihren renaturierten Abschnitten ähnlicher. Die Laufkäfer-Gemeinschaft wird durch beide Parameter Probestelle und Zustand der Abschnitte (renaturiert bzw. nicht-renaturiert) bestimmt.

Abb. 1. Vergleich von hydromorphologischen und biologischen Parametern zwischen renaturierten und nicht-renaturierten Flussabschnitten (Median; Box: 25%–75%; Whisker: Min-Max); * = Unterschiede sind signifikant mit $P < 0.05$ (U-Test).

Tab. 2. Ökologische Zustandsklasse (ÖZK) und biologische Metrics der Probestellen für die Organismengruppe Makrozoobenthos. NR = nicht-renaturiert; R = renaturiert.

	Lahn-W		Lahn-LH		Lahn-C		Orke		Eder		Nims		Bröl	
	NR	R.	NR	R	NR	R	NR	R	NR	R	NR	R	NR	R
ÖZK	mäßig	mäßig	mäßig	mäßig	mäßig	unbe-friedi-gend	mäßig	mäßig	mäßig	mäßig	gut	gut	gut	gut
Saprobie	gut (1,85)	gut (1,87)	gut (1,86)	gut (1,90)	gut (1,93)	gut (1,94)	gut (1,90)	gut (1,88)	gut (1,92)	gut (1,91)	gut (1,83)	gut (1,82)	gut (1,78)	gut (1,80)
Allgemeine Degrada-tion	mäßig (0,58)	mäßig (0,56)	mäßig (0,53)	mäßig (0,48)	mäßig (0,41)	unbe-fried. (0,40)	mäßig (0,46)	mäßig (0,49)	mäßig (0,47)	mäßig (0,48)	gut (0,64)	gut (0,62)	gut (0,75)	gut (0,68)
Fauna In-dex Typ 9	mäßig (0,59)	mäßig (0,59)	mäßig (0,57)	mäßig (0,50)	unbe-fried. (0,32)	unbe-fried. (0,33)	unbe-fried. (0,36)	unbe-fried. (0,40)	unbe-fried. (0,38)	mäßig (0,45)	gut (0,63)	gut (0,64)	sehr gut (0,85)	gut (0,72)
[%] Meta-rhithral	mäßig (0,46)	mäßig (0,50)	mäßig (0,44)	mäßig (0,41)	unbe-fried. (0,31)	unbe-fried. (0,25)	mäßig (0,44)	mäßig (0,48)	unbe-fried. (0,34)	unbe-fried. (0,25)	gut (0,73)	gut (0,65)	mäßig (0,57)	gut (0,62)
EPT [%]	unbe-fried. (0,24)	schlecht (0,12)	schlecht (0)	schlecht (0)	schlecht (0,18)	schlecht (0,14)	unbe-fried. (0,24)	unbe-fried. (0,25)	unbe-fried. (0,33)	unbe-fried. (0,28)	unbe-fried. (0,20)	schlecht (0,16)	unbe-fried. (0,37)	unbe-fried. (0,30)
EPTCBO	sehr gut (58)	sehr gut (60)	sehr gut (47)	sehr gut (49)	sehr gut (59)	sehr gut (60)	sehr gut (67)	sehr gut (67)	sehr gut (61)	sehr gut (63)	sehr gut (54)	sehr gut (54)	sehr gut (43)	sehr gut (49)

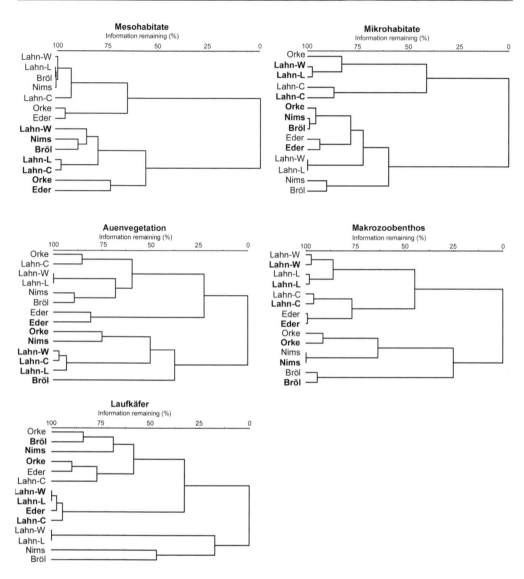

Abb. 3. Vergleich der quantitative Taxalisten an renaturierten (fett-gedruckt) und nicht-renaturierten (normale Schrift) Flussabschnitten (Soerensen/Bray-Curtis Ähnlichkeit, flexible beta = –0,25).

Diskussion

Die Renaturierungen erhöhten die Habitatdiversität und -verfügbarkeit insbesondere für Organismen der Auen, während die Auswirkungen auf die aquatischen Mikrohabitate und deren Lebensgemeinschaften weniger offensichtlich war. Die Analysen unterstützen die beiden eingangs formulierten Hypothesen daher nur partiell: die erste Hypothese (Renaturierung erhöht die Diversität und Verfügbarkeit von Habitaten) wird für die Mesohabitate unterstützt, aber die

Diversität der Mikrohabitate ist nicht erhöht, obwohl insbesondere die selteneren Mikrohabitate ihre relative Fläche vergrößerten. Obwohl die renaturierten Abschnitte sich ihrem Leitbild nähern, sind naturnahe Habitatzusammensetzungen noch lange nicht erreicht. In den renaturierten Abschnitten wurden z.B. 2–5 große Baumstämme je 100 m Flussabschnitt gefunden. Für den naturnahen Zustand werden 20 (Kail 2005) bzw. 10–70 Stämme (Hering et al. 2004) je 100 m genannt. Vegetationsloses und vegetationsarmes Sediment, ein wichtiges Habitat für viele typische Organismen der Aue, ist auch in renaturierten Abschnitten noch vergleichsweise selten; in naturnahen Gewässern im Alpenbereich nehmen solche Flächen bis zu 65% der Aue ein (Tagliamento, Italien; van der Nat et al. 2003). Auch wenn Schotterbänke von Mittelgebirgsflüssen in potenziell natürlichem Zustand wesentlich geringere Flächen einnehmen dürften, ist ein Leitbild-naher Zustand in den renaturierten Auen wohl kaum erreicht: nur ca. 12% der Fläche waren unbewachsen und dieser Wert bezieht sich auf die Fläche zwischen den Böschungsoberkanten und nicht auf die ganze Aue.

Die zweite Hypothese (erhöhte Habitatdiversität erhöht die Artenzahlen und -diversität der untersuchten Organismengruppen) wird ebenfalls teilweise unterstützt: die Artenzahl bei Auenvegetation und Laufkäfern erhöhten sich durch die Renaturierung, nicht aber die Diversität; das Makrozoobenthos reagierte nicht auf die Renaturierungen. Ähnliche Veränderungen der Auenvegetation, wie z.B. die Zunahme von Pioniervegetation, wurden auch in anderen Renaturierungsmaßnahmen beobachtet (z.B. Rohde et al. 2004). Für Laufkäfer ist das Vorkommen von weitgehend vegetationslosen Kiesbänken und Inseln für die Artenzahl typischer Uferarten entscheidend (Boscaini et al. 2000, Paetzold et al. 2008). Laufkäfer besitzen ein hohes Wiederbesiedlungspotential (Günther & Assmann 2005) und können daher die neu entstandenen Kiesbänke schnell besiedeln. Die geringen Veränderungen der Makrozoobenthosfauna decken sich mit anderen Untersuchungen im In- und Ausland (Brooks et al. 2002, Pretty et al. 2003, Lepori et al. 2005). Eine ganze Reihe von Ursachen wird hierfür verantwortlich gemacht, z.B. ein zu geringes Ausmaß der Maßnahmen (Bond & Lake 2003), oder ein geringes Wiederbesiedlungspotential hervorgerufen durch frühere Belastungen (Pretty et al. 2003).

Die Clusteranalysen legen nahe, dass unterschiedliche Parameter die Lebensgemeinschaften strukturieren: für die Vegetation scheint die hydromorphologische Ausprägung („Gerinneform": unverzweigt oder verzweigt, also nicht-renaturiert und renaturiert) die Zusammensetzung der Lebensgemeinschaften zu bestimmen. Die Zusammensetzung des Makrozoobenthos ist vor allem von den Parametern „Probestelle" und in geringem Maße von der Gerinneform beeinflusst. Die Parameter „Probestelle" and „Gerinneform" beeinflussen die Zusammensetzung der Laufkäfer-Gemeinschaften.

Ein Gradient hinsichtlich der Stärke der Auswirkungen ist erkennbar, d.h. die Auenvegetation zeigt deutlichere Unterschiede als die Laufkäfer-Gemeinschaft, und diese stärkere Unterschiede als das Makrozoobenthos. Die Ergebnisse spiegeln die Habitatzusammensetzung wieder. Die Anzahl der Mesohabitate in der Aue ist in den renaturierten Strecken erhöht, die Anzahl der Mikrohabitate im Gerinne hingegen gleich; entsprechend reagieren terrestrische und aquatische Organismengruppen verschieden. Für die Auenvegetation wurden eine Reihe neuer Habitate geschaffen, die durch feiner abgestufte Umweltgradienten und größere Flächen das Vorkommen von mehr Arten und mehr Vegetationseinheiten ermöglichen. Für die Laufkäfer-Gemeinschaften zeigt sich ein ähnliches Bild: während auf bewachsenen Flächen keine Unterschiede in den Artenzahlen beobachtet wurden, sind erhebliche Unterschiede auf neu entstandenen Schotterflächen nachweisbar – d.h. der Anstieg der Artenzahlen ist auf die Schaffung neuer Habitate zurück zu führen. Für das Makrozoobenthos gilt, dass zwar die meisten Habitate im Gerinne in Größe und Häufigkeit zunahmen, aber die Anzahl der Habitate unverändert blieb – damit blieb auch die Gesamtartenzahl weitgehend unverändert. In hochwertigen Habitaten allerdings, die von sensitiven Arten genutzt werden (z.B. im Totholz), war ein leichter, wenn auch nicht signifikanter Anstieg zu sehen.

Zusätzlich spielen vermutlich andere Faktoren eine übergeordnete Rolle, z.B. unterschiedliche Ausbreitungsfähigkeiten der Organismengruppen: Beim Makrozoobenthos finden sich Taxa mit sehr unterschiedlichen Ausbreitungsfähigkeiten wie flugunfähige hololimnische Organismen (z.B. Muscheln und Krebse) im Gegensatz zu merolimnischen Köcherfliegen, die sich sehr effektiv ausbreiten können (Hoffsten 2004). Die meisten Laufkäfer sind r-Strategen mit hoher Ausbreitungsfähigkeit (Bonn et al. 2002), die in der Lage sind, kleinste Habitatflecken zu finden und zu besiedeln. Im Gegensatz dazu sind Arten, die in vegetationsbestandenen Habitaten leben, oft flugunfähig – doch Habitate für diese Arten waren bereits zahlreich vor den Renaturierungen vorhanden. Viele Arten der Auenvegetation werden durch Luft und Wasser verbreitet (Soons 2006). Habitate, die durch Renaturierung geschaffen werden, könnten deshalb schneller durch Laufkäfer und Vegetation besiedelt werden, als durch das Makrozoobenthos.

In ähnlicher Weise unterscheiden sich vermutlich die Quell-Populationen der drei Organismengruppen. Die Auenvegetation profitiert wahrscheinlich von Samenbanken, die mobilisiert werden, wenn Sediment bewegt wird (Hölzel & Otte 2001). Viele Makrozoobenthosarten, insbesondere der mittelgroßen und großen Mittelgebirgsflüsse, verschwanden in Mitteleuropa auf Grund von Wasserverschmutzung (Zwick 1992), so dass heute Quellpopulationen für sensitivere Arten in vielen Einzugsgebieten fehlen. Laufkäfer sind weniger von der Wasserqualität abhängig und deshalb in geringerem Maße von Wasserverschmutzung betroffen als das aquatische Makrozoobenthos. Sie repräsentieren die Verbindung zwischen Wasser und terrestrischen Habitaten, da sie sich hauptsächlich von emergierenden aquatischen Organismen ernähren oder solchen, die an Land gespült werden (Paetzold et al. 2008). Doch selbst in degradierten Abschnitten sind geeignete Habitate für sensitive Arten noch in geringem Umfang erhalten (z.B. kleine und kleinste Kiesbänke), auf denen sich Relikt-Populationen halten. Wenn dann neue Habitate generiert werden, können diese Relikt-Populationen sich schnell ausbreiten. Ein Beispiel ist der Laufkäfer *Bembidion ascendens*, der in mitteleuropäischen Mittelgebirgen sehr selten ist (Trautner et al. 1997), jedoch in hohen Abundanzen in den renaturierten Eder-Abschnitten gefunden wurde. Im Gegensatz zum Makrozoobenthos waren uferbewohnende Laufkäfer nicht oder nur geringfügig von der Wasserbelastung betroffen.

Die Ergebnisse dieser Studie sind in zwei Punkten relevant für Planung und Ausführung von Renaturierungen. Zum einen zeigen Fließgewässerrenaturierungen unterschiedliche zeitliche und räumliche Effekte auf verschiedene Organismengruppen. Diese Erkenntnis sollte in Monitoring-Programmen genutzt werden: Organismen der Auenbereiche (wie z.B. Vegetation und Laufkäfer, insbesondere die ripicolen Arten) sind gute Indikatoren für schnell eintretende Veränderungen der renaturierten Abschnitte. Selbst kurze Renaturierungen von wenigen hundert Metern erhöhen die Artenzahl und den Anteil sensitiver Arten erheblich. Makrozoobenthostaxa hingegen zeigen vermutlich eher längerfristige und großräumige (einzugsgebietsbezogene) Verbesserungen an. Zusätzlich zur lokalen Morphologie hängt das Makrozoobenthos von großräumigen Prozessen ab, wie z.B. Eutrophierung oder Eintrag von feinen Sedimenten (Wood & Armitage 1997, Hering et al. 2006). Die Wiederherstellung anspruchsvollerer Lebensgemeinschaften ist wenig wahrscheinlich, wenn keine einzugsgebietweiten Verbesserungen durchgeführt werden. Zudem reagiert das Makrozoobenthos auf Zusammensetzung und Qualität aquatischer Habitate, und wenn diese Habitate durch Renaturierungen nicht nennenswert verändert werden, dann ist eine Veränderung der Lebensgemeinschaften ebenfalls unwahrscheinlich. Diese zeitlichen Unterschiede bei der Reaktion der Organismengruppen sollten bei einem zeitlich-stratifizierten Sammelschema zur Erfolgskontrolle von Renaturierungsmaßnahmen berücksichtigt werden.

Bei der Umsetzung der Wasserrahmenrichtlinie wird die ökologische Qualität der Fließgewässer am häufigsten mit aquatischen Organismen (v.a. Makrozoobenthos) bewertet. Doch es sind erhebliche Zweifel angebracht, dass das Ziel eines guten ökologischen Zustandes bis 2015 erreicht werden kann, wenn nicht erheblich mehr und umfassendere Renaturierungsmaßnahmen durchgeführt werden (Bjerring et al. 2008). Auenorganismen, wie die Vegetation oder Laufkäfer, werden gar nicht von der WRRL berücksichtigt, obwohl sie nach dieser Studie schneller auf die Renaturierung reagieren. Zeitverzögerungen und Hysteresis-Effekte verhindern, dass die Makrozoobenthosfauna schnell auf Managementmaßnahmen reagiert. Damit spiegelt das Makrozoobenthos, wie auch andere aquatische Organismen, die ökologische Qualität eines Fließgewässers auf größeren zeitlichen und räumlichen Skalen wider, da über das Einzugsgebiet integriert wird. Der Einsatz des Makrozoobenthos als Indikator ist somit im Sinne der Wasserrahmenrichtlinie, die beabsichtigt, die ökologische Qualität auf der Ebene von Wasserkörpern, die im typischen Fall mehr als 10 km Fließstrecke umfassen, zu bewerten.

Auenorganismen bieten sich als zusätzliche Parametergruppen an, um frühzeitige Veränderungen zu reflektieren, wohingegen aquatische Organismengruppen besser langfristige / langsamere Verbesserungen anzeigen. Das heißt aber auch, dass positive Entwicklungen in Bezug auf andere Richtlinien schneller erreicht werden, wie z.B. vergrößerte Retentionsvolumina (EG-Hochwasserrichtlinie), oder Vegetationstypen die hinzukommen und wichtige Elemente der FFH-Richtlinie sind. Die insgesamt positiven Effekte von Renaturierung sollten deshalb die Kommunikation nach außen bestimmen, um den so wichtigen öffentlichen Rückhalt herzustellen der für längerfristige, größere Maßnahmen so wichtig ist.

Schlussfolgerungen

Nicht-renaturierte und renaturierte Flussabschnitte zeigen Unterschiede in der zeitlichen Abfolge und der Intensität der Veränderungen der Organismengruppen. Nicht-renaturierte und renaturierte Abschnitte sind hydromorphologisch deutlich verschieden. Die Auenvegetation weist an den renaturierten Stellen eine höhere Artenzahl auf; bei der Laufkäfer-Gemeinschaft ist der höhere Anteil ripicoler Arten am auffälligsten. Die Makrozoobenthos-Gemeinschaft zeigt hingegen wenige Veränderungen.

Morphologisch erfolgt eine deutliche Annäherung an das Leitbild der silikatischen, fein- bis grobmaterialreichen Mittelgebirgsflüsse. Durch die Entstehung einer größeren Mesohabitatvielfalt und die Ermöglichung dynamischer Prozesse kann von einer deutlichen Verbesserung der ökologischen Qualität der Flussabschnitte ausgegangen werden.

Die Erkenntnisse aus dieser Studie können genutzt werden, um z.B. abgestufte Ziele bei Renaturierungsmaßnahmen zu formulieren oder zur Planung von Monitoring-Programmen verwendet werden. Es können etwa zeitlich adäquate Organismengruppen zur Beobachtung genannt werden, denn die Vegetation und Laufkäfer reagieren schneller auf Veränderungen/Verbesserungen der Habitate zu als z.B. Makrozoobenthos.

Danksagung

Diese Arbeit wurde erstellt im Rahmen eines Promotionsstipendiums der Stiftung der Deutschen Wirtschaft – Studienförderwerk Klaus Murmann. Sie war Teil des von der EU finanzierten Projektes Euro-limpacs (EC contract no. GOCE-CT-2003-505540 (www.eurolimpacs.ucl.ac.uk). Die Arbeit wurde zudem durch das Forschungsförderungsprogramm „LOEWE – Landes-Offensive zur Entwicklung Wissenschaftlich-ökonomischer Exzellenz" des Hessischen Ministeriums für Wissenschaft und Kunst finanziell unterstützt.

Literatur

BERNHARDT, E.S., PALMER, M.A., ALLAN, J.D., ALEXANDER, G., BARNAS, K., BROOKS, S., CARR, J., CLAYTON, S., DAHM, C., FOLLSTAD-SHAH, J., GALAT, D., GLOSS, S., GOODWIN, P., HART, D., HASSETT, B., JENKINSON, R., KATZ, S., KONDOLF, G.M., LAKE, P.S., LAVE, R., MEYER, J.L., O'DONNELL, T.K., PAGANO, L., POWELL, B. & SUDDUTH, E. (2005): Synthesizing U.S. river restoration efforts. – Science 308: 636–637.

BJERRING, R., BRADSHAW, E.G., AMSINCK, S.L., JOHANSSON, L.S., ODGAARD, B.V., NIELSEN, A.B. & JEPPESEN, E. (2008): Inferring recent changes in the ecological state of 21 Danish candidate reference lakes (EU Water Framework Directive) using palaeolimnology. – Journal of Applied Ecology 45: 1566–1575.

BÖHMER, J., RAWER-JOST, C., ZENKER, A., MEIER, C., FELD, C.K., BISS, R. & HERING, D. (2004): Assessing streams in Germany with benthic invertebrates: Development of a multimetric invertebrate based assessment system. – Limnologica 34: 416–432.

BOND, N.R. & LAKE, P.S. (2003): Local habitat restoration in streams: Constraints on the effectiveness of restoration for stream biota. – Ecological Management and Restoration 4: 193–198.

BONN, A., HAGEN, K. & WOHLGEMUTH-VON REICHE, D. (2002): The significance of flood regimes for carabid beetle and spider communities in riparian habitats – a comparison of three major rivers in Germany. – River Research and Applications 18: 43–64.

BOSCAINI, A., FRANCESCHINI, A. & MAIOLINI, B. (2000): River ecotones: carabid beetles as a tool for quality assessment. – Hydrobiologia 422/423: 173–181.

BRATRICH, C.M. (2004): Planung, Bewertung und Entscheidungsprozesse im Fliessgewässer- Management: Kennzeichen erfolgreicher Revitalisierungsprojekte. PhD Dissertation. ETH Zürich.

BROOKS, S.S., PALMER, M.A., CARDINALE, B.J., SWAN, C.M. & RIBBLETT, S. (2002): Assessing stream ecosystem rehabilitation: Limitations of community structure data. – Restoration Ecology 10: 156–168.

ELLENBERG, H. (1996): Vegetation Mitteleuropas mit den Alpen in ökologischer, dynamischer und historischer Sicht., 5 edn. Ulmer, Stuttgart.

GÜNTHER, J. & ASSMANN, T. (2005): Restoration ecology meets carabidology: Effects of floodplain restitution on ground beetles (Coleoptera, Carabidae). – Biodiversity and Conservation 14: 1583–1606.

GURNELL, A.M. & PETTS, G.E. (2002): Island-dominated landscapes of large floodplain rivers, a European perspective. – Freshwater Biology 47: 581–600.

HERING, D. & PLACHTER, P. (1997): Riparian Ground Beetles (Coleoptera, Carabidae) preying on aquatic invertebrates: a feeding strategy in alpine floodplains. – Oecologia 111: 261–270.

HERING, D., GERHARD, M., MANDERBACH, R. & REICH, M. (2004): Impact of a 100-year flood on vegetation, benthic invertebrates, riparian fauna and large woody debris standing stock in an alpine floodplain. – River Research and Applications 20: 445–457.

HERING, D., JOHNSON, R.K., KRAMM, S., SCHMUTZ, S., SZOSZKIEWICZ, K. & VERDONSCHOT, P.F.M. (2006): Assessment of European streams with diatoms, macrophytes, macroinvertebrates and fish: a comparative metric-based analysis of organism response to stress. – Freshwater Biology 51: 1757–1785.

HOFFSTEN, P.-O. (2004): Site-occupancy in relation to flight-morphology in caddisflies. – Freshwater Biology 49: 810–817.

HÖLZEL, N. & OTTE, A. (2001): The impact of flooding regime on the soil seed bank of flood-meadows. Journal of Vegetation Science 12: 209–218.

JÄHNIG, S.C. & LORENZ, A.W. (2008): Substrate-specific macroinvertebrate diversity patterns following stream restoration. – Aquatic Sciences 70: 292–303.

JÄHNIG, S.C., LORENZ, A.W. & HERING, D. (2008): Hydromorphological parameters indicating differences between single- and multiple-channel mountain rivers in Germany, in relation to their modification and recovery. – Aquatic Conservation: Marine and Freshwater Ecosystems 18: 1200–1216.

KAIL, J. (2005): Geomorphic Effects of Large Wood in Streams and Rivers and Its Use in Stream Restoration: A Central European Perspective. – PhD Dissertation, Universität Duisburg-Essen.

KOCH, K. (1993): Die Käfer Mitteleuropas. Ökologie Band 4. Goecke & Evers Verlag, Krefeld [in German].

LAWA (Länderarbeitsgemeinschaft Wasser) (2002): Gewässergüteatlas der Bundesrepublik Deutschland – Gewässerstruktur in der Bundesrepublik Deutschland 2001. Kulturbuch-Verlag, Berlin [in German].

LEPORI, F., PALM, D., BRÄNNÄS, E. & MALMQVIST, B. (2005): Does restoration of structural heterogeneity in streams enhance fish and macroinvertebrate diversity? – Ecological Applications 15: 2060–2071.

LUA NRW (Landesumweltamt Nordrhein-Westfalen) (2001): Merkblätter Nr. 34: Leitbilder für die mittelgroßen bis großen Fließgewässer in Nordrhein-Westfalens – Flusstypen. Landesumweltamt Nordrhein-Westfalen: Essen. 130 S.

McCune, B. & Mefford, M.J. (1999): PC-ORD. Multivariate analysis of ecological data. Version 4.41. MjM Software, Gleneden Beach, Oregon, USA.

Murray-Bligh, J.A.D., Furse, M.T., Jones, F.H., Gunn, R.J.M., Dines, R.A. & Wright, J.F. (1997): Procedure for collecting and analysing macroinvertebrate samples for RIVPACS. – Joint publication by the Institute of Freshwater Ecology and the Environment Agency.

Oberdorfer, E. (1983, 1992): Süddeutsche Pflanzengesellschaften. Teil I–III. – Fischer, Stuttgart / New York.

Paetzold, A., Yoshimura, C. & Tockner, K. (2008): Riparian arthropod responses to flow regulation and river channelization. – Journal of Applied Ecology 45: 894–903.

Pretty, J.L., Harrison, S.S.C., Shepherd, D.J., Smith, C., Hildrew, A.G. & Hey, R.D. (2003): River rehabilitation and fish populations: assessing the benefit of instream structures. – Journal of Applied Ecology 40: 251–265.

Rohde, S., Kienast, F. & Bürgi, M. (2004): Assessing the Restoration Success of River Widenings: A Landscape Approach. – Environmental Management 34: 574–589.

Soons, M.B. (2006): Wind dispersal in freshwater wetlands: Knowledge for conservation and restoration. – Applied Vegetation Sciences 9: 271–278.

Sommerhäuser, M. & Pottgiesser, T. (2005): Die Fließgewässertypen Deutschlands als Beitrag zur Umsetzung der EG-Wasserrahmenrichtlinie. – In: Feld, C.K., Rödiger, S., Sommerhäuser, M. & Friedrich, G. (eds.): Typologie, Bewertung, Management von Oberflächengewässern. pp. 13–27. E. Schweizerbart'sche Verlagsbuchhandlung, Stuttgart [in German].

Tockner, K., Karaus, U., Paetzold, A., Bristow, C. & Petts, G.E. (2006): Ecology of braided rivers. – In: Sambrook Smith, G., Best, J.L. & Petts B.C. and G. E. (eds): Braided Rivers. IAS Special Publication Blackwell Publisher.

Trautner, J., Müller-Motzfeld, G. & Bräunicke, M. (1997): Rote Liste der Sandlaufkäfer und Laufkäfer Deutschlands. – Naturschutz und Landschaftsplanung 29: 261–273.

Van der Nat, D., Tockner, K., Edwards, P.J., Ward, J.V. & Gurnell, A.M. (2003): Habitat change in braided flood plains (Tagliamento, NE-Italy). – Freshwater Biology 48: 1799–1812.

Wood, P.J. & Armitage P.D. (1997): Biological effects of fine sediment in the lotic environment. – Environmental Management 21: 203–217.

Zwick, P. (1992): Stream habitat fragmentation – a threat to biodiversity. – Biodiversity and Conservation 1: 80–97.

Gewässerentwicklungskonzept für ein urbanes Gewässer zur Zielerreichung der Wasserrahmenrichtlinie – Das Pilotprojekt Panke in Berlin

Tanja Pottgiesser[1] und Matthias Rehfeld-Klein[2]

[1] umweltbüro essen, Rellinghauser Str. 334 f, 45136 Essen
[2] Senatsverwaltung für Gesundheit, Umwelt und Verbraucherschutz Berlin, Brückenstr. 6, 10179 Berlin

Mit 6 Abbildungen und 5 Tabellen

Zusammenfassung: In einer dicht besiedelten Stadt wie Berlin sind beim Aufstellen eines Gewässerentwicklungskonzepts viele Interessen zu berücksichtigen und Konflikte zu bewältigen. V. a. der Raumanspruch eines naturnahen dynamischen Fließgewässers lässt sich auf den ersten Blick nicht mit den vielfältigen Nutzungsansprüchen an ein urbanes Gewässer vereinbaren. Im Rahmen des Pilotprojekts „Panke" sind die Ansprüche der Gewässerökologie mit den Anforderungen des Hochwasserschutzes, der Gewässerunterhaltung, aber auch der Freiraum- und Erholungsnutzung in einer transparenten und strukturierten methodischen Vorgehensweise abgeglichen worden. Begleitet wurde der Planungsprozess durch einen breit angelegten Partizipationsprozess, um mit dem Maßnahmenkonzept nicht nur die Zielerreichung gemäß EG-Wasserrahmenrichtlinie (WRRL) sicher zu stellen, sondern auch dessen Akzeptanz und Unterstützung durch die Öffentlichkeit.

Summary: Setting up River Basin Management Plans in densely-populated urbanised areas requires the consideration of multiple user interests and thus bears the potential for many conflicts. One common example refers to the conflict between the spatial requirements of ecological river restoration and multiple water uses. Within the pilot project "River Panke" in Berlin, river ecological demands have been balanced with such conflicting demands, for instance urban flood protection, river and riparian maintenance and recreational use. A broad public participation was organised in parallel to the planning to ensure not only a quality target in line with the European Water Framework Directive (WFD), but a wide public acceptance and support of the planned measures, too.

Key words: Wasserrahmenrichtlinie, Maßnahmenplanung, urbanes Fließgewässer, guter ökologischer Zustand, Makrozoobenthos, Wiederbesiedlung, Öffentlichkeitsbeteiligung

1 Einführung

Urbane Gewässer sind in ihrer Lebensraumfunktion häufig stark eingeschränkt. Gründe dafür sind ein massiver Gewässerausbau, erhebliche Veränderungen der Hydrologie und Hydraulik sowie eine organische und trophische Belastung, verbunden mit einer meist langjährigen und intensiven anthropogenen Nutzung. Vielfach wurden die Fließgewässer zudem durch gewässernahe Bebauung oder Nutzung ihrer natürlichen Aue beraubt und auf ihre Funktion der Wasser- und Hochwasserableitung reduziert.

Die Aufgabe, die sich die Gesellschaft mit Einführung der EG-Wasserrahmenrichtlinie (WRRL) gestellt hat, die Gewässer v.a. als Lebensraum zu entwickeln, ist kombiniert mit der Anforderung die Nutzungen im Einzugsgebiet weiter sicherzustellen.

Dies stellt insbesondere im urbanen Raum eine große Herausforderung dar, da ein naturnahes Fließgewässer eng mit seiner Aue verzahnt ist und seine dynamische Entwicklung die typspezifischen Strukturen und Habitate ausbildet. Um verfügbare Flächenpotenziale für die Gewässerentwicklung im Rahmen einer Maßnahmenplanung berücksichtigen zu können, ist eine frühzeitige Einbeziehung der Ansprüche und Zielstellungen weiterer Fachdisziplinen wie
- Hochwasserschutz und die sichere Ableitung von Regenwasser,
- Gewässerunterhaltung,
- städtebauliche Entwicklungsplanung,
- Freiraum- und Erholungsnutzung,
- Naturschutz,
- sowie Bau- und Gartendenkmalpflege notwendig.

Insofern sind ein integratives Planungskonzept und ein kooperativer Planungsstil eine grundlegende Vorraussetzung, ökologische Effekte im Sinne der WRRL effizient erreichen zu können.

Integratives Planen erfordert zwei Betrachtungsebenen: Zum einen die ganzheitliche Betrachtung des Gewässers mit all seinen Einflussfaktoren (biologisch, morphologisch, hydraulisch und stofflich). Zum anderen die Integration von Planabsichten und Zielen verschiedener Nutzer des Gewässers. Neben offensichtlichen Restriktionen und sich klar widersprechenden Entwicklungszielen können im Rahmen eines kooperativen Planungsprozesses die sich gegenseitig verstärkenden und unterstützenden Maßnahmen und Strategien herausgearbeitet werden. Damit werden aus der Perspektive des Gewässerplaners räumliche wie auch gestalterische Möglichkeiten geschaffen, die im Rahmen einer rein sektoralen Planung nicht nutzbar wären. Die scheinbar engen Gestaltungsspielräume urbaner Gewässer können so zum Teil deutlich erweitert werden.

Vor dem Hintergrund der WRRL, die Fließgewässer hin zum guten ökologischen Zustand bzw. zum guten ökologischen Potenzial zu entwickeln, wurde die Panke als Pilotprojekt für die Aufstellung eines integrierten Gewässerentwicklungskonzeptes (GEK) ausgewählt. Im Auftrag der Senatsverwaltung für Gesundheit, Umwelt und Verbraucherschutz Berlin wurden für den Berliner Teil der Panke die Struktur verbessernden Maßnahmen von der ARGE „Panke 2015" – einem Konsortium aus Planungs- und Ingenieurbüros unterschiedlicher Fachdisziplinen – erarbeitet (ARGE „Panke 2015" 2009). Die für die verschiedenen Planungsabschnitte unter Berücksichtigung einzelfallbezogener sozio-ökonomischer Restriktionen geplanten typspezifischen, ökologisch wirksamen und sinnvollen Maßnahmenkombinationen sind dabei in einem breit angelegten Partizipationsprozess abgestimmt worden. Hier wurde z. T. auch der Brandenburger Teil der Panke berücksichtigt, für den in einem parallelen Planungsprozess ein Gewässerentwicklungskonzept erarbeitet worden ist.

Der Pilotcharakter des Gewässerentwicklungskonzepts für die Panke begründet sich in:
- der Entwicklung einer handhabbaren methodisch-inhaltlichen Vorgehensweise zur Konzeption einer Maßnahmenplanung und deren Überprüfung in der Planungspraxis und
- einer erstmalig breit angelegten, auf unterschiedliche Zielgruppen hin ausgerichteten, Öffentlichkeitsbeteiligung mit verschiedenen Formen von Informations- aber auch aktiven Partizipationsprozessen.

Das gewählte modulare Vorgehen zur Aufstellung des Gewässerentwicklungskonzepts umfasste zwei aufeinander aufbauende Arbeitsschritte: Im Rahmen der ökologischen Maßnahmenplanung sind primär die aus Sicht der biologischen Qualitätskomponenten besiedlungsrelevanten Defizite mit typspezifischen, ökologischen wirksamen und sinnvollen Maßnahmenkombinationen beplant worden. Im zweiten Arbeitsschritt, der so genannten integrierten Maßnahmenplanung, ist diese ökologische Maßnahmenplanung dann mit den bestehenden sozio-ökonomischen Restriktionen sowie den Anforderungen anderer Fachdisziplinen abgeglichen und im Partizipationsprozess abgestimmt worden.

2 Untersuchungsgebiet

2.1 Gewässercharakteristik

Die Panke entspringt bei Bernau in Brandenburg und mündet nach rund 29 km Fließstrecke über den Berlin-Spandauer-Schifffahrtskanal in die Spree. Das Einzugsgebiet der Panke umfasst 201 km^2, davon etwa 136 km^2 in Berlin. Auf Berliner Stadtgebiet beträgt die Lauflänge ca. 17,7 km. Die wichtigsten Nebenläufe sind Lietzengraben, Laake und Fließgraben (Abb. 1).

Gegliedert ist der Verlauf der Panke in einen eher ländlich geprägten Oberlauf mit geringen Anteilen an Siedlungsflächen, einen Mittellauf mit überwiegend Stadt-Land-Übergangscharakter sowie einen urbanen Unterlauf (Abb. 2).

Der Oberlauf der Panke in Brandenburg ist als künstliches Gewässer eingestuft. Unterhalb des Teufelspfuhl ist die Panke als Typ 11: Organisch geprägter Bach und der sich daran anschließende Gewässerabschnitt als Typ 14: Sandgeprägter Tieflandbach ausgewiesen. Dem Unterlauf der Panke ist der Typ 19: Kleine Niederungsfließgewässer in Fluss- und Stromtälern zugeordnet. Die Nebengewässer entsprechen ebenfalls dem Typ 14 (Pottgiesser & Sommerhäuser 2004, 2008).

2.2 Ist-Zustand der Panke

Die Panke als überwiegend urbanes Gewässer ist in Bezug auf die **Gewässerstruktur** stark anthropogen überprägt. Nahezu alle Gewässerabschnitte sind als stark bis vollständig verändert einzustufen (Gesamtbewertung Strukturklassen 5–7). Dementsprechend weisen auch die drei Bereiche Sohle, Ufer und Land ähnliche Defizite auf: Der Sohlsicherung liegt zwar überwiegend Sediment auf, aber naturnahe gewässertypspezifische Sohlstrukturen fehlen fast vollständig. Substrat- und Strömungsdiversität sowie Tiefenvarianz sind gering. Die Ufer sind überwiegend gesichert, so dass kaum Uferstrukturen, wie z. B. Unterstände oder Kolke, ausgebildet sind. Häufig fehlt ein Gewässerrandstreifen, so dass die Nutzung direkt bis ans Gewässer reicht. Ist ein Randstreifen vorhanden, so ist dieser zumeist mit nicht-bodenständigen Gehölzen bestanden.

Die Modellergebnisse zur **Hydrologie und Hydraulik** zeigen eine deutliche Zweigliederung der Panke in den unteren urbanen Bereich, in dem die Hochwasserabflüsse und damit die hydraulischen Belastungen stark erhöht sind, und den weniger stark hydrologisch überprägten oberen Bereich. Aber auch in diesem peri-urbanen Bereich besitzt die Panke gleichförmige Querprofile, so dass bei Hochwasser kaum strömungsberuhigte Rückzugsbereiche für die Fische und das Makrozoobenthos zur Verfügung stehen. Die hydraulischen Verhältnisse, die während der überwiegenden Zeit des Jahres vorherrschen, weichen zwar von den naturnahen Verhältnissen leicht ab. Jedoch sind die Querprofile im Ist-Zustand sehr strukturarm und besitzen eine sehr geringe Tiefen- und Breitenvarianz, so dass hohe Wassertiefen und Fließgeschwindigkeiten, die natürlicherweise im Bereich von Kolken oder Tiefrinnen bzw. lokalen Engstellen vorkommen, fehlen.

In den Jahren 2006 und 2007 sind in Panke, Fließgraben und Laake an insgesamt 29 Probestellen – 22 davon auf Berliner Gebiet – die **biologischen Qualitätskomponenten** Fische (Fischereiamt Berlin 2008), Makrozoobenthos (Müller & Hendrich 2006) sowie Makrophyten und Phytobenthos (Kabus et al. 2007) untersucht und gemäß der aktuellen Typeinstufungen und Bewertungsverfahren bzw. Software-Versionen von fiBS (Version 8.0.4, Stand April 2007), PER-

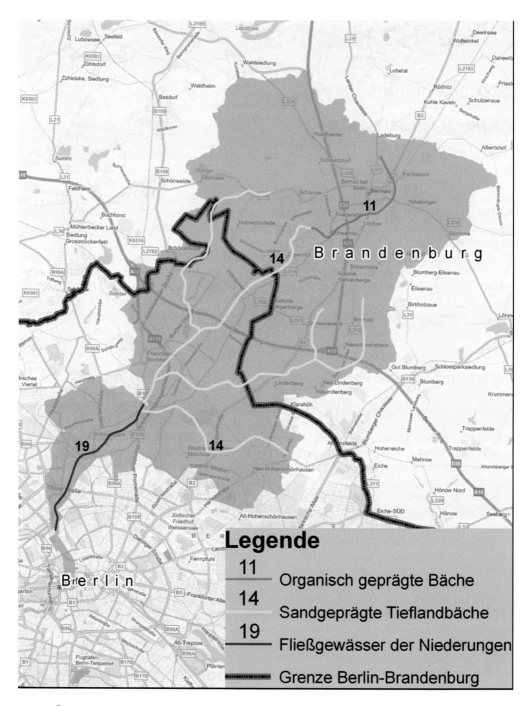

Abb. 1. Übersichtskarte.

Abb. 2 a.

Abb. 2 b.

Abb. 2 a–c. Typische Aspekte der Panke.

Abb. 2 c.

Abb. 2 a–c. Typische Aspekte der Panke. (Forts.)

LODES (Version 3.1.1, Stand Februar 2008, und PHYLIB (Version 2.6, Stand Dezember 2007) bewertet worden. Die Fische sind die Qualitätskomponente mit den überwiegend schlechtesten Bewertungsergebnissen und bestimmen damit die ökologische Zustandsklasse. Danach sind alle Gewässer aktuell in einem schlechten ökologischen Zustand. Für alle Planungsabschnitte besteht daher Handlungsbedarf zur Erreichung des Umweltziels gemäß WRRL, aufgrund folgender planungsrelevanter Defizite: Die geringen Arten- und Individuenzahlen der Fische lassen auf eine ungenügende Längsdurchgängigkeit des gesamten Gewässersystems schließen sowie auf das Fehlen von fischrelevanten Habitaten. Dazu gehören beispielsweise schnell überströmte, sauerstoffreiche (Fein)Kiesbänke; lagestabile, sauerstoffreiche Sandbänke; strömungsarme (ruhig fließende) Wasserpflanzenbestände; „Hechtwiesen"; pflanzenreiche strömungsarme Flachwasserzonen; tiefere Gewässerbereiche für Winterruhe; Unterstände, z. B. Baumwurzeln oder Totholz sowie vegetationsreiche Altarme oder Nebengerinne. Für die Ausbildung einer diversen, gewässertypspezifischen Makrozoobenthos-Lebensgemeinschaft ist die Habitatdiversität zu gering. Totholz und Wurzelflächen sowie Falllaub und Geniste kommen in zu geringen Anteilen vor, ebenso Wasserpflanzen und Röhricht. Strömungsberuhigte Uferbereiche mit lagestabilen Sand- und Detritusablagerungen fehlen. Darüber hinaus ist die Panke abschnittsweise noch saprobiell belastet. Wesentliche Belastungsfaktoren für die floristische Qualitätskomponente Makrophyten und Phytobenthos sind die hohe Trophie sowie Räumungen bzw. Krautungen im Rahmen der Gewässerunterhaltung.

3 Konzeptionelle Maßnahmenplanung für die Panke in Berlin

Für die Aufstellung des Gewässerentwicklungskonzepts ist ein gestuftes Vorgehen aus ökologischer und integrierter Maßnahmenplanung gewählt worden.

Die **ökologische Maßnahmenplanung** zielt – ganz im Sinne der WRRL – darauf ab, die Gewässer als Lebensraum für die biologischen Qualitätskomponenten Fische, Makrozoobenthos sowie Makrophyten und Phytobenthos zu ertüchtigen. Im Pilotprojekt lag der Schwerpunkt auf der Verbesserung der besiedlungsrelevanten Gewässerstrukturen. Externe Maßnahmen zur Verringerung der hydraulischen oder stofflichen Belastung (Nährstoffe) waren nicht Gegenstand dieser Planungsphase. Diese Aspekte wurden bzw. werden in begleitenden Planungsprozessen bearbeitet

Die Berücksichtigung sozio-ökonomischer Anforderungen und Restriktionen erfolgte im Rahmen der **integrierten Maßnahmenplanung**. In diesem Prozess wurden sämtliche relevanten Fachdisziplinen und andere Verwaltungen eingebunden, wie Wasserwirtschaft, Gewässerunterhaltung, Stadtentwicklung, Natur- und Umweltschutz, Freiraum- und Erholungsplanung, Denkmalpflege, Forstwirtschaft sowie Ver- und Entsorgung (Regenwasser und Abwasser). Zusätzlich und im Zusammenhang mit der Abstimmung der Rahmenbedingungen wurden auch die einzelfallbezogenen Restriktionen (z. B. unterirdischer Leitungsbestand, Wegeverläufe) in die integrierte Maßnahmenplanung unter Beachtung wirtschaftlicher Aspekte eingebunden.

Grundlage für die Maßnahmenplanung war die Ausweisung von **problemhomogenen Planungsabschnitten** anhand der Wasserkörpergrenze, der Umfeldnutzung sowie des Raumentwicklungspotenzials (REP), das sich aus dem Abgleich von benötigter Fläche für die Umsetzung von Maßnahmen und der Fläche, die aufgrund der gegebenen Restriktionen zur Verfügung steht, ergibt. Für die Panke sind insgesamt 16 solcher Planungsabschnitte abgegrenzt worden.

3.1 Ökologische Maßnahmenplanung

Das grundsätzliche **Vorgehen** zur konzeptionellen Ableitung von ökologisch sinnvollen Maßnahmen ist in Tab. 1 dargestellt. Die Defizitanalyse der relevanten Belastungsfaktoren bildet dabei die Basis, anhand der Art und Umfang der ökologischen Maßnahmen bestimmt wurden. Die eigentliche ökologische Maßnahmenauswahl umfasste folgende Hauptarbeitsschritte:
- Erstellung eines Maßnahmenkatalogs struktureller Verbesserungsmaßnahmen und Beschreibung der relevanten Maßnahmen in Form von Maßnahmensteckbriefen
- ökologische Maßnahmenauswahl zur Zielerreichung für die Planungsabschnitte.

Der im Rahmen des Projektes zusammengestellte Maßnahmenkatalog enthält auftragsgemäß nur Maßnahmen zur strukturellen Verbesserung. Grundlage für die Erarbeitung waren im Wesentlichen die im Rahmen der Literaturrecherche ausgewerteten Veröffentlichungen von Maßnahmen zur Umgestaltung oder Unterhaltung von Stadtgewässern bzw. Tieflandgewässern. Die für die Panke und ihre Nebengewässer favorisierten, d. h. ökologisch relevanten Einzelmaßnahmen zur Verbesserung der Gewässerstruktur, sind in Form von „Maßnahmensteckbriefen" beschrieben worden. Diese enthalten neben einer allgemeinen Beschreibung der jeweiligen Einzelmaßnahme auch Angaben zu deren Auswirkungen, u. a. in Bezug auf die Hydromorphologie oder die biologischen Qualitätskomponenten. Für insgesamt 35 Maßnahmen sind solche Maßnahmensteckbriefe erarbeitet worden.

Tab. 1. Verlaufsschema der ökologischen Maßnahmenplanung.

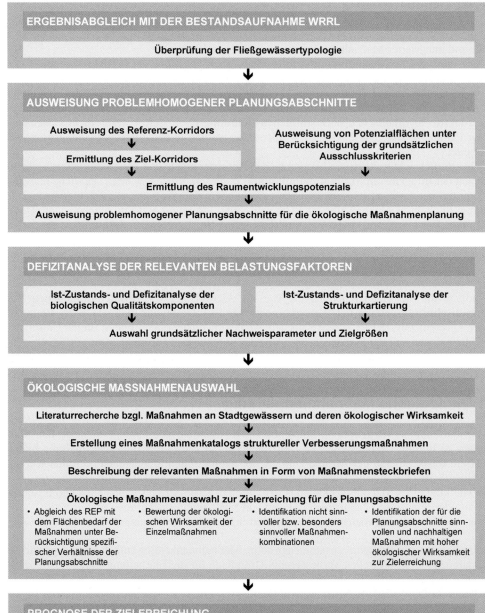

Die eigentliche ökologische Maßnahmenauswahl erfolgte nach einem weitestgehend objektivierten und nachvollziehbaren Verfahren. Für jeden Planungsabschnitt wurden alle Maßnahmen identifiziert, die unter Berücksichtigung der für die Renaturierung potenziell zur Verfügung stehenden Flächen und Restriktionen grundsätzlich anwendbar sind. Flächen, die für eine Gewässerentwicklung nicht zur Verfügung stehen, sind durch die so genannten grundsätzlichen Ausschlusskriterien definiert und umfassen:
- Siedlungsflächen einschließlich bereits geplanter Bebauungsflächen sowie Friedhofsflächen,
- Autobahnen, Bundes- und Landesstraßen sowie Bahnlinien (Brückenbauwerke),
- Industrie- und Gewerbeflächen (aktiv genutzt oder mit Hochbaubestand),
- Flächen, die durch schwer verlegbare Erdleitungen (z. B. Gas-, Produkt- oder Stromleitungen ab 10 kV, Fernwärme) abgeschnitten werden.

Aus diesem Maßnahmenpool wurden alle zur Zielerreichung notwendigen Maßnahmen ausgewählt, die eine möglichst hohe ökologische Wirksamkeit und Nachhaltigkeit besitzen, aus ökologischer Sicht eine sinnvolle Kombination darstellen und möglichst alle Funktionalitäten des Gewässers sowie alle biologischen Qualitätskomponenten verbessern. Darüber hinaus wurden der Gewässertyp und die Bedeutung des Planungsabschnitts im Gewässersystem als Strahlursprung oder Trittstein berücksichtigt (DRL 2008).

Fallbeispiel der ökologischen Maßnahmenplanung für den im Unterlauf liegenden Planungsabschnitt Pa 02 „Pankegrünzug Kunkelstraße": Aufgrund des mittleren Raumentwicklungspotenzials sind neben den Maßnahmen zur Verbesserung der Habitatqualität der Sohle auch nachhaltige Maßnahmen zur Verbesserung der Habitatqualität des Ufers möglich. Ziel ist die Schaffung einer gewässertypspezifischen Mindesthabitatausstattung mit Rastplätzen und Refugial-Lebensräumen für die Gewässerorganismen (Tab. 2).

Entsprechend der gewässertypspezifischen aquatischen und semiaquatischen Vegetation von Niederungsfließgewässern liegt der Schwerpunkt auf der Entwicklung von Wasserpflanzen sowie von Hochstauden und Röhrichten in den angelegten Flachwasserbereichen. Durch die lokale

Tab. 2. Ökologisch sinnvolle Maßnahmen für den Planungsabschnitt Pa 02 „Pankegrünzug Kunkelstraße".

Maßnahmen		Umfang
Verbessern der Habitatqualität der Sohle		
3.2.3	Entwickeln Gehölze in Mittelwasserlinie	gering
3.2.4	Belassen oder Einbringen von Totholz	gering
3.2.5	Anlegen von Flachwasserbereichen	mittel
3.2.6	Unterlassen von Grundräumung	groß
3.2.7	Zulassen und Entwickeln von Wasserpflanzen	groß
3.2.8	Ökologisch verträgliche Krautung	groß
3.3.2	Lokale Profilaufweitung	mittel
3.6.1	Entwickeln von Hochstauden und Röhrichten	mittel
Verbessern der Habitatqualität des Ufers		
4.1.2	Ufersicherung typgemäß modifizieren	mittel
4.1.4	Erhalten und Entwickeln von Unterständen	gering
4.2.2	Gehölze im Bereich von Ufer / Gewässerrandstreifen	mittel
4.2.5	Unterhaltung und Pflege des Uferbewuchses	mittel

Aufweitung des Profils wird die hydraulische Leistungsfähigkeit erhöht und die hochwasserneutrale Entwicklung von Gehölzen an der Mittelwasserlinie typgemäß in geringem Umfang ermöglicht. Die hierdurch entstehenden Unterstände für die Fischfauna werden erhalten und entwickelt. Durch das Einbringen von Totholz werden strömungsberuhigte Bereiche für die Fischfauna geschaffen. Durch den Rückhalt von z. B. Falllaub, durch die Schaffung von lagestabilen Sanden in den Flachwasserbereichen und die Wurzeln der Prallbäume, wird die Habitatdiversität für das Makrozoobenthos erhöht. Es werden lediglich Müll oder größere Verklausungen geräumt und die aufkommenden Wasserpflanzen werden nur bei extremem Wachstum durch eine ökologisch verträgliche Krautung reduziert. Die Ufersicherung kann zumindest linksseitig typgemäß, z. B. durch Weidenspreitlagen, modifziert werden. Um standorttypische Gehölze (z. B. Erlen) im Bereich des Ufers zur Beschattung sowie für den Eintrag von Falllaub zu entwickeln, ist eine Unterhaltung und Pflege des Uferbewuchses notwendig.

3.2 Integrierte Maßnahmenplanung

Die Konkretisierung und Detaillierung der ökologischen Maßnahmenplanung unter Berücksichtigung der Leit- und Zielstellungen anderer Fachressorts war Aufgabe der integrierten Maßnahmenplanung. Während für die ökologische Maßnahmenplanung die grundsätzlichen Ausschlusskriterien betrachtet wurden, die in der Regel einen Flächenausschluss für die räumliche Entwicklung der Panke nach sich zogen, wurden im Rahmen der integrierten Maßnahmenplanung v. a. die einzelfallbezogenen Restriktionen berücksichtigt, wie
- Leitungstrassen,
- Wegeverläufe,
- Grundstücksflächen, die sich nicht im Landeseigentum befinden (hier als Fremdgrundstücke bezeichnet),
- Verdacht auf Bodenbelastungen, insbesondere durch frühere Rieselfeldbewirtschaftung oder Altlasten,
- bestehende Nutzungen, deren Aufgabe mit hohen Konflikten verbunden ist, z. B. Kleingartenanlagen.

Im Einzelfall sind aber auch solche Restriktionen planerisch mit unterschiedlichem Aufwand zu überwinden: Leitungstrassen und Wegeverläufe können umgelegt, Grundstücke erworben, Bodenbelastungen saniert, Nutzungen aufgegeben und bestehende Planungen verändert werden. Der damit verbundene Aufwand ist in wirtschaftlicher Hinsicht sowie im Hinblick auf die soziale Verträglichkeit in Relation zur ökologischen Verbesserung des Gewässers zu bewerten.

In Planungsabschnitten mit hohem Raumentwicklungspotenzial waren die einzelfallbezogenen Restriktionen mit entscheidend für die Wahl der Ausbauseite, d. h. rechte und/oder linke Uferseite, und die Planung der Ausbauart. In Abschnitten mit hohen Restriktionen führte die genauere Betrachtung der Einzelrestriktionen zur Anpassung des Maßnahmen- und Bauumfanges. Die in Teilabschnitten erforderlichen Modifikationen der ökologischen Maßnahmenplanung wurden im Planungsablauf zum integrierten Konzept in kontinuierlichen Prüfläufen hinsichtlich der Qualitätskomponenten und der hydraulischen Auswirkungen hinterfragt. Damit wurde sichergestellt, dass auf dem Weg der Anpassung und Veränderung das Planungsziel nicht aus dem Fokus geriet.

Fallbeispiel der integrierten Maßnahmenplanung für den Planungsabschnitt Pa 02 „Pankegrünzug Kunkelstraße": Hauptziel der integrierten Maßnahmenplanung für diesen Planungsabschnitt ist eine den kleinräumig wechselnden Potenzialen entsprechende Entwicklung der Panke. Dies schließt lokale Aufweitungen des Gewässerprofils sowie die Herstellung einer Mindesthabitatausstattung mit ein. Der Flächennutzungsplan weist eine Grünanlage entlang der Panke auf. Daran schließen sich zumeist Wohnbauflächen an. Diesen Wohnquartieren werden im Landschaftsprogramm sehr hohe Anforderungen an den vorhandenen Freiraum zugeordnet. Ziel des Fachressorts Freiraumplanung/Städtebau ist daher der Erhalt und die Verbesserung der Erholungsqualität im Bereich des Pankegrünzugs. Konkret soll die etwa 2.600 m² große Grünfläche zwischen der Panke und dem Stadtbad Wedding zu einem Spielplatz umgestaltet werden. Seitens des Bezirksamtes Mitte wird im Abschnitt Gerichts- bis Schönwalder Straße der linksseitige Uferbereich bis zum bestehenden Pankeweg als Fläche benannt, die im Rahmen der Maßnahmenplanung berücksichtigt werden kann. Eine vollständige Inanspruchnahme dieser großen Flächen für die Gewässerumgestaltung erfolgt wegen verschiedener lokaler Konfliktpotenziale nicht; der planerische Flächenbedarf beschränkt sich daher auf konfliktarme Abschnitte (z. B. ohne Leitungsumverlegung). Mit der Herstellung der Profilaufweitungen geht zwangsläufig eine Inanspruchnahme des (teilweise nicht standortgerechten) Gehölzbestandes einher. Im Gegenzug können in den neu entstehenden Auen- und Böschungsbereichen standortgerechte und somit ökologisch hochwertigere Gehölzstrukturen neu entwickelt werden. In den aufgeweiteten Profilen ist zunächst ein Entwicklungsprozess abzuwarten, bis die künftigen Strukturen (Unterstände, gewässerbegleitende Gehölze usw.) ihre ökologische Wirkung entfalten. In diesem Kontext wird eine frühzeitige Realisierung der Profilaufweitungen empfohlen. Im Gegensatz dazu wird die Schaffung der Mindesthabitatausstattung vergleichsweise schnell wirken.

4 Prognose der Zielerreichung gemäß WRRL

Ob und inwieweit mit der Maßnahmenplanung anhand der biologischen Qualitätskomponenten Fische, Makrozoobenthos und Makrophyten und Phytobenthos die Ziele der Wasserrahmenrichtlinie erreicht werden können, hängt neben den ausgewählten Maßnahmen noch von einer Reihe weiterer Faktoren ab:
- der Habitatkulisse unter Berücksichtigung von Strahlursprüngen und Trittsteinen,
- den hydraulischen und hydrologischen Verhältnissen nach Durchführung der Maßnahmen,
- vom aktuell vorhandenen Arteninventar sowie
- vom Wiederbesiedlungspotenzial.

Da eine zweifelsfreie Prognose beim derzeitigen Wissensstand nicht möglich ist, wird die Wahrscheinlichkeit der Zielerreichung angegeben.

4.1 Hydromorphologische Rahmenkulisse

Zur Beschreibung der **Habitatkulisse** wurden Habitate bzw. Parameter herangezogen, die von besonderer Bedeutung für die biologischen Qualitätskomponenten und durch morphologische Maßnahmen beeinflussbar sind (z. B. Sohl- und Ufersubstrate sowie Sohl-, Ufer- und Auenstrukturen) (vgl. Pottgiesser et al. 2008). Aufgrund des geringen Raumentwicklungspotenzials lassen sich in einigen Planungsabschnitten nur eine Mindesthabitatausstattung an Rastplätzen und Refugial-Lebensräumen realisieren (Abb. 3, siehe Farbtafeln, Seite 154), während in Planungsabschnitten, die ein hohes bis sehr hohes Raumentwicklungspotenzial besitzen, umfangreiche Maßnahmen vorgesehen sind, so dass sie nach Durchführung der Maßnahmen als Strahlursprünge auch unterhalb liegende Planungsabschnitte biozönotisch aufwerten können.

In den meisten Planungsabschnitten unterscheidet sich die integrierte Maßnahmenplanung nicht wesentlich von der ökologischen Maßnahmenplanung. Es entfallen nur wenige Maßnahmen und der Umfang der durchzuführenden Maßnahmen ändert sich kaum. In einigen Teilabschnitten werden sehr lokale Raumentwicklungspotenziale genutzt und die ökologischen Maßnahmenplanungen erweitert: Für die in Parkanlagen liegenden Planungsabschnitte musste die ökologische Maßnahmenplanung jedoch deutlich modifiziert werden. Hier ist die in der ökologischen Maßnahmenplanung vorgesehene Initiierung einer eigendynamischen Entwicklung, z. B. aufgrund des Denkmalschutzes, nur sehr eingeschränkt möglich. Die Gewässerdynamik wird hier auf das Zulassen lokaler Erosion- und Anlandungsprozesse beschränkt. Totholz wird in deutlich geringerem Umfang belassen oder eingebracht und die Entwicklung von standorttypischen Gehölzen im Gewässerrandstreifen ist nur eingeschränkt möglich. Damit ist die Entwicklung von Strahlursprüngen nicht mehr gesichert bzw. unwahrscheinlich. Darüber hinaus ist in den urbanen Gewässerabschnitten im Unterlauf der Panke die Entwicklung von Ufergehölzen in deutlich geringerem Umfang vorgesehen. Im Gegensatz dazu werden in einigen periurbanen Planungsabschnitten lokal vorhandene Raumentwicklungspotenziale genutzt und die ökologische Maßnahmenplanung erweitert. Hier ist, über die ökologische Maßnahmenplanung hinaus, auf Teilabschnitten das Anlegen eines typgemäßen Gewässerverlaufs und die Entwicklung von Gehölzen auf der Mittelwasserlinie vorgesehen.

Das bedeutet, dass im Rahmen der integrierten Maßnahmenplanung für alle als Typ 19: Kleine Niederungsfließgewässer in Fluss- und Stromtälern ausgewiesenen Planungsabschnitte im Unterlauf der Panke nur die Quantität und Qualität einer Mindesthabitatausstattung als besiedlungsrelevante Habitatkulisse realisiert werden kann (Tab. 3). Für die als Typ 14: Sandgeprägte Tieflandbäche ausgewiesenen Planungsabschnitte der Panke, in denen im Rahmen der ökologischen Maßnahmenplanung nur eine Mindesthabitatausstattung geplant werden konnte, können hingegen in der integrierten Maßnahmenplanung besiedlungsrelevante Habitate in einem größeren Umfang realisiert werden; neue besiedlungsrelevante Habitate entstehen dadurch allerdings nicht.

Die **hydrologischen und hydraulischen Verhältnisse**, die nach der Umsetzung der integrierten Maßnahmenplanung herrschen, wirken sehr wahrscheinlich nicht limitierend auf die Zielerreichung der ökologischen Qualitätskomponenten. Die hydraulischen Verhältnisse bei Niedrigwasserabfluss sind i. d. R. im Mittel vergleichbar mit denen des potenziell natürlichen Zustands. Durch die geplanten Maßnahmen wird im urbanen Unterlauf die Breitenvarianz und im periurbanen Oberlauf darüber hinaus auch die Tiefenvarianz erhöht. Damit erhöht sich auch die Varianz der Fließgeschwindigkeit sowie der Fließtiefe und nähert sich den potenziell natürlichen Verhältnissen an. Somit ist mit hoher Wahrscheinlichkeit anzunehmen, dass sich die hydraulischen Verhältnisse bei Niedrigwasserabfluss nicht limitierend auf die Erreichung der ökologischen Zielvorgaben auswirken.

Das einjährliche Hochwasser (HQ1) ist in dem als Typ 19 ausgewiesenen Unterlauf der Panke in der integrierten Maßnahmenplanung im Vergleich zum Ist-Zustand zwar verringert, jedoch gegenüber dem potenziell natürlichen Zustand immer noch deutlich erhöht. Sowohl gemäß Merkblatt M7 (BWK 2008) als auch unter Berücksichtigung der mit Hilfe des hydraulischen Modells berechneten Werte der mittleren Fließgeschwindigkeit und Sohlschubspannung ist von einer hydraulischen Belastung auszugehen. Auch nach Umsetzung der integrierten Maßnahmenplanung sind die Werte im Vergleich zum potenziell natürlichen Zustand noch stark erhöht. Für die Besiedlung der Gewässer sind jedoch letztendlich nicht der Abfluss bzw. die mittlere hydraulische Belastung im Querprofil, sondern die kleinräumigen Strömungsverhältnisse von Bedeutung. Offensichtlich sind bereits im Ist-Zustand kleinräumig strömungsberuhigte Bereiche vorhanden, die es einigen Arten erlauben auch bei der bestehenden hydraulischen Belastung das Gewässer zu besiedeln. Nur so lässt sich erklären, dass bereits die deutlich höhere hydraulische Belastung im Ist-Zustand – unter Verwendung der aktuell vorliegenden Bewertungsverfahren – nicht zu einer schlechten Bewertung der biologischen Qualitätskomponenten führt. Unter Berücksichtigung der prognostizierten Verringerung der hydraulischen Belastung und der Schaffung von strömungsberuhigten Bereichen durch die integrierte Maß-

Tab. 3. Habitatkulisse im Ist-Zustand, geplante Maßnahmen und Abschätzung der Wirkung auf die Habitatkulisse im Plan-Zustand exemplarisch für den Planungsabschnitt Pa 02 „Pankegrünzug Kunkelstraße".

Planungsabschnitte Pa 02 Typ 19 mit Mindesthabitatausstattung *Parameter* und Ausprägungen	Ist-Zustand	Maßnahme									Plan-Zustand
		3.2.4 Belassen oder Einbringen von Totholz	3.2.5 Anlegen von Flachwasserbereichen	3.2.6 Unterlassen von Grundräumung	3.2.7 Zulassen und Entwickeln von Wasserpflanzen	3.2.8 Ökologisch verträgliche Krautung	3.6.1 Entwickeln von Hochstauden oder Röhrichten	4.1.6 Einbringen typspezifisch. Ufer-Ersatzstrukturen	4.2.2 Entwickeln standorttypischer, heimischer Gehölze	4.2.5 Unterhaltung und Pflege des Uferbewuchs	
Substrate (differenziert für Sohle und Ufer)											
Substratausprägung Sohle											
Aquatische Röhrichte			✓				✓				untergeordnet
Aquatische Makrophyten	vereinzelt		✓	✓	✓	✓					untergeordnet
Totholz		✓		✓						✓	vereinzelt
CPOM / FPOM (Falllaub, Detritus)		✓	✓					✓	✓	✓	vereinzelt
Ton, Schluff, Lehm											
Sand		✓	✓	✓							vereinzelt
Kies, Grus											
Steine, Schotter											
Blöcke											
Anstehender Fels											
Feinsediment / Faulschlamm											
Steinschüttung / Pflaster, Steinsatz unverfugt											
Steinschüttung / Pflaster, Steinsatz unverfugt - übersandet	vorherrschend										vorherrschend
Massivsohle											
Massivsohle - übersandet	vereinzelt										vereinzelt
Substratausprägung Ufer											
Terrestrische Ufervegetation (z.B. Wurzelflächen, Äste)	vereinzelt								✓	✓	untergeordnet
Totholz											
CPOM / FPOM (Falllaub, Detritus)		✓	✓						✓	✓	vereinzelt
Ton, Schluff, Lehm											
Sand		✓	✓								vereinzelt
Kies, Grus											
Steine, Schotter											
Blöcke											
Anstehender Fels											
Feinsediment / Faulschlamm											
Ersatzstrukturen (z.B. Gabionen, Totholz-Kästen, Kokosmatten)											
Ingenieurbiologische Materialien zur Ufersicherung (Holzpflöcke, Faschinen, Kokosmatten)											
Steinschüttung / Pflaster, Steinsatz unverfugt											
Beton, Mauerwerk, Pflaster, Spundwand	vorherrschend										vorherrschend
Abflussverhältnisse während der überwiegenden Zeit des Jahres											
Fließtiefe bei mittlerem Abfluss											
Flachwasserbereiche (ca. < 0,1 m)			✓								untergeordnet
Freiwasserbereiche (ca. 0,1 - 0,5 m)	vorherrschend										vorherrschend
Tiefrinne (ca. > 0,5 m)											
Fließgeschwindigkeit bei mittlerem Abfluss											
Stagnierend (Stillwasserbereiche)		✓	✓	✓	✓						vereinzelt
Langsam bis mittelschnell fließend	vorherrschend										vorherrschend
mittelschnell bis schnell fließend		✓	✓		✓						vereinzelt
Hydraulische Belastung bei Hochwasser											
Geringe hydraulische Belastung		✓	✓		✓	✓	✓				vereinzelt
Mittlere hydraulische Belastung	untergeordnet										untergeordnet
Hohe hydraulische Belastung	vorherrschend										vorherrschend
Besondere Sohlstrukturen											
Bänke	vereinzelt	✓	✓	✓							mehrfach
Kolke (ausreichende "residual depth")											
Totholz		✓									vereinzelt
Besondere Uferstrukturen											
Uferbuchten											
Prall- und Gleithänge											
Unterstände (z. B. Sturzbäume / Totholz)		✓							✓		vereinzelt
Besondere Auestrukturen											
Nebengerinne (auch bei MNQ durchflossen)											
Altarme (zumindest einseitig angeschlossen)											
Altgewässer (überflutungsgeprägt)											
Altgewässer (grundwassergeprägt "Senken / Mulden")											
Durchgängigkeit											
Durchgängigkeit für die Fischfauna	eingeschränkt	nicht Teil der vorliegenden Maßnahmenplanung, wird jedoch im Rahmen anderer Maßnahmenplanungen sichergestellt									gegeben

*Das "Vorkommen" fehlend (z.B. Substrate), keine (z.B. Sohlstrukturen) wird nicht aufgeführt.

nahmenplanung ist eine Zielerreichung auf Grundlage der aktuell vorliegenden Bewertungsverfahren für alle Qualitätskomponenten wahrscheinlich (s. u.). Auch für den als Typ 14 ausgewiesenen Wasserkörper verringert sich durch die naturnähere Gestaltung der Planungsabschnitte die hydraulische Belastung bei Hochwasser. Zusätzlich werden so ausreichend Refugial- und Rückzugsorte geschaffen, die die Ausbildung einer gewässertypspezifischen Biozönose grundsätzlich ermöglichen.

4.2 Abschätzung der Zielereichung gemäß WRRL am Beispiel der Qualitätskomponente Makrozoobenthos

4.2.1 Abschätzung des Wiederbesiedlungspotenzials

Eine (Wieder)Besiedlung von Fließgewässern mit Arten des Makrozoobenthos kann über verschiedene aktive oder passive Ausbreitungswege erfolgen, z. B. über Drift im Gewässer, Aufwärtswanderung oder -flug oder auch Windverdriftung flugfähiger Stadien. Eine Wiederbesiedlung über Drift wird für die Panke ausgeschlossen, da sowohl im Hauptgewässer als auch in den Zuflüssen kein weiterer gewässertypspezifischer Artenpool vorkommt, der nicht schon berücksichtigt worden ist. Eine Aufwärtswanderung von Arten aus der Spree wird ebenfalls ausgeschlossen, da dieser stauregelte Fluss im Vergleich zur Panke eine abweichende Makrozoobenthos-Lebensgemeinschaft aufweist. Flug und/oder Windverdriftung aus benachbarten Gewässersystemen sind daher die hauptsächlichen Migrationswege, über die eine Wiederbesiedlung der Panke nach erfolgreicher Umgestaltung erfolgen kann. Hierbei wird es sich in erster Linie um flugstarke Insekten handeln, wie z. B. Trichopteren oder auch einige Ephemeropteren, von denen einige mehrere Kilometer (flussaufwärts) fliegen können.

Zur Prognose der Zielerreichung der Maßnahmenplanung für die Qualitätskomponente Makrozoobenthos sind als wesentliche Kriterien herangezogen worden:
- die für die verschiedenen Planungsabschnitte nach Durchführung der Maßnahmen prognostizierten besiedlungsrelevanten Habitate inkl. der hydraulischen und hydrologischen Verhältnisse sowie
- das theoretische Wiederbesiedlungspotenzial für die unterschiedlichen Gewässertypen.

Zur Abschätzung des Wiederbesiedlungspotenzials wurden folgende Arbeitsschritte durchgeführt:
- Erstellung einer Gesamtartenliste von rund 250 Taxa mit im Einzugsgebiet der Panke sowie in den benachbarten Gewässersystemen vorkommenden Taxa, die in unterschiedliche Entfernungskategorien (= Wiederbesiedlungsräume) klassifiziert wurden (Abb. 4)
- Zuordnung von Abundanzen auf Grundlage der prognostizierten abiotischen Rahmenkulisse, d. h. unterschiedliche Abundanzen für die verschiedenen Gewässertypen und Planungsabschnitte
- Konstruktion verschiedener Taxalisten, z. B. nur die Taxa im Einzugsgebiet der Panke, alle Taxa im Einzugsgebiet der Panke und alle Taxa im Wiederbesiedlungsraum A und oder B, mit reduzierten Störzeigern, nur Gütezeiger usw.
- typspezifische Berechnung der Artenlisten mit ASTERICS
- Auswertung der typspezifischen Gütezeiger (1, 2) und Störzeiger (–1, –2) des Fauna-Index (Meier et al. 2006); als Gütezeiger eingestufte Taxa zeichnen sich durch eine enge, dem Typ entsprechende Habitatbedingung aus, während Störzeiger Hinweise auf hydromorphologisch degradierte Strukturen geben

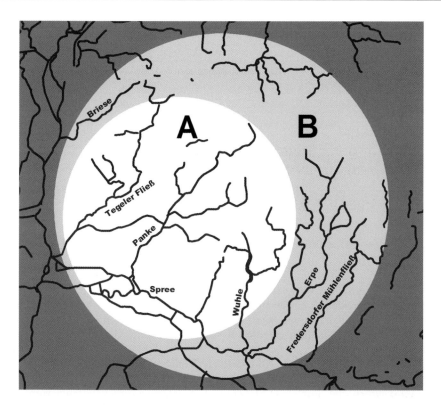

Abb. 4. Suchräume für das Wiederbesiedlungspotenzial. **Wiederbesiedlungsraum A** beinhaltet die Gewässer in einem Radius von maximal 10 km und umfasst die beiden benachbarten Gewässersysteme von Wuhle und Tegeler Fließ. Es wird davon ausgegangen, dass Makrozoobenthostaxa aus diesem Wiederbesiedlungsraum die Panke bis 2015 (wieder)besiedeln können. **Wiederbesiedlungsraum B** beinhaltet die Gewässer in einem Radius von maximal 20 km und umfasst im Wesentlichen die brandenburgischen Gewässer(systeme) Briese, Erpe und Fredersdorfer Mühlenfließ. Es wird davon ausgegangen, dass Makrozoobenthostaxa aus diesem Wiederbesiedlungsraum die Panke bis 2027 (wieder)besiedeln können.

Aktuell sind im Einzugsgebiet der Panke (Panke und Zuflüsse) insgesamt 65 Taxa gemäß der operationellen Taxaliste, die das Makrozoobenthos-Mindestbestimmungsniveau vorgibt (Meier et al. 2006), nachgewiesen worden, darunter eine mittlere Anzahl von Güte- und Störzeigern für die beiden in Berlin ausgewiesenen Gewässertypen. Bei den meisten Taxa handelt es sich um Arten, die nicht in die Fauna-Indices eingestuft sind (Tab. 4).

Tegeler Fließ und Wuhle weisen zusammen 144 Taxa auf, wobei die Mehrzahl dieser Taxa (80) nur in diesen Gewässern und nicht im Einzugsgebiet der Panke vorkommt. Da es sich bei beiden Gewässersystemen des Wiederbesiedlungsraums A um organisch geprägte Bäche handelt, kommen nur wenige Sandbach-Gütezeiger vor und keine, die nicht auch schon im Einzugsgebiet der Panke vorkommen. Für den Typ 19 kommen einige weitere Gütezeiger hinzu, die bislang noch nicht in der Panke nachgewiesen worden sind, da für die Bewertung der Typen 11 und 19 derselbe Fauna-Index zugrunde gelegt wird (Tab. 4).

Unter den rund 225 Taxa der drei Gewässer Briese, Erpe und Fredersdorfer Mühlenfließ des Wiederbesiedlungsraums B kommen entsprechend der ausgewiesenen Gewässertypen zahlreiche Gütezeiger für die beiden Gewässertypen 14 und 19 vor (Tab. 4).

Tab. 4. Übersicht über die typspezifischen Güte- und Störzeiger im Einzugsgebiet (EZG) der Panke sowie in den beiden Wiederbesiedlungsräumen (Definition s. o).

	EZG Panke	Wiederbesiedlungsraum A		Wiederbesiedlungsraum B	
	gesamt	gesamt	nur WBR A	gesamt	nur WBR B
Gütezeiger Typ 14	12	12	--	32	20
Störzeiger Typ 14	14	34	20	39	28
Gütezeiger Typ 19	16	26	5	49	33
Störzeiger Typ 19	16	39	23	53	39

4.2.2 Prognose der Zielerreichung für die Qualitätskomponente Makrozoobenthos

Auf Grundlage der aktuellen Bewertungsverfahren kann mit der heute im Panke-System vorkommenden Makrozoobenthos-Lebensgemeinschaft für den als Typ 19 ausgewiesenen Unterlauf der Panke grundsätzlich der gute ökologische Zustand erreicht werden, wenn entsprechende hydromorphologische Maßnahmen ergriffen werden, so dass sich die vorhandenen Arten verbreiten und etablieren können.

Für die als Typ 14 ausgewiesenen Abschnitte der Panke ist mit dem heute im Einzugsgebiet vorhandenen Arteninventar eine Zielerreichung gemäß WRRL nicht möglich, selbst wenn durch geeignete Maßnahmen alle Störzeiger für diesen Gewässertyp zurückgedrängt werden. Diese ungünstige Prognose ergibt sich durch die zahlreichen, nicht im Fauna-Index eingestuften Arten, bei denen es sich v. a. um Phytalarten und Arten strömungsberuhigter Bereiche handelt, die zu einer schlechten Bewertung der Core-Metrics im Modul Allgemeine Degradation für diesen Typ führen. Da die Makrozoobenthos-Besiedlung des Wiederbesiedlungsraums A keine weiteren sandbachspezifischen Gütezeiger aufweist, ändert sich auch die Prognose der Zielerreichung für die als Typ 14 ausgewiesenen Abschnitte der Panke nicht.

Wenn aus dem Wiederbesiedlungsraum B alle Taxa, d. h. Güte- und Störzeiger sowie nicht im Fauna-Index eingestuften Taxa den Weg zur Panke finden, dann wird ebenfalls ein mäßiger bzw. schlechterer ökologischer Zustand prognostiziert. Die Erreichung des guten ökologischen Zustands ist für die als Typ 14 ausgewiesenen Wasserkörper wahrscheinlich erst dann möglich, wenn nur die Gütezeiger aus diesem Wiederbesiedlungsraum die Panke besiedeln.

Die grundsätzliche Schwierigkeit bei der Beurteilung einer Zielerreichung gemäß WRRL für das Panke-System besteht darin, dass sich hier weniger die mit den Maßnahmen geschaffenen Habitate limitierend auf die Erreichung des guten ökologischen Zustands auswirken, als vielmehr das begrenzte Wiederbesiedlungspotenzial mit gewässertypspezifischen Gütezeigern v. a. der Sandbäche. Dies liegt u. a. auch daran, dass es sich bei der Panke nicht um einen „klassischen" sandgeprägten Tieflandbach handelt, sondern eher um einen „Mischtyp". Die Makrozoobenthos-Lebensgemeinschaft der Panke weist neben den typischen Sandbach-Besiedlern natürlicherweise auch Arten organisch geprägter Gewässer auf, die im Fauna-Index des Bewertungsverfahrens des Typs 14 aber z. T. als Störzeiger eingestuft sind.

Berliner Fließgewässer sind aktuell zwar sehr artenreich, in Bezug auf Sauerstoff und Strömung anspruchsvolle Makrozoobenthos-Arten (v. a. Ephemeroptera, Plecoptera und Trichoptera) sind aber relativ selten. Viele der heute verbreiteten Arten sind Phytalarten strömungsberuhigter Bereiche, wie Mollusken und Coleopteren. Für die nicht als Typ 11, 12 oder 19 eingestuften Gewässer Berlins ist daher ein nach einer Umgestaltung anhand des Bewertungsverfahrens „messbarer" guter ökologischer Zustand nur dann möglich, wenn sich genügend rheophile und rhitrale Güteanzeiger aus weiter entfernten Wiederbesiedlungsräumen etablieren und gleichzeitig durch entsprechende Maßnahmen die Störzeiger reduziert werden.

In den Fließgewässern Brandenburgs können aktuell noch sehr viele Güteanzeiger sandgeprägter Tieflandbäche nachgewiesen werden. Allerdings ist das direkte Umfeld Berlins in Brandenburg aufgrund der jahrhundertelangen, intensiven anthropogenen Überformung auch relativ artenarm. Naturnähere Standorte mit gewässertypspezifischen Biozönosen sind eher in anderen Naturräumen Brandenburgs zu finden, beispielsweise im Fläming, in der Prignitz oder im Spreewald.

Falls weniger strenge Umweltziele für Berliner Fließgewässer des Typs 14 aufgrund des geringen Wiederbesiedlungspotenzials nicht geltend gemacht werden sollen, ist zu versuchen, über die Schaffung von „Trittsteinrenaturierungen", eine Einwanderung der Arten aus weiter entfernten Naturräumen zu unterstützen und damit langfristig eine Etablierung in Berlin zu ermöglichen. Eine andere Möglichkeit ist z. B. auch die aktive Ansiedlung von Arten, wie es bei Fischen seit Jahrzehnten gängige Praxis ist und auch beim Makrozoobenthos seit einiger Zeit erprobt wird, aktuell beispielsweise in der Lippe in Nordrhein-Westfalen (Tittizer et al. 2008). Ergebnisse zum Erfolg oder Misserfolg dieser Wiederansiedlung liegen allerdings noch nicht vor.

5 Öffentlichkeitsbeteiligung

Die Partizipation aller interessierten Stellen sowie der breiten Öffentlichkeit bei der Erstellung der Bewirtschaftungspläne ist eine der vielen neuen und fortschrittlichen Forderungen der WRRL. Diese intensive Form der Partizipation geht damit weit über die bislang üblichen Beteiligungsverfahren, wie man sie z. B. aus Planfeststellungsverfahren kennt, hinaus. Ziel gemäß des „Leitfadens zur Beteiligung der Öffentlichkeit" von der Arbeitsgruppe „Public Participation" (AG 2.9 2002) ist ein innovativer und kreativer Planungsprozess, in dem Wissen, Erfahrungen und Erkenntnisse der Experten verschiedener Fachdisziplinen als Grundlage gebündelt zusammengetragen sowie Ansichten und Erfahrungen der Betroffenen direkt einfließen können. Diese Ziele sind auch gleichzeitig Vorteile der Partizipation, wobei der Akzeptanz und Unterstützung des Planungsprozesses durch die Öffentlichkeit eine ebenfalls sehr wichtige Rolle zukommt.

Im Rahmen des Panke-Gewässerentwicklungskonzepts wurde in Berlin erstmals versucht mit einem langfristig und breit angelegten Beteiligungsprozess diese Anforderungen umzusetzen. In dem Planungsprozess war dem Senat eine intensive Abstimmung mit allen interessierten Bürgern, den Verbänden, weiteren Fachbehörden und den Berliner Wasserbetrieben besonders wichtig. Die Partizipation umfasste dabei folgende, auf unterschiedliche Zielgruppen hin ausgerichtete, Informations- und aktive Beteiligungsprozesse:

- Projekt begleitender Steuerungskreis als Arbeitsform der Fachverwaltungen,
- Vortragsreihe „Tag der Panke",
- Beteiligungswerkstätten für alle Interessierten zur aktiven Gestaltung des Planungsprozesses,
- kontinuierliche Öffentlichkeitsarbeit z. B. über Internet, Presse, Broschüren,
- Lernmaterial („Gerade war gestern" ein Computerspiel für Kinder und Jugendliche).

Zu den Formen von Öffentlichkeitsbeteiligung (Flussbadetage, Broschüren, Informationsveranstaltungen, Flusskonferenzen, Workshops usw.) gibt es eine Reihe von Literatur. Eine gute Zusammenstellung hierzu bietet z. B. DWA (2008). Wie solche Partizipationsprozesse aber konkret umzusetzen sind, dafür fehlen weitgehend praktische Handlungsempfehlungen, wie z.B. zum Veranstaltungsaufbau, welche Rahmenbedingungen (Termin, Räumlichkeiten, zeitlicher Rahmen) zum Gelingen eines Beteiligungsprojektes beitragen, zur Teilnahmemöglichkeit der Akteure usw. (Uhlendahl 2008, 2009). Von daher werden im Folgenden im Rahmen des Projekts erprobte Formen der Information und Partizipation vorgestellt.

5.1 Vortragsreihe „Tag der Panke"

Die von 2003 bis 2009 durchgeführte Vortragsreihe „Tag der Panke" ist primär eine Informationsveranstaltung, mit der u. a. das Projekt sowie die Ziele der WRRL den interessierten Bürgern im Einzugsgebiet frühzeitig bekannt gemacht werden sollten. Es handelte sich um eine ganztägige Vortragsreihe mit wechselnden Veranstaltungsorten. Die Vermittlung von Fachwissen stand im Vordergrund: Themen rund um die Panke und ihr Einzugsgebiet sowie die konkrete Umsetzung der WRRL in Berlin bzw. speziell im Panke-Gebiet wurden – so weit bei einem heterogenen Publikum möglich – zielgruppengerecht aufbereitet und präsentiert, um den Teilnehmern so das notwendige (Fach)Wissen für den weiteren Beteiligungsprozess zu geben (SenGUV 2008). Die (kurzen) Diskussionen mit Betroffenen und Akteuren ermöglichten einen Einstieg bzw. übten den Beteiligungsprozess, da die aktive und frühzeitige Einbindung der Öffentlichkeit in den Umsetzungsprozess, zumindest in dieser Form, für alle Beteiligten eine neue Herausforderung darstellt.

Die kontinuierlich steigende Teilnehmerzahl (ca. 70 in 2005 auf ca. 170 Teilnehmer in 2009) zeigte das wachsende Interesse sich mit dem Prozess der Umgestaltung eines städtischen Gewässers auseinander zu setzen, auch wenn im Vergleich zur Einwohnerzahl im Einzugsgebiet eine noch größere Resonanz wünschenswert wäre. Als größte Hindernisse auf dem Weg zu einer noch breiteren Beteiligung zeichnet sich das gezielte, effektive Verbreiten von Informationen in einer Millionenstadt ab sowie die mangelnde Identifizierung mit dem (zeitweiligen) Wohnumfeld und die Konkurrenz mit einer Vielzahl an Freizeitangeboten. Grundsätzlich wurde das Ziel, eine Informationsveranstaltung für eine breite Öffentlichkeit durchzuführen, aber erreicht, so dass der informale Informationsfluss in Gang gesetzt werden konnte, als Grundvoraussetzung eines jeden Partizipationsprozesses (DWA 2008).

5.2 Beteiligungswerkstätten

Die aktive Beteiligung und Mitgestaltung des Planungsprozesses durch interessierte Bürger, ob Anwohner der Panke, Naturliebhaber oder Angler sowie durch Vertreter verschiedener Interessensgruppen, waren Hauptziele der beiden Beteiligungswerkstätten (SenGUV 2008). Konkret wurden in der ersten Beteiligungswerkstatt die Sorgen, Befürchtungen und Wünsche der Teilnehmer sowie die lokalen Ortskenntnisse, Detail- und Fachwissen gesammelt sowie Wünsche und Maßnahmenvorschläge für die Panke zusammengestellt. Die zweite Beteiligungswerkstatt diente dazu, die im Rahmen des Gewässerentwicklungskonzepts geplanten Maßnahmen vorzustellen und offen zu legen, ob und in wieweit die Anregungen aus der ersten Werkstatt eingeflossen sind, um über das Verständnis der Hintergründe eine Akzeptanz der geplanten Renaturierungen zu erreichen (DWA 2008). Beide Beteiligungswerkstätten wurden in zwei Stadtteilen von einem professionellen Moderator geleitet, unterstützt von Mitarbeitern des Senats sowie den Büros der ARGE „Panke 2015"für alle formalen, politischen und fachlichen Fragen.

Kernstück der Beteiligungswerkstätten war die Arbeit in Kleingruppen, die gewässerabschnittsweise folgende Fragen erarbeiten sollten:
- Was gefällt Ihnen an der Panke nicht?
- Welche Sorgen und Befürchtungen haben Sie bei einer möglichen Umgestaltung der Panke?
- Welche Wünsche haben Sie für die Panke allgemein?

Die Antworten wurden notiert, nach Gemeinsamkeiten gruppiert und auf topografischen Karten räumlich verortet. Dabei wurden Defizite, Anregungen, Kommentare und Wünsche zu sehr unterschiedlichen Themengebieten zusammen getragen (Tab. 5).

Die Organisation und Durchführung der Beteiligungswerkstätten war zwar mit einem großen zeitlichen und personellen Aufwand verbunden, aber die frühzeitige und umfassende Beteiligung

Tab. 5. Ergebnisse der Kartenabfrage (Auswahl von Originalzitaten).

Was gefällt nicht	Sorgen und Befürchtungen	Wünsche und Maßnahmenvorschläge
Erholungsfunktion/Freizeitnutzung - begleitende Uferwege fehlen oder verlaufen zu weit entfernt - fehlender Zugang ans Gewässer - Fehlen von Schildern/Erlebnispfad **Gewässerstruktur** - Uferverbau - sehr geradliniger Verlauf - große Eintiefung **Ökologie** - fehlende Ufervegetation - Totholzmangel - zu viele Wasserpflanzen - zu hohe Stoffbelastung - fehlende Aue - fehlende Durchgängigkeit - wenig Tierarten **Wassermenge** - sehr stark schwankende Wasserstände - übernatürlich hohe Hochwässer **Allgemeines** - Abfallbelastung - manchmal stinkt sie zum Himmel	**Erholungsfunktion/Freizeitnutzung** - ökologische Ausrichtung zu Lasten der Erholungsfunktion und Einschränkung der Flächen - Hundeauslaufgebiet geht verloren **Ökologie** - Strukturveränderungen können Hochwasserabflüsse nicht sichern - technische Renaturierung - keine Berücksichtigung der feinenergetischen und feinstofflichen Strukturen - Aue kaum wiederherstellbar (z. B. wegen Bebauung) **Wassermenge** - kein Wasser für die Südpanke - Belastung der Panke mit Regenwasser aus Agrargebiet - Wasserrückhalt unzureichend **Flächenbedarf / -Verfügbarkeit** - Erhebliche Widerstände gegen geplante Maßnahmen von Anliegern **Unterhaltung** - Gewässerunterhaltung zieht nicht mit **Realisierbarkeit/Umsetzung** - Realisierbarkeit der Ziele? - Finanzielle Mittel stehen nur für Notlösungen zur Verfügung - Anwohner können am Ende nicht wirklich mitreden - zu viele unterschiedliche Interessen, Erwartungen und Konflikte	**Erholungsfunktion/Freizeitnutzung** - Zugang zum Wasser - Erlebbarkeit - Wasserspielplatz - Durchgehende Wege am Gewässer für Fußgänger und Radfahrer - (Holz-)Stege für Gastronomie - Boote, Kanus, Gondeln auf der Panke **Gewässerstruktur** - Entrohrung - Aufweitung und Mäandrierung auf verfügbaren Flächen (Parkanlagen) - abwechslungsreiche Ufergestaltung - Durchgängigkeit **Ökologie** - größere Artenvielfalt - Auen mit Feuchtgebieten/Amphibien - abschnittsweise ein sich natürlich schlängelndes Fließgewässer - Begrünung des Uferstreifens **Wassermenge** - Überschwemmungsflächen schaffen - umfassendes REWA-Management **Gewässerlauf** - Rückführung in das ursprüngliche Flussbett - Wiederanbindung an die Aue - Offenlegung des Mündungsbereichs **Gesellschaftliche, soziale Aspekte** - Einbeziehung lokaler Initiativen - Identifikation der Bewohner mit dem Fluss fördern

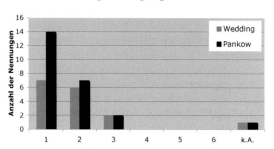
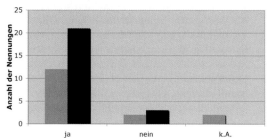
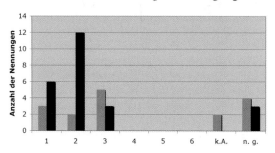

Abb. 5. Auswertung der Teilnehmer Befragung, entsprechend den „Schulnoten" von 1 bis 6. k. A. = keine Angabe, n. g. = Antwort nicht gewertet.

im Planungsprozess war für den Informationsgewinn und die Resonanz auf die Planungsabsichten sehr wertvoll. Insbesondere die Möglichkeit eigene Ideen in den Planungsprozess einzubringen wurde als sehr positiv herausgestellt (Abb. 5), was nicht zuletzt auf die Ergebnis offene Herangehensweise der Beteiligungswerkstätten zurückzuführen ist (Uhlendahl 2009).

5.3 Computerspiel „Gerade war gestern"

Kinder und Jugendliche für ökologische Themen und Umweltschutz zu interessieren und sensibilisieren und damit zu einem bewussten Umgang mit der Ressource Wasser zu motivieren, ist für eine nachhaltige Gesellschaft ein wesentlicher Grundbaustein. Die WRRL ist eines der fortschrittlichsten auf Nachhaltigkeit ausgerichteten (Umwelt)Regelwerke in Europa. Die Beweggründe und Auswirkungen der WRRL Kindern und Jugendlichen näher zu bringen war der Hauptgedanke, dem die Entwicklung des Computerspiels „Gerade war gestern" zu Grunde liegt (SenGUV 2009). Zielgruppen sind daher Schulen und Familien. Neben der spielerischen und leicht zugänglichen Vermittlung von Wissen zu Fließgewässerökosystemen steht insbesondere die Planung und Umsetzung von Maßnahmen im Vordergrund.

Bei diesem Simulationsspiel kann man sich als „Wasserbauer" betätigen (Abb. 6): Zur Behebung von hydromorphologischen Defiziten (Querbauwerke, Begradigung, fehlende Ufergehölze usw.) an verschiedenen Abschnitten der Panke können unterschiedliche Maßnahmen ergriffen werden (z.B. Beseitigung eines Sohlabsturzes durch Anlegen einer Fischwanderhilfe). Ziel der

Abb. 6. „Gerade war gestern".

Maßnahmen ist die Schaffung bzw. Sicherung von Lebensräumen für die verschiedenen aquatischen Organismen. Die Umsetzung der ausgewählten Maßnahmen wird visualisiert, ihre ökologische Auswirkung bewertet und aus Sicht von tierischen Wasserbewohnern und menschlichen Anwohnern der umliegenden Wohnquartiere kommentiert. Werden die Möglichkeiten der ökologischen Verbesserungsmaßnahmen nicht voll ausgeschöpft, so erhält der Spieler entsprechend weniger Punkte. Durch das Spiel führt eine Libelle. Ihr kommt zum einen die Funktion des Sympathieträgers zu. Gleichzeitig erleichtert sie aber auch durch den Perspektivwechsel – der Spieler erlebt das Spiel durch ihren Blickwinkel – die Einfühlung in die aquatische Welt.

6 Resümee und Ausblick

Mit Hilfe der transparenten und strukturierten methodischen Vorgehensweise im Planungsprozess war es möglich den notwendigen Flächenbedarf für eine Gewässerentwicklung auch Fachfremden zu vermitteln und nachvollziehbar in den Diskussions- und Abwägungsprozess einzubringen. Die gestuften, systematischen Arbeitsschritte – Schritt 1: Ökologische Maßnahmenplanung, Schritt 2: Integrative Maßnahmenplanung – verschafften den notwendigen Weitblick, um auch Flächen mit festgelegten Nutzungen zu hinterfragen. Bei manchen Flächen bestätigte sich die heutige Nutzung. Bei anderen konnten realisierungsfähige, kooperative Nutzungserweiterungen unter Integration der fließgewässerökologischen Belange identifiziert werden. Bei wieder anderen Flächen war eine Reduzierung oder gar Aufgabe der bestehenden Nutzung zugunsten der Panke möglich.

Der breit angelegte Beteiligungsprozess mit dem „Tag der Panke" als übergeordneter Informationsveranstaltung, mit dem Steuerungskreis und den Fachgesprächen als Arbeitsform der Fachverwaltungen, mit den Beteiligungswerkstätten als Forum für die Öffentlichkeit sowie mit einer kontinuierlichen Projekt begleitenden Öffentlichkeitsarbeit (Pressemitteilungen, Web-Site, interaktives Computerspiel usw.) hat sich gleichfalls bewährt. Um viele Bürger zu erreichen, ist eine intensive und möglichst breit gefächerte Öffentlichkeitsarbeit wesentlich, da die breite Bevölkerung immer noch wenige Kenntnisse über Inhalte und Ziele der WRRL hat. Ohne diese den Planungsprozess unterstützende Beteiligung wären sowohl die Beschaffung wesentlicher Informationen als auch die Vermittlung des Ergebnisses ungleich schwieriger gewesen. Sehr wahrscheinlich würden im Gegensatz zum heute vorliegenden Maßnahmenkonzept eine Reihe von abgestimmten Planungsaspekten und Gestaltungspotenzialen fehlen.

Das vorliegende Konzept bildet die Grundlage für die sich nunmehr anschließende Bauplanung. Der Zeitplan sieht vor die Bauplanung bis 2013 abzuschließen. Die bauliche Umsetzung (ca. 4 Jahre; Bauvolumen ca. 13 Mio. €) schließt sich unmittelbar an. Das Projekt wird durch ein umfassendes Monitoring begleitet.

Dank

Bei der Erarbeitung des Konzepts haben maßgeblich mitgewirkt: Dr. Jochem Kail, Susanne Seuter, Martin Halle (ube, Essen), Dr. Heiko Sieker, Stephan Bandermann, Dr. Christian Peters (IPS, Hoppegarten), Ralf Wegner, Uli Christmann (Lp+b, Berlin), Andrea Wolter, Antje Köhler, Leonie Goll (SenGUV, Berlin). Biologische Daten wurden bereitgestellt von: Reinhard Müller (Planungsbüro Hydrobiologie, Berlin), Jörg Schönfelder, Dirk Langner (LUA Brandenburg).

Literatur

AG 2.9 (Arbeitsgruppe Best Practices in der Bewirtschaftungsplanung für Einzugsgebiete) (2002): Leitfaden zur Beteiligung der Öffentlichkeit in Bezug auf die Wasserrahmenrichtlinie. Aktive Beteiligung, Anhörung und Zugang der Öffentlichkeit zu Informationen. Übersetzung der englischen Originalfassung: 84 S.

ARGE „Panke 2015" (2009): Panke – Pilotprojekt zur vorbereitenden Maßnahmenplanung. Unveröffentl. Gutachten im Auftrag SenGUV Berlin, 367 S. + Anhang + Kartenband.

BWK (Bund der Ingenieure für Wasserwirtschaft, Abfallwirtschaft und Kulturbau e.V.) (2008): Detaillierte Nachweisführung immissionsorientierter Anforderungen an Misch- und Niederschlagswassereinleitungen gemäß BWK-Merkblatt M3. – Merkblatt BWK-M7: 1–50.

DRL (Deutscher Rat für Landespflege) (2008): Kompensation von Strukturdefiziten in Fließgewässern durch Strahlwirkung. – Schriftenreihe des Deutschen Rates für Landespflege 81: 5–20.

DWA (Deutsche Vereinigung für Wasserwirtschaft, Abwasser und Abfall e.V., Hrsg.) (2008): Aktive Beteiligung fördern! Ein Handbuch für die Bürgernahe Kommune zur Umsetzung der Wasserrahmenrichtlinie. Hennef: DWA Eigenverlag: 64 S. + CD-ROM.

Fischereiamt Berlin (2008): Fischbestandsuntersuchung gemäß EU-WRRL der Pankegewässer (unveröffentlicht).

KABUS, T., TÄUSCHER, L. & WIEHLE, I. (2007): Monitoring von Makrophyten und Phytobenthos in ausgewählten Fließgewässern des Landes Berlin im Sommer 2007. – Unveröffentlichtes Gutachten im Auftrag der Senatsverwaltung für Gesundheit, Umwelt und Verbraucherschutz Berlin: 73 S.

MEIER, C., HAASE, P., ROLAUFFS, P., SCHINDEHÜTTE, K., SCHÖLL, F., SUNDERMANN, A. & HERING, D. (2006): Methodisches Handbuch Fließgewässerbewertung. – www.fliessgewaesserbewertung.de [Stand Mai 2006].

MÜLLER, R. & HENDRICH, L. (2006): Untersuchung des Makrozoobenthos in ausgesuchten Fließgewässerabschnitten Berlins. – Unveröffentlichtes Gutachten im Auftrag der Senatsverwaltung für Stadtentwicklung Berlin: 82 S.

POTTGIESSER, T. & SOMMERHÄUSER, M. (2008): Begleittext zur Aktualisierung der Steckbriefe der bundesdeutschen Fließgewässertypen (Teil A) und Ergänzung der Steckbriefe der deutschen Fließgewässertypen um typspezifische Referenzbedingungen und Bewertungsverfahren aller Qualitätselemente (Teil B). UBA-Projekt (Förderkennzeichen 36015007) und LAWA-Projekt O 8.06. – http://www.wasserblick.net.

POTTGIESSER, T. & SOMMERHÄUSER, M. (2004): Fließgewässertypologie Deutschlands: Die Gewässertypen und ihre Steckbriefe als Beitrag zur Umsetzung der EU-Wasserrahmenrichtlinie. In: Steinberg, C., W. Calmano, R.-D. Wilken & H. Klapper (Hrsg.): Handbuch der Limnologie. 19. Erg.Lfg. 7/04. VIII-2.1: 1–16 + Anhang.

POTTGIESSER, T., KAIL, J., HALLE, M., MISCHKE, U., MÜLLER, A., SEUTER, S., VAN DE WEYER, K. & WOLTER, C. (2008): Endbericht PEWA II – Das gute ökologische Potenzial: Methodische Herleitung und Beschreibung. Morphologische und biologische Entwicklungspotenziale der Landes- und Bundeswasserstraßen im Elbegebiet. Gutachten im Auftrag der Senatsverwaltung für Gesundheit, Umwelt und Verbraucherschutz Berlin (SenGesUmV): 234 S. – www.berlin.de/sen/umwelt/wasser/wrrl/de/potenziale.shtml.

SenGUV (Senatsverwaltung für Gesundheit, Umwelt und Verbraucherschutz) (2008): Panke 2015 – Es läuft gut für die Panke. – http://www.berlin.de/sen/umwelt/wasser/wrrl/de/panke2015.shtml

SenGUV (Senatsverwaltung für Gesundheit, Umwelt und Verbraucherschutz) (2009): Das Pankespiel – Ein Bach wird naturnah. Spiel mit! – www.berlin.de/sen/umwelt/wasser/wrrl/de/pankespiel.shtml.

TITTIZER, T., FEY, D., SOMMERHÄUSER, M., MÁLNÁS, K. & ANDRIKOVICS, S. (2008): Versuche zur Wiederansiedlung der Eintagsfliegenart *Palingenia longicauda* (Olivier) in der Lippe. – Lauterbornia 63: 57–75.

UHLENDAHL, T. (2008): Partizipative Gewässerbewirtschaftung auf lokaler Ebene im Kontext der WRRL. Dissertation an der Fakultät für Forst- und Umweltwissenschaften der Albert-Ludwigs-Universität Freiburg. – www.freidok.uni-freiburg.de/volltexte/6263.

UHLENDAHL, T. (2009): Partizipative Gewässerbewirtschaftung auf lokaler Ebene – Ein Faktorenmodell mit Handlungsempfehlungen für die Durchführung von Beteiligungsprozessen. – Korrespondenz Wasserwirtschaft 2/2009: 95–104.

Die Erfolgskontrolle renaturierter Schmutzwasserläufe – Monitoringkonzept, Erfahrungen und Messergebnisse aus dem Emscher- und Lippegebiet

Mechthild Semrau, Sylvia Junghardt und Mario Sommerhäuser

Emschergenossenschaft – Lippeverband, Kronprinzenstraße 24, 45128 Essen, sommerhaeuser.mario@eglv.de

Mit 9 Abbildungen und 6 Tabellen

Zusammenfassung: Der Umbau des Emschersystems ist das größte Renaturierungsprojekt in einem Flussgebiet Europas. Etwa 330 km ökologisch umgestaltete Fließgewässer entstehen in einem Zeitraum von ca. 30 Jahren aus technisch ausgebauten Wasserläufen. Eingebunden in den Strukturwandel des Ruhr-/Emschergebietes verfolgt das „Generationenprojekt Emscherumbau" – im Sinne der Ökosystemdienstleistungen – die Entwicklung ökologisch wertvoller Bach- und Flussläufe, die Schaffung von Retentionsraum und die Herstellung von Lebens- und Lernraum für den Menschen.

Parallel werden im benachbarten, mehr ländlich geprägten Flussgebiet der Lippe ähnliche Baumaßnahmen an Gewässersystemen wie z.B. der Seseke durchgeführt, die hier mit betrachtet werden.

Die Renaturierungsmaßnahmen werden durch ein transdisziplinäres Monitoring begleitet. Drei Untersuchungsprogramme unterschiedlicher Bearbeitungsintensität hinsichtlich Parameterumfang und Frequenz der Beprobung kommen an den umgestalteten Bächen und der Emscher zur Anwendung. Je nach Programm schließen diese neben den Grundlagendaten (Luftbilder, Geländemodelle) limnologische Untersuchungen (biologische Qualitätskomponenten nach Europäischer Wasserrahmenrichtlinie, Hydrochemie), Kartierungen der Biotoptypen und der Vegetation der Aue sowie intensive hydromorphologische Erhebungen ein (Gewässerstrukturgütekartierung, Aufnahme von Quer- und Längsprofilen und der Sohlsubstrate). Hauptziele sind die Dokumentation der Eigenentwicklung nach Umbau und der Erreichung vordefinierter Ziele (z.B. leitbildorientierte Entwicklungsziele, guter ökologischer Zustand/gutes ökologisches Potenzial). Die verschiedenen Untersuchungsteile werden bis zu zehn Jahre nach Abschluss der Umbaumaßnahmen durchgeführt. Umfassende Auswertungen während und zum Abschluss der Monitoring-Phase liefern zudem für die weiteren Renaturierungsprojekte wertvolle Erfahrungen mit unterschiedlichen Bauweisen.

Summary. The reconstruction of the River Emscher system is the largest restoration project in a river basin all over Europe. Within a period of 30 years, about 330 km of rivers and streams are restored from former waste water channels. Being part of the change of structure in the Ruhr and Emscher region, this project aims to support the ecosystem services in terms of the reconstruction of ecological valuable rivers, the improvement of the retention capacity, and the development of new space for human leisure and environmental education. In parallel similar measures are conducted in the more agricultural catchment of river Lippe, e. g. in the Seseke basin.

The restoration measures are accompanied by a transdisciplinary monitoring. Three investigation programs with relation to the choice of parameters and the frequency are conducted at each restored river. According to the different programs, data from remote sensing and digital elevation models are compiled, and limnological as well as hydromorphological investigations are conducted. Main aims are the documentation of the further development of the restored rivers, the information about how the objectives of the restoration have been achieved (e. g. the development objectives according to the river type with regard to irreversible alterations, and the ecological status or potential according to Water Framework Directive). The different parts of the monitoring program are conducted up to ten years. Valuable experiences for further restoration projects can be derived from the monitoring results.

Key words: restoration, Emscher, Lippe, monitoring, ecosystem services

1 Einleitung

Der Umbau des Emschersystems durch die Emschergenossenschaft kann hinsichtlich Kostenvolumen und Lauflänge der umgestalteten Fließgewässer als größtes Fließgewässer-Renaturierungsprojekt in Europa angesehen werden. Auch in Teilen des benachbarten Lippegebietes (vgl. Abb. 1) werden ehemalige Schmutzwasserläufe durch den Lippeverband ökologisch umgestaltet. Im Unterschied zu den meisten anderen Projekten, in denen einzelne ökologische Umbau- bzw. Verbesserungsmaßnahmen umgesetzt werden, entsteht im Emschergebiet wieder ein gesamtes neues Flusssystem, dass neben dem Namen gebenden Tieflandfluss Emscher etwas 60 Bäche umfasst. Die meisten dieser Bäche und die Emscher selbst waren in der ersten Hälfte des 20. Jahrhunderts zu Abwasser führenden Vorflutern ausgebaut worden. In diesem Generationenprojekt sind inzwischen an ca. 30 Bächen und der oberen Emscher Umbaumaßnahmen durchgeführt worden, aus ehemaligen Schmutzwasserläufen sind wieder von aquatischen Organismen besiedelte Lebensräume geworden.

Jedes einzelne Umbauprojekt wird nach Abschluss der Baumaßnahmen von Anfang an durch ein transdisziplinäres, unterschiedlich umfangreiches Monitoringprogramm bis zu zehn Jahre in seiner Entwicklung begleitet; die angestrebte Zielerreichung wird abschließend bewertet.

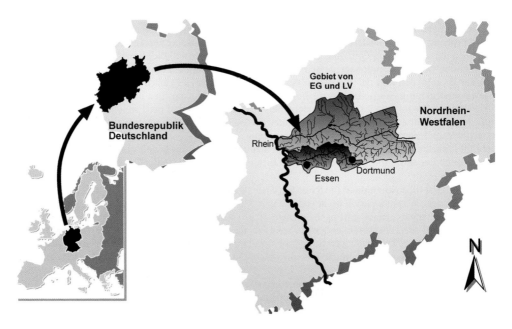

Abb. 1. Übersichtskarte zur Lage der Flussgebiete Emscher und Lippe (hierzu nur Verbandsgebiet des Lippeverbandes dargestellt). EG = Emschergenossenschaft, LV = Lippeverband.

In diesem Beitrag wird neben der Veranlassung des Emscher-Umbaus und den besonderen Rahmenbedingungen des Gebietes die Methodik des Monitoring-Programms zur Erfolgskontrolle vorgestellt. Anhand von Fallbeispielen und der Analyse einzelner Parameter wird die Bedeutung für die weitere Umsetzung des Umbaus der Fließgewässer im Emscher- und Lippegebiet erläutert. Durch die Wiederherstellung eines gesamten Flusssystems besteht eine einzigartige Möglichkeit, das Zusammenwachsen zahlreicher verinselter Bachläufe mit dem Fluss Emscher zu beobachten. Besondere Aspekte der Gewässerentwicklung und Bewertung werden im Projektzusammenhang diskutiert.

2 Veranlassung: Der zweimalige Umbaus des Emschersystems

Eine rund 150-jährige Industriegeschichte, eine sehr hohe Siedlungsdichte und irreversible Folgen der langen bergbaulichen Nutzung kennzeichnen die wasserwirtschaftlichen Verhältnisse im Emscher- und zum Teil auch im Lippegebiet: Durch rasche Industrialisierung und ungeordnete Siedlungsentwicklung im 19. Jahrhundert waren um die Jahrhundertwende aus natürlichen Gewässern in einem ursprünglich ländlichen Umfeld stinkende Kloaken mit erheblichen hygienischen Problemen geworden; diese Situation wurde durch Bergsenkungen mit erheblichen Folgewirkungen für den Abfluss verschärft. Die Entwicklung der Emscherzone als Lebens- und Wirtschaftsraum war dadurch gefährdet.

Im Jahre 1899 wurde die Emschergenossenschaft von den betroffenen Städten, dem Bergbau und der Industrie mit dem Auftrag gegründet, die Abwasserproblematik des Emscherraumes zu lösen und eine sichere Entwässerung einschließlich des Hochwasserschutzes zu gewährleisten. So begannen 1906 die Bauarbeiten zum technischen Ausbau der Emscher und ihrer größeren Nebengewässer mit Betonsohlschalen zur oberirdischen Ableitung der Abwässer. Auch im Lippegebiet wurden in bergbaulich beeinflussten Gebieten einzelne Wasserläufe, z.B. die Seseke mit vielen ihrer Zuläufe, in gleicher Weise ausgebaut.

Mit dem Abwandern des Bergbaus aus der Kernzone des Emschergebietes und sich ändernden gesellschaftlichen und gesetzlichen Anforderungen wurde das System der offenen Abwasserableitung zu Beginn der 1980-er Jahre in Frage gestellt. Die Emschergenossenschaft und das Land Nordrhein-Westfalen beschlossen daher 1991 den flächendeckenden Umbau des Emschersystems. Auch für das Sesekesystem im Lippegebiet wurde der naturnahe Rückbau durch den Lippeverband beschlossen. Zu beiden Programmen gehören der Neubau und die Erweiterung von Kläranlagen, der Bau von Abwasserkanälen und Regenwasserbehandlungsanlagen, der Bau von Rückhaltebecken sowie die anschließende Neugestaltung der ehemaligen Schmutzwasserläufe zu funktionsfähigen und möglichst naturnahen Fließgewässern. Der Umbau des Emscher-Systems wird um das Jahr 2020 beendet sein. Im Sesekesystem werden die Maßnahmen bereits 2012 weitgehend abgeschlossen sein.

Im Emschergebiet entsteht in einer Gesamtlänge von 326 km eine Vielzahl „neuer", möglichst naturnaher Wasserläufe (Tab. 1). Die Wiederherstellung natürlicher Gewässer ist jedoch nicht möglich: Die Flächennutzung entlang der Wasserläufe, die Hindernisse für die Durchgängigkeit (z.B. Bachpumpwerke, Düker) und die Regen- und Mischwassereinleitungen sind häufig wasserwirtschaftliche „Zwangspunkte", die der Bevölkerungsdichte, der Nutzungsintensität, aber auch der wasserbaulichen Flussgeschichte geschuldet sind.

Tab. 1: Umbau des Emschersystems – Stand der Umsetzung.

Geplante Anlagen	Soll	Stand 2010	% realisiert
Bau und Ertüchtigung von Kläranlagen	3	3	100 %
Abwasserkanäle	418 km	211	50,1 %
Regenwasserbehandlung	485.000 m^3	257.000 m^3	53,0 %
Rückhaltung	4.650.000 m^3	1.793.000 m^3	38,5 %
Ökologisch verbesserte Gewässer	326 km	58 km	17,8 %

Die Rahmenkostenschätzung für das Gesamtprojekt Emscherumbau beläuft sich auf 4,4 Mrd. Euro, von denen bisher 2,1 Milliarden investiert sind. Etwa die Hälfte (211 km) der erforderlichen neuen Abwasserkanäle (s. u.) und ein knappes Fünftel (58 km) der zu renaturierenden Gewässer sind bislang fertig gestellt worden.

3 Grundprinzip des Umbaus

Die Renaturierung von Schmutzwasserläufen im Emscher- und in den bergbaulich beeinflussten Teilen des Lippegebietes folgt dem Grundprinzip, dass zunächst ein Abwasserkanal i. d. R. parallel zur Gewässertrasse verlegt wird, der das Schmutzwasser aufnimmt. Mit dem Bau der Abwasserkanäle einher gehen Maßnahmen zur Regenwasserbehandlung einschließlich einer Optimierung der Mischwasserbehandlung. Die Regenwasserbewirtschaftung umfasst auch ein Programm zur Abkopplung des Regenwassers von der Kanalisation, das in einer „Zukunftsvereinbarung Regenwasser" zwischen Emschergenossenschaft und Kommunen abgestimmt wurde.

Nachdem die Gewässer abwasserfrei sind, können vorhandene Ausbauelemente entfernt und das Gewässer neu gestaltet werden. Grundlage für die Umgestaltung der Schmutzwasserläufe sind die leitbildorientierten Entwicklungsziele. Diese orientieren sich an den naturraumtypischen Leitbildern (Gewässertypen), berücksichtigen jedoch die für jedes einzelne Gewässer gegebenen Restriktionen und Potentiale (Hurck & Semrau 2005). Je nach verfügbarem Platz kann dem Gewässer Freiraum für die eigendynamische Entwicklung gewährt werden. Ziel ist ein aufgeweitetes Profil mit einer Ersatzaue. Die Sohllage entspricht aus Gründen der fortbestehenden Entwässerungsaufgabe meist dem historischen Ausbauprofil (Abb. 2). Wurde die Linienführung bei frühen Umgestaltungsprojekten meist vorgegeben und eine Bepflanzung vorgenommen, überlässt man dies heute weitgehend der eigendynamischen Entwicklung des Gewässers und seiner Aue.

Die Umbaumaßnahmen der Emscher und ihrer zahlreichen Zuflüsse dienen neben den ökologischen Zwecken in gleicher Weise der Herstellung von Erholungs- und Erlebnisräumen sowie der Umweltbildung (z.B. Bachpatenschaften vieler Schulen im Gebiet).

4 Warum Erfolgskontrolle?

Alle Umgestaltungen der Schmutzwasserläufe im Emscher- und Sesekegebiet befinden sich aktuell in der Bau- oder Planungsphase; viele Baumaßnahmen wurden bereits abgeschlossen. Die ältesten Umbaumaßnahmen sind heute 25 Jahre alt (Dellwiger Bach: Abschluss der Renaturierung 1985). Auch für diese Pilotmaßnahmen wurde von Anfang an eine Erfolgskontrolle

Abb. 2. Darstellung des Prinzips der Umgestaltung von Schmutzwasserläufen. Nachdem das Abwasser in einen neu angelegten gewässerparallelen Kanal überführt wurde (links oben) können Betonplatten und -schalen (unten links) entfernt werden. Die Wasserläufe erhalten ein aufgeweitetes Profil bei unveränderter Sohllage aufgrund der fortbestehenden Entwässerungsfunktion (links oben). Im neuen Profil kann eine Ersatzaue angelegt werden und das Gewässer soweit möglich eine Eigendynamik entfalten.

durchgeführt. Je nach Gewässer, Genehmigungsbehörde und -jahr waren die Anforderungen an ein solches Monitoring unterschiedlich und die Ergebnisse konnten nur eingeschränkt verglichen werden. Aus diesem Grund haben Emschergenossenschaft und Lippeverband im Jahr 2005 ein einheitliches Konzept für die Erfolgskontrolle erarbeitet und mit den Genehmigungsbehörden abgestimmt.

Ziel der Erfolgskontrolle ist es, durch ein angemessenes Monitoring die Effizienz der Maßnahmen zu bewerten. Im Einzelnen soll die Erfolgskontrolle umgestalteter Gewässer die folgenden Informationen liefern bzw. Rahmenbedingungen beachten:

- Bewertung des hydromorphologischen und gesamtökologischen Zustandes des Gewässers sowie der weiteren ökologischen Entwicklung nach den Umbaumaßnahmen.
- Bewertung der Zielerreichung nach dem Umbau im Einklang mit den jeweils gültigen Anforderungen der Aufsichtsbehörden (z.B. Güteklasse II bis zur technischen Umsetzung der Europäischen Wasserrahmenrichtlinie (im Folgenden WRRL), dann „guter ökologischer Zustand" bzw. „gutes ökologisches Potenzial").
- Beobachtung der hydromorphologischen und biologischen Auswirkungen fortbestehender Einflussgrößen (z.B. Regenüberläufe, Regenwasserbehandlungsanlagen,) einschließlich der Begründung über die Notwendigkeit weitergehender Maßnahmen auf der Grundlage des Sohlschubspannungskonzeptes (Stufenausbau).
- Erkennen von Vor- und Nachteilen unterschiedlicher Bauweisen und Erwerb von Erfahrungen für die laufende Projektarbeit.

- Lieferung frühzeitiger Hinweise auf Störgrößen, die eine optimale Weiterentwicklung des Gewässers und seiner Lebenswelt einschränken; (z.B. Fehlen von Totholz, Unterständen).
- Im Bereich der limnologischen Untersuchungen: Erfüllung der methodischen Anforderungen gemäß der jeweils aktuellen Vorgaben und Richtlinien an die Bewertung der Oberflächengewässer nach WRRL.

Durch das Erkennen und Abstellen von Entwicklungseinschränkungen soll dazu beigetragen werden, den guten ökologischen Zustand oder das gute ökologische Potenzial innerhalb der umgestalteten Gewässerstrecken mittelfristig (10–15 Jahre) zu erreichen. Die Erfolgskontrolle betrachtet die umgestalteten Gewässer nicht als abgeschlossene Produkte, sondern als dynamische Systeme, die sich weiter entwickeln.

Die Bewertungsteile, die nicht durch verbindliche Verfahren vorgegeben sind, werden anhand der „leitbildorientierten Entwicklungsziele" beurteilt. Diese schließen irreversible Veränderungen der Gewässer v. a. durch Bergsenkungen ein, wodurch Gefälleversteilungen oder -verflachungen und damit einhergehende Veränderungen der Fließgeschwindigkeit und der Sedimentzusammensetzung hervorgerufen werden.

Ein weiteres Ziel bei den Gewässern des Emscher-Gebietes ist die Verifizierung der ermittelten „ökologischen Entwicklungschancen", die auch als Steuerinstrument für den Mitteleinsatz im gesamten Planungsraum genutzt werden (Semrau et al. 2007). In diesem Konzept wurden alle umzugestaltenden Gewässer hinsichtlich ihrer ökologischen Entwicklungsmöglichkeiten eingestuft, hierzu gehören das faunistische Potenzial im Einzugsgebiet, der verfügbare Freiraum, die Durchgängigkeit sowie hydrologische Parameter. Die eingestuften Gewässer werden am Ende des Monitorings in ihrem Zustand mit den prognostizierten Entwicklungschancen verglichen.

5 Prinzip, Methoden und Ablauf der Erfolgskontrolle

Aus der in Kapitel 2 und 3 dargestellten „Vorgeschichte" der Emscher und ihrer Zuflüsse wird verständlich, dass „vorher-nachher-Vergleiche" der Renaturierungsmaßnahmen nicht möglich sind. Der technische Vollausbau der Gewässer liegt teils bis zu ca. 90 Jahre zurück, Aufzeichnungen über die historische Besiedlung sind nicht verfügbar, auch zur Emscher selbst gibt es nur wenige, nicht systematische Hinweise auf ihren früheren Reichtum an Krebsen und Fischen mit einer einfachen Nennung verschiedener Fischarten. Die Rohabwasser führenden Schmutzwasserläufe selbst waren nicht von mehrzelligen Organismen besiedelt, sie werden häufig als „biologisch verödet" bezeichnet. Vergleichende Untersuchungen sind also nur über die Zeit (Entwicklung nach Umbau) oder zwischen umgebauten und noch vorhandenen naturnahen Gewässern in der Region möglich.

Das Monitoring zur Erfolgskontrolle wird an jedem renaturierten Gewässer nach Abschluss der Bauarbeiten begonnen. Dabei werden eine Reihe von Untersuchungen aus den Disziplinen Hydrobiologie und -chemie, Vegetationskunde, Flussmorphologie und Geodäsie durchgeführt. Der Umfang der eingesetzten Verfahren und Parameter variiert nach Untersuchungsprogramm, da nicht an allen umgebauten Gewässern – deren Zahl ständig zunimmt – das vollständige Messprogramm über einen langen Zeitraum durchgeführt werden kann. Es wurden drei verschiedene Untersuchungsprogramme aufgestellt, deren Anwendung sich u.a. nach der Bedeutung des umgebauten Gewässers hinsichtlich seiner prognostizierten ökologischen Entwicklungschancen (Kap. 3) richtet. Unterschieden werden das sogenannte Große Untersuchungsprogramm, das Standardprogramm und das Kleine Untersuchungsprogramm (Tab. 2). Das Kleine Untersuchungsprogramm wird nur in Einzelfällen bei sehr kleinen, kurzen Wasserläufen (wenige 100 Meter), temporären Bächen oder bei speziellen Fragen zu Einleitungen aus Regenwasserbehandlungsanlagen durchgeführt.

Tab. 2: Untersuchungsgegenstände, Parameter und Methoden von Großem Untersuchungsprogramm, Standardprogramm und Kleinem Untersuchungsprogramm bei der Erfolgskontrolle renaturierter Fließgewässer im Emscher- und Lippegebiet. * vgl. Friedrich & Sommerhäuser (2010)

Untersuchungsgegenstand / -parameter (Methode)	Großes Untersuchungsprogramm	Standard-Untersuchungsprogramm	Kleines Untersuchungsprogramm
Dauer	10 Jahre	10 Jahre	
Frequenz	1., 2., 3., 5., 7., 10. Jahr	5., 10. Jahr	ca. ab dem 3. Jahr einmal
Grundlagendatenerhebung Luftbildaufnahmen Digitales Geländemodell	+	–	–
Limnologie			
Makrozoobenthos (WRRL, Perlodes-/Asterics-Verfahren)*	+	+	–
Makrozoobenthos (Saprobienindex DIN 38410, LAWA-GK)*	–	–	+
Fische (WRRL, FiBS)*	+	–	–
Makrophyten (WRRL, Phylib, van de Weyer)*	+	–	–
Biotoptypen, Vegetation der Ufer und (Ersatz-)Aue	+	–	–
Hydrochemie			
Allg. chem.-phys. Parameter nach WRRL*	+	+	+
Ggf. Spezifische Schadstoffe (z.B. PAK, PCB, Metalle)	+	+	–
Hydromorphologie			
Gewässerstrukturgütekartierung (LAWA)*	+	–	–
Aufnahme von Querprofilen	+	–	–
Darstellung des Gewässerverlaufs	+	–	–
Aufnahme der Sohlsubstrate	+	–	–

Während beim Standardprogramm v. a. die wasserwirtschaftliche Zielerreichung (leitbildorientierte Entwicklungsziele, guter ökologischer Zustand/gutes ökologisches Potenzial bzw. vormals Gewässergüteklasse II) und die Beobachtung der typgemäßen biologisch-chemischen Entwicklung im Mittelpunkt stehen, wird beim Großen Untersuchungsprogramm darüber hinaus auch die morphologische und floristische Entwicklung von Gewässer und Aue erfasst und bewertet. Das große Untersuchungsprogramm wird an ausgewählten Gewässern durchgeführt, in der Regel sind dabei immer acht Gewässer aus dem Emscher- und Lippegebiet gleichzeitig im Monitoring, die jeweils unterschiedliche Gewässertypen nach Pottgiesser & Sommerhäuser (2004) und unterschiedliche Möglichkeiten der Eigendynamik repräsentieren; das Standardprogramm erfasst alle weiteren umgestalteten Gewässer. Untersucht werden jeweils ein bis vier charakteristische, festgelegte Abschnitte von je 30–50 Meter Länge pro Bach (an der Emscher selbst ist die Anzahl der Messstellen höher); die Gewässerstrukturgütekartierung erfolgt für den gesamten umgebauten Wasserlauf.

Das Monitoring im Großen Untersuchungsprogramm wird über zehn Jahre durchgeführt. Aus der Analyse der Entwicklungsgeschichte der Pilotmaßnahmen, die zum Teil seit über 25 Jahren beobachtet werden, wurde dieser Zeitraum als Mindest-Beobachtungsperiode für renaturierte Fließgewässer im Emschergebiet ermittelt. Erst nach 10 Jahren ist eine ausgereifte Invertebraten-Zönose erkennbar und ein guter Ökologischer Zustand kann ggf. erreicht werden (Sommerhäuser & Hurck 2008).

Die Zeitschnitte der Untersuchungen im Großen Untersuchungsprogramm folgen festgelegten Abständen (siehe Tabelle 2). Die engere Frequenz bei den limnologischen Untersuchungsteilen trägt der in den ersten Jahren sehr dynamischen Entwicklung der „neuen" Lebensgemeinschaften Rechnung. Die ersten Erhebungen und die Vermessung beginnen umgehend nach Fertigstellung der Baumaßnahme. Eine Untersuchung vor den Umbaumaßnahmen ist in diesen speziellen Fällen nicht sinnvoll, da es sich in allen Fällen um ausgebaute Schmutzwasserläufe ohne höhere biologische Besiedlung handelt.

Nach dem 10. Untersuchungsjahr sind die Erhebungen im Großen Untersuchungsprogramm abgeschlossen und es erfolgt die Erstellung eines Endberichts mit der Zusammenfassung aller Zwischenergebnisse. In diesem werden die erhobenen Daten ausgewertet und erläutert. Der Endbericht enthält zuerst eine Gewässerbeschreibung einschließlich einer Darstellung des (technisch ausgebauten) Zustandes vor dem Umbau. Danach werden die Rahmenbedingungen für den Umbau sowie die gegebenen Restriktionen und Potentiale dargestellt. Anschließend werden die leitbildorientierten Entwicklungsziele wiedergegeben. Diese bilden zusammen mit dem Grad der wasserwirtschaftlichen Zielerreichung den Bewertungsrahmen für den Erfolg der Umgestaltung.

Darauf aufbauend erfolgt die Beschreibung der Gewässerentwicklung in Steckbriefen für jede Bewertungskomponente und textlichen Auswertungen, dabei werden die erhobenen Ergebnisse dokumentiert und mögliche Rückschlüsse auf die Maßnahmen gezogen. Zudem werden Aussagen getroffen, ob weitergehende Maßnahmen wasserbaulicher oder siedlungswasserwirtschaftlicher Art erforderlich sind.

Die Bewertung, ob und inwieweit die leitbildorientierten Entwicklungsziele erreicht wurden, erfolgt dreistufig („gut erreicht", „erreicht" oder „nicht erreicht"). Die biologische und chemisch-physikalische Entwicklung wird zurzeit nach zwei Kriterien bewertet:
- Erreichen der zur Zeit der Planung und Umbauphase vieler Gewässer vorgegebenen und durch die Maßnahme angestrebten wasserwirtschaftlichen Gütekriterien (Gewässergüteklasse II nach LAWA) und
- Erreichen des Zielzustandes der WRRL, die inzwischen als relevante Bewertungs- und Bewirtschaftungsgrundlage eingeführt ist. Als Zielzustand wird dabei zunächst vom guten ökologischen Zustand ausgegangen, obwohl eine Reihe der umgestalteten Wasserläufe als erheblich verändert eingestuft ist. Allerdings fehlen hier noch die jeweiligen Festlegungen des guten ökologischen Potenzials.

Die einzelnen Unterschiede zwischen Großem Untersuchungsprogramm, Standardprogramm und Kleinem Untersuchungsprogramm lassen sich Tabelle 1 entnehmen. Die Methodik aller Untersuchungsteile ist in einem Methoden-Handbuch mit Glossar niedergelegt, damit die bei der Erfolgskontrolle zusammen arbeitenden Fachdisziplinen (Biologen, Chemiker, Landschaftsökologen, Vermesser, Hydrologen) die jeweils andere Facharbeit einschätzen können.

6 Erste Ergebnisse der Erfolgskontrolle

6.1 Übersicht über die biologische Güte der umgestalteten Gewässer des Emscher- und Lippegebietes

Im Jahr 2009 waren im Rahmen des Programmes zur Erfolgskontrolle im Emscher- und Lippegebiet 26 umgestaltete Fließgewässer (oder größere Abschnitte dieser Gewässer) untersucht worden bzw. befanden sich noch im Monitoring, davon acht im Großen Untersuchungsprogramm. 14 dieser Renaturierungsmaßnahmen waren jünger als zehn Jahre (Tab. 3). Die meisten Gewässer sind Bachoberläufe und kleine Bäche mit einer Wasserspiegelbreite von ca. 1–2 m. Zwei Gewässer sind größer mit Wasserspiegelbreiten von ca. 3–4 m bzw. 5–7 m.

Tab. 3: Umgestaltete Gewässer und Gewässerabschnitte im Emscher- und Lippegebiet mit Angabe der Güte nach Saprobienindex (DIN 38410) oder ökologischem Zustand gemäß EG-Wasserrahmenrichtlinie (Qualitätskomponente Makrozoobenthos, Perlodes-Verfahren). E = Emschergebiet, L = Lippegebiet, Formation in Anlehnung an Otto & Braukmann (1983). 0 = Quellbach, 1 = kleiner Bach, 2 = mittelgroßer Bach, 3 = großer Bach/kleiner Fluss.

Gewässer	Fluss-gebiet	Formation	Fertig-stellung	Saprobie (DIN 38410)	Saprobie (Perlodes-Verfahren)	Allgemeine Degradation (Perlodes-Verfahren)
Dellwiger Bach 1	E	1	1985		sehr gut	gut
Dellwiger Bach 3	E	1	1985		gut	gut
Braunebach	L	1	1986		gut	gut
Hasseler Mb	L	1	1989		gut	mäßig
Läppkes Mb 1	E	1	1991		gut	gut
Läppkes Mb 2	E	1	1991		gut	sehr gut
Vorthbach	E	0	1993	mäßig	n. d.	n. d.
Deininghauser Bach	E	1	1998		sehr gut	gut
Heidegraben	L	0	1998		gut	mäßig
Massener Bach	L	2	1999		gut	gut
Alte Emscher	E	1	2000	mäßig	n. d.	n. d.
Selbach	L	1	2000		gut	gut
Dorneburger Mb 1	E	1	2001		gut	mäßig
Dorneburger Mb 2	E	1	2001		gut	mäßig
Groppenbach	E	1	2001		gut	gut
Picksmühlenbach	L	1	2002		mäßig	unbefriedigend
Grotenbach	E	1	2002	gut	n. d.	n. d.
Herrentheyer Bach	E	1	2002		gut	gut
Lüserbach	L	1	2002		gut	gut
Süggelbach 1	L	1	2004		gut	sehr gut
Süggelbach 2	L	1	2004		mäßig	gut
Töfflingerbach	E	0	2005		mäßig	unbefriedigend
Körne	L	3	2005		gut	gut
Siebenplanetengraben	E	0	2006	gut	n. d.	n. d.
Kirchschemmsbach	E	0	2007		mäßig	schlecht
Ostbach	E	1	2007		gut	mäßig

Von den 26 Gewässern wurden 20 hinschtlich ihrer saprobiellen Einstufung als gut oder besser bewertet, 6 sind mäßig. Da 22 Gewässer nach dem Perlodes-Verfahren untersucht und bewertet werden konnten, war hier die Ermittlung der Allgemeinen Degradation möglich, die über die biologische Qualitätskomponente der Wirbellosenfauna im Wesentlichen die hydromorphologische Qualität des Gewässers bewertet. Immerhin 14 Gewässer wurden im Modul Allgemeine Degradation als gut eingestuft, 8 sind mäßig oder schlechter. Bei 6 von diesen 8 Gewässern lag der ökologische Umbau zum Untersuchungszeitpunkt weniger als zehn Jahre zurück. An Gewässern mit fortbestehender organischer Belastung (saprobielle Bewertung mäßig) ist mit einer Ausnahme auch die Bewertung nach dem Modul Allgemeine Degradation mäßig oder schlechter. In diesen Fällen wird anhand dieser Ergebnisse eine eventuell bestehende Belastung der Wasserqualität überprüft und soweit möglich abgestellt.

Da alle diese Gewässer über Jahrzehnte vollständig ausgebaute Schmutzwasserläufe waren, ist der Gesamtbefund positiv zu werten. Für eine weitergehende Analyse sollen zwei Fallbeispiele näher vorgestellt werden.

6.2 Analyse einzelner Fallbeispiele

Die Erfolgskontrolle nach dem großen Untersuchungsprogramm wurde für einige Gewässer, deren Umbauzeitpunkt zehn Jahre und mehr zurück liegt, bereits abgeschlossen. Hier liegen Daten zu allen Untersuchungskomponenten vor. Beispielhaft werden ein Gewässer im Emschergebiet und ein Gewässer des Seseke-Systems im Lippegebiet vorgestellt. Die hydromorphologischen Untersuchungsteile werden nur für das Beispiel Massener Bach vorgestellt. Die Bewertung des Einflusses der siedlungswasserwirtschaftlichen Anlagen an beiden Bächen mit einer Analyse der Abschlagshäufigkeit und -dauer wurde in Becker et al. (2009) vorgelegt.

6.2.1 Fallbeispiel Massener Bach (Lippegebiet; Seseke)

Der gut 4 km lange Unterlauf des Massener Baches (Abb. 3b) mündet bei Süd-Kamen in die Seseke, die bei Lünen in die Lippe fließt. Der Bach verläuft überwiegend in den Außenbereichen der Stadtgebiete von Unna und Kamen und weist eine Wasserführung von rund 30–55 l/s (MNQ) auf. Das Einzugsgebiet des Massener Bachs wird zu etwa 60 % landwirtschaftlich genutzt. Der Anteil der Siedlungsflächen liegt bei etwa einem Drittel der Gesamtfläche, nur ca. 7 % der Fläche sind bewaldet. Im unmittelbaren Einflussbereich der Gütemessstellen am Massener Bach befinden sich fünf Mischwasserbehandlungsanlagen (zwei Regenüberlaufbecken, drei Regenüberläufe); ein Oberlaufbereich wird durch eine Kläranlage beeinflusst. Der Massener Bach gehört auf seiner gesamten Fließstrecke zum Gewässertyp „Kleine Niederungsfließgewässer in Fluss- und Stromtälern" (Typ 19). Im Rahmen der Erfolgskontrolle wird auch die ökologische Situation des Massener Baches unter dem Einfluss der Mischwasserbehandlungsanlagen an zwei Untersuchungsstellen anhand der aquatischen Qualitätskomponente Makrozoobenthos ermittelt. Die erste Probestelle (Mas 1) erfasst den direkten Einfluss von RÜ 3 und RÜ 4 und darüber hinaus die möglichen Einflüsse der weiteren, oberhalb gelegenen Anlagen, die zweite (Mas 2) das RÜB I und den RÜ 5.

6.2.1.1 Profil- und Gewässerstrukturentwicklung

Nach Umbau ist die Sohle des Massener Baches ca. 3–3,8 m breit mit einer Wassertiefe von etwa 50 cm, die Einschnittstiefe beträgt ca. 1,3 m. Die Breite der Ersatzaue beträgt linksseitig 1–3 m, rechtsseitig bis zu 12 m (Abb. 4, siehe Farbtafeln S. 152, Abb. 5).

Abb. 3. links: Lageplan des Massener Baches mit Untersuchungsstellen und wasserwirtschaftlichen Anlagen. rechts: Foto Massener Bach ca. sieben Jahre nach Umbau (2007) mit eingebautem Totholz und gut entwickelter Ufervegetation.

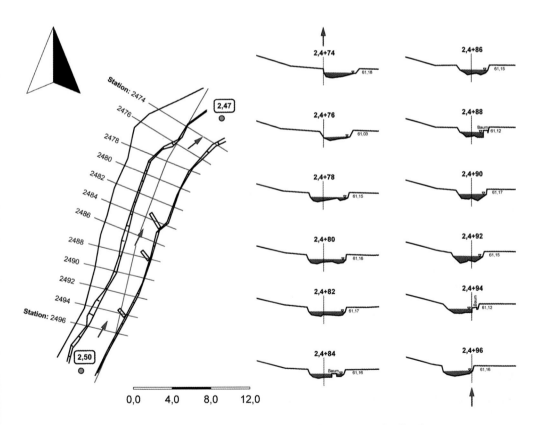

Abb. 5. Querprofile am Massener Bach (Mas 2), links Lage der Profile, rechts Profilserie.

Tab. 4: Ergebnisse der biologischen Bewertung der Untersuchungsabschnitte am Massener Bach (Qualitätskomponente Makrozoobenthos; Perlodes-Verfahren). n. r. = nicht relevanter Metrik für diesen Gewässertyp, MZB = Makrozoobenthos, EPT = Eintags-, Stein- und Köcherfliegen, Litoral-Besiedler, Pelal-Besiedler.

	Mas 1	Mas 2
Ökologischer Zustand (MZB)	**gut**	**gut**
Modul Saprobie	gut	gut
Modul Allgemeine Degradation	gut	gut
Fauna Index (Score)	sehr gut (0,81)	sehr gut (0,82)
Köcherfliegen-Taxa [n]	sehr gut	sehr gut
EPT [%]	mäßig	unbefriedigend
Litoral-Besiedler [%]	n. r.	n. r.

Die morphologische Qualität des Gesamtabschnittes wird in den Erfolgskontrollen anhand der Gewässerstrukturgütekartierung ermittelt. Vom Zeitpunkt unmittelbar nach den Baumaßnahmen im Jahr 2000 bis 2007 erfolgte eine Verbesserung nahezu aller Hauptparameter um 1–3 Klassen (2000: Linienführung gestreckt, wenig Strukturen und Varianz, Bewertung GSG 4–5, teilweise bis 6; in 2007: Linienführung, Ufer und Land variierend und reicher strukturiert, die Bewertung liegt bei GSG (2–)3–4).

Die positive Entwicklung kann auf die Eigendynamik in einem relativ großen Entwicklungsraum zwischen breiten Randstreifen nach Abschluss der Bauarbeiten zurück geführt werden. Begünstigt wurde dieser Prozess durch das Auflösen der damals noch verstärkt verwendeten Sicherungsbauweisen.

An den ausgewählten Probestellen wird darüber hinaus die Profil- und Strukturentwicklung genauer erfasst. Es erfolgen hierzu detaillierte Vermessungen, die Erfassung des Sohlsubstrates einschließlich der Makrophyten, Wurzelbärte o.ä. Durch die Wiederholung der Profil- und Substrataufnahmen wird die eigendynamische Weiterentwicklung des Gewässers deutlich. Die Vegetationskartierungen erfassen nicht nur den Gewässerrand und die Aue, sondern sind bis zu den Außenrändern der gesamten Gewässerparzelle ausgedehnt, um hier auch die allgemeine Vegetationsentwicklung mit erfassen zu können.

6.2.1.2 *Entwicklung der Gewässergüte*

Nach den biologischen Untersuchungen erreicht der Massener Bach an beiden Untersuchungsstellen den guten ökologischen Zustand, gemessen mit dem Makrozoobenthos. Sowohl das Modul Saprobie als auch das Modul Allgemeine Degradation wurden mit gut bewertet. Auffällig ist der mit sehr gut bewertete Fauna-Index. Dieses Ergebnis kann auf die relativ artenreiche und typgemäße Besiedlung des Baches zurückgeführt werden, die durch ein gutes faunistisches Potenzial im Einzugsgebiet begünstigt wird. Typische Arten des Massener Baches sind z.B. *Gammarus roeseli*, *Calopteryx splendens* und *Halesus radiatus*.

6.2.2 *Fallbeispiel Deininghauser Bach (Emschergebiet)*

Der Deininghauser Bach (Abb. 3a) fließt über den noch als Schmutzwasserlauf ausgebauten Landwehrbach der mittleren Emscher zu. Der hier dargestellte Gewässerabschnitt befindet sich in einem zusammenhängenden Freiraumgebiet von Castrop-Rauxel. Große zusammenhängende

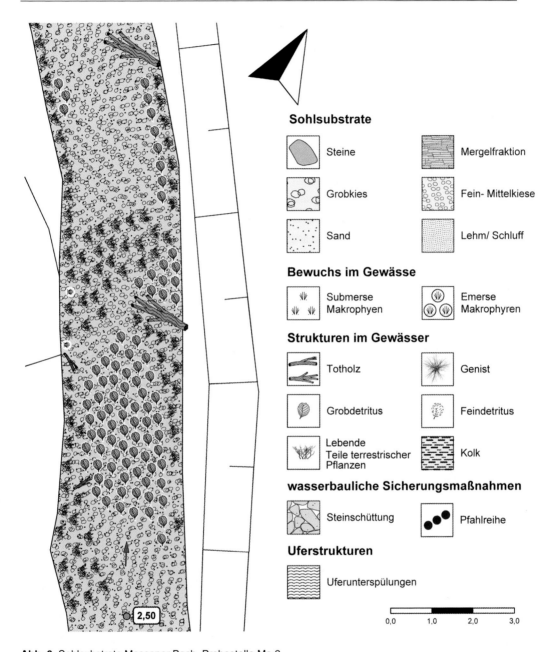

Abb. 6. Sohlsubstrate Massener Bach, Probestelle Ma 2.

Tab. 5: Ergebnisse der biologischen Bewertung der Untersuchungsabschnitte am Deininghauser Bach (aquatische Qualitätskomponente Makrozoobenthos; Perlodes-Verfahren). n. r. = nicht relevanter Metrik für diesen Gewässertyp, MZB = Makrozoobenthos, EPT = Eintags-, Stein- und Köcherfliegen, Litoral-Besiedler = „Stillwasserbesiedler", Pelal-Besiedler = „Schlammbesiedler".

	Dei 1	Dei 2	Dei 3
Ökologischer Zustand (MZB)	**mäßig**	**gut**	**gut**
Modul Saprobie	sehr gut	sehr gut	gut
Modul Allgemeine Degradation	mäßig	gut	gut
Fauna Index (Score)	gut (0,77)	gut (0,73)	sehr gut (0,82)
Köcherfliegen-Taxa [n]	mäßig	unbefriedigend	gut
EPT [%]	unbefriedigend	schlecht	mäßig
Litoral-Besiedler [%]	mäßig	mäßig	n. r.
Pelal-Besiedler [%]	schlecht	sehr gut	n. r.

Waldflächen wechseln sich mit landwirtschaftlichen Flächen und Brachen ab. Innerhalb des Untersuchungsabschnittes sind drei Mischwasserbehandlungsanlagen in Form von einem Regenüberlaufbecken sowie zwei Regenüberläufen vorhanden (Bild 7). Die beiden Regenüberläufe leiten über nachgeschaltete Regenrückhaltebecken oder eine Ausleitungsstrecke in den kleinen Bach (MNQ 11 l/s) ein. Der Bach wurde an drei Probestellen in seinem oberen, etwa 4,4 km langen Abschnitt untersucht. Der Deininghauser Bach wechselt seinen Charakter vom „Kiesgeprägten Tieflandbach" (Typ 16) an den beiden ersten Untersuchungsstellen zum Typ „Kleine Niederungsfließgewässer in Fluss- und Stromtälern" (Typ 19) an der dritten Stelle.

6.2.2.1 Profil- und Strukturgüteentwicklung

Von 1995 bis 2001 wurde der Gewässerverlauf von km 5,10 bis km 9,50 (Ortsteil Schwerin) in 3 Bauabschnitten hergestellt. Das Gewässer ist in den Aufweitungsbereichen nur gering eingeschnitten, hat aber an Engstellen auch Einschnitte von über 3 m. Es sind wechselnde Ersatzauenbreiten zwischen 2 und über 10 m vorhanden. Im Gewässerprofil wurde naturraumtypisches Sohlsubstrat verwendet, stellenweise mussten die Gefälleversteilungen durch Sohlgleiten überwunden werden. Im Rahmen des Ausbaus wurden erosionsgefährdete Böschungen mit einer Regelsaatgutmischung begrünt. Im Bereich der Ufer erfolgten nur Initialpflanzungen mit Erlen. Zur Pufferung zu den angrenzenden landwirtschaftlichen Flächen wurden verstärkt Gehölzpflanzungen vorgenommen. Seitdem erfolgt eine naturnahe Entwicklung der Gewässerparzelle und des Profils.

Insgesamt hat sich der Deininghauser Bach nach seinem Umbau positiv entwickelt. Die Bereiche Sohle, Ufer und Land sind je nach Abschnitt sehr unterschiedlich ausgeprägt, so dass es zu starken Schwankungen der Strukturbewertung innerhalb des Gewässers kommt. Die Ufer- und Umfeldstrukturen sind mit Ausnahme des Autobahn-Umfeldes, das mit der Stufe 5 bewertet wird, meist mit der Klasse 3 bewertet. Insbesondere in den unteren Abschnitten werden die Strukturgüteklassen 2 bis hin zu 1 erreicht, was auf ein entwicklungsfähiges Umfeld zurückzuführen ist. Bei der Profilform weisen alle Probestellen typische Verhältnisse auf. Eigendynamische Veränderungen der Profilform sind bereits in Ansätzen an Unterspülungen, Auskolkungen und Sohlhöhenunterschieden zu erkennen.

Abb. 7. links: Lageplan des Deininghauser Baches mit Untersuchungsstellen und wasserwirtschaftlichen Anlagen. rechts: Foto Deininghauser Bach.

Alle Probestellen weisen einen guten, dem Leitbild nahe kommenden Zustand bzgl. der Sohlsubstrate und Sohlstrukturen auf.

Der Deininghauser Bach unterliegt im gesamten Untersuchungsabschnitt der Sukzession.

6.2.2.2 Gewässergüte

Am Deininghauser Bach wird an den beiden unter dem Einfluss von verschiedenen Mischwassereinleitungen stehenden Probesstellen Dei 2 und 3 der gute ökologische Zustand erreicht (Qualitätskomponente Makrozoobenthos). Auffällig ist, dass der Saprobienindex an Dei 1 und auch an Dei 2 für ein Tieflandgewässer herausragend positiv bewertet wurde (Modul Saprobie = sehr gut, Si liegt bei 1,57 bzw. 1,61). An Dei 3 ist ebenfalls der gute Zustand gegeben, der Saprobienindex wird bei dem hier schon größeren Bach mit gut bewertet (Si = 2,03). Positiv ist insgesamt der Anteil an typspezifischen Arten (Fauna-Index) an allen Stellen (Score 0,73–0,82) und besonders an der letzten Stelle die Artenzahl der Köcherfliegen. Ein negativer Einfluss der Mischwassereinleitungen ist im Deininghauser Bach nicht erkennbar.

Eine starke hydraulische Beeinträchtigung der Gewässerlebensgemeinschaft durch die Mischwassereinleitungen mit Auswirkungen auf den ökologischen Zustand dieses Wasserkörpers ist nicht gegeben. Weitergehende Maßnahmen sind also nicht erforderlich.

Darüber hinaus werden jedoch am umgebauten Deininghauser Bach im Abschnitt zwischen km 5,3 und 6,5 die nachteiligen Auswirkungen der gewählten Bauweisen der Sohlgleiten deutlich (Absturzbildung, Rückstaueinfluss). Diese stellen – besonders wenn sie abgängig sind – Unterbrechungen in der Längsentwicklung dar, welche negativ zu bewerten sind. Optimierungsmaßnahmen werden im Rahmen der Gewässerunterhaltung durchgeführt.

Inwieweit die leitbildorientierten Entwicklungsziele erreicht wurden, zeigt Tab. 4 am Beispiel des Deininghauser Baches. Dieser Bach entspricht überwiegend dem Gewässertyp 18 (Pottgiesser & Sommerhäuser 2004) „Löss-lehmgeprägtes Fließgewässer der Bördenlandschaften". Aufgrund von irreversiblen Veränderungen (Bergsenkungen) wurde eine Anpassung des Referenzzustandes bzw. Leitbildes vorgenommen zum „Lehmgeprägten Fließgewässer mit steileren Gefälleverhältnissen und teilweise veränderten Substratverhältnissen". Für dieses modifizierte Leitbild wurden Entwicklungsziele für den Umbau hinsichtlich der wesentlichen hydromorphologischen Merkmale aufgestellt. Die wasserwirtschaftliche Bewertung nach LAWA oder WRRL bleibt davon unberührt; trotz der jahrzehntelangen Geschichte der meisten Emschergewässer als Schmutzwasserläufe und der Veränderungen ihrer Hydrologie wird hier bislang der gleiche

Bewertungsmaßstab wie für natürliche Gewässer angelegt (guter ökologischer Zustand), da eine Modifikation der biologischen Bewertung für erheblich veränderte Gewässer noch nicht vorliegt.

6.3 Zusammenfassende Bewertung der Fallbeispiele

Die Entwicklung des Deininghauser Bachs und des Massener Bachs kann unter den gegebenen Randbedingungen als gut bewertet werden. Beide Gewässer haben sich strukturell gut entwickelt. In Gewässerabschnitten in denen es aufgrund der dort zur Verfügung stehenden Flächen Entwicklungsmöglichkeiten gibt, konnten beide Gewässer ihr Längsprofil sowie typische Sohl- und Uferstrukturen eigendynamisch verändern. Am Deininghauser Bach zeigten sich im Bereich von Sohlengleiten Rückstaueffekte, die lokal zu einer Beeinträchtigung der Besiedlung führen. Diese Sohlgleiten werden im Zuge der Gewässerunterhaltung umgestaltet.

Tab. 6: Beispiel für die Bewertung der Zielerreichung für die leitbildorientierten Entwicklungsziele (Deininghauser Bach). Leitbildorientierte Entwicklungsziele sind ☺ vollständig erreicht, ☺ erreicht, ⊗ nicht erreicht.

Leitbildorientierte Entwicklungsziele Gewässertyp „Löss-lehmgeprägtes Fließgewässer der Bördenlandschaften" bzw. Lehmgeprägtes Fließgewässer mit steileren Gefälleverhältnissen und teilweise veränderten Substratverhältnissen (Eintiefung)	Ziel erreicht?
Talbodengefälle von im Mittel ca. 18 ‰ (km 8,4 bis km 9,5) und ca. 26 ‰ (km 8,2 bis km 8,4), Sohlgefälle des Kastenprofils aufgrund der gewässertypischen Krümmungen kleiner als das Talbodengefälle	☺
kleinräumig unterschiedliche Gefälleverhältnisse flache Stufen und natürliche Sprünge im Bereich von Wurzeln, Totholz und Sedimentablagerungen zur Überwindung von Höhenunterschieden Überbrückung von größeren Höhenunterschieden durch durchgängige Sohlgleiten	☺
gestreckter bis leicht gewundener Verlauf eigendynamische Entwicklung des Gewässerbettes innerhalb der Bachaue keine seitliche Sicherung des Kastenprofils	☺
unregelmäßiges Kastenprofil mit geringer Einschnittstiefe in einer schmalen Bachaue	☺
Ausuferung in die Bachaue bei Hochwasser	☺
standorttypischer Wald bzw. Gehölzbestände in der Bachaue (km 8,4 bis km 9,5) und begleitende Gehölzbestände / Ufergehölze und bachauentypische Biotopstrukturen (Hochstauden, Röhricht) im Gewässerprofil (km 8,2 bis km 8,4)	☺
durchgehend besiedelbare Sohle aus den anstehenden lehmigen Substraten, z. T. Kies, organischen Ablagerungen und Totholz Herstellung/Entwicklung von Strukturen und Strömungsdiversität z.B. durch Anlage von Nebengerinnen, Altarmen, Aufweitung der Ersatzaue, Einbringung von Totholz	☺ ☺
Biologische und chemisch-physikalische Entwicklungsziele	**Ziel erreicht?**
Einhalten der Orientierungswerte bei den Allgemeinen chemisch-physikalischen Qualitätskomponenten (ACP)	☺
Erreichen der Gewässergüteklasse II (nach LAWA)	☺
Erreichen des guten ökologischen Zustandes (biologische Qualitätskomponente Makrozoobenthos)	😐 – ☺

Die Vegetationsaufnahmen an beiden Gewässern sowie in den Ersatzauen spiegeln die Entwicklung zu bachtypischen Erlen-Eschen-Auenwäldern mit Anteilen von Weidenbeständen in unterschiedlichen Sukzessionsstadien wider. Die Unterschiede sind durch die verschiedenen Ausgangssituationen sowie durch verschiedene Begrünungen in der Bauphase bedingt. Insgesamt hat sich ein typischer Bestand aus heimischen, standortgemäßen Gehölzen, nitrophilen Ufer-Hochstaudenfluren und einzelnen Röhricht- und Flutrasen-Anklängen gebildet.

Die Besiedlung beider Bäche ist in den betrachteten Abschnitten gut und vergleichsweise artenreich. Die zur Zeit des Umbaus allgemein gültige, angestrebte Güteklasse II nach LAWA für Fließgewässer wurde in allen Untersuchungen erreicht. Der Saprobienindex als Maß der organischen Belastung weist die Gewässer als gut bis sehr gut aus. Legt man die Zielsetzung der seit 2000 eingeführten EU-Wasserrahmenrichtlinie zugrunde, so wird der gute ökologische Zustand für die Zielgröße Makrozoobenthos beim Massener Bach erreicht. Beim Deininghauser Bach ergibt sich mit Ausnahme des Oberlaufes eine Ökologische Zustandsklasse für das Makrozoobenthos von sehr gut bis gut.

Auf der Grundlage der Erfolgskontrolle sind bei beiden Bächen keine Rückschlüsse erkennbar, die auf Mängel oder Defizite der Gewässerentwicklung und Entlastungen aus der Regenwasserbehandlung hindeuten (vgl. Becker et al. 2009).

7 Diskussion und Ausblick

Auswertungen des Besiedlungsablaufes an vollständig neu gestalteten Gewässerabschnitten anhand von Langzeit-Datenreihen haben gezeigt, dass besonders bei isolierten, ehemaligen Schmutzwasserläufen, wie sie beim Emscherumbau noch die Regel sind, mindestens zehn Jahre anzusetzen sind, bis die Neubesiedlung des Gewässers abgeschlossen ist (Sommerhäuser & Hurck 2008). Die Besiedlung erfolgt dabei in drei unterscheidbaren Schritten, die als Pionierphase (Erstbesiedlung durch hochmobile Pionier-Arten, oft mit mehreren Generationen pro Jahr), Stabilisierungsphase (Biozönosen-Ausbau durch weitere Arten, Abnahme der Pioniere) und Ausreifungsphase (sukzessives Hinzukommen in Bezug auf die Habitatausstattung spezialisierter und anspruchsvoller Arten) bezeichnet werden können.

Erst mit fortgeschrittener Ausreifungsphase und entwickelter Biozönose kann eine sinnvolle Bewertung des Gewässers nach den Vorgaben der WRRL erfolgen. Die Lebensgemeinschaft weist erst dann entsprechend viele geeignete Indikatorarten für die Bewertungsverfahren auf. Dieses verdeutlicht auch die seit 1985 beobachtete Entwicklung des Saprobienindex als Maß für die organische Belastung eines Gewässers am Beispiel des Dellwiger Baches (Abb. 8). Ohne dass sich immissionsseitig deutliche Veränderungen ergeben hätten wird der Saprobienindex durch Hinzukommen weiterer, anspruchsvoller Indikatorarten über 20 Jahre immer besser und liegt heute stabil zwischen etwa 1,8 und 2,0.

Das Emschersystem entsteht dabei sukzessive aus zahlreichen früheren Schmutzwasserläufen und in vielen Bachsystemen noch vorhandenen kurzen Quell- und Oberlaufabschnitten, die zu keiner Zeit den Schmutzwasserläufen vergleichbar ausgebaut waren. Bei der Beurteilung des Erfolges des Emscherumbaus ist zu berücksichtigen, dass bisher noch isolierte Teilstücke bewertet werden (Abb. 9). Erst mit der Fertigstellung der Emscher selbst werden alle Zuläufe wieder Teile eines Gesamtsystems, in einer Reihe von Fällen allerdings durch Bachpumpwerke separiert. Lediglich an der oberen Emscher, in dessen Bereich einige größere Zuflüsse einmünden, sind bereits 20 km des Hauptflusses selbst hergestellt worden. Die Gesamtartenzahl der Wirbellosen hat in den letzten 20 Jahren selbst unter diesen Bedingungen um 73 % von 223 auf heute 385 Arten oder höhere Taxa zugenommen (Ergebnisse der routinemäßigen Beprobung zur Ermittlung der Gewässergüte bzw. des ökologischen Zustandes; Stemplewski & Sommerhäuser 2010). Alle Tiergruppen sind heute wieder vertreten, die Wasserinsekten haben mit fast 80 % einen sehr hohen Anteil (vgl. Emschergenossenschaft & StUA Herten 2005).

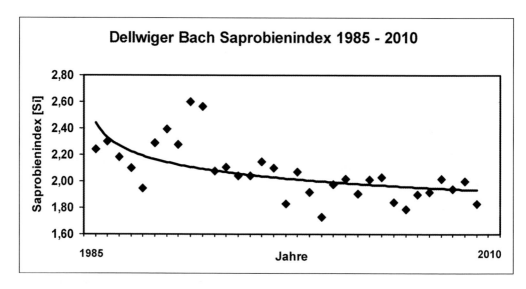

Abb. 8. Entwicklung des Saprobienindex im Dellwiger Bach über 18 Jahre (1985–2002).

Es kann angenommen werden, dass mit dem fortschreitenden Wiedervernetzen des gesamten Flusssystems diese Zahlen weiter ansteigen werden, besteht doch dann wieder eine prinzipielle direkte Verbindung der Gewässer untereinander und mit dem Rhein. Dies gilt in besonderem Maß für die Fischfauna, die bislang im gesamten Emschergebiet mit nur acht Arten vertreten ist, Wanderfische sind hierbei nicht vorhanden. Die Rolle der Neozoen, die bisher im Emschergebiet keine bedeutende Rolle spielen, wird dabei zu beobachten sein. Im benachbarten Lippegebiet hat ihre Anzahl und Abundanz in den letzten 20 Jahren erheblich zugenommen (Sommerhäuser et al. 2009).

Daneben ist bei der Bewertung der renaturierten Bäche im Emscher- und Lippegebiet zu berücksichtigen, dass die meisten durch Veränderungen der Geländetopografie infolge von Bergsenkungen und eine beeinträchtigte Partizipation am Wasserkreislauf (Versiegelungsgrad im Einzugsgebiet u.a.) irreversibel verändert überformt sind, sie sind „erheblich veränderte Fließgewässer". Eine Bewertung des ökologischen Zustandes ausschließlich nach den Vorgaben der WRRL wird revitalisierten Gewässern im urbanem Nahfeld – besonders bei einer Vorgeschichte als Schmutzwasserläufe – nicht gerecht. Der Renaturierungserfolg muss anhand weiterer Kriterien gemessen werden, wie sie z.B. im Kontext der Beurteilung von Ökosystemdienstleistungen zur Anwendung gelangen: Neben Ökosystem-Aufgaben wie die Entwicklung des ökologischen Zustandes und der Biodiversität stehen die Funktionalität (z.B. Hochwasserschutz) und Wohlfahrtwirkung für den Menschen (Freizeit, Umweltbildung u.a.).

Der Umbau der Schmutzwasserläufe im Emscher- und Lippegebiet zeigt schon heute Erfolge in allen diesen Teilbereichen. In einer ganzen Reihe von Fälle konnte sogar der hohe Anspruch der Wasserrahmenrichtlinie, der „gute ökologische Zustand", erreicht werden. Es bleibt besonders an der Emscher spannend, wie sich hier das wieder Zusammenwachsen eines ganzen Flusssystems weiter entwickeln wird.

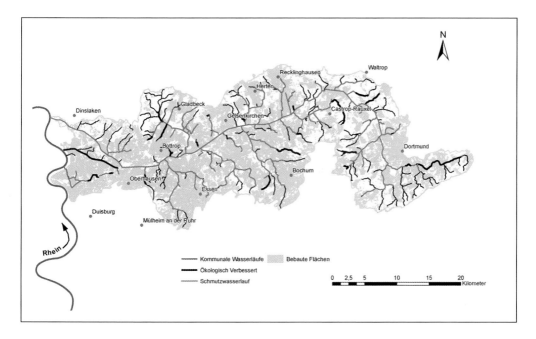

Abb. 9. Gewässernetz der Emscher mit Zuflüssen und bebauten Flächen im Einzugsgebiet (Gebäude und Verkehrswege).

8 Literatur

Becker, M., Hurck, R., Mang, J. & Sommerhäuser, M. (2009): Auswirkungen von Mischwassereinleitungen auf den Gewässerzustand bei ökologisch verbesserten Gewässern. Gewässerschutz, Wasser, Abwasser 216.

Emschergenossenschaft & Staatliches Umweltamt Herten (Hrsg.) (2005): Fließgewässer im Emscherraum. Biologie – Beschaffenheit – Bachsysteme. Essen.

Emschergenossenschaft (2006): Masterplan Emscher-Zukunft – Das neue Emschertal. Essen.

Friedrich, G. & Sommerhäuser, M. (2010): Fließgewässer. In: Nießner, R. (Hrsg.): Höll. Wasser: Nutzung im Kreislauf, Hygiene, Analyse und Bewertung. Berlin/New York (de Gruyter): 467–505.

Hurck, R. & Semrau, M. (2005): Leitbildermittlung in stark überformten Landschaften – ein Erfahrungsbericht. GWF Wasser, Abwasser 5.

Otto, A. & Braukmann, U. (1983): Gewässertypologie im ländlichen Raum. Schriftenreihe des Bundesministers für Ernährung, Landwirtschaft und Forsten, Reihe A: Angewandte Wissenschaft 288: 1–61.

Pottgiesser, T. & Sommerhäuser, M. (2004): Die Fließgewässertypologie Deutschlands: System der Gewässertypen und Steckbriefe zu den Referenzbedingungen. In: Handbuch der Angewandten Limnologie 19, VIII-2.1. Landsberg (ecomed Verlagsgesellschaft): 61 S.

Semrau, M., Reuter, S. & Hurck, R. (2007): Entwicklungschancen der Gewässer im Emschergebiet – Grundlage für einen effizienten Mitteleinsatz. Wasser und Abfall 6: 30–34.

Sommerhäuser, M. & Hurck, R. (2008): Aufbau des Arteninventars in isolierten, renaturierten Gewässerabschnitten im städtischen Bereich – Trittsteine und Strahlwirkung im Emschergebiet. Schriftenreihe des Deutschen Rates für Landespflege 81: 101–105.

Sommerhäuser, M., Lemmel, S., Eberhard, T. & Mählmann, S. (2009): Neozoen in der Lippe. Faunenveränderungen durch invasive Tierarten und ihre wasserwirtschaftliche Bedeutung. Natur in NRW 4: 24–28.

Stemplewski, J. & Sommerhäuser, M. (2010): Neue Artenvielfalt in Emschergewässern. Ein Beitrag zur Biodiversität der Ballungsräume. Korrespondenz Wasserwirtschaft 12: 649–655.

Entwicklung und Implementierung eines Monitoringkonzepts zur Erfolgskontrolle von Fließgewässer-Revitalisierungen im Biosphärenreservat Rhön

Ulrike Schade[1] und Eckhard Jedicke[2]

[1] RhönNatur e.V., c/o Bayerische Verwaltungsstelle Biosphärenreservat Rhön, Oberwaldbehrungerstr. 4, 97656 Oberelsbach, E-Mail schade@rhoennatur.de
[2] Goethe-Universität Frankfurt am Main, Institut für Physische Geographie, Büro: Jahnstr. 22, D34454 Bad Arolsen, E-Mail jedicke@em.uni-frankfurt.de.

Mit 9 Tabellen

Summary. A transferable concept for a monitoring of revitalization projects for running waters was developed and tested in the biosphere reserve 'Rhön'. First the contribution introduces the bases of this concept: definitions of the overall concept, monitoring and evaluation of success, prerequisites for a sound testing, as well as systematics and origin of the select indicators. Four indicator groups are suggested: biology with 17 indicators, chemistry with 15, hydromorphology with 9 and socio-economics with 7 indicators (partly sums, partly individual indicators). These indicators cannot be combined to an overall evaluation due to the different valuation methods and scaling problems. Concluding, the concept is evaluated, possibilities of the implementation are discussed, and requirements for further action are outlined.

Key words: River Restoration, Water Frame Work Direction, Evaluation of success, Biosphere Reserve Rhön

Zusammenfassung. Zur Erfolgskontrolle von Fließgewässer-Revitalisierungsvorhaben im Biosphärenreservat Rhön wurde ein übertragbares Monitoringkonzept entwickelt und erprobt. Der Beitrag stellt zunächst die Grundlagen dieses Konzepts vor: Definitionen der Begriffe Leitbild, Monitoring und Erfolgskontrolle, Voraussetzungen für eine fundierte Erfolgskontrolle sowie Systematik und Herkunft der ausgewählten Indikatoren. Darauf aufbauend werden vier Indikatorengruppen vorgeschlagen: Biologie mit 17 Indikatoren, Chemie mit 15, Hydromorphologie mit neun und Sozio-Ökonomie mit sieben Indikatoren (teils sog. Summen-, teils Einzelindikatoren). Diese lassen sich unter anderem aufgrund der individuell unterschiedlichen Bewertungsverfahren und Skalierungen nicht zu einer Gesamtbewertung miteinander verrechnen. Abschließend werden das Konzept evaluiert, Möglichkeiten der Implementierung diskutiert sowie Handlungsbedarf skizziert.

1 Einleitung

Revitalisierungen von Fließgewässern wurden mit hohem finanziellem Aufwand begonnen und werden zwecks Zielerreichung der EG-Wasserrahmenrichtlinie in den nächsten Jahren noch in weitaus stärkerem Maße als bisher notwendig werden. Ob die jeweils gesetzten Ziele auch tatsächlich erreicht werden, wird bislang eher selten und dabei meist nicht systematisch kontrolliert.

Durchgeführte Erfolgskontrollen sind in der Regel mangelhaft oder unvollständig (Graute 2002). Hinzu kommt, dass es keine einheitlich festgelegte Erfolgsdefinition für Fließgewässerrevitalisierungen gibt (Johnson et al. 2001).

Es besteht eine Reihe von Überwachungsprogrammen für Fließgewässer (BUWAL 1998, LAWA 1998 und 2000): Die bekanntesten sind der Saprobienindex (DIN 38410), die Gewässerstrukturgütekartierung nach LAWA (2000) und die chemische Gewässergüteklassifikation nach LAWA (1998). Durch die EG-WRRL sind seit dem 22.12.2006 neue Verfahren zur Überprüfung des ökologischen Zustands für die Qualitätskomponente Biologie entwickelt wurden (Diekmann et al. 2005, Meier et al. 2006, Schaumburg et al. 2006), deren Praxis sich in den Maßnahmenumsetzungen der Wasserrahmenrichtlinie bis 2015 zeigen wird. Ein Handbuch für die Erfolgskontrolle von Revitalisierungsmaßnahmen an Fließgewässern ist bisher lediglich in der Schweiz veröffentlicht (Woolsey et al. 2005).

Im Rahmen des Projekts „Rhön im Fluss" der Zoologischen Gesellschaft Frankfurt von 1858 (ZGF) e.V. und des Vereins RhönNatur e.V. zur Revitalisierung der Fließgewässersysteme Brend, Ulster und Streu wurde ein Monitoringkonzept zur Erfolgskontrolle von Fließgewässerrevitalisierungen erstellt. Dieses Konzept wurde in einem Handbuch verwirklicht, dessen Erhebungs-, Analyse- und Bewertungsmethoden anhand zweier Projekte exemplarisch durchgeführt und abschließend evaluiert wurden.

In Anlehnung an dieses Projekt soll der vorliegende Beitrag die folgenden Fragen beantworten:
- Wie ist der Erfolg einer Fließgewässerrevitalisierung messbar?
- Welche Aspekte zeichnen eine erfolgreiche Projektplanung und -durchführung aus?
- Welche Einflussgrößen sind dafür bedeutend?
- Können die Zustandsänderungen durch das erstellte Monitoringkonzept gemessen werden und ist das Konzept in der Lage, projektzielorientiert angewandt zu werden?

2 Grundlagen des Monitorings von Fließgewässer-Revitalisierungen

2.1 Leitbild-Entwicklung

Die Revitalisierung von Fließgewässern verfolgt das **Ziel**, die ökologische Funktionsfähigkeit naturfern ausgebauter Gewässer wiederherzustellen sowie Hochwasserschutz zu gewährleisten. Gleichzeitig soll ein Zustand wiederhergestellt werden, der sich dem vor einer Beeinträchtigung annähert und dorthin entwickelt. Der aktuelle ökologische Zustand des Gewässers als Ausgangssituation für die Revitalisierung kann u.a. anhand der Gewässergüte, des Vorkommens und der Bewertung gefährdeter Arten oder botanischer und zoologischer Zielarten, der Gewässerstrukturgüte und der toxikologischen Belastung beurteilt werden. Die Beschreibung des Ist-Zustandes und die damit erwünschte Beurteilung setzt jeweils ein **Referenzsystem** als Bewertungsmaßstab voraus – ein anthropogen nicht beeinflusster Zustand (Gunkel 1996: 274). Da dieser in der Kulturlandschaft auf Grund omnipräsenter anthropogener Einflüsse in aller Regel ein potenzieller Zustand ist, wird er sowohl unter historischen, modellierten Aspekten festgelegt als auch mit den Parametern des jeweiligen Fließgewässertyps, das basierend auf Referenzgewässer erstellt wird, verglichen.

Eine plausible Alternative zur Definition eines Referenzsystems ist die Erstellung eines **Leitbildes** – definiert als dauerhafte und generelle Zielvorgabe der Gewässerrevitalisierung mit dem Bestreben, einen umsetzbaren und langfristig realisierbaren naturnahen Zustand zu erreichen (Gunkel 1996: 274). Kiene (1997) erläutert die verschiedenen Ansätze für die Leitbildentwicklung:

- Das **hypothetische Leitbild** beschreibt den Urzustand des Systems vor Einflussnahme des Menschen.
- Unter Abzug der irreversiblen, kulturhistorisch verursachten Veränderungen resultiert das **potenzielle Leitbild**, der heute potenziell erreichbare Zustand unter Berücksichtigung der Standort- und Entwicklungspotenziale bei Wegfall der anthropogenen Einflüsse.
- Als **realistisches Leitbild** wird die aktuell optimale Planungsvariante bezeichnet, das Entwicklungsziel.
- Werden hiervon die nicht gewünschten, änderbaren, jedoch momentan vorhandenen Einschränkungen weggestrichen, verbleibt die **durchführbare Planungsvariante**.

Das potenzielle Leitbild kann mit dem potenziell natürlichen Gewässerzustand (pnG) in Verbindung gesetzt werden. Angestrebt wird, ein hypothetisches Leitbild zu rekonstruieren, ein potenzielles Leitbild zu erstellen und durch verschiedene praktische Einschränkungen ein realistisches Leitbild als Zielvision für ein Revitalisierungsprojekt vorzugeben. Welche vermeidbaren oder unvermeidbaren Grenzen es für ein potenzielles Leitbild gibt, kann durch gesellschaftliche, aber auch artenschutztechnische Gründe beleuchtet werden. Dazu gehören z.B. Hochwasserschutz von Ortslagen oder bestehende Nutzungsansprüche.

Das potenzielle Leitbild ist geprägt durch die Tatsache, dass eine große Vielfalt von Gewässerausprägungen besteht. Bei Fließgewässern führen z.B. Unterschiede in der Substratbeschaffenheit, der Fließgeschwindigkeit und den physikochemischen Eigenschaften wie der Temperatur, dem pH-Wert, der Leitfähigkeit usw. zur Ausbildung unterschiedlicher Biozönosen. Eine Unterscheidung liefert Briem (2003) durch die Typisierung der Fließgewässerlandschaften Deutschlands und darauf aufbauend die Beschreibung von 24 Fließgewässertypen in Deutschland durch Sommerhäuser & Pottgiesser (2004a, 2008).

2.2 Monitoring und Erfolgskontrolle

Monitoring ist nach Schaefer (2003: 208) die „kontinuierliche oder regelmäßige Beobachtung von biotischen und/oder abiotischen Komponenten der Umwelt, um schädliche Stoffe oder Einflüsse zu erkennen und zu quantifizieren. Im ersten Schritt erfolgt es wertfrei. Allgemeine Ziele des Monitoring sind nach Luthardt (2005: 4) die Bereitstellung von Informationen, z.B. über die räumlich-zeitliche Entwicklung von Systemen und für die Ursachenforschung, die Unterstützung bei der Erfüllung internationaler Berichtspflichten, wissenschaftlich-argumentative Grundlagen für die Regelung oder Veränderung von Maßnahmen, Basis juristisch relevanter Argumentationshilfen für die Durchführung von Maßnahmen, Aufbau eines „(Früh-)Warnsystems" sowie Unterstützung umweltpolitischer Maßnahmen.

Im Unterschied zum Monitoring beinhaltet die **Erfolgskontrolle**, das Erreichen der im Planungsprozess formulierten Ziele durch systematisches Sammeln von Daten zu überprüfen und zu beurteilen (Woolsey et al. 2005). Diese Bewertungsmethode ist geprägt durch den Vergleich der erhobenen Daten des Baseline-Monitorings (Ist-Zustand vor Projektbeginn) mit den Werten nach Projektabschluss. Über ökologische Faktoren hinaus fließen Daten der Projektmaßnahme in die Bewertung ein. Die Beurteilung der Veränderungen unterliegt einer zielgerichteten Bewertung, inwieweit die in den Projektzielen angestrebten Resultate erreicht wurden. Gleichzeitig ermöglichen die Ergebnisse von Erfolgskontrollen ein Aufdecken von Mängeln in der Konzeption sowie bei unerwarteten Auswirkungen des Eingriffes und anhaltenden Defiziten des revitalisierten Fließgewässerabschnitts. Diese Kontrollfunktion, von der aktuelle und zukünftige Projekte ggf. profitieren, weist noch mangelnde wissenschaftliche Grundlagen auf und berücksichtigt bisher lokale Besonderheiten nur unzureichend (Woolsey et al. 2005).

Die Methoden des allgemeinen Monitorings und der Erfolgskontrolle ähneln sich in folgenden Punkten: Sie müssen bei hoher Genauigkeit standardisierbar und nachvollziehbar sein, die Untersuchungsflächen müssen räumlich exakt eingemessen und somit dauerhaft wieder zu finden sein. Außerdem ist wichtig, die gewonnenen Daten gut auswerten und interpretieren sowie sie zu einer Zeitreihe verbinden zu können. Die Arbeiten sollten mit möglichst geringem Aufwand durchgeführt werden. Messmethoden müssen auch auf weitere Regionen anwendbar, biologisch und sozial relevant und integrativ sein.

Als Messgrößen für die Erfolgskontrolle von Revitalisierungsprojekten werden **Indikatoren** verwendet – Indizien, die komplexe Zusammenhänge aus möglicherweise verschiedenen Quellen auf eine einfache und verständliche Botschaft reduzieren und sie strukturieren, so dass Handlungsoptionen abgeleitet werden können. Sie können einen Zustand oder Veränderungen anzeigen, als Warnsignale dienen oder als Erklärung, welche Faktoren ggf. einen Wandel bewirkt haben. Indikatoren können vergangene, aktuelle wie auch zukünftige Wechsel aufzeigen und reagieren auf bekannte Art und Weise auf Veränderungen (Capelli 2005). Bei der Auswahl der Indikatoren für die Erfolgskontrolle von Revitalisierungsmaßnahmen an Fließgewässern muss auf die in Tab. 1 genannten Kriterien geachtet werden. Die Projektindikatorenauswahl beinhaltet gleichzeitig auch die Schwäche der Erfolgskontrolle: Was nicht gemessen wird, kann auch nicht evaluiert werden. Deshalb ist eine sorgfältige Planung der Erfolgskontrolle von Nöten, um den Spagat zwischen Kosten und Erkenntnis zu bewerkstelligen.

Tab. 1. Kriterien für Indikatorenauswahl (nach Capelli 2005, verändert).

Kriterien für die Indikatorenauswahl	Beschreibung
Relevanz	Ist der Indikator relevant, d. h. nicht redundant sowie integrativ?
Wissenschaftlichkeit	Beruht der Indikator auf wissenschaftlich begründete Annahmen?
Schädlichkeit	Schadet man dem System beim Messen?
Sensitivität	Reagiert der Indikator sensitiv auf menschliche Einflüsse z.B. bei der Projektdurchführung?
natürliche Varianz	Weist der Indikator eine kleine und bekannte natürliche Varianz auf?
Verständlichkeit	Vereinfacht der Indikator komplexe Zusammenhänge zu einfach verständlichen, strukturierten Informationen?

3 Inhaltsübersicht des erarbeiteten Handbuchs

3.1 Grundlagen und Voraussetzungen

Basierend auf der von Sommerhäuser & Pottgiesser (2004a, 2008) dargestellten Fließgewässertypologie muss vor Gebrauch des Handbuchs ein potenzielles Leitbild entwickelt werden. Zur Bestimmung des Fließgewässertyps und dessen Referenzbedingungen (Referenzbiozönose, chemisch-physikalische und hydromorphologische Referenzbedingungen) müssen folgende allgemeine Informationen verfügbar sein:
– Gewässername, Gemeinde, Gemarkung;
– geographische Lage, naturräumliche Gliederung;

- Landnutzung (links und rechts vom Fließgewässer);
- Besitzverhältnisse der angrenzenden Flurstücke;
- geschichtliche Eingriffe im Gewässer und der Aue;
- Größe des Projekts;
- ursprünglicher Gewässerverlauf;
- Geologie und Bodenkunde;
- im Falle des Biosphärenreservats Rhön zusätzlich dessen Zonierung in Kern-, Pflege- und Entwicklungszone.

Weitere Vorbedingungen sind:
1. Die Vorgaben der Wasserrahmenrichtlinie sowie der normierten Gewässerüberwachungsverfahren stellen eine Grundlage für die Verwendung des Handbuches dar.
2. Die Indikatorenerhebung soll detailliert, nachvollziehbar, finanzierbar, durchführbar und aussagekräftig sein. Mittels einer Aufwandsanalyse in Anlehnung an Woolsey et al. (2005) können diese Faktoren der Indikatorenmessungen quantifiziert werden. Der Aspekt, wie viel Zeit die Aufnahme, Analyse und Bewertung eines Indikators benötigt und wie viele Personen für die Bearbeitung notwendig sind, wird mittels der in Tab. 2 klassifizierten Aufwandsstufen angegeben. Jedem Indikator des Handbuches wird eine Aufwandsstufe zugewiesen. Basierend auf dieser Abschätzung kann ein kosteneffizientes Monitoring zur Erfolgskontrolle durchgeführt werden.
3. Stets ist eine projektzielbezogene Betrachtung notwendig. Für jeden Indikator wird angegeben, welches Ziel der Parameter bei der Aufnahme, Analyse und Bewertung untersucht. Die in Tab. 3 beschriebenen Maßnahmenziele können direkt (symbolisiert durch ein gefülltes

Tab. 2. Arbeitsaufwand (AW), gemessen in Personentagen (nach Woolsey et al. 2005).

Aufwand A	Aufwand B	Aufwand C
geringer Aufwand: < 2 Personentage	mittlerer Aufwand: 2 – 3 Personentage	hoher Aufwand: > 3 Personentage

Tab. 3. Projektziele von Revitalisierungsmaßnahmen (Woolsey et al. 2005, verändert).

Projektzielgruppen	Projektziele
Nutzen für Gesellschaft	nachhaltige Trinkwasserversorgung hoher Erholungswert
Umwelt und Ökologie	morphologische und hydraulische Variabilität naturnaher Geschiebehaushalt naturnahes Temperaturregime longitudinale Vernetzung laterale Vernetzung vertikale Vernetzung naturnahe Diversität und Abundanz Flora naturnahe Diversität und Abundanz Fauna organische Kreisläufe
Wirtschaft	Budgeteinhaltung
Umsetzung	politische Akzeptanz Partizipation der Interessensvertretung

Quadrat) oder indirekt (offenes Quadrat) durch den Indikator gemessen werden. Die aufgezählten Projektziele („hoher Erholungswert", „politische Akzeptanz" und „Partizipation der Interessensvertretung") decken die Notwendigkeit der Integration sozio-ökonomischer Faktoren in eine ganzheitliche Erfolgskontrolle von Fließgewässern ab.
4. Die Verfahren sollten so ausgelegt (standardisiert) sein, dass ein Vergleich von Datenreihen jederzeit möglich ist.
5. Zusätzlich muss das Leitbild der Aue betrachtet werden; hierauf wird an dieser Stelle nicht näher eingegangen.

3.2 Systematik und Herkunft der Indikatoren

Vor diesem Hintergrund erfolgte die Auswahl von 48 Indikatoren, die den Indikatorengruppen Biologie, Chemie, Hydro-Morphologie und Sozio-Ökonomie zugeordnet wurden (Tab. 4 bis 7).

Die Systematik unterscheidet Einzel- und Summenindikatoren, deren Zusammenstellung und Gliederung nach folgendem Schema erfolgt:
1. Jeder Indikator erhält ein Indikatorzeichen (z.B. $BIO_5 1-1$ – BIO für Indikatorengruppe Biologie, tief gestellte 5 für die Anzahl der Summenindikatoren in dieser Gruppe, 1 für die Nummerierung des Summenindikators und -1 für die Systematik des Einzelindikators).
2. Die Bewertungen der Einzelindikatoren führen bei zusammenfassender Verrechnung zum Ergebnis des Summenindikators (z.B. Summenindikator „Fische" $BIO_5 1$ durch Einzelindikatoren $BIO_5 1-1$ bis $BIO_5 1-6$).
3. Falls der Summenindikator sich nicht aus der Berechnung der Einzelindikatoren ergibt, sondern eigenständig zu bewerten ist, werden die zugeordneten Einzelindikatoren, die vertiefende Messungen mit sich bringen, kursiv dargestellt.

Das in dieser Arbeit vorgestellte Handbuch ist mit Indikatoren verschiedener Quellen konzipiert:
– Zwölf Indikatoren der Indikatorengruppe Biologie entsprechen den Qualitätskomponenten Biologie der EG-WRRL. Dazu gehören die Summenindikatoren „Fische", „Makrophyten & Phytobenthos" sowie „Makrozoobenthos" und ihre zugehörigen Einzelindikatoren.
– 15 Indikatoren basieren auf den Klassifizierungsmethoden der chemischen Gewässergüte (LAWA 1998).
– Ein Summenindikator „Gewässerstrukturgüte" der Indikatorengruppe Hydro-Morphologie ist nach den Vorgaben der Gewässerstrukturgüteklassifikation (LAWA 2000) verwirklicht.
– Sieben Indikatoren der Indikatorengruppe „Sozio-Ökonomie" sind mit einigen Veränderungen den Steckbriefen in Woolsey et al. (2005) angelehnt.
– Die übrigen 13 Indikatoren sind aus fachbezogener Literatur entnommen und der Rhön entsprechend angepasst.

Alle Indikatoren des erarbeiteten Handbuches „Monitoring von Fließgewässern zur Erfolgskontrolle von Revitalisierungsmaßnahmen im Biosphärenreservat Rhön" werden in Steckbriefen ausführlich beschrieben (Schade 2008). Der Aufbau dieser Steckbriefe orientiert sich an folgendem Grobschema: Ausgangsbedingungen, Erhebungs-, Analyse- und Bewertungsverfahren. Die Steckbriefe sind identisch aufgebaut.

3.3 Indikatorengruppen

3.3.1 Biologie

Die Indikatorengruppe Biologie besteht aus 17 Indikatoren, fünf Summenindikatoren und zwölf Einzelindikatoren (Tab. 4), die langfristige Aussagen über den Gewässerzustand zulassen.

Die Qualitätskomponente Biologie der EG-WRRL dient als Voraussetzung für die Indikatorenwahl dieser Indikatorengruppe. Diese beinhaltet vier Gruppenparameter, von denen die Parameter Fische, Makrophyten & Phytobenthos sowie Makrozoobenthos in das vorliegende Handbuch einfließen (Summenindikatoren BIO_S1 bis BIO_S3). Phytoplankton als der vierte biologische Parameter der WRRL ist kein Anwendungsindikator für die Rhön, da die Gewässer in diesem Gebiet zu klein sind, um Phytoplankton zu bilden. Die Summenindikatoren „Fische" (BIO_S1) und „Makrophyten & Phytobenthos" (BIO_S2) des Handbuches können nur bewertet werden, wenn die zugehörigen Einzelindikatoren analysiert und ausgewertet sind. Gerade bei der Gewässerflora kann es aber bei den im Biosphärenreservat Rhön vorkommenden Fließgewässertypen dazu kommen, dass die Einzelindikatoren „Diatomeen" und „Phytobenthos ohne Diatomeen" wegen zu geringer Artenzahlen nicht gemessen werden können.

3.3.2 Chemie

Die Indikatoren der Indikatorengruppe Chemie führen durch Messungen zur Überprüfung des Projektziels „nachhaltige Trinkwasserversorgung" und „naturnahes Temperaturregime" (Tab. 5). Sekundär können nahezu alle Ziele der Projektzielgruppe „Umwelt und Ökologie" kontrolliert werden, denn bei schlechten chemischen Gewässerbedingungen kann auch das Leben im Bach oder Fluss weniger gut gedeihen.

3.3.3 Hydromorphologie

Die Indikatoren der Indikatorengruppe Hydromorphologie (Tab. 6) sind durch die zwei Summenindikatoren „Gewässerstrukturgüte" ($HYMO_21$) und „Abflussregime" ($HYMO_22$) gekennzeichnet. Erster ist dem Verfahren LAWA (2000) entnommen. Die Bewertung erfolgt siebenstufig. Die zugehörigen Einzelindikatoren „Querprofil" ($HYMO_21$-1), „Längsprofil" ($HYMO_21$-2) und „Laufentwicklung – Linienführung" ($HYMO_21$-3) werden sowohl nach Einzelparametern der Gewässerstrukturgütekartierung bewertet als auch durch detaillierte Messmethoden (Nivellieren, Luftbildauswertung) deskriptiv beschrieben. Die Aufnahme des Einzelindikators „Sohlenstruktur – Linienzahlanalyse" ($HYMO_21$-4) wird nach dem von Fehr (1987) vorgestellten Verfahren (Auswertung von mindestens 150 Gesteinsbreiten entlang einer Linie im Fließgewässer) durchgeführt. Die Auswertung kann mittels des Einzelparameters „Substratheterogenität" siebenstufig bewertet werden.

Der Summenindikator „Abflussregime" ($HYMO_22$) wird gebildet durch den hydrologischen Teil dieser Indikatorengruppe, die Pegelstände sowie Hoch- und Niedrigwasserereignisse. Die „Fließgeschwindigkeit" ($HYMO_22$-2), die „Grundwassermessungen" ($HYMO_22$-3) und das „Pool-Riffle-Verhältnis – Tiefenvarianz" (Einzelindikator $HYMO_22$-1) sind vertiefende Messungen zur Interpretation des hydrologischen Abflussgeschehens. Diese Indikatoren werden deskriptiv bewertet, können aber durch Einzelparameter des Summenindikators $HYMO_21$ (Tiefenvarianz und Strömungsdiversität) mit der siebenstufigen Skala nach LAWA (2000) klassifiziert werden.

Durch die feineren Aufnahmeverfahren, beschrieben in den Einzelindikatorensteckbriefen, ist aber die deskriptive Auswertung verbunden mit Diagrammen und Zeichnungen, welche die Strukturverhältnisse detaillierter beschreiben. Der Aufwand aller Indikatoren der Indikatorengruppe Hydromorphologie ist gering und daher vorteilhaft bei der Erhebung sowie Auswertung.

Tab. 4. Indikatoren der Indikatorengruppe Biologie und ihre Eignung zur Überprüfung der Projektziele. ■ = direkte Messbarkeit (Erfassbarkeit), □ = indirekte Messbarkeit des Indikators. Die zweite Spalte bezeichnet den Arbeitsaufwand nach Tab. 2. Summenindikatoren hervorgehoben.

Indikatoren		Projektziele ▶	Nutzen für Gesellschaft		Umwelt und Ökologie									Wirtschaft	Umsetzung	
			nachhaltige Trinkwasserversorgung	hoher Erholungswert	morphologische und hydraulische Variabilität	naturnaher Geschiebehaushalt	naturnahes Temperaturregime	longitudinale Vernetzung	laterale Vernetzung	vertikale Vernetzung	Abundanz Diversität und naturnahe Flora	Abundanz Diversität und naturnahe Fauna	organische Kreisläufe	Budgeteinhaltung	politische Akzeptanz	Partizipation der Interessensvertretung
BIO51	C	Fische														
BIO5 1-1	C	Arten- und Gildeninventar			□		□	□			□	■	□			
BIO5 1-2	C	Artenabundanz und Gildenverteilung			□		□	□			□	■	□			
BIO5 1-3	C	Altersstruktur			□		□	□				■	□			
BIO5 1-4	C	Migration			□		□	□				■	□			
BIO5 1-5	C	Fischregion			□		□	□				■	□			
BIO5 1-6	C	dominante Arten			□											
BIO52	C	Makrophyten & Phyto-benthos			□		□	□		□	■					
BIO5 2-1	C	Makrophyten			□						■					
BIO5 2-2	C	Diatomeen			□						■					
BIO5 2-3	C	Phytobenthos ohne Diatomeen			□						■					
BIO5 3	C	Makrozoobenthos			□		□	□		□	□	■	□			
BIO5 4	C	Auenvegetation			□				□		■	□				
BIO5 4-1	C	Arteninventar und Deckungsgrad			□				□		■	□				
BIO5 4-2	C	Zeigerwerte und Gradienten			□				□		■	□				
BIO5 4-3	A	Zielarten			□				□		■	□				
BIO5 5	B	zoologische Zielarten der Aue			□				□		□	■				

Tab. 5. Indikatoren der Indikatorengruppe Chemie und ihre Eignung zur Überprüfung der Projektziele. ■ = direkte Messbarkeit (Erfassbarkeit), ☐ = indirekte Messbarkeit des Indikators. Die zweite Spalte bezeichnet den Arbeitsaufwand nach Tab. 2. Summenindikatoren hervorgehoben.

Indikatoren		Projektziele ▶	Nutzen für Gesellschaft		Umwelt und Ökologie									Wirtschaft	Umsetzung	
			nachhaltige Trinkwasserversorgung	hoher Erholungswert	morphologische und hydraulische Variabilität	naturnaher Geschiebehaushalt	naturnahes Temperaturregime	longitudinale Vernetzung	laterale Vernetzung	vertikale Vernetzung	naturnahe Diversität und Abundanz Flora	naturnahe Diversität und Abundanz Fauna	organische Kreisläufe	Budgeteinhaltung	politische Akzeptanz	Partizipation der Interessenvertretung
CHEM$_4$.1	B	chemisch-physikalische Summenparameter	■		☐	☐	■	☐			☐	☐	☐			
CHEM$_4$.1-1	A	Wassertemperatur					■	☐								
CHEM$_4$.1-2	A	elektrische Leitfähigkeit	■		☐	☐	☐									
CHEM$_4$.1-3	A	pH-Wert	■		☐		☐									
CHEM$_4$.1-4	A	Sauerstoffgehalt	■				☐	☐		☐		☐	☐			
CHEM$_4$.1-5	B	TOC	■				☐			☐		☐	☐			
CHEM$_4$.1-6	B	BSB$_5$	■				☐			☐		☐	☐			
CHEM$_4$.1-7	B	Salze (SO_4^{2-}, Cl^-)	■									☐				
CHEM$_4$.2	A	Nährstoffe	■		☐		☐				☐	☐				
CHEM$_4$.2-1	A	Ammonium (NH_4-N)	■									☐				
CHEM$_4$.2-2	A	Nitrat (NO_3-N)	■		☐						☐	☐				
CHEM$_4$.2-3	A	Nitrit (NO_2-N)	■									☐				
CHEM$_4$.2-4	A	Orthophosphat (PO_4-P)	■		☐		☐				☐	☐				
CHEM$_4$.3	C	Schwermetalle	■									☐				
CHEM$_4$.4	C	AOX	■									☐	☐			

Die Eignung der Indikatoren betrifft folgende Projektziele: „morphologische und hydraulische Variabilität", „naturnaher Geschiebehaushalt" und „longitudinale Vernetzung" des Gewässers. Sekundär wirken sich die Gewässerstrukturgüte und das Abflussregime nicht nur auf die Gewässerflora und die davon abhängige Fließgewässerfauna aus, sondern auch die Vernetzungen und die damit verbundenen organischen Kreisläufe werden beeinflusst (Tab. 6).

3.3.4 Sozio-Ökonomie

Die Sozio-Ökonomie beinhaltet zwei Summenindikatoren „Maßnahmenmanagement" ($SOZÖ_2 1$) und „Erholungsnutzung" ($SOZÖ_2 2$) (Tab. 7). Die Indikatoren dieser Gruppe bewerten die Projektdurchführung einer Revitalisierungsmaßnahme. Je größer die Akzeptanz des Projektes, umso leichter ist die Umsetzung zukünftiger Revitalisierungsprojekte in der gleichen Region („aus Erfolgen in Teilprojekten entstehen Erfolgsketten"; Brendle 1999). Mit $SOZÖ_2 1$ werden die Öffentlichkeitsarbeit und die Verwaltung eines Projekts evaluiert. Der Einzelindikator „Projektkosten" ($SOZÖ_2 1$-1) befasst sich mit dem Vergleich der tatsächlichen Kosten und dem vorher durchgeführten Kostenvoranschlag. Mit dem Indikator „Zufriedenheit und Akzeptanz des Projekts bei Interessensgruppen" ($SOZÖ_2 1$-2) wird die Öffentlichkeitsarbeit durch eine Befragung der Beteiligten nach Projektablauf ausgewertet. Die Meinung der Bevölkerung zum Projekt wird mit einer Standaktion (Infostand an einem öffentlichen Platz) durch den Einzelindikator „Zufriedenheit und Akzeptanz des Projekts bei der Bevölkerung" ($SOZÖ_2 1$-3) untersucht.

Der Summenindikator „Erholungsnutzung" wird durch die Einzelindikatoren „Zugangsmöglichkeit für Erholungssuchende" ($SOZÖ_2 2$-1) und „Nutzungsmöglichkeiten für Erholung und Freizeit" ($SOZÖ_2 2$-2) repräsentiert. Hierzu wird das Ausmaß der Erholungsnutzung quantifiziert und mit dem Zustand vor den Baumaßnahmen verglichen.

Diese Indikatoren stützen sich auf die Arbeiten von Woolsey et al. (2005), sind jedoch den lokalen Unterschieden der Rhön angepasst. Die Auswertung erfolgt demzufolge nicht in einem mehrstufigen Klassifikationsschema, sondern wird deskriptiv oder nach den Verfahren Woolsey et al. (2005) durchgeführt. Diese Indikatoren eignen sich vor allem für die Überprüfung der Projektziele „Budgeteinhaltung", „politische Akzeptanz" und „Partizipation der Interessensvertretung" (Tab. 7).

3.4 Abwägung für ein Gesamtbewertungsverfahren

Da die Indikatoren auf verschiedenen, unabhängig voneinander entstandenen Erhebungs- und Bewertungsverfahren fußen, bedarf ihre Zusammenführung einer kritischen Diskussion: Die Parameter, die den Qualitätskomponenten der Richtlinie 2000/60/EG entnommen wurden, werden in einem fünfstufigen System klassifiziert. Die Indikatoren, welche an die Arbeiten der LAWA (1998, 2000) angelehnt sind, werden siebenstufig skaliert. Die übrigen Indikatoren verfügen über eine eigene Bewertungsform, die entweder semiquantitativ oder qualitativ, deskriptiv ist. Daher stellt sich die grundsätzliche Frage, ob ein zusammenfassendes Gesamtbewertungsverfahren möglich ist. Diese ist aus folgenden Gründen zu verneinen:

- **mehrere verschiedene Bewertungsverfahren:** Die Überführung der unterschiedlichen Klassifizierungsmethoden wäre mit einem Informationsverlust von feinen in grobe Skalierungen verbunden (z.B. deskriptiv à fünfstufiges System der EG-WRRL).
- **unterschiedliche Relevanz der Indikatoren:** Summenindikatoren integrieren eine unterschiedliche Zahl von Einzelindikatoren und sind somit nicht gleichrangig, und sie lassen sich auch nicht in allen Fällen aus den Einzelindikatoren berechnen (z.B. wenn nur eine deskriptive Bewertung erfolgt, wie bei Arteninventar und Deckungsgrad der Auenvegetation).

Tab. 6. Indikatoren der Indikatorengruppe Hydromorphologie und ihre Eignung zur Überprüfung der Projektziele. ■ = direkte Messbarkeit (Erfassbarkeit), □ = indirekte Messbarkeit des Indikators. Die zweite Spalte bezeichnet den Arbeitsaufwand nach Tab. 2. Summenindikatoren hervorgehoben.

Indikatoren		Projektziele ▶	Nutzen für Gesellschaft		Umwelt und Ökologie									Wirtschaft	Umsetzung	
			nachhaltige Trinkwasserversorgung	hoher Erholungswert	morphologische und hydraulische Variabilität	naturnaher Geschiebehaushalt	naturnahes Temperaturregime	longitudinale Vernetzung	laterale Vernetzung	vertikale Vernetzung	naturnahe Diversität und Abundanz Flora	naturnahe Diversität und Abundanz Fauna	organische Kreisläufe	Budgeteinhaltung	politische Akzeptanz	Partizipation der Interessensvertretung
HYMO$_2$1	B	Gewässerstrukturgüte			■	■		■	□	□	□	□	□			
HYMO$_2$1-1	A	Querprofil			■	■					□	□				
HYMO$_2$1-2	A	Längsprofil			■	□		■			□	□				
HYMO$_2$1-3	A	Laufentwicklung – Linienführung			■	■					□	□				
HYMO$_2$1-4	A	Sohlenstruktur – Linienzahlanalyse			■	■				□	□	□				
HYMO$_2$2	A	Abflussregime			■	□					□	■	□			
HYMO$_2$2-1	A	Pool-Riffle-Verhältnis – Tiefenvariation			■	□					□	□				
HYMO$_2$2-2	A	Fließgeschwindigkeit			■	□			□	□	□	□				
HYMO$_2$2-3	A	Grundwassermessungen			■	□					□	□	□			

Tab. 7. Indikatoren der Indikatorengruppe Sozio-Ökonomie und ihre Eignung zur Überprüfung der Projektziele. ■ = direkte Messbarkeit (Erfassbarkeit), □ = indirekte Messbarkeit des Indikators. Die zweite Spalte bezeichnet den Arbeitsaufwand nach Tab. 2. Summenindikatoren hervorgehoben.

Indikatoren ▶		Projektziele ▶	Nutzen für Gesellschaft		Umwelt und Ökologie									Wirtschaft	Umsetzung	
			nachhaltige Trinkwasserversorgung	hoher Erholungswert	morphologische und hydraulische Variabilität	naturnaher Geschiebehaushalt	naturnahes Temperaturregime	longitudinale Vernetzung	laterale Vernetzung	vertikale Vernetzung	naturnahe Diversität und Abundanz Flora	naturnahe Diversität und Abundanz Fauna	organische Kreisläufe	Budgeteinhaltung	politische Akzeptanz	Partizipation der Interessenvertretung
SOZÖ$_2$1	B	Maßnahmenmanagement												■	■	■
SOZÖ$_2$1-1	A	Projektkosten												■	□	
SOZÖ$_2$1-2	B	Zufriedenheit und Akzeptanz des Projekts bei Interessengruppen													■	■
SOZÖ$_2$1-3	A	... bei der Bevölkerung													■	□
SOZÖ$_2$2	A	Erholungsnutzung		■											□	
SOZÖ$_2$2-1	A	Zugangsmöglichkeit für Erholungssuchende		■											□	
SOZÖ$_2$2-2	A	Nutzungsmöglichkeiten für Erholung und Freizeit		■											□	

- **ökosystemare Kenntnisdefizite:** Eine denkbare Gewichtung der Indikatoren für ein Gesamtbewertungsverfahren ist nicht fundiert möglich.
- **unterschiedliche Projektziele:** Die grundsätzliche Eignung der Indikatoren für verschiedene Projektzielüberprüfungen lässt eine Zusammenführung dieser ungleichen Bewertungsaussagen nicht zu.

4 Anwendungsbeispiel

Das entwickelte Konzept zur Erfolgskontrolle wurde an zwei Revitalisierungsvorhaben im Biosphärenreservat Rhön erprobt (Schade 2008) und wird aktuell an der Ulster bei neuen Revitalisierungsprojekten eingesetzt. Exemplarisch werden in Tab. 8 Ergebnisse des Summenindikators HYMO$_2$1 „Gewässerstrukturgüte" für den Rückbau einer Uferbegradigung zwischen den Ortschaften Wenigentaft und Pferdsdorf (nördlich Buttlar) in Thüringen im Vergleich zu einem 1 km oberhalb liegenden hessischen Referenzabschnitt („Ulstersack") dargestellt. Die Aufnahme nach der Revitalisierung erfolgte ein Jahr nach Abschluss der Baumaßnahmen. In der letzten Spalte der Tabelle ist die Differenz auf der fünfstufigen Bewertungsskala zum Zustand vor Beginn der Baumaßnahme (erste Ziffer) und des Zustands nach der Baumaßnahme zum Referenzzustand (zweite Ziffer) genannt.

Die plakative Gegenüberstellung belegt einen positiven Effekt der Revitalisierungsmaßnahme auf die Gewässerstrukturgüte, indem sich die Situation um ein bis zwei, in einem Fall um drei Bewertungsstufen verbessert hat. Für einige Kriterien besteht aber nach wie vor eine Differenz von bis zu drei Bewertungsstufen zum Referenzzustand. Über Wiederholungen der Aufnahme

Tab. 8. Ergebnisse der Bewertung des Summenindikators „Gewässerstrukturgüte" nach Hauptparametern und Bereichen sowie Gesamtbewertung für einen naturnahen Referenzabschnitt sowie für einen 500 m langen Revitalisierungs-Abschnitt an der thüringischen Ulster vor und ein Jahr nach der Revitalisierung (vorletzte Spalte). Die Gesamtbewertung nach EG-WRRL bedeutet die ökologische Zustandsklasse.

Bewertungsgrundlagen		Referenz-abschnitt	vor Revitalisierung	nach Revitalisierung	Differenz zum Zustand vor Revitalisierung/ zum Referenzabschnitt
Haupt-parameter	Laufentwicklung	2	5	4	+1 / -2
	Längsprofil	1	5	4	+1 / -3
	Sohlenstruktur	1	5	2	+3 / -1
	Querprofil	1	5	4	+1 / -3
	Uferstruktur	3	5	3	+2 / 0
	Gewässerumfeld	3	5	3	+2 / 0
Bereich	SOHLE	1	5	3	+2 / -2
	UFER	2	5	4	+1 / -2
	LAND	3	5	3	+2 / 0
Gesamtbewertung nach LAWA (2000)		2	5	3	+2 / -1
Gesamtbewertung nach EG-WRRL		2	4	3	+1 / -1

nach identischer Methode wird sich in den folgenden Jahren zeigen, inwieweit die natürliche Fließgewässerdynamik eine weitere Annäherung an den Referenzzustand bewirken kann.

5 Diskussion

5.1 Konzeptevaluation

Kriterien für die Indikatorenauswahl
Die Beurteilung der Vor- und Nachteile der Indikatoren wird zunächst nach den in Abschnitt 2.2 und Tab. 1 vorgestellten Kriterien für die Indikatorenauswahl (Capelli 2005) umgesetzt.

Es werden folgende sechs Kriterien durch Einschätzung der Erstautorin als Expertenmeinung mit Punktzahlen benotet: Relevanz, Wissenschaftlichkeit, Schädlichkeit, Sensitivität, Varianz und Verständlichkeit (Tab. 9). Die Aussagekraft der Indikatoren liegt in der Anwendbarkeit der Erhebung und Analyse der Ergebnisse. Pro Kriterium ist eine Maximalpunktezahl von zehn zu vergeben. Erreicht ein Indikator nur 50 % der maximalen Punktzahl (≤ 30 Punkte), so wird er verworfen. Das Kriterium „Wissenschaftlichkeit" wird als Ausschlusskriterium angesehen, d.h. wird dieses nicht erfüllt, ist der Indikator abzulehnen (Niemi 2004).

In dieser in Tab. 9 gezeigten Bewertung schneiden einige Indikatoren überdurchschnittlich ab. Die Indikatoren mit der geringsten Punktzahl sollten in Abhängigkeit vom Aufwand nur für eine Zusatzerhebung in Erwägung gezogen werden.

Der Indikator $BIO_5 5$ ist wegen einer hohen Punktzahl und eines geringen Aufwands für die Überprüfung der Projektzielgruppe „Umwelt und Ökologie" geeignet. Dennoch zeichnet sich dieses Erhebungsverfahren durch eine erhöhte Varianz aus (Projektbereichsgrenzen sind keine Habitatgrenzen). Obendrein spiegelt sich die Auswahl der Zielarten der Rhöner Fließgewässer (Altmoos 1997) mit lichtliebenden Arten, wie beispielsweise der Gebänderten Prachtlibelle (*Calopteryx splendens*), im Leitbild der Fließgewässertypen 5 und 9 nicht wider (Pottgiesser & Sommerhäuser 2004b, c, 2008). Eine Kontrolle der Zielarten basierend auf einer Vereinbarung zwischen Schutzziel und Leitbild wäre hier erstrebenswert. Eine Überprüfung des Vegetationsindikators $BIO_5 4$ sowie der dazugehörigen Einzelindikatoren ist durch ihren großen Aufwand bis auf $BIO_5 4-3$ nur für eine erweiterte Kontrolle des Projektziels „naturnahe Diversität und Abundanz der Flora" (Auenvegetation) zu empfehlen. Außerdem kann durch das vorwiegend deskriptive Leitbild eine unterschiedliche Bewertung vorgenommen werden. Für die Verwendung von $BIO_5 4-3$ gibt es wissenschaftliche Einschränkungen. Hier sollte eine Begutachtung der Zielarten nach Rohde (2005) durchgeführt werden, da das erhobene Inventar von der im Steckbrief dargestellten Artenliste stark abweicht.

Die übrigen biologischen Indikatoren, die dem Monitoringkonzept nach EG-WRRL entnommen wurden, sind durch ihre komplizierte Handlungsanweisung zunächst mit einer verstärkten Einarbeitung verbunden. Allerdings ergibt der Aufwand der Analyse und Benotung sehr gute, wissenschaftlich fundierte Ergebnisse.

Die chemischen Indikatoren sind durchweg positiv bewertet. Insbesondere die Analyse der „Nährstoffe" und der Einzelindikatoren $CHEM_4 1-1$ bis $CHEM_4 1-4$, die wenig aufwändig sind und zudem einen hohen Aussagewert haben, können häufig und leicht aufgenommen werden. Der Nachteil ist die lediglich kurzzeitige Aussagekraft der Messungen, die nur durch eine höhere Messfrequenz kompensiert werden kann.

Aus Tab. 9 geht weiterhin hervor, dass für die Erfolgskontrolle der Projektziele „morphologische und hydraulische Mobilität" sowie „naturnaher Geschiebehaushalt" die Verwendung des Summenindikators $HYMO_2 1$ aus der Indikatorengruppe Hydromorphologie am stärksten zu empfehlen ist. Trotz des erhöhten Aufwands (B) ist dieses grobe Bewertungsverfahren in vielen

Tab. 9. Auswertung der für das Baseline-Monitoring verwendeten Indikatoren des Handbuchs „Monitoring von Fließgewässern zur Erfolgskontrolle von Revitalisierungsmaßnahmen im Biosphärenreservat Rhön" (Schade 2008), basierend auf den Kriterien für die Indikatorenauswahl nach Capelli (2005). Dunkelgrau markiert sind die Indikatoren, welche die höchste Bewertung erhalten; ohne Markierung sind die Indikatoren, die aufgrund der geringsten Punktzahlen nur fakultativ analysiert werden sollten.

Indikator	Kriterien für die Indikatorenauswahl							
	Relevanz	Wissenschaftlichkeit	Schädlichkeit	Sensitivität	Varianz	Verständlichkeit	Total	Aufwand
BIO_52-1: Makrophyten	8	8	10	7	5	7	45	C
BIO_53: Makrozoobenthos	10	10	10	6	4	8	48	C
BIO_54: Auenvegetation	8	9	10	10	5	6	48	C
BIO_54-1: Arteninventar und Deckungsgrad	7	9	10	10	5	6	47	C
BIO_54-2: Zeigerwerte und Gradienten	8	8	10	8	5	7	46	C
BIO_54-3: Zielarten	8	6	10	10	5	6	45	A
BIO_55: zoologische Zielarten der Aue	10	7	10	10	8	8	53	A–B
$CHEM_41$: chemisch-physikalische Summenparameter	10	10	10	6	5	10	51	B
$CHEM_41$-1: Wassertemperatur	8	10	10	3	7	10	48	A
$CHEM_41$-2: elektrische Leitfähigkeit	10	10	10	10	3	10	53	A
$CHEM_41$-3: pH-Wert	10	10	10	8	5	10	53	A
$CHEM_41$-4: Sauerstoffgehalt	10	10	10	8	5	10	53	A
$CHEM_41$-5: TOC	5	10	10	10	2	4	41	B
$CHEM_41$-6: BSB_5	5	10	10	8	2	4	39	B
$CHEM_41$-7: Salze (SO_4^{2-}, Cl^-)	5	10	10	8	3	6	42	B
$CHEM_42$: Nährstoffe	10	10	10	7	5	10	52	A
$CHEM_42$-1: Ammonium (NH_4-N)	10	10	10	7	5	10	52	A
$CHEM_42$-2: Nitrat (NO_3-N)	10	10	10	7	5	10	52	A
$CHEM_42$-3: Nitrit (NO_2-N)	10	10	10	7	5	10	52	A
$CHEM_42$-4: Orthophosphat (PO_4-P)	10	10	10	7	5	10	52	A
$HYMO_21$: Gewässerstrukturgüte	10	8	10	5	7	6	46	B
$HYMO_21$-1: Querprofil	5	5	10	10	6	4	40	A
$HYMO_21$-4: Sohlenstruktur – Linienzahlanalyse	4	6	10	5	4	4	33	A
$HYMO_22$: Abflussregime	8	8	10	7	7	5	45	A
$HYMO_22$-2: Fließgeschwindigkeit	5	7	10	5	7	6	40	A
$HYMO_22$-3: Grundwassermessungen	4	5	8	8	7	8	40	A
$SOZÖ_21$-1: Projektkosten	10	8	10	10	10	10	58	A

Fällen ausreichend für eine gute Beurteilung der Gewässerstruktur. Beim Indikator $HYMO_2 1$-4 muss darauf hingewiesen werden, dass die Aussage zur Korrelation der Substratbeschaffenheit mit der Diversität und Abundanz der Fauna nicht wissenschaftlich fundiert ist (Capelli 2005 evaluiert auf Grund ihrer Aufnahmen, dass die Substratheterogenität allein die Habitatdiversität nicht vollständig ausdrückt). Als zusätzlicher Indikator kann dieses schnelle Erhebungs- und Analyseverfahren jedoch empfohlen werden. Der Indikator $HYMO_2 2$ kann in der Regel nicht im Projektbereich erhoben werden und ist somit abhängig von externer Datengrundlage.

Der Einzelindikator „Projektkosten" schneidet überdurchschnittlich ab und sollte bei jeder Erfolgskontrolle einer Revitalisierungsmaßnahme durchgeführt werden.

Evaluation der Bewertungsverfahren

Eine weitere Möglichkeit der Indikatorenbeurteilung liegt in der Evaluation der vorhandenen Bewertungs- und Klassifikationsverfahren, die deskriptiv durchgeführt wird. Dazu wäre eine Benotung mit Schulnoten von 1 bis 6 denkbar, weil unmittelbar einleuchtend. Dennoch sollten die Ergebnisse der Messungen der Einzelindikatoren dennoch transparent nachvollziehbar sein, da bei einer Erfolgskontrolle der Sinn im Vergleich der Daten liegt. Je gröber eine Klassifizierung jedoch stattfindet, umso schlechter ist die Darstellung einer geringfügigen Veränderung. Die Überführung fünfstufiger Schemata in siebenstufige Systeme ist nur durch eine erneute Klassenbildung möglich. Die deskriptiv auszuwertenden Indikatoren können nur verbal die Besserungen einer Revitalisierungsmaßnahme darstellen. Der Vergleich der Änderungen ist daher nicht nur inhaltlich schwierig. Eine Möglichkeit der Ergebnisdarstellung bietet die Bildung einer Funktion von 0 (naturfern) bis 1 (naturnah), wie sie auch in einigen Fällen als Basis für das Monitoringkonzept der WRRL dient. Die Benotung stellt dann eine Einstiegsbetrachtung dar. Jedoch stellt sich ein fließgewässertypspezifischer Leitbildkonflikt bei der Frage, was wirklich naturnah und -fern bedeutet. Hier besteht weiterhin Forschungsbedarf.

Projektziel

Die Frage, ob der vorliegende Indikator tatsächlich für das angestrebte Projektziel relevant ist, kann hier positiv beantwortet werden: Alle getesteten Indikatoren messen die für sie zugewiesenen Projektziele. Die Bewertung des Erfolges wird deskriptiv durchgeführt.

Kosten-Nutzen-Analyse

Die Erstellung einer Kosten-Nutzen-Analyse ist mit den vorliegenden Indikatoren des Handbuchs nur begrenzt durchführbar. Die Indikatoren können, auch wenn sie dasselbe Projektziel untersuchen, aufgrund der unterschiedlichen Bewertungsverfahren nicht miteinander „verrechnet" werden. Lediglich die Betrachtung der Budgeteinhaltung kann mit Hilfe von $SOZÖ_2 1$-1 allein vorgenommen werden. Ergibt der Vergleich der Summenindikatoren eine Veränderung, ist dies stärker zu bewerten als die Einschätzung der Einzelindikatoren. Könnten die Resultate der Indikatoren, die ein gemeinsames Projektziel messen, miteinander gewichtet in eine gemeinsame Bewertung einfließen, müsste der Erfolgsbeitrag jedes Indikators zur Projektzielbewertung bekannt sein.

Dies könnte durch eine feinere Aufteilung der Erfolgsklassifikation gelingen. Außer der Ergebniseinordnung in Bezug auf ein vorliegendes Leitbild kann die gemessene Veränderung nicht nur, wie zur Zeit möglich, verbal mit „Erfolg", „keiner Veränderung" und „Misserfolg" gewertet werden, sondern könnte wie bei Woolsey et al. (2005) in fünf Stufen eingeteilt werden. Für dieses Schema ist entweder ein einheitliches Bewertungsverfahren oder die Erstellung von Klassendefinitionen für jeden einzelnen Indikator notwendig. Vor diesem Hintergrund könnte der Erfolg einer Revitalisierungsmaßnahme bezogen auf jedes Projektziel bewertet werden.

Da die einzelnen Indikatoren aber nicht „gleichberechtigt" sind, müssten die Indikatoren für die Überprüfung eines Projektziels gleichzeitig gewichtet werden. In diesem Bereich besteht ein erheblicher Forschungsbedarf, welche Indikatoren miteinander korrelieren, Gleiches messen und somit zu Teilen redundant für ein Gesamtbewertungsverfahren oder eine projektzielorientierte Kontrolle wären. Hier stellt die Arbeit von Reichert (2006), die sich mit Systemanalyse und integrativer Modellierung von Fließgewässerökosystemen beschäftigt, eine vielversprechende Herangehensweise dar.

Gesamtbewertungsverfahren
Die Erstellung eines Gesamtbewertungsverfahrens konnte im Rahmen dieser Arbeit nicht nur aus Zeitgründen nicht vorgenommen werden. Je nach Auswahl können Indikatoren gegensätzliche Projektziele messen und somit Erfolg unterschiedlich definieren. Hinzu kommen die Voraussetzungen des ganzheitlichen Ansatzes, die Verwendung gesetzlicher Vorgaben und bereits bestehender Überwachungsprogramme sowie die Konzeptspezifizierung auf die Fließgewässer der Rhön. Dies sind Rahmenbedingungen, welche die Erstellung eines Gesamtbewertungskonzepts unmöglich macht.

5.2 Möglichkeiten der Implementierung

Bisher finden Erfolgskontrollen weitgehend auf freiwilliger Basis statt. Fördermittelgeber könnten jedoch die Mittelvergabe an die Bedingung knüpfen, dass die Mittelempfänger ein Monitoring beispielsweise ein, drei und fünf Jahr(e) nach Fertigstellung der Maßnahmen nach der hier vorgestellten, aber jeweils regional anzupassenden Methode durchführen. Hierfür sollten pauschal z.B. 3 % der Planungs- und Baukosten in die Kostenkalkulation eingestellt werden. Es ist davon auszugehen, dass dieser Betrag keine echten Mehrkosten darstellt, da der Erkenntnisgewinn über Erfolg und Misserfolg von umgesetzten Maßnahmen die Wirksamkeit und damit Kosteneffizienz künftiger Vorhaben entscheidend zu verbessern hilft.

Die für die Umsetzung der EG-WRRL verantwortlichen Länderbehörden sollten allein schon aus diesem Grund aus eigenem Interesse ein Baseline-Monitoring verpflichtend vorschreiben und die Ergebnisse projektübergreifend und fortlaufend auswerten. Dieses ließe sich verknüpfen mit der ohnehin bestehenden Pflicht zur Überwachung der Zustandsüberwachung gemäß Art. 8 und den in Anhang V EG-WRRL genannten Kriterien.

5.3 Handlungsbedarf

Dass zwischen „gefühltem" und tatsächlich gemessenem Projekterfolg häufig eine große Diskrepanz besteht, konnte in dem DBU-Vorhaben „Evaluation von Fließgewässer-Revitalisierungsprojekten als Modell für ein bundesweites Verfahren zur Umsetzung effizienten Fließgewässerschutzes" nachgewiesen werden (Jähnig et al. subm., Sundermann et al. 2009): Während immerhin in 23 von 26 Fallbeispielen die Revitalisierung zu einer Verbesserung des hydromorphologischen Zustands geführt hat, spiegeln die biologischen Qualitätskomponenten die Verbesserungen der Habitatvielfalt (noch) nicht wider. Wird bei der Ableitung der ökologischen Zustandsklasse (EQC) auf der Basis der drei Qualitätskomponenten das „Worst-Case-Prinzip" zugrunde gelegt, erreicht eine der untersuchten Maßnahmen den „guten" ökologischen Zustand. Das Ziel der EG-WRRL ist somit bislang lediglich bei einer der 26 analysierten Revitalisierungsmaßnahmen erreicht. Seitens der Akteure in den Vorhaben wird Erfolg weitgehend über ökomorphologische Strukturen definiert. Dabei wurde nur in gut einem Drittel der Vorhaben überhaupt eine Erfolgskontrolle durchgeführt.

Vor diesem Hintergrund besteht dringender Handlungsbedarf hinsichtlich folgender Aufgaben:
- Entwicklung einer bundesweit anwendbaren, auf die verschiedenen Fließgewässer- und Maßnahmentypen sowie regional anpassbaren Toolbox für das Monitoring, anhand derer jeweils individuell je nach Umfang der Maßnahme und bereit stehender Finanzmittel die aussagefähigsten Indikatoren und Methoden zu ihrer Erfassung und Bewertung ausgewählt werden können;
- dabei weitest mögliche Anpassung der Methoden an die Datenerhebung zur Erfüllung der Berichtspflichten gemäß EG-WRRL;
- länderübergreifende Abstimmung in der LAWA über die selbstverpflichtende Einführung des Monitorings für Maßnahmen zur Zielerreichung der WRRL;
- Entwicklung einer Datenbank und Verfahrensroutine zur projekt- und möglichst länderübergreifenden Zusammenführung der künftig gesammelten Monitoringergebnisse;
- fortlaufende Datenauswertung und Ableitung von „lessons learned", um diese Erkenntnisse bei künftigen Vorhaben der Revitalisierung bestmöglich zu nutzen.

Dank

Der Deutschen Bundesstiftung Umwelt (DBU) und der Zoologischen Gesellschaft Frankfurt von 1858 e.V. (ZGF) wird für die Förderung des Vorhabens „Revitalisierung und Verbund ausgewählter Rhön-Fließgewässersysteme" (Az. 20793) gedankt, in dessen Rahmen das Konzept an der Universität Karlsruhe, Institut für Geographie und Geoökologie, entstand. Eine weitere Erprobung findet im Rahmen des Projekts „Biotopverbund Thüringer Ulsteraue" statt, welches von der EU über das Programm ELER und das Thüringer Ministerium für Landwirtschaft, Forsten, Umwelt und Naturschutz (TMLFUN) gefördert wird. Für weitere Unterstützung wird der Allianz Umweltstiftung und der Kurt Lange Stiftung gedankt. Matthias Metzger (RhönNatur e.V., jetzt HessenForst, Kassel) und Matthias Kaeselitz (Schlüchtern) danken wir für die praktische Unterstützung der Arbeiten im Gelände.

Literatur

ALTMOOS, M. (1997): Ziele und Handlungsrahmen für regionalen zoologischen Artenschutz – Modellregion Biosphärenreservat Rhön. HGON, Echzell.
BMU (Bundesministerium für Umwelt, Naturschutz und Reaktorsicherheit, Hrsg., 2004): Die Wasserrahmenrichtlinie – Ergebnisse der Bestandsaufnahme 2004 in Deutschland. Berlin/Paderborn, 67 S.
BRENDLE, U. (1999): Musterlösungen im Naturschutz – politische Bausteine für erfolgreiches Handeln. Bundesamt für Naturschutz (Hrsg.), Bonn-Bad Godesberg.
BRIEM, E. (2003): Gewässerlandschaften in der Bundesrepublik Deutschland. Februar 2003. Dt. Vereinigung für Wasserwirtschaft, Abwasser und Abfall, Bad Hennef.
BUWAL (Bundesamt für Umwelt, Wald und Landschaft Schweiz, Hrsg., 1998): Modul-Stifen-Konzept – Methoden zur Untersuchung und Beurteilung von Fließgewässern. Mitt. Gewässerschutz 26, BUWAL, 42 S. (www.modul-stufen-konzept.ch).
CAPELLI, F. (2005): Indikatoren für die Evaluation von Revitalisierungsaprojekten in der Praxis – eine Pilotstudie an der Thur. Dipl.-Arb., ETH Zürich, 68 S. (www.rhone-thur.eawag.ch/DA_Capelli.pdf).
DUSSLING, U. (2005): Fischfaunistische Referenzen für die Fließgewässerbewertung nach WRRL in Baden-Württemberg. Abschlussber. Landesamt für Umwelt, Ministerium für Umwelt und Verkehr Baden-Württemberg, Stuttgart, 74 S.
FEHR, R. (1987): Geschiebeanalyse in Gebirgsflüssen: Umrechnung und Vergleich von verschiedenen Analyseverfahren. ETH Zürich, Versuchsanstalt für Wasserbau, Hydrologie und Glaziologie, 139 S.

GRAUTE, S. (2002): Evaluation von Fließgewässer-Revitalisierungsprojekten unter besonderer Berücksichtigung der Erfolgskontrolle. Unveröff. Dipl.-Arb., FH VLippe und Höxter, Abt. Landschaftsarchitektur und Umweltplanung, 105 S.
GUNKEL, G. (Hrsg., 1996): Renaturierung kleiner Fließgewässer – ökologische und ingenieurtechnische Grundlagen. G. Fischer, Jena/Stuttgart, 471 S.
HAASE, P., SUNDERMANN, A. & SCHINDEHÜTTE, K. (2006): Operationelle Taxaliste als Mindestanforderung an die Bestimmung von Makrozoobenthos aus Fließgewässern zur Umsetzung der EU-Wasserrahmenrichtlinie in Deutschland. www.fliessgewaesser-bewertung.de (Stand : Mai 2006).
JÄHNIG, S.C., LORENZ, A.W., HERING, D., ANTONS, C., SUNDERMANN, A., JEDICKE, E. & HAASE, P. (subm.): River restoration success – a question of perception. Ecol. Applications.
JEDICKE, E., METZGER, M. & FREMUTH, W. (2007): Management der Revitalisierung von Fließgewässern – Bilanz eines länderübergreifenden Projekts im Biosphärenreservat Rhön. Naturschutz und Landschaftsplanung 39 (11): 329-336.
JOHNSON, N., VENGA, C. & ECHEVERRIA, J. (2001): Managing Water for People and Nature. Science 292: 1071-1072.
KEINE, S. (1997): Synthese von biologischer und wasserbaulicher Analyse zur Bewertung von renaturierten Fließgewässern der Oberrheinebene. Unveröff. Mskr., Universität Karlsruhe., Inst. f. Wasserbau u. Kulturtechnik, XIV + 258 S.
LAWA (Länderarbeitsgemeinschaft Wasser, Hrsg., 1998): Beurteilung der Wasserbeschaffenheit von Fließgewässern in der Bundesrepublik Deutschland – chemische Gewässergüteklassifikation. Kulturbuch, Berlin, 35 S.
LAWA (2000): Gewässerstrukturgütekartierung in der Bundesrepublik Deutschland: Verfahren für kleine und mittelgroße Fließgewässer. Kulturbuch, Berlin, 145 S.
LUTHARDT, V. (2005): Umweltbeobachtung – jung und vielfältig. Naturmagazin Berlin Brandenburg Mecklenburg-Vorpommern, Rangsdorf, 2/2005: 4-8.
MEIER, C., HAASE, P., ROLAUFFS, P., SCHINDEHÜTTE, K., SCHÖLL, F., SUNDERMANN, A. & HERING, D. (2006): Methodisches Handbuch zur Fließgewässerbewertung – Handbuch zur Untersuchung und Bewertung von Fließgewässern auf der Basis des Makrozoobenthos vor dem Hintergrund der EG-Wasserrahmenrichtlinie, Stand Mai 2006. 79 S. www.fliessgewaesser-bewertung.de.
NIEMI, G.J. (2004): Application of Ecological Indicators. AR Reviews in Advance.
NLWKN (Niedersächsischer Landesbetrieb für Wasserwirtschaft, Küsten- und Naturschutz, Hrsg., 2006): Monitoringkonzept Oberflächengewässer Niedersachsen/Bremen, Teil A: Fließgewässer und stehende Gewässer. Stand 31.12.2006. http://cdl.niedersachsen.de/blob/images/C36208827_L20.pdf.
REICHERT, P. (2006): Die Konsequenzen von Revitalisierungsmaßnahmen vorhersagen. EAWAG NWES 61, Dübendorf/Schweiz, März 2006: 4-8.
ROHDE, S. (2005): Flussaufweitungen lohnen sich! Ergebnisse einer Erfolgskontrolle aus ökologischer Sicht. Wasser Energie Luft 3/4: 105-111.
SCHADE, U. (2008): Monitoring zur Erfolgskontrolle von Revitalisierungsprojekten an Fließgewässern – Konzeptentwicklung und Implementierung am Beispiel von Brend und Ulster im Biosphärenreservat Rhön. Karlsruher Berichte zur Geographie und Geoökologie (KBzGG) des Institutes für Geographie und Geoökologie der Universität Karlsruhe 20 – Diplomarbeit mit Handbuch.
SCHAEFER, M. (2003): Wörterbuch der Ökologie. Spektrum Akademischer Verlag, Heidelberg/Berlin, 4. Aufl., 452 S.
SCHAUMBURG, J., SCHRANZ, C., STELZER, D., HOFMANN, G., GUTOWSKI, A. & FOERSTER, J. (2006): Handlungsanweisung für die ökologische Bewertung von Fließgewässern zur Umsetzung der EU-Wasserrahmenrichtlinie – Makrophyten und Phytobenthos. Bayer. Landesamt für Wasserwirtschaft, München, 120 S. (www.bayern.de/lfw/).
SCHNEIDER, P., NEITZEL, P., SCHAFFRATH, M. & SCHLUMPRECHT, H. (2003): Leitbildorientierte physikalisch-chemische Gewässerbewertung – Referenzbedingungen und Qualitätsziele. Forschungsber. 200 24 226, Umweltbundesamt Text 15/03, Berlin, 160 S.
SOMMERHÄUSER, M. & POTTGIESSER, T. (2004a): Tabelle der „Biozönotisch bedeutsamen Fließgewässertypen – Qualitätskomponente Makrozoobenthos". Umweltbüro Essen, 2 S. (www.fliesgewaesser-bewertung.de).

SOMMERHÄUSER, M. & POTTGIESSER, T. (2004b, c): Vorläufige Steckbriefe der Fließgewässertypen. Typ 5 – Grobmaterialreiche, silikatische Mittelgebirgsbäche; Typ 9 – Silikatische, grob- bis feinmaterialreiche Mittelgebirgsflüsse. Umwwltbüro Essen, je 2 S. (www.wasserblick.net, 22.08.2006).

SOMMERHÄUSER, M. & POTTGIESSER, T. (2008): Aktualisierung der Steckbriefe der bundesdeutschen Fließgewässertypen (Teil A) und Ergänzung der Steckbriefe der deutschen Fließgewässertypen um typspezifische Referenzbedingungen und Bewertungsverfahren aller Qualitätselemente (Teil B), Umweltbüro Essen. (http://fgg-elbe.de, 27.05.2010).

SUNDERMANN, A., ANTONS, C., HEIGL, E., HAASE, P., UNTER MITARB. VON DANGEL, D., JEDICKE, E., KORTE, E., KORTE, K., LORENZ, A., MICHL, T., SCHINDEHÜTTE, K., WOLLGAST, S. (2009): Evaluation von Fließgewässer-Revitalisierungsprojekten als Modell für ein bundesweites Verfahren zur Umsetzung effizienten Fließgewässerschutzes. DBU-Projekt 25032-33/2, unveröff. Abschlussber., Gelnhausen.

WOOLSEY, S., WEBER, C., GONSER, T., HOEHN, E., HOSTMANN, M., JUNKER, B., ROULIER, C., SCHWEIZER, S., TIEGS, S., TOCKNER, K. & PETER, A. (2005): Handbuch für die Erfolgskontrolle bei Fließgewässerrevitalisierungen. Eawag, WSL, LCH-EPFL, VAW-ETHZ. Kastanienbaum/Schweiz, 116 S. (www.rivermanagement.ch).

Ökologische Verbesserungsmaßnahmen an Strömen und Kanälen I: Modellgestützte Vorhersage der Lebensraumeignung für Pflanzen und Tiere

Ecological improvement measures on rivers and canals I: Model-based prediction of the habitat suitability for plants and animals

Die Bundeswasserstraßen unterliegen vielfältigen Nutzungen. In ihrer Funktion als Verkehrsträger sind die Rahmenbedingungen für die Schifffahrt und den Hochwasserschutz gesetzlich festgelegt. Der Spielraum für die ökologische Gestaltung von Strömen ist in Abhängigkeit von den Nutzungen unterschiedlich groß. Während noch vor wenigen Jahren ökologische Umgestaltungen an Bundeswasserstraßen nur im Rahmen von Kompensationsmaßnahmen möglich waren, werden heute auch wasserwirtschaftlich und naturschutzfachlich veranlasste Maßnahmen zur ökologisch orientierten Gewässerpflege und Entwicklung genutzt. Um sie sinnvoll planen und ihren künftigen Wert abschätzen zu können, sind sehr genaue Kenntnisse des Geländes und der Ansprüche von Pflanzen und Tieren nötig.

Um eine bessere Vorstellung der Situation nach Umsetzung einer Maßnahme zu erhalten, bietet sich der Einsatz von Lebensraum- oder Habitateignungsmodellen an, wie sie Horchler, Rosenzweig & Schleuter vorstellen. Diese liefern, bei Kopplung mit einem Geographischen Informationssystem (GIS), räumlich explizite Informationen zu der künftigen Eignung der veränderten Standorte für das Vorkommen von Pflanzen und Tieren.

The Federal waterways fulfil a variety of functions. In their function as traffic route, they are subject to legal regulations regarding navigation and flood protection. Depending on the uses, the range of options for the ecological design of rivers varies. A few years ago, measures to improve the ecological condition in Federal waterways were possible only in the framework of compensation measures. Today, measures originally taken for purposes of water management or nature conservation are simultaneously used in the interest of ecologically oriented maintenance and enhancement of waters. To reasonably plan such measures and to assess their future value, exact knowledge is needed about the terrain and the requirements of plants and animals at the relevant sites. The application of habitat suitability models, like those presented by Horchler, Rosenzweig & Schleuter, is very helpful to get a better idea of the situation after the implementation of a measure. If combined with a Geographic Information System (GIS), the models provide explicit information on the future suitability of the modified sites for plants and animals.

Modellgestützte Vorhersage der Lebensraumeignung für Pflanzen und Tiere der Flussauen

Peter Jörg Horchler, Stephan Rosenzweig und Michael Schleuter

Bundesanstalt für Gewässerkunde, Am Mainzer Tor 1, 56068 Koblenz, E-mail: horchler@bafg.de, rosenzweig@bafg.de und schleuter@bafg.de

Mit einer Abbildung und einer Tabelle

Einleitung

Die Bundeswasserstraßen werden unterschiedlich stark als Verkehrsträger genutzt. So wurden 2007 über 70% aller Güter auf dem Rhein transportiert (Verkehrsbericht der WSD-West 2007), während einige Bundeswasserstraßen gar nicht (z.B. Lahn, Aller) oder in deutlich geringerem Umfang (z.B. Elbe) für den Güterverkehr genutzt werden. Für alle diese Gewässer gelten gewisse Sicherheitsmaßnahmen für die Schifffahrt bzw. für den Hochwasserschutz. Der Spielraum für ökologische Gestaltung von Strömen ist jedoch gemäß ihrer Nutzung unterschiedlich groß. Während noch vor wenigen Jahren ökologische Umgestaltungen an Bundeswasserstraßen nur im Rahmen von Kompensationsmaßnahmen möglich waren, werden nun auch hydrologisch veranlasste Maßnahmen, wie Deichrückverlegungen, zur ökologischen Renaturierung genutzt.

Um Renaturierungsmaßnahmen sinnvoll planen und ihren künftigen Wert abschätzen zu können, sind sehr genaue Kenntnisse des Geländes und der Bindung (Korrelation) der Pflanzen und Tiere an die künftigen Standortfaktoren (Hydrologie und Boden) erforderlich. Je nach Maßnahme und Standort handelt es sich hierbei um komplexe Sachverhalte, die oft im Detail nicht hinreichend verstanden werden. Dies führt zu unverhofften oder unerwünschten Auswirkungen der Maßnahme, zum Teil auch zu finanziellen Einbußen, z.B. wenn nicht standortgerechte Gehölzanpflanzungen eingehen.

Um Derartiges zu vermeiden und einen besseren „Einblick" in die Situation nach der Maßnahme zu erhalten, bietet sich der Einsatz von sogenannten Lebensraumeignungs- oder Habitatmodellen an. Diese zeigen, bei Kopplung mit einem Geographischen Informationssystem (GIS), räumlich explizite Informationen zu der künftigen Eignung der durch die Maßnahme veränderten Standorte für das Vorkommen von Pflanzen und Tieren.

Methoden

Der Anwendung von Lebensraumeignungsmodellen liegt die Annahme zugrunde, dass Pflanzen und Tiere eine enge Bindung an bestimmte Umweltfaktoren aufweisen. In Mitteleuropa trifft das vor allem für viele Pflanzen zu (Ellenberg et al. 2001). Im Umkehrschluss bedeutet dies, dass man bei Kenntnis der Umweltfaktoren, bestimmte Pflanzenvorkommen „vorhersagen" kann. Derartige Vorhersagen können rein verbal erfolgen oder instrumentalisiert werden, indem empirisches Wissen oder die Ergebnisse statistischer Analysen von Felddaten (z.B. Vegetation

Tab. 1. Kreuztabelle der Wenn/Dann-Beziehungen zur Abbildung der potenziell natürlichen Vegetation am Niederrhein. Verwendete Umweltfaktoren: zehnjähriges Mittel der jährlichen Überflutungsdauer und Bodenart

Überflutungsdauer [Tage/Jahr]	Sand	Schluff/Lehm	Ton
365	Ohne Vegetation	Wasserpflanzen und Röhricht	Wasserpflanzen und Röhricht
364 bis 331	Ohne Vegetation	Wasserpflanzen und Röhricht	Wasserpflanzen und Röhricht
330 bis 301	Ohne Vegetation	Wasserpflanzen und Röhricht	Wasserpflanzen und Röhricht
300 bis 281	Pionierflur	Pionierflur und Röhricht	Wasserpflanzen und Röhricht
280 bis 201	Pionierflur und Uferröhricht	Flutrasen und Röhricht	Wasserpflanzen und Röhricht
200 bis 151	Weichholzauengebüsch mit Pionierflur und Uferröhricht	Weichholzauengebüsch mit Flutrasen und Röhricht	Weichholzauengebüsch mit Flutrasen und Röhricht
150 bis 101	Weichholzaue	Weichholzaue	Weichholzaue
100 bis 21	Niedrige Hartholzaue mit Schwarz-Pappel	Niedrige Hartholzaue mit Schwarz-Pappel	Niedrige Hartholzaue mit Schwarz-Pappel
20 bis 6	Mittlere Hartholzaue	Mittlere Hartholzaue	Mittlere Hartholzaue
5 bis 1	Hohe Hartholzaue	Hohe Hartholzaue	Hohe Hartholzaue
< 1	Zonaler Wald	Zonaler Wald	Zonaler Wald

und Boden) in Modelle einfließen. Die wichtigsten Modelltypen zur Prognose der Lebensraumeignung von Pflanzen und Tieren sind empirisch-statistische- sowie prozessbasierte Modelle. Während erstere Korrelationen zwischen den Organismen und ihrer Umwelt zur Prognose nutzen, versuchen letztere, die oft komplexen Prozesse zur Etablierung, Konkurrenz und Alterung der Organismen abzubilden. In der Bundesanstalt für Gewässerkunde (BfG) werden bislang ausschließlich empirisch-statistische Modelle verwendet. Diese sind in das komplexe Modellsystem INFORM (Integrated Floodplain Response Model) eingebettet (Fuchs et al. 1995, 2002). Die meisten biotischen Systemkomponenten wurden auf Grundlage empirischen Literaturwissens entwickelt, das oft durch statistische Auswertungen aktueller Felduntersuchungen ergänzt wurde. Bislang sind Komponenten für Vegetation, Fische, Mollusken und Laufkäfer realisiert. Das empirische Wissen für diese Gruppen ist in Form von Wenn/Dann-Beziehungen aufbereitet und über ArcGIS 9.3™ mit den entsprechenden relevanten Umweltfaktoren (z.B. Überflutungsdauer, Bodenart) verknüpft. Die Prognoseergebnisse werden als Rasterkarten dargestellt. Der Nachteil dieser Art von Modellierung ist, dass aufgrund der expliziten Wenn/Dann-Beziehungen scharfe Grenzen abgebildet werden. Diese sind jedoch in der Natur nur selten zu finden. Ein Beispiel, das dies verdeutlicht, ist die Tabelle 1, die die Verhältnisse für potenziell natürliche Vegetation am Niederrhein wiedergibt.

Um diese scharfen Grenzen „unschärfer" zu machen, wurde in INFORM eine Systemkomponente implementiert, die ein sogenanntes „fuzzy coding" erlaubt. Hierbei werden beispielsweise den Vegetationseinheiten Wahrscheinlichkeiten zugeordnet mit denen sie bei bestimmten Kombinationen der entsprechenden Umweltfaktoren auftreten.

Des Weiteren gibt es Systemkomponenten, die auf Grundlage aktueller Felddaten eine statistische Modellierung ermöglichen. Diese liefert bei Vorliegen geeigneter Felddaten und guter Geodaten, eine höhere Sicherheit lokale Besonderheiten abbilden zu können.

Ergebnisse

INFORM und andere Lebensraumeignungsmodelle wurden innerhalb der Wasser- und Schifffahrtsverwaltung bislang nicht zu dem Zweck der Planung von Kompensations- oder Renaturierungsmaßnahmen verwendet. Hier dargestellt (Abb. 1, siehe Farbtafeln S. 155) wird daher ein fiktives Beispiel vom Niederrhein.

Bei einer Kiesgrube wird üblicherweise nach Beendigung der Nutzung ordnungsgemäß wieder der alte Zustand der Geländehöhe vor Beginn der Nutzung (Alternative 1 in Abb. 1) hergestellt. In Alternative 2 (Abb. 1) wird das Gelände insgesamt tiefer gelegt und eine Art Altarm modelliert. Auf dieser Grundlage kann nun, bei Vorhandensein entsprechender digitaler Geländehöhenmodelle und der Bodenart, die künftige potenzielle Vegetation für die beiden Alternativen „vorhergesagt" werden. Die Gesamtsituation kann zudem einer Bewertung unterzogen werden, die im vorliegenden Fall die Alternative 2 bevorzugen würde, da mehr auentypische Feucht- und Nasshabitate zu erwarten wären.

Diskussion und Ausblick

Für die effiziente Planung einer Renaturierungsmaßnahme können und sollten INFORM oder andere Lebensraumeignungsmodelle angewendet werden, um auf Grundlage der künftigen Geländegeometrie, Hydrologie und Bodenart im Bereich der Maßnahme Prognosen zur Eignung bestimmter Organismen, v.a. Pflanzen und Pflanzengemeinschaften, zu erhalten. Vor allem bei Gehölzbepflanzungen ist es essenziell, die künftigen Standortverhältnisse genau zu kennen, um eine standortgerechte Auswahl der Gehölzarten zu gewährleisten und den Anwuchserfolg langfristig zu maximieren.

Natürlich sind Lebensraumeignungsmodelle nicht im Stande, die künftige Etablierung und Verteilung von Organismen im Raum zu einhundert Prozent exakt vorherzusagen. Dies liegt zum Einen an der Lage- und Messungenauigkeit der Eingangsdaten, zum Anderen an der vereinfachten Annahme, das Vorkommen von bestimmten Organismen ließe sich durch wenige Faktoren exakt vorhersagen. Fast alle Organismen sind von einer Vielzahl abiotischer aber auch biotischer Faktoren (z.B. Konkurrenz, Präsenz der Arten im umgebenden Raum) abhängig, von denen die meisten im jeweils untersuchten Fall weitgehend unbekannt sind. Die Reduktion der Modelle auf wenige wichtige Faktoren liefert zumeist dennoch gute Vorhersagen. Dies ist insbesondere in Flussauen der Fall, da hier wenige Umweltfaktoren wie Überflutungsdauer oder Grundwasserflurabstand einen sehr stark differenzierenden Effekt auf die Lebensgemeinschaften von Pflanzen und Tieren ausüben.

Literatur

ELLENBERG, H., WEBER, H.E., DÜLL, R., WIRTH, V. & WERNER, W. (2001): Zeigerwerte von Pflanzen in Mitteleuropa, 3. Auflage. Scripta Geobotanica 18: 1–262.

FUCHS, E., GIEBEL, H., HORCHLER, P., LIEBENSTEIN, H., ROSENZWEIG, S. & SCHÖLL, F. (1995): Entwicklung grundlegender Methoden zur Beurteilung der ökologischen Auswirkungen langfristiger Änderungen des mittleren Wasserstandes in einem Fluss anhand eines Testmodells – Deutsche Gewässerkundliche Mitteilungen 39(6): 206-215.

FUCHS, E., GIEBEL, H., HETTRICH, A., HUESING, V., ROSENZWEIG, S. & THEIS, H.J. (2002): Einsatz von ökologischen Modellen in der Wasser– und Schifffahrtsverwaltung, das integrierte Flussauenmodell INFORM. BfG–Mitteilung Nr. 25, pp. 212. Bundesanstalt für Gewässerkunde, Koblenz, Germany.

WSD-West (2007): Verkehrsbericht der WSD-West 2007.
http://www.wsd-west.wsv.de/schifffahrt/dateien/WSD_Verkehrsbericht2007_A4.pdf

Ökologische Verbesserungsmaßnahmen an Strömen und Kanälen II: Maßnahmen zur Sohlstabilisierung, Entwicklung von Flachwasserzonen und ihr ökologischer Erfolg

Ecological improvement measures on rivers and canals II: Measures for bed stabilization and development of shallow-water zones and their ecological success

Schifffahrtsstraßen sind durch eine für den Schiffsverkehr notwendige Gewässertiefe gekennzeichnet. Sie wird durch Regulierung z. B. über feste Bauwerke aufrechterhalten und steht der natürlichen Strukturdynamik von Gewässern entgegen. Durch Erosionseffekte, die zum Beispiel durch Geschiebemangel im Flussverlauf selbst oder durch Eingriffe im Einzugsgebiet bedingt sein können, kann sich die Flusssohle außerdem überdurchschnittlich eintiefen. Spezielle Maßnahmen zur Sohlstabilisierung können der Erosion entgegenwirken. Dazu gehört das Geschiebemanagement, d. h. die gezielte Zugabe von Geschiebe zur Erhaltung des Sohlengleichgewichts, worauf Anlauf in seinem Beitrag über die Elbe hinweist. In diesem Beispiel werden außerdem eine Reihe von Veränderungen im Uferbereich z. B. die Anpassung von Regelungsbauwerken und Abtrag von Uferrehnen, sowie in den Vorländern z. B. durch Anlage von Flutrinnen, Anbindung von Altarmen, Veränderung der Deichtrasse, Sommerdeichschlitzung und Absenken des Vorlandes vorgenommen.

Wie sich Kompensationsmaßnahmen für eine Vertiefung der Fahrrinne auf die aquatischen Lebensräume auswirken, zeigen Hüsing & Sommer mit einem Beispiel von der Mosel. Hierbei handelt es sich in erster Linie um die Anlage von Flachwasserzonen, die vor Schiffswellen geschützt sind. Aus dem langjährigen Monitoring dieser Zonen lässt sich schließen, dass die Kompensationsmaßnahmen überwiegend positive Veränderungen von Fauna und Vegetation zur Folge hatten.

Wahl, Sundermeier & Wolters beschreiben Kompensationsmaßnahmen für den Ausbau des Mains in der Stauhaltung Hasloch. Hier wurde eine Uferstrukturierung vorgenommen, bei der ein Still- und Flachwasserbereich mit uferparalleler Steinschüttung (Parallelwerk, mit Abpufferung des Wellenschlages) angelegt wurde, der zwei Durchlässe zum Main besitzt. Die Erfolge dieses Umbaus werden dargestellt.

Auch an Kanälen sind ökologische Verbesserungen möglich, wie dies Wieland aufzeigt: Im Rahmen des Ausbaues des Mittellandkanals (MLK) wurden als Ausgleichsmaßnahmen zwischen Calvörde und Haldensleben (Sachsen-Anhalt) drei Flachwasserzonen angelegt. Zu Vergleichszwecken und für die Einschätzung der (möglichen) fischbiologischen Wechselwirkung der Flachwasserzonen mit dem Mittellandkanal wurde an jeder Flachwasserzone auch ein unmittelbar angrenzender Kanalabschnitt beprobt.

Inland waterways are generally characterized by a water depth necessary for navigation. This navigable depth is maintained by river-training, e.g. fixed structures, and is in opposition to the hydromorphological dynamics of the waters. Erosion effects, that may be due to e.g. shortage of bedload material in the river course itself or interventions in the catchment, may incise the riverbed excessively deep. Special measures for bed stabilization may counteract erosion. This includes, for instance, bedload management, i.e. the intentional addition of bedload material for maintaining the bed equilibrium, to which Anlauf refers in his paper about the River Elbe. This example involved several modifications in the bank zone, e.g. the adaptation of river-training structures and the removal of sediment accumulations on the banks as well as in the foreland zones, e.g. by creation of flood channels, connection of old arms, modifications of the dyke track, cutting-open of summer dykes, and lowering of the foreland.

How compensation measures for deepening of a navigation channel affect aquatic habitats is shown by Hüsing & Sommer with an example from the River Mosel. The measures consisted predominantly in the establishment of shallow-water zones being protected from ship waves. The long-term monitoring of these zones allows to conclude that the compensation measures resulted in mostly positive changes of fauna and flora.

Wahl, Sundermeier & Wolters describe compensation measures for the development of the River Main in the impoundment Hasloch. Here, the bank was structured by establishing a still-water and shallow-water zone with rip-rap parallel to the bank (parallel structure with buffering of wave impact) including two passages to the River Main. The success of the measure is described.

In canals too, ecological improvements are possible as Wieland highlights: In the context of the development of the Mittellandkanal, three shallow-water zones were established between Calvörde and Haldensleben (Saxony-Anhalt). Samples were taken at each of the shallow-water zones and from a canal reach in the immediate vicinity to compare and assess possible interactions of the shallow-water zones with the Mittellandkanal.

Sohlstabilisierung Elbe

Andreas Anlauf

Bundesanstalt für Gewässerkunde, Mainzer Tor 1, 56068 Koblenz, E-mail: anlauf@bafg.de

Intention

Die Elbe ist nach dem Verlassen des oberen Elbtales ein kies-sandgeprägter Fluss, der zwischen den Ortschaften Mühlberg und Coswig/Anh. seit mehr als 100 Jahren eine verstärkte Sohlerosion mit Eintiefungsraten von örtlich bis zu 2 cm/Jahr verzeichnet, die mit einer entsprechenden Absenkung des Flusswasserspiegels einher gehen (Faulhaber 1998, Nestmann & Büchele 2002). Dadurch sind in dieser sogenannten „Erosionsstrecke" der Elbe Beeinträchtigungen der Schifffahrt als auch des Ökosystems der Talaue mit bedeutenden internationalen und nationalen Schutzgebieten vorhanden, denen mit Sohlstabilisierung entgegen gewirkt werden soll. Erosionstendenzen, die das Maß einer natürlichen Erosion deutlich übersteigen, lassen sich an großen Flüssen mit stark anthropogen überprägtem Einzugsgebiet durch Gegenmaßnahmen lediglich auf ein Mindestmaß reduzieren. Die grundsätzlichen Ursachen der Erosion, wie beispielsweise eine defizitäre Geschiebefracht aus dem Oberlauf, bleiben in ihrer Eigenart weitestgehend bestehen. Durch spezielle Maßnahmen zur Sohlstabilisierung kann der Erosion aber bereits entgegen gewirkt werden, wie dies seit Mitte der 90er Jahre mit einem gezielten Geschiebemanagement getan wird. Als Geschiebemanagement bezeichnet man die zur laufenden Unterhaltung notwendigen Umlagerungen von Geschiebe als auch die gezielte Zugabe von Geschiebe zur Erhaltung des Sohlengleichgewichts. Ein neues umfassenderes Konzept zur Sohlstabilisierung der WSV (WSD Ost et al. 2009) erweitert das Spektrum der Maßnahmen. Die Autoren fokussieren ähnlich wie Scholten et al. (2005) nun neben den Maßnahmen an der Gewässersohle auch auf den Uferbereich (z.B. mit Anpassung oder Rückbau von Regelungsbauwerken und dem Abtrag von Uferrehnen) und die Vorländer (z. B. mit Anlage von Flutrinnen, Anbindung von Altarmen, Veränderung der Deichtrasse, Sommerdeichschlitzung und Absenken des Vorlandes). Zur ökologischen Abschätzung der Wirkungen von Sohlstabilisierungsmaßnahmen sind nur wenige Untersuchungen erfolgt. An der Elbe werden aber durch vielfältige ökologische Untersuchungen solche Einschätzungen erleichtert.

Methoden

Geschiebemanagement

In dem Elbeabschnitt zwischen Mühlberg und Wittenberg/L. (Elbe-km 120–230) werden seit 1996 Geschiebezugaben durchgeführt (WSD Ost et al. 2001, WSD Ost et al. 2009). Das eingebrachte Material stammt teilweise aus der Flusssohle und wird in der Nähe der Bereiche entnommen, in denen es verklappt werden soll. Seine Korngröße entspricht überwiegend der Masse und Materialzusammensetzung, die sich der Strom sonst aus der Sohle entnehmen würde. In der Praxis wird das Material in mindestens zwei Zugabestrecken in Abhängigkeit vom jeweils aktuellen Durchfluss eingebracht (BAW 2003).

Untersuchungen von Fischen und Wirbellosen

Haybach et al. (2004) führten Untersuchungen zur Abschätzung der Geschiebezugabe auf Fische und Wirbellose (Makrozoobenthos) durch. Die Fischbestandsaufnahmen (E-Befischungen) variierten zwischen 100 und 250 m Probestrecke und erfolgten im Juni 2004 an insgesamt 26 Buhnenfeldern im Abschnitt der Zugabestrecken als auch in jeweils angrenzenden Referenzbereichen. Die Erhebungen zum Makrozoobenthos wurden im April 2004 an der Elbe im Bereich der Zugabestrecken nach der Methode von Tittizer & Schleuter (1986) durchgeführt. Schmidt et al. (2007) verwendeten die Daten in Bezug zur Bewertungsmethode von Thiel & Ginter (2003). Für die statistische Auswertung der Daten wurden von Schmidt et al. (2007) multivariate Methoden in möglichst homogenen Makrozoobenthosdatensätzen (König 2003) verwendet. Die Untersuchungsstrecke und Umgebung lag dabei innerhalb einer faunistisch einheitlichen Zone (BfG; unveröffentlicht). Weitere Details zur Methode sind bei Schmidt et al. (2007) beschrieben.

Einschätzung neuer Maßnahmenkonzepte

Grundlegende Erkenntnisse zur ökologischen Wirkungseinschätzung oder Untersuchung von Maßnahmen an der Elbe wurden bereits in dem Forschungsverbund „Elbe-Ökologie" dokumentiert (Scholz et al 2005, Pusch & Fischer 2006) und durch ökologische Versuchsprojekte und langjährige Monitoringprogramme der BfG (Schöll 2000) erweitert. Die Einschätzung der ökologischen Wirkungen und naturschutzfachlichen Aspekte des neuen Sohlstabilisierungskonzepts erfolgte auf Grundlage dieser Untersuchungen und Erfahrungen aus der Literatur sowie der fachlichen Expertise der an der Konzeption beteiligten Personen und Institutionen (WSD Ost et al. 2009). Der Schwerpunkt wurde auf die Schutzgebietsverordnungen, das Rahmenkonzept für das Biosphärenreservat Mittelelbe, die Arten- und Biotopschutzprogramme, Landschaftsrahmenpläne, Pflege- und Entwicklungspläne, Landschaftspläne oder thematisch relevante Fachgutachten gelegt (WSD Ost 2009).

Ergebnisse und Diskussion

Schmidt et al (2007) zeigten im Ergebnis Ihrer Analyse, dass die Fischartengemeinschaften über den gesamten beprobten Bereich mehr oder minder einheitlich sind (Homogenität ~ 73%, also >> 50%). Die Proben aus Zugabebereichen zeigten keine einheitliche Charakteristik und ließen sich von den Referenzproben ohne Geschiebezugabe nicht unterscheiden.

Fladung (2002a, b) hat am Hauptstrom (= der Fahrrinne) der Elbe sowie an Buhnenfeldern nachgewiesen, dass der Hauptstrom der Elbe nur eine vergleichsweise geringe Fischdichte aufweist und legt dar, dass die Struktur der Fischartengemeinschaft im Hauptstrom in erster Linie von saisonalen Einflüssen geprägt wird. Geringe Abundanzen der hauptsächlich nachgewiesenen Arten Güster, Plötze und Blei im Frühjahr und z. T. auch noch im Frühsommer erklären sich durch deren Lachzeit von Mai bis Juli. Im Spätherbst Ende Oktober verlassen außerdem die meisten Fische den Hauptstrom auf der Suche nach geeigneten Winterquartieren.

Auch die Cluster-Analysen der gesamten Makrozoobenthosdaten der Stromsohle ergaben keine klare Trennung durch unterschiedliche Baggeraktivität. Die vier nachgewiesenen Gruppen spiegelten in etwa die unterschiedlichen Substratverhältnisse an der Stromsohle wider. Nach Schöll (2000) und Kröwer (2006) ist die Stromsohle der Elbe nur von wenigen Arten des Makrozoobenthos besiedelt. Hier sind die Lebensbedingungen für die Mehrzahl der Makrozoen auf Grund des erhöhten Geschiebetriebs, der eine ständige Umlagerung der Stromsohle bewirkt, extrem ungünstig. Infolge der geringen Besiedlung und im Ergebnis der Untersuchungen sind Auswirkungen der bisherigen Maßnahmen des Geschiebemanagements auf die Fische und Wirbellosen nicht ersichtlich. Auch in der Einschätzung der geplanten Maßnahmen des Sohlstabilisierungskonzepts wurden nur für den Sohlverbau, die Abgrabungen im Uferbereich und die Gehölzbeseitigungen grundsätzliche Konfliktpotenziale für Fische, Wirbellose und die Vegetation benannt wenn die Maßnahmen in wert gebende Bestände eingreifen. Gleichzeitig werden aus fischökologischer Sicht die Buhnenfeldvertiefung, die Anlage von Nebenarmen sowie die Reaktivierung alter Flutrinnen und Altarme für eine positive Entwicklung hervorgehoben. Das Sohlstabilisierungskonzept der WSD Ost et al. 2009 kommt zum Fazit, dass die Umsetzung aller Maßnahmen inklusive derjenigen im Vorland in der Summe gut geeignet ist, die naturschutzfachlichen Ziele einer Redynamisierung des Auenbereichs und Anstoßung auentypischer Prozesse auf größeren Flächeneinheiten zu ermöglichen sowie die Erhaltungs- und Entwicklungsziele der nationalen, europäischen und internationalen Schutzgebiete zu unterstützen.

Literatur

Bundesanstalt für Wasserbau (2003): Untersuchung zur Hochwasserneutralität der Geschiebebewirtschaftung der Mittel- und Oberelbe. – BAW-Nr. 3.00.10003.00

FAULHABER, P. (1998): Entwicklung der Wasserspiegel- und Sohlenhöhen in der deutschen Binnenelbe innerhalb der letzten 100 Jahre – Einhundert Jahre „Elbestromwerk". – In: Gewässerschutz im Einzugsgebiet der Elbe, 8. Magdeburger Gewässerschutzseminar, Teubner Stuttgart, Leipzig.

FLADUNG (2002a): Untersuchungen zum adulten Fischbestand im Hauptstrom (Fahrrinne) der Mittelelbe – In: Thiel, R. (Hrsg.): Ökologie der Elbfische. – Z. Fischk., Suppl. Bd. 1: 121–131.

FLADUNG (2002b): Der präadulte/adulte Fischbestand in Buhnenfeldern und Leitwerken der Mittelelbe. – In: Thiel, R. (Hrsg.): Ökologie der Elbfische. – Z. Fischk., Suppl. Bd. 1: 101–120.

HAYBACH, A., WIELAND, S. & KÖNIG, B. (2004): Ökologische Untersuchungen von Maßnahmen zum Sedimentmanagement in Bundeswasserstraßen. Fallstudie: Ichthyofauna und Benthosfauna an der Elbe im Bereich der Erosionsstrecke bei Torgau (km 130–180) und der Reststrecke bei Hitzacker (km 508–521). – BfG-Bericht 1439: 32 S. + 8 Anhänge

KÖNIG, B. (2002): Prüfung von Makrozoobenthosproben auf Einheitlichkeit der Besiedlung – ein einfaches mathematisches Homogenitätskriterium. – Hydrologie und Wasserbewirtschaftung 47(2): 67–70.

KRÖVER, S. (2006) Biologische Besiedlung. –In: Pusch, M. & Fischer, H. (Hrsg): Stoffdynamik und Habitatstruktur in der Elbe. – Konzepte für die nachhaltige Entwicklung einer Flusslandschaft, Bd. 5. Weißensee Verlag Berlin, Ergebnisse des Forschungsverbundes Elbe-Ökologie, S.174–190

NESTMANN, F. & BÜCHELE, B. (2002): Morphodynamik der Elbe. – Schlussbericht des BMBF-Verbundprojektes „Elbe-Ökologie", Institut für Wasserwirtschaft und Kulturtechnik der Universität Karlsruhe, nbn:de:swb:90-AAA19020024

PUSCH, M. & FISCHER, H. (Hrsg.) (2006): Stoffdynamik und Habitatstruktur in der Elbe. – Konzepte für die nachhaltige Entwicklung einer Flusslandschaft, Bd. 5. Weißensee Verlag Berlin, Ergebnisse des Forschungsverbundes Elbe-Ökologie

SCHMIDT, S., HAYBACH, A, KÖNIG, B., SCHÖLL, F. & KOOP, J.H.E. (2007): Makrozoobenthosbesiedlung und Sedimentumlagerung in Bundeswasserstraßen. – Hydrologie und Wasserbewirtschaftung 51. H. 6.

SCHÖLL F. & FUKSA, J. (2000): Das Makrozoobenthos der Elbe vom Riesengebirge bis Cuxhaven. – Broschüre der IKSE, 29 S.

SCHOLTEN, M., ANLAUF, A., BÜCHELE, B., FAULHABER, P., HENLE, K., KOFALK, S., LEYER, I., MEYERHOFF, J., PURPS, J., RAST, G. & SCHOLZ, M. (2005): The River Elbe in Germany – present state, conflicting goals, and pespectives of rehabilitation. – Large Rivers Vol. 15, No 1–4, Arch. Hydrobiol. Suppl. 155/1–4, 579–602.

SCHOLZ, M., STAB, S., DZIOCK, F. & HENLE, K. (Hrsg.) (2005): Lebensräume der Elbe und ihrer Auen, Konzepte für die nachhaltige Entwicklung einer Flusslandschaft, Bd. 4. – Weißensee Verlag Berlin, Ergebnisse des Forschungsverbundes Elbe-Ökologie.

TITTIZER, T. & SCHLEUTER, A. (1986): Eine neue Technik zur Entnahme quantitativer Makrozoobenthosproben aus Sedimenten grösserer Flüsse und Ströme, erläutert am Beispiel einer faunistischen Bestandsaufnahme am Main. – Dt. Gewässerkundl. Mitt. 30: 147–149.

THIEL, R. & GINTER, R. (2002): Ökologie der Elbefische (ELFI) Problemstellung, Zielsetzung und Realisierung eines Verbundprojekts des BMBF. – In: Thiel, R. (Hrsg.): Ökologie der Elbfische. Z. Fischk., Suppl. Bd. 1: 101–120., S.1–12.

WSD Ost, WSA Dresden, BfG, BAW (2001): Erosionsstrecke der Elbe – Ergebnisse der Naturversuche zur Geschiebezugabe 1996–1999, Gutachten unveröff.

WSD Ost, WSA Dresden, BfG, BAW (2009): Sohlstabilisierungskonzept für die Elbe zwischen Mühlberg und Saalemündung, Bericht http://www.wsd-ost.wsv.de/betrieb_unterhaltung/pdf/Sohlstabilisierungskonzept_fuer_die_Elbe.pdf

Untersuchung zur ökologischen Wirksamkeit von Kompensationsmaßnahmen an der Mosel

Volker Hüsing und Monika Sommer

Bundesanstalt für Gewässerkunde, Am Mainzer Tor 1, 56068 Koblenz, E-mail: huesing@bafg.de und sommer@bafg.de

Mit 2 Abbildungen und 2 Tabellen

Aufgrund des zunehmenden Verkehrsaufkommens auf der Bundeswasserstraße Mosel und der größeren Schiffseinheiten wurde die Fahrrinne in den Stauhaltungen in den 1990er Jahren auf 3,20 m vertieft. Zur Kompensation der mit der Vertiefung einhergehenden Eingriffe in aquatische Lebensräume wurden mehrere Maßnahmen durchgeführt. Zusammen mit drei Referenzflächen sind sie in der Tabelle 1 aufgelistet. Dabei handelt es sich in erster Linie um die Anlage von Flachwasserzonen, die vor Schiffswellen geschützt sind. Auf den angrenzenden Uferflächen erfolgte entweder eine partielle Bepflanzung oder die Ufer wurden der natürlichen Sukzession überlassen. Die Anordnung zur Überprüfung der ökologischen Wirksamkeit ging auf entsprechende Festsetzungen in den Genehmigungsverfahren zurück.

Das Monitoring erstreckte sich über einen Zeitraum von 10 Jahren (1994–2004). Untersucht wurden Morphologie, Vegetation sowie verschiedene Tiergruppen. Insgesamt ließ sich bestätigen, dass in den Kompensationsflächen ein Verbesserung der ökologischen Situation erreicht und damit das Kompensationsziel erfüllt worden ist. Die Erfahrungen an der Mosel und an weiteren Wasserstraßen in Deutschland sind in eine Empfehlung für die Erfolgskontrolle zu Kompensa-

Tab. 1. Kompensations- und Referenzflächen an der Mosel.

	Name	Art der Maßnahme	Erstellungsjahr	Mosel-km	Uferseite
1	Neues Parallelwerk Müden	Kompensation	1993	55,1–55,6	rechts
2	Terrestrische Sukzessionsfläche Fankel	Kompensation	1995	64,5–65,7	rechts
3	Altes Parallelwerk St. Aldegund	Referenzfläche	1962	94,2–94,6	links
4	Neues Parallelwerk Zeltingen (Mühlheim)	Kompensation	1993	135,1–135,8	rechts
5	Altes Buhnenfeld und Parallelwerk Wintrich	Referenzfläche	1967	158,9–159,4	links
6	Flutmulde Insel Hahnenwehr / Detzem	Kompensation	1994	183,8–184,7	Insel
7	Neues Buhnenfeld Detzem	Kompensation	1994	189,3–189,9	rechts
8	Kiessee Heinloch und Oolslaag	Referenzfläche	1967	235,0–235,4	rechts

tionsmaßnahmen beim Ausbau an BWaStr (BMVBS 2006) eingeflossen und wurden in einem Kolloquiumsbericht „Erfolgskontrollen an BWaStr" (BfG 1999, 2007) zusammengetragen und veröffentlicht.

Die Maßnahme „Neues Parallelwerk Mühlheim" in der Stauhaltung Zeltingen (Abb. 1, siehe Farbtafeln, S. 156) zeigt exemplarisch über die Jahre bei mehreren Artengruppen die kontinuierliche Verbesserung der ökologischen Situation (Tabelle 2). Der Vergleich mit dem Bestand in der Mosel dokumentiert für die Maßnahme „ Insel Hahnenwehr" anhand der Arten- und Individuenzahl bei den Fischen durchweg bessere ökologische Verhältnisse in den Kompensationsflächen (Abb. 2).

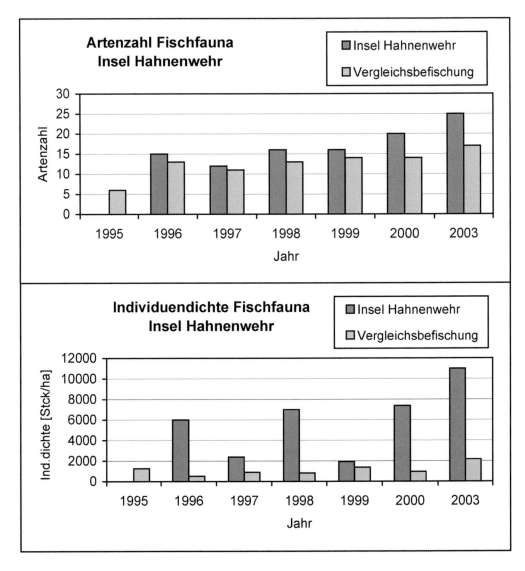

Abb. 2. Artenzahl und Individuendichte der Fische Maßnahme „Hahnenwehr" und Vergleichsbefischung im Hauptstrom.

Ökologische Verbesserungsmaßnahmen II   137

Tab. 2. Ergebnisse der Kompensationsfläche „Neues Parallelwerk Mühlheim" in der Stauhaltung Zeltingen, Mosel-km 135,1–135,8 rechtes Ufer

Fläche / Jahr	1994	1995	1996	1997	1998	1999	2000	2001	2002	2003	2004
Benthos	2–3	2–3	3	4	3	3			3		3
Libellen		3				3					
Laufkäfer		3	3	3	3				3		4
Spinnen	(x)	2									
Vögel (Sommer)		3		3		4		4			4
Vögel (Winter)							4				
Fische Kompensationsmaßnahme		2–3	3	3–4	3	3	3			4	
Fische Referenz		2	3	3	3	3	3			3	
Ökologische Wertigkeit:	Sehr hoch:	5	Hoch:	4	Mittel:	3	Gering:	2	Sehr gering	1	

(x) = Stichprobe / Voruntersuchung

Aus dem Monitoring aller Maßnahmen lässt sich festhalten, dass die Kompensationsmaßnahmen überwiegend positive Veränderungen von Fauna und Vegetation zur Folge hatten. Die wichtigsten Ergebnisse stellen sich wie folgt dar:

Morphologische Untersuchungen, die in 3 Kompensationsflächen durchgeführt wurden, zeigten vereinzelt geringe Auflandungen, die durch Hochwässer immer wieder weggespült werden. Insgesamt erweisen sich die neu angelegten Flachwasserzonen als morphologisch weitgehend stabil. Unterhaltungsmaßnahmen sind daher nicht notwendig.

Die **vegetationskundlichen Untersuchungen** zeigten auf allen Untersuchungsflächen im Zeitraum von 1995 bis 2004 eine deutliche Zunahmen der Artenzahlen. Etwa 35 % der im Jahr 2004 dokumentierten Pflanzenarten waren Arten im engeren Einflussbereich der Mosel. Dabei handelte es sich um Wasserpflanzen sowie Arten der Röhrichte, Großseggenrieder und Uferfluren. 1995 wurden insgesamt 7, 2004 8 Rote-Liste-Arten gefunden. Auf 3 der 7 Untersuchungsflächen nahm die Anzahl der Rote-Liste-Arten zu. Auch die Anzahl der Rote-Liste-Gesellschaften stieg auf den meisten Flächen an, was vor allem auf die deutliche Zunahme der Wasserpflanzen zurückzuführen war. Eine positive Entwicklung nahmen die Wasserpflanzen(-gesellschaften) in fast allen Flachwasserzonen. Dort, wo die Zunahme von auwaldartigen Gehölzen strukturarme Neophytenfluren zurückgedrängte, stellt sich eine Verbesserung ein. Dagegen fällt negativ ins Gewicht, dass ein deutlicher Verlust von Röhrichtflächen und Röhrichtgesellschaften stattgefunden hat, meist durch Gehölzsukzession verursacht. Dies steht im Gegensatz zu den Zielen der Landschaftspflegerischen Begleitpläne für Zeltingen sowie für die Flutmulde Insel Hahnenwehr (Detzem). Es zeigte sich, dass angepflanzte Röhrichtbestände auf gehölzfähigen Standorten ohne entsprechende Unterhaltung rasch verdrängt werden. Als ungünstig hat sich die Ansiedlung standortfremder Gehölzarten, z. B. von Zucker-Ahorn (*Acer saccharum*) im häufiger überschwemmten Bereich der Flutmulde Insel Hahnenwehr erwiesen. Ufergehölze schränken, bei Beschattung von Flachwasserzonen, die Entwicklung der Wasservegetation ein. Daher entscheidet die Größe von Flachwasserzonen (mit) über die erfolgreiche Etablierung von Wasserpflanzen.

Die **faunistischen Untersuchungen** belegen für die betrachteten Tiergruppen (Fische, Vögel, Laufkäfer, Spinnen, Libellen, Makrozoobenthos) positive Wirkungen durch die Kompensationsmaßnahmen. Bei den aquatischen Organismen sind diese bereits wenige Monate nach der Neuanlage feststellbar. Beispielsweise besiedeln Fische alle neu angelegten Flachwasserzonen ab dem ersten Untersuchungsjahr arten- und individuenreicher als die Ufer des Hauptstroms. Bei den terrestrischen Tierarten, die auf Vegetationsstrukturen mit mehrjähriger Entwicklung wie z.B. Gebüsche angewiesen sind, zeigen sich positive Entwicklungen naturgemäß erst nach einigen Jahren. Dies betraf die terrestrische Sukzessionsfläche der Staustufe Fankel, bei der erst in der zweiten Hälfte der mehrjährigen Untersuchungsperiode eine, durch zunehmendes Aufkommen von Gebüschen bedingte Wertsteigerung für die Vogelwelt festgestellt wurde. In der Flutmulde der Insel Hahnenwehr, Stauhaltung Detzem, trat die im Landschaftspflegerischen Begleitplan als Ziel genannte Entwicklung von Röhrichtbeständen als wertvolle Struktur für Wasservögel nicht ein. Die sich entwickelnden Auwaldgehölze stellen jedoch in Kombination mit den fischreichen Flachwasserzonen der Flutmulde einen ebenfalls hochwertigen Lebensraum für zahlreiche Vogelarten dar, der keiner weiteren oder neuerlichen Optimierung bedarf. Die faunistischen Ziele der Landschaftspflegerischen Begleitpläne (Schaffung von Lebensraum für Makrozoobenthos und Vögel, Anlage von Fischlaichplätzen und Aufwachsgebieten für Jungfische) können somit für alle untersuchten Kompensationsmaßnahmen als erreicht angesehen werden. Als besonders positiv für Wassertiere erwiesen sich diejenigen Flachwasserzonen, die nur sehr kleine Verbindungen zum Hauptstrom haben und daher am besten gegenüber Schiffswellen abgeschirmt sind (Flutmulde Insel Hahnenwehr, Buhnenfelder Wintrich). Für Landtiere werden insbesondere Flächen mit fließenden Übergängen zwischen Land und Wasser (z. B. Ufer der Flutmulde Insel Hahnenwehr) und größere zusammenhängende Bereiche mit Auwaldentwicklung (z. B. Flutmulde Insel Hahnenwehr) positiv bewertet.

Für zukünftig an Wasserstraßen zu realisierende Kompensationsmaßnahmen lassen sich aus den Ergebnissen der durchgeführten Untersuchungen folgende Empfehlungen ableiten:

Fauna:
- Großen zusammenhängenden Flächen ist vor kleinen Flächen der Vorzug zu geben. Dies gilt sowohl für aquatische als auch für terrestrische Flächen.
- Für die Entwicklung hochwertiger aquatischer Lebensgemeinschaften ist eine gute Abschirmung gegen Schiffswellen sowie gegen von Schiffen hervorgerufenen Sunk und Schwall eine entscheidende Voraussetzung. Dies kann z.B. erreicht werden, indem die Verbindungen zwischen Flachwasserzonen und Hauptstrom im Verhältnis zum Querschnitt der jeweiligen Flachwasserzone sehr schmal und flach ausgebildet werden.
- Wasser-Land-Übergänge sind, wo immer möglich, flach anzulegen, damit ausreichend große Lebensräume für amphibische Lebensgemeinschaften geschaffen werden.
- Landflächen sollten nach Möglichkeit durch Geländemodellierungen, d.h. Anlage feuchter und trockener Standorte als Lebensraum auetypischer Vegetations- und Tierbestände aufgewertet werden.

Vegetation:
- Wo möglich und sinnvoll sollten röhrichtfähige, dauerhaft nasse und damit gehölzfeindliche Standorte durch eine entsprechend starke Abflachung der Ufer geschaffen werden.
- Wo sich, abweichend der zunächst festgesetzten Ziele, anstelle der geplanten und gepflanzten Röhrichte, ebenfalls schützenswerte, da naturnahe, Auwald- und Auengebüschbestände entwickelt haben, sollten diese belassen und ggf. durch Abflachung der Ufer in ihrer Entwicklung weiter gefördert werden.

Schlussfolgerungen
In den Wasserflächen der Kompensationsmaßnahmen haben sich naturschutzfachlich wertvolle Wasserpflanzen- und Tierbestände (Wirbellose und Fische) stehender und schwach durchströmter Auegewässer ansiedeln können. Die Kompensationsmaßnahmen fungieren entlang der Mosel als „Trittsteinbiotope" für die entsprechenden Pflanzen- und Tierarten. Fische nutzen die Flachwasserzonen zum Laichen und als Aufwachsgebiete für den Nachwuchs. Die Flachwasserzonen wirken sich damit positiv auf die Fischbestände der angrenzenden Moselabschnitte aus. Die Flachwasserzonen sind morphologisch weitgehend stabil, d.h. sie zeigen keine oder nur sehr geringe Verlandungstendenzen und können daher ihre ökologische Funktion über viele Jahrzehnte hinweg erfüllen.

Literatur

BfG (Hrsg.) (1999): Erfolgskontrollen an Bundeswasserstraßen – Beweissicherung für Eingriffsbeurteilung und Kompensationsmaßnahmen. – BfG-Mitteilung Nr. 18. 51 S., ISSN1431-2409, Koblenz, Berlin

BfG (2007): Untersuchungen zur ökologischen Wirksamkeit landschaftspflegerischer Kompensationsmaßnahmen an der Mosel. – BfG-Bericht-1541, download: http://www.bafg.de/cln_007/nn_230116/U1/DE/07__Publikationen/mosel__kompensationsmassnahmen,templateId=raw,property=publicationFile.pdf/mosel_kompensationsmassnahmen.pdf, 118 S.

BMVBS (Hrsg.) (2006): Empfehlung für Erfolgskontrollen zu Kompensationsmaßnahmen beim Ausbau von Bundeswasserstraßen. – Download: http://www.bafg.de/cln_007/nn_230116/U1/DE/03__Arbeitsbereiche/02__Arbeitshilfen/02__Erfolgskontrollen/erfolgskontrollen__bericht,templateId=raw,property=publicationFile.pdf/erfolgskontrollen_bericht.pdf, 2. Auflage

Röhrichtentwicklung am Main bei Hasloch

Detlef Wahl, Andreas Sundermeier und Bernd Wolters

Bundesanstalt für Gewässerkunde, Mainzer Tor 1, 56068 Koblenz, E-mail: wahl@bafg.de, Bischoff & Partner, Staatsstr. 1, 55442 Stromberg

Mit 5 Abbildungen

Intention und Vorgehensweise

Im Rahmen des Ausbaus des Mains wurden u. a. auch in der Stauhaltung Faulbach Kompensationsmaßnahmen geplant und umgesetzt. Für eine Uferrücknahme sowie Vorverlegung und Ausbau des Hafens Hasloch wurde auf einer ca. 3,7 ha großen, ehemals als Intensiv-Grünland genutzten Fläche bei Main-Km 151,960 bis Km 152,560, rechtes Ufer, eine Uferstrukturierung als Kompensation vorgenommen. Dabei wurde ein parallel zum Main verlaufender Still- und Flachwasserbereich (Flutmulde) angelegt, der zwei Durchlässe zum Main besitzt. Zur Abpufferung des Wellenschlages wurden uferparallele, inselartige Steinschüttungen (Parallelwerke) im Bereich der beiden Durchlässe zum Main erstellt. Um den Biotop vor externen Beeinträchtigungen zu schützen, wurden am nördlichen Rand der Fläche dichte Gehölzpflanzungen durchgeführt (Abb. 1).

Abb. 1. Blick auf die Uferstrukturierung Hasloch (Foto: EDC KG im Auftrag der BfG) (2008).

Der Biotop sollte zunächst der Sukzession überlassen bleiben, lediglich an den Ufern des neu angelegten Still- und Flachwasserbereiches war die Entwicklung von Röhrichten gewünscht. Nach Fertigstellung der Baumaßnahme entwickelte sich dort aber spontan ein sehr dichter Erlenbewuchs, der erste Initialstadien des Röhrichts unterdrückte. Um den Arbeitsaufwand und die Erfolgsaussichten zur Etablierung von Röhrichten abzuschätzen, wurde durch die Bundesanstalt für Gewässerkunde (BfG) in enger Zusammenarbeit mit dem Wasser- und Schifffahrtsamt Aschaffenburg, Außenbezirk Hasloch, ein Monitoringprogramm aufgelegt, das neben der Entwicklung der Gesamtfläche insbesondere die Röhrichtentwicklung an den Ufern der Flutmulde zum Fokus hatte. Dazu wurden im östlichen Teil der neu angelegten Flutmulde neun Dauerbeobachtungsflächen ausgewählt und eingemessen, von denen sechs am nördlichen und drei am südlichen Ufer der Flutmulde liegen. Zur Dokumentation eines am östlichen, flach auslaufenden Ende der Flutmulde siedelnden Rohrkolben-Röhrichts wurde 2003 eine weitere Dauerbeobachtungsfläche in das bereits laufende Untersuchungsprogramm eingebunden. Die Flächen am südlichen Ufer wurden der freien Sukzession überlassen, in den Flächen am nördlichen Ufer wurden die Gehölze einmal jährlich durch Mitarbeiter des Außenbezirks Hasloch zurückgeschnitten. Auf den Dauerbeobachtungsflächen wurden seit 1999 vertiefende vegetationskundliche Untersuchungen durchgeführt und 2008 zusammenfassend ausgewertet. Dazu wurde einerseits die Entwicklung ausgewählter Arten (Zielarten) herangezogen, andererseits wurde das Verhalten ökologischer Artengruppen analysiert, die auf Grund von Standortfaktoren und im Gelände auftretenden Vegetationseinheiten gebildet wurden. Bei der Einschätzung des Einflusses der durchgeführten Unterhaltungsmaßnahmen auf die Gehölz- und Röhrichtentwicklung mussten neben der Auswertung der vegetationskundlichen Daten weitere Faktoren wie unterschiedliche Neigungen der Uferböschungen, die Bodenart, die Zeitpunkte der Gehölzrückschnitte, die seit 2003 zu beobachtende Infektion von Schwarz-Erlen durch Phytophthora, Störungen durch Angler und die nicht unerheblichen Fraßschäden durch den Biber berücksichtigt werden (Abb. 2).

Abb. 2. Biberfraß und Phytophthora an Schwarz-Erle (Foto: B. Wolters) (2008).

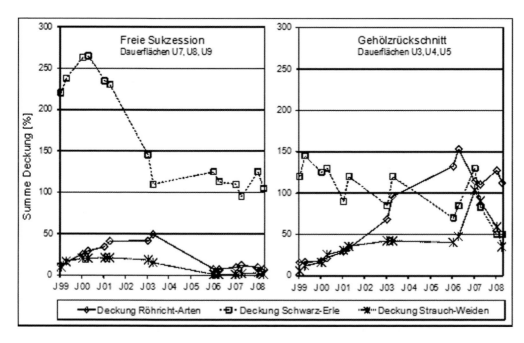

Abb. 3. Entwicklung von Röhricht und Gehölzen in Bereichen freier Sukzession (links) und unter Gehölzrückschnitt (rechts) auf Dauerbeobachtungsflächen im Biotop Hasloch von Juli 1999 bis Juli 2008 (J99-J08). Dargestellt ist die Deckungssumme je Untersuchungsjahr im Juli und Oktober.

Ergebnisse und Diskussion

In den Bereichen freier Sukzession entwickelte sich durch das schnelle Höhenwachstum der dicht stockenden Schwarz-Erlen ein hartholzauwaldartiges Bestandsklima, in dem die zu Beginn der Untersuchungen am Ufer auftretenden Röhricht- und Binsenbestände weitgehend verdrängt wurden. Seit 2001 ging mit zunehmendem Höhenwachstum der Schwarz-Erlen ein Rückgang der Deckungsgrade in der Baumschicht einher, der durch ein Wirkungsgefüge aus intraspezifischer Konkurrenz, Windbruch und Phytophthora-Befall verursacht wurde (Abbildung 3). Als dynamisierender Faktor sind die Aktivitäten des Bibers zu bewerten, der einerseits für eine Auflichtung der Gehölze sorgte, andererseits zur Stabilisierung der Schwarz-Erlen beitrug, da „auf den Stock gesetzte" Schwarz-Erlen vitale Stockausschläge ausbilden können, die gegen Pilzbefall durch Phytophthora relativ unempfindlich sind.

Die Vegetationsentwicklung in den unterhaltenen Bereichen zeigt in flach ausstreichenden Uferabschnitten seit 1999 tendenziell einen Rückgang der ehemals prägenden binsendominierten Pioniergesellschaften im Wasserwechselbereich, eine zeitweise starke Zunahme von Rohrglanzgras-Beständen und eine Weiterentwicklung zu geschlossenen Schilf-Beständen. Die Gehölzentwicklung wird durch eine Abnahme der Schwarz-Erlen bei gleichzeitigem Zuwachs von Weidengebüschen geprägt, als regulierender Faktor greift der Biber stark in die Bestandsstruktur ein (Abb. 3).

Die Vegetationsentwicklung an den Ufern der Flutmulde im Biotop Hasloch belegt, dass mit relativ geringem zeitlichen Aufwand eine Förderung und Entwicklung von Röhrichten an geeigneten Standorten auch bei zunächst dichtem Schwarzerlen-Bewuchs möglich ist. Durch

Abb. 4. Geschlossener Röhrichtsaum (Foto: B. Wolters) (2006).

Abb. 5. Rohrkolben- und Schilfröhricht mit Weiden (Foto: B. Wolters) (2008).

den jährlichen Gehölzrückschnitt, der durch den Außenbezirk Hasloch seit 1999 mit großer Verlässlichkeit und viel Augenmaß durchgeführt wurde, wurde die Schwarz-Erle als ausgeprägte Lichtbaumart mit äußerst schwacher Konkurrenzkraft so in ihrer Entwicklung zurückgedrängt, dass sie durch hochwüchsige Stauden, Röhrichte und Weidengebüsche überwachsen wurde und die Ausbildung eines geschlossenen Röhrichtsaumes ermöglicht wurde (Abb. 4).

Der in Teilbereichen stark zunehmende Bewuchs durch Weidengebüsche nach Aussetzen der Unterhaltungsmaßnahmen seit 2006 stellt bislang keine Gefährdung der Röhrichte dar. Einer Verdrängung der Röhrichte durch Weidengebüsche kann durch weitere regelmäßige Rückschnitte in mehrjährigen Intervallen entgegengewirkt werden (Abb. 5).

Literatur

BARTELS H. (1993): Gehölzkunde. – Ulmer, Stuttgart.
Bayerische Akademie für Naturschutz und Landschaftspflege (1991): Ökologische Dauerbeobachtung im Naturschutz. – Laufener Seminarbeiträge 7/91
DIERSCHKE, H. (1994): Pflanzensoziologie. – Ulmer, Stuttgart
HEINZ, S. & WILD, U. et al. (2000): Dauerhaftigkeit von Rohrkolbenbeständen. – In: Verhandlungen der Gesellschaft für Ökologie 30: 113
OBERDORFER, E. (1991): Einführung in die Pflanzensoziologie. – Ulmer, Stuttgart
OBERDORFER, E. (1998): Süddeutsche Pflanzengesellschaften, Teil I. – Gustav Fischer Verlag, Stuttgart, New York
OBERDORFER, E. (1993): Süddeutsche Pflanzengesellschaften, Teil III. – Gustav Fischer Verlag, Stuttgart, New York
OBERDORFER, E. (1992): Süddeutsche Pflanzengesellschaften, Teil IV. – Gustav Fischer Verlag, Stuttgart, New York
PFADENHAUER, J. (1997): Vegetationsökologie. – IHW-Verlag, Eiching
PFADENHAUER, J., POSCHOLD, P. & BUCHWALD, R. (1986): Überlegungen zu einem Konzept geobotanischer Dauerbeobachtungsflächen für Bayern. – In: Berichte Nr. 10, Akademie für Naturschutz und Landschaftspflege, Laufen/Sulzach.
POTT, R. (1995): Pflanzengesellschaften Deutschlands. – Ulmer, Stuttgart
REICHELT, G. & WILMANNS, D. (1973): Vegetationsgeographie. – Westermann, Braunschweig
ROTH, S. & SEEGER, K. et al. (2001): Arten- und Lebensgemeinschaften: Etablierung von Röhrichten und Seggenriedern. – In: Kratz, R. & Pfadenhauer, J.: Ökosystemmanagement für Niedermoore: Strategien und Verfahren zur Renaturierung. – Ulmer, Stuttgart: 125-134
SUKOPP, H., SEIDEL, K. & BÖCKER, R. (1986): Bausteine zu einem Monitoring für den Naturschutz: – In: Berichte Nr. 10, Akademie für Naturschutz und Landschaftspflege, Laufen/Sulzach
WERRES, S., DUSSART, G. & ESCHENBACH, C. (2001): Erlensterben durch *Phytopthora* spp. und die möglichen ökologischen Folgen. – In: Natur und Landschaft.

Funktionskontrolle an Flachwasserzonen am Mittellandkanal

Steffen Wieland

Bundesanstalt für Gewässerkunde, Am Mainzer Tor 1, 56068 Koblenz, E-mail: wieland@bafg.de

Mit 2 Abbildungen

Im Rahmen des Ausbaues des Mittellandkanals (MLK) wurden als Ausgleichsmaßnahmen zwischen Calvörde und Haldensleben (Sachsen-Anhalt) drei Flachwasserzonen (FWZ) hergestellt (Abb. 1, siehe Farbtafeln, Seite 157). Das größte dieser Gewässer liegt nördlich der Ortschaft Bülstringen bei Kanal-km 292,5 auf der Nordseite des Mittellandkanales. Es besteht aus mehreren miteinander verbundenen teichartigen Wasserflächen mit einer Insel. Diese 1999 fertig gestellte Flachwasserzone hat eine Gesamtfläche von rund 2 ha und eine maximale Tiefe von 2 m. Zwei weitere Flachwasserzonen liegen nordwestlich am Schierholz (Schierholz West bei Kanal-km 288,5 und Schierholz Ost bei Kanal-km 289,5). Sie sind einfacher strukturiert und fast baugleich, besitzen eine Größe von jeweils rund 0,5 ha und eine maximale Tiefe von 1,5 m. Die Fertigstellung war ebenfalls 1999.

Die Erfassung der Ichtyofauna erfolgte im Rahmen von Erfolgs- bzw. Funktionskontrollen unmittelbar nach Fertigstellung sowie nach einem (2000), nach drei (2003) und nach acht Jahren (2007).

An der Flachwasserzone Bülstringen wurden fünf, in Schierholz West und Schierholz Ost jeweils drei repräsentative Abschnitte untersucht. Die Länge der Probestrecken variierte je nach Gelände zwischen 200 und 400 m.

Zu Vergleichszwecken und um mögliche fischbiologische Einflüsse der Flachwasserzonen auf den Mittellandkanal einschätzen zu können, wurde an jeder Flachwasserzone ein unmittelbar angrenzender Kanalabschnitt beprobt (in Bülstringen zusätzlich noch drei ca. 1 bis 1,5 km entfernte Kanalabschnitte).

Befischungsmethode war die Elektrofischerei. Verwendet wurden das tragbare batteriebetriebene Elektrogerät IG 200 (Grassl), das benzinbetriebene Tragegerät ELT 61 II (Grassl) mit Impulsstrom (ca. 50 Impulse/s) sowie vom Boot aus das Elektrofischereigerät DEKA 7000 (Mühlenbein) mit Gleichstrom. Der Ring der Fanganode hatte jeweils einen Durchmesser von 15 cm.

Jede Probenahmestrecke wurde nach der sogenannten Random Point Abundance Sampling (RPAS)-Methode untersucht. Sie basiert auf einer zufälligen Auswahl zahlreicher Befischungspunkte, um die ungleichmäßig verteilten Jungfischschwärme repräsentativ erfassen zu können. Jeder Befischungspunkt (Point) steht für ein einmaliges Eintauchen der Fangelektrode für ca. 10 sec. An den einzelnen Probenahmestrecken wurden im Abstand von ca. 5–7 m jeweils 50 Befischungspunkte gesetzt. Für jeden einzelnen Befischungspunkt wurde der Fang separat erfasst.

Insgesamt konnten bei den sieben Befischungen zwischen 1999 und 2007 in den Flachwasserzonen und Kanalabschnitten 19.324 Fische aus 6 Familien mit 23 Arten nachgewiesen werden:

Familie Cyprinidae, Karpfenfische
1. Güster *Abramis bjoerkna* (Linné, 1758)
2. Blei *Abramis brama* (Linné, 1758)
3. Ukelei *Alburnus alburnus* (Linné, 1758)
4. Rapfen *Aspius aspius* (Linné, 1758)
5. Karausche *Carassius carassius* (Linné, 1758)
6. Giebel *Carassius gibelio* (Bloch, 1783)
7. Karpfen *Cyprinus carpio* (Linné, 1758)
8. Gründling *Gobio gobio* (Linné, 1758)
9. Döbel *Leuciscus cephalus* (Linné, 1758)
10. Aland *Leuciscus idus* (Linné, 1758)
11. Hasel *Leuciscus leuciscus* (Linné, 1758)
12. Blaubandbärbling *Pseudorasbora parva* (Temmick & Schlegel, 1842)
13. Plötze *Rutilus rutilus* (Linné, 1758)
14. Rotfeder *Scardinius erythrophthalmus* (Linné, 1758)
15. Schleie *Tinca tinca* (Linné, 1758)

Familie Percidae, Barsche
16. Barsch *Perca fluviatilis* Linné, 1758
17. Kaulbarsch *Gymnocephalus cernuus* (Linné, 1758)
18. Zander *Sander lucioperca* (Linné, 1758)

Familie Esocidae, Hechte
19. Hecht *Esox lucius* Linné, 1758

Familie Anguillidae, Aale
20. Aal *Anguilla anguilla* (Linné, 1758)

Familie Lotidae, Quappen
21. Quappe *Lota lota* (Linné, 1758)

Familie Gasterosteidae, Stichlinge
22. Dreistachliger Stichling *Gasterosteus aculeatus* Linné, 1758
23. Zwergstichling *Pungitius pungitius* (Linné, 1758)

Die größte Arten- und Individuendichte weist die Flachwasserzone Bülstringen auf. Der Unterschied zu den kleineren Flachwasserzonen Schierholz Ost und West ist allerdings nicht mehr so groß wie am Anfang der Untersuchungen, was auf die deutlich verbesserten fischökologisch relevanten Habitatstrukturen zurückzuführen ist.

Mit dem Vorkommen von 4 Fischarten in der Roten Liste Sachsen-Anhalts und 7 Arten der Roten Liste der Bundesrepublik Deutschland besitzt das Untersuchungsgebiet eine hohe Bedeutung für den Fischartenschutz.

Die Steigerung der Individuen- und Artenzahlen auch in den Kanalabschnitten geben Hinweise darauf, dass die Flachwasserzonen einen positiven Effekt auf die Besiedlung des Mittellandkanals haben (vgl. Abb. 1, siehe Farbtafeln, Seite 157).

Bei einer weiteren Erhöhung der Strukturvielfalt u.a. durch zunehmenden Pflanzenbewuchs ist in Zukunft sicher mit einer Stabilisierung der von Barsch und Plötze dominierten Ichthyozönose zu rechnen.

Abschließend lässt sich feststellen, dass die Flachwasserzonen sowohl als Laich- und Aufwuchsgebiet als auch als Rückzugsgebiet für verschiedene Fischarten angenommen werden und somit ihre Funktion voll erfüllen.

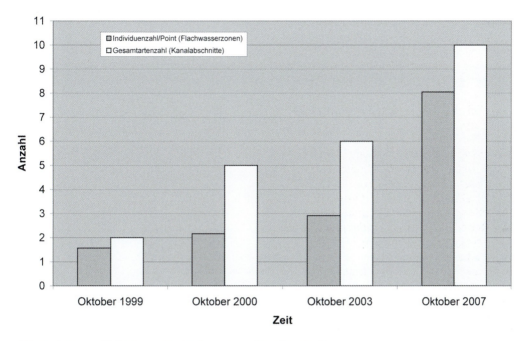

Abb. 2. Arten- und Individuenzahlen in den untersuchten Abschnitten.

Literatur

WIELAND, S. & VON LANDWÜST, C. (2000): Ökologische Funktionskontrollen an Flachwasserzonen am Mittellandkanal km 288-293, Teil Fischfauna, Zwischenbericht, BfG-1399

WIELAND, S. & VON LANDWÜST, C. (2004): Ökologische Funktionskontrollen an Flachwasserzonen am Mittellandkanal km 288-293, Teil Fischfauna, 2. Zwischenbericht, BfG-1440

Bauarbeiten mit großem Gerät in der Seseke, einem vormaligen Schmutzwasserlauf im Lippegebiet, zur Umsetzung der Renaturierungsmaßnahmen. Foto: Lippeverband.

Die Körne, größter Zufluss der Seseke, ca. ein Jahr nach Abschluss der Umbaumaßnahmen. Foto: Lippeverband.

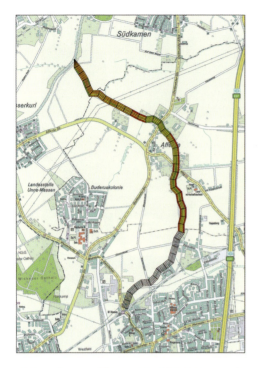 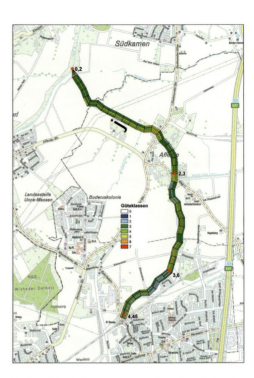

Beitrag: Semrau, M., Junghardt, S. & Sommerhäuser, M.: Die Erfolgskontrolle renaturierter Schmutzwasserläufe – Monitoringkonzept, Erfahrungen und Messergebnisse aus dem Emscher- und Lippegebiet.
Abb. 4: Entwicklung der Gewässerstrukturgüte am Massener Bach unmittelbar nach dem Umbau im Jahr 2000 und sieben Jahre später (2007).

Die umgestaltete Sülz im Bereich Meigermühle ca. 4 Jahre nach Durchführung der Umbaumaßnahmen.
Foto: LANUV NRW.

Renaturierter Abschnitt der Lahn bei Ludwigshütte. Foto: Sonja Jähnig.

Totholzverklausung an der renaturierten Nims bei Birtlingen. Foto: Sonja Jähnig.

Beitrag: Pottgiesser, T. & Rehfeld-Klein, M., Gewässerentwicklungskonzept für ein urbanes Gewässer zur Zielerreichung der Wasserrahmenrichtlinie – Das Pilotprojekt Panke in Berlin
Abb. 3. Schemazeichnung einer Mindesthabitatausstattung für einen 100 m langen Gewässerabschnitt.

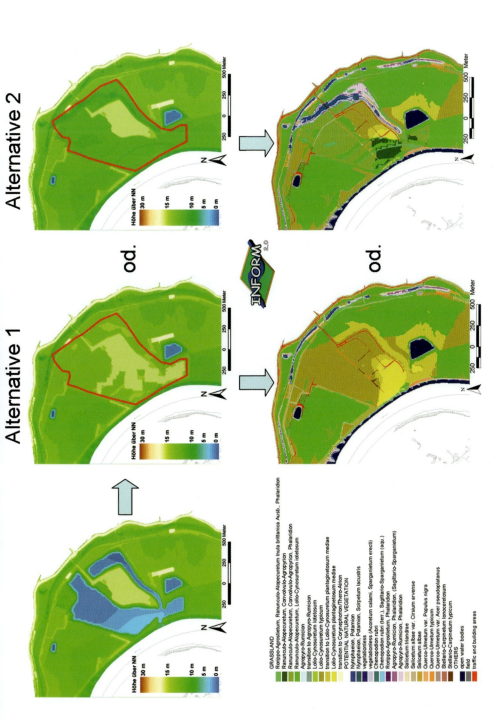

Beitrag: Peter Jörg Horchler & Michael Schleuter, Modellgestützte Vorhersage der Lebensraumeignung für Pflanzen und Tiere der Flussauen
Abb. 1. Fiktives Beispiel einer Kiesgrubenrenaturierung am Niederrhein. Obere Reihe: Geländehöhenmodelle, links: Ausgangszustand, Alternative 1: ordnungsgemäße Verfüllung, Alternative 2: geringere Verfüllung und Geländemodellierung. Untere Reihe: Lebensraumeignungskarten für Vegetation für die Alternativen 1 und 2

Beitrag: Volker Hüsing & Monika Sommer, Untersuchung zur ökologischen Wirksamkeit von Kompensationsmaßnahmen an der Mosel
Abb. 1. Neues Parallelwerk Mühlheim in der Stauhaltung Zeltingen, Foto: Hans Sommer, WSA Koblenz).

Farbtafeln 157

Bülstringen   **Schierholz West**

1999

2000

2003

2007

Beitrag: Steffen Wieland, Funktionskontrolle an Flachwasserzonen am Mittellandkanal
Abb. 1. Entwicklung der Flachwasserzonen in Bülstringen und Schierholz zwischen 1999 und 2007.

Ruhr bei Binnerfeld vor Umbaumaßnahmen (2007). Foto: Armin Lorenz.

Ruhr nach Umbaumaßnahmen (2010). Foto: Armin Lorenz.

Ökologische Verbesserungsmaßnahmen an Strömen und Kanälen III: Alternative Ufersicherungsarten und ihre Auswirkungen auf aquatische Biozönosen

Ecological improvement measures on rivers and canals III: Alternative types of bank stabilization and their consequences for aquatic biocoenoses

Bei Ausbau und Unterhaltung von Bundeswasserstraßen gewinnen ökologische Aspekte immer mehr an Bedeutung, vor allem vor dem Hintergrund aktueller (naturschutz-)rechtlicher Anforderungen und der EG-Wasserrahmenrichtlinie. Dabei stellt sich die Frage, ob zur Verhinderung von Erosionsschäden im Uferbereich neben rein technischen Ufersicherungen, wie z. B. Steinschüttungen, alternativ auch technisch-biologische Ufersicherungen zur Anwendung kommen können. Seit Anfang 2004 wird gemeinsam von der Bundesanstalt für Gewässerkunde (BfG) und der Bundesanstalt für Wasserbau (BAW) ein Forschungs- und Entwicklungsvorhaben bearbeitet, das die Anwendbarkeit technisch-biologischer Ufersicherungen an Wasserstraßen unter technischen und naturschutzfachlichen Gesichtspunkten untersucht. Liebenstein et al. werten in diesem Zusammenhang die ökologische Effizienz an Versuchsstrecken aus, wie z. B. an der Mittelweser (Stolzenau), die teilweise seit etwa 20 Jahren beobachtet werden.

Bei den nachfolgenden Betrachtungen von Liebenstein liegt das Hauptaugenmerk auf den heute gebräuchlichsten Ufersicherungen, dies sind bei Ausbau und Unterhaltung der Bundeswasserstraßen vor allem durchlässige Deckschichten aus losen Wasserbausteinen auf 1:3 geneigten Böschungen. Die Vorteile dieser Bauweise für die ökologische Entwicklung – besonders der Vegetation – werden beschrieben.

Schöll legt Untersuchungsergebnisse zum Besiedlungsverhalten durch das Makrozoobenthos für die zur Sicherung der Gewässerufer gegen Erosion verwendeten Baustoffe vor. Diese zeigen, dass glatte und wellenexponierte Besiedlungssubstrate (hierzu gehören Asphaltmatten, Betonplatten, Stahlbetonbohlen, Stahlspundwände und Natursteinpflaster) von den Makrozoen weit weniger besiedelt werden als lose Bruchsteinschüttungen. Diese bieten wegen ihres Hohlraumsystems und ihrer großen inneren Besiedlungsfläche günstige Lebensbedingungen (Schutz und Nahrung) für Mikro- und Makroorganismen.

Dass auch in Kanälen Verbesserungen der Uferstruktur, selbst unter den Bedingungen von Spundwänden, möglich sind, zeigt der Beitrag von Sundermeier. Im Beispiel wurden hinter den Spundwänden (und so vor Schiffswellen geschützte) Flachwasserzonen angelegt, an die sich eine um 1:3 geneigte Uferböschung anschließt. In das Deckwerk der Uferböschung wurde Oberboden eingespült und im Bereich der Wasserlinie wurden verschiedene Röhrichtarten, Großseggen sowie Binsen gepflanzt und die terrestrische Böschung mit einer Wildrasenmischung eingesät. Die Effizienz wird anhand des Vegetationsaufkommen und der Vitalität des Röhrichtbestandes bewertet.

Due to current requirements of legislation regarding nature conservation and the EC Water Framework Directive, ecological aspects become more and more important for the development and maintenance of the Federal waterways. In this context, the question is whether for preventing erosion damage in bank zones purely technical bank-stabilization means, such as rip-rap, may be substituted by application of technical-biological bank stabilization. Since 2004, the Federal Institute of Hydrology (*BfG*) together with the Federal Waterways Engineering and Research Institute (*BAW*) conduct an R&D project which examines the applicability of technical-biological bank stabilization along waterways under consideration of technical aspects as well as those of nature-conservation. Liebenstein evaluate the ecological efficiency of test reaches, e.g. on the Middle Weser River (Stolzenau), on the basis of 20 years of observations.

In their following considerations, Liebenstein et al. mainly focus on bank stabilization methods most commonly used in the development and maintenance of Federal waterways. Above all, these are permeable cover-layers of loose water-engineering rock material on slopes with a gradient of 1:3. The advantages of this construction method for the ecological development - especially for vegetation - are described.

Schöll presents research findings on the colonization behaviour of macrozoobenthos regarding different construction materials used for bank protection against erosion. They show that smooth and wave-exposed colonization substrates (e.g. asphalt mats, concrete slabs, steel-reinforced concrete slabs, steel pile walls, and natural-stone armouring) are much less colonized by macrozoobenthos than loose rip-rap rocks. The latter offer more favourable living conditions (shelter and food) for micro- and macro-organism due to their interstitial system and the large inner colonization surface.

The article by Sundermeier shows that improvements of the bank structure are possible also in canals, even under conditions of pile walls. In the presented example, shallow-water zones were created behind the pile walls (thus being protected against ship waves) followed by a bank slope inclined at a ratio of 1:3. Top soil was flushed into the revetment on the bank slope, and in the zone of the water line different species of reed, large sedges, and rush were planted, while into the terrestrial slope a mix of wild turf plants was sown. The efficiency of this measure is assessed by indicators such as occurrence of vegetation and the vitality of the reed stand.

Versuchsstrecke zu technisch-biologischen Ufersicherungen – Versuchsstrecke Stolzenau an der Mittelweser

Hubert Liebenstein, Eva-Maria Bauer und Katja Schilling

Bundesanstalt für Gewässerkunde, Am Mainzer Tor 1, 56068 Koblenz, E-mail: liebenstein@bafg.de

Mit 4 Abbildungen

Bei Ausbau und Unterhaltung von Bundeswasserstraßen gewinnen ökologische Aspekte immer mehr an Bedeutung, vor allem vor dem Hintergrund aktueller (naturschutz-)rechtlicher Anforderungen, z. B. durch die WRRL. Dabei stellt sich die Frage, ob zur Verhinderung von Erosionsschäden im Uferbereich neben rein technischen Ufersicherungen, wie z. B. Steinschüttungen, alternativ auch technisch-biologische Ufersicherungen zur Anwendung kommen können.

Seit Anfang 2004 wird gemeinsam von der Bundesanstalt für Gewässerkunde (BfG) und der Bundesanstalt für Wasserbau (BAW) ein Forschungs- und Entwicklungs (F&E)-Vorhaben bearbeitet, das die Anwendbarkeit technisch-biologischer Ufersicherungen an Wasserstraßen unter technischen und naturschutzfachlichen Gesichtspunkten untersucht. In diesem Zusammenhang werden Versuchsstrecken ausgewertet, die bereits seit längerer Zeit an Bundeswasserstraßen bestehen. Langfristiges Ziel ist es, den planenden Mitarbeitern der Wasser- und Schifffahrtsverwaltung fundierte Grundlagen und Empfehlungen zur Anwendung dieser Ufersicherungen zur Verfügung zu stellen.

Eine dieser Versuchsstrecken – Stolzenau – liegt an der Mittelweser nördlich von Minden zwischen Weser-km 241,550 und 242,300 in der Stauhaltung Landesbergen. Sie wurde 1988/89 im Rahmen der Mittelweseranpassung auf Initiative des Wasser- und Schifffahrtsamtes Verden in Zusammenarbeit mit BfG und BAW geplant und umgesetzt. Es sollten Erkenntnisse darüber gewonnen werden, ob die bestehenden Schüttsteindeckwerke zurück gebaut und die Ufer statt dessen durch die Anpflanzungen von Röhrichten und Gehölzen – teilweise in Verbindung mit ergänzenden technischen Maßnahmen – gleichfalls geschützt werden können. Gleichzeitig sollten verschiedene Ansiedlungsmöglichkeiten für Röhrichte und Gehölze untersucht werden.

Die ursprünglich 1:3 geböschten Ufer waren bis dahin mit losen Wasserbausteinen gesichert. An die weitestgehend bewuchsfreie Uferböschung, die nur von einigen kleinen Buschgruppen sowie inselartigen Ansiedlungen von Rohr-Glanzgras und wenigen Hochstauden strukturiert wurde, schloss sich intensiv beweidetes Grünland an. Vor Einrichtung der Versuchsstrecke besaß die Fläche daher eine relativ geringe ökologische und naturschutzfachliche Bedeutung.

Die Versuchsstrecke wurde in insgesamt 15 Versuchsabschnitte unterteilt (Abb. 1).

Im Zuge der technisch-biologischen Maßnahmen wurden oberhalb des hydrostatischen Staus z. T. die Schüttsteine abgetragen, die Böschungen abgeflacht und die Ufer mit unterschiedlichen pflanzlichen Bauweisen gesichert. Es wurden verschiedene Röhrichtarten gepflanzt, Weidensteckhölzer sowie Weidenspreitlagen eingebracht und in geringem Umfang auch mit Röhrichten vorgezogene Vegetationsmatten verwendet. Teilweise wurden die Ufer zusätzlich durch Faschinen oder kleine Steinwälle gegen Wellenschlag geschützt (Abb. 2).

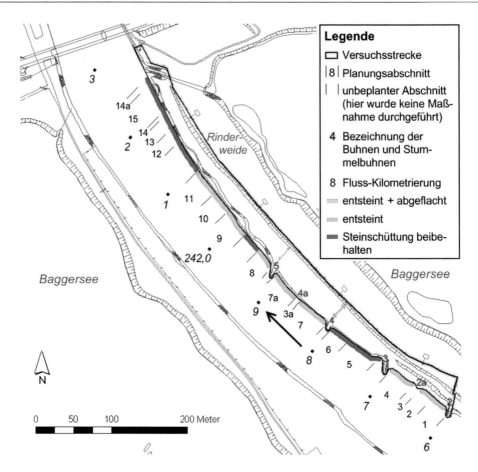

Abb. 1. Versuchsstrecke mit Lage der Versuchsabschnitte 1-15 (Kartengrundlage: DBWK)

Die Fotos der Abbildung 3 zeigen den Zustand der Versuchsstrecke vor dem Ausbau, den Rückbau der Ufersicherungen und die Abflachung des Geländes, die Entwicklung der Bepflanzung nach einem halben Jahr (1989) sowie nach 17 weiteren Jahren (2006).

Im Rahmen dieses, aber auch anderer aktueller Maßnahmen des F&E-Vorhabens wurden bzw. werden die technischen Randbedingungen, z. B. Baugrund und Ufergeometrie, für die Versuchsstrecken erfasst. Zur Ermittlung der schiffserzeugten hydraulischen Belastung wurden in diesem Flussabschnitt z. B. Messungen der Schiffs- und Strömungsgeschwindigkeiten, der schiffserzeugten Wellen und der Abstände der Schiffe zu den Ufern durchgeführt.

Die Vegetationsentwicklung in der Versuchsstrecke wurde durch mehrjährige Kartierungen dokumentiert. 2006 wurden auch faunistische Untersuchungen zu den Artengruppen des Makrozoobenthos, der Fische und Vögel durchgeführt.

Im Vergleich zum Ausgangszustand der Versuchsstrecke, der durch eine sehr monotone Uferausbildung charakterisiert war, zeigt die Auswertung der Ergebnisse, dass durch die Umgestaltung eine deutliche Verbesserung der Struktur- und Habitatvielfalt erzielt werden konnte. Anhand der Vegetationskartierungen konnte belegt werden, dass die Artenvielfalt zugenommen hat. Gleiches gilt auch für die Fauna. Durch die Schaffung naturnaher Uferzonen fanden be-

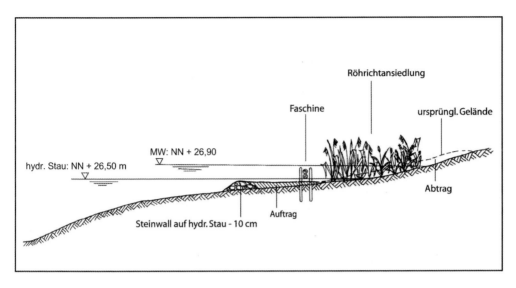

Abb. 2. Maßnahme zur Röhrichtansiedlung - Planungsprofil aus Abschnitt 1

Abb. 3. Entwicklungsstadien der Versuchsstrecke Stolzenau von 1989 bis 2006

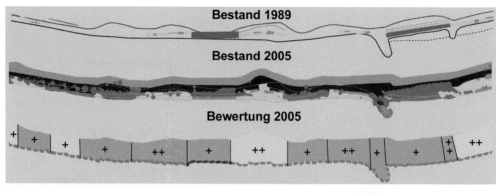

Abb. 4. Bewertung der Versuchsstrecke Stolzenau

stimmte Tierarten wieder die von ihnen benötigten Strukturen, wie z. B. Brutplätze im Röhricht oder Schutz unter überhängenden Ästen. Insgesamt hat sich das Erscheinungsbild der Gewässerlandschaft zudem deutlich verbessert. Heute wird die Strecke aufgrund der großen Habitat- und Strukturvielfalt sowie des hohen Anteils an geschützten Biotopen als naturschutzfachlich wertvoll bis sehr wertvoll eingestuft (Abb. 4).

Ein wesentliches Ergebnis ist außerdem, dass aufgrund der erfolgreichen Entwicklung der unterschiedlichen technisch-biologischen Ufersicherungsmaßnahmen in dieser Versuchsstrecke der Erosionsschutz gewährleistet wurde, so dass seit Anlage der Versuchsstrecke bis heute keine Notwendigkeit für Unterhaltungsmaßnahmen am Ufer bestand.

Literatur

Bundesanstalt für Wasserbau (BAW), Bundesanstalt für Gewässerkunde (BfG) (2006): Untersuchungen zu alternativen technisch-biologischen Ufersicherungen an Binnenwasserstraßen (F&E-Projekt).
Teil 1: Veranlassung, Umfrage und internationale Recherche, BfG-Nr.:1484 / BAW-Nr.: 2.04.10151.00, Eigenverlag, Karlsruhe / Koblenz Mai 2006.
Bundesanstalt für Wasserbau (BAW), Bundesanstalt für Gewässerkunde (BfG) (2008): Untersuchungen zu alternativen technisch-biologischen Ufersicherungen an Binnenwasserstraßen (F&E-Projekt).
Teil 2: Versuchsstrecke Stolzenau / Weser, km 241,550 – 242,300 BfG-Nr.:1579 / BAW-Nr.: 2.04.10151.00, Eigenverlag, Karlsruhe / Koblenz Oktober 2008.
SCHILLING, K. & LIEBENSTEIN, H. (2010): Bedeutung alternativer technisch-biologischer Ufersicherungen an Bundeswasserstraßen hinsichtlich Umsetzung der Wasserrahmenrichtlinie (WRRL); Tagungsband zum Dresdner Wasserbaukolloquium 2010 „Wasserbau und Umwelt – Anforderungen, Methoden, Lösungen"; Technische Universität Dresden – Fakultät Bauingenieurwesen, Institut für Wasserbau und Technische Hydromechanik.

Auswirkungen verschiedener Ufersicherungsarten und Bauweisen auf die Lebensgemeinschaften der Ufer von Bundeswasserstraßen

Hubert Liebenstein

Bundesanstalt für Gewässerkunde, Am Mainzer Tor 1, 56068 Koblenz, E-mail: liebenstein@bafg.de

Mit 2 Abbildungen

Die Ufer der Bundeswasserstraßen sind zum Schutz gegen Wellenschlag und die damit verbundenen Erosionserscheinungen auf weiten Strecken durch technische Bauweisen gesichert. Rein technisch gesicherte Ufer wirken sich jedoch im Vergleich mit ungesicherten Ufern nachteilig auf die Lebensgemeinschaften des Gewässers, der Ufer und angrenzenden Landbereiche aus. Die Habitatstruktur der Gewässer wird weitgehend vereinheitlicht (Steilufer oder Flachwasserzonen sind meist nicht mehr vorhanden), morphologische Prozesse wie Erosion oder Sedimentation vielfach unterbunden, ähnliche Strömungsbedingungen im Uferbereich geschaffen und die Ansiedlungs- und Entwicklungsbedingungen vieler Pflanzen und Tiere verschlechtert. So sind z. B. Wasserpflanzen aufgrund des Wellenschlags an Bundeswasserstraßen, außer in besonders breiten Gewässerquerschnitten, in Altarmen oder geschützten Uferbereichen, kaum noch anzutreffen. Ebenso können das Landschaftsbild und die Erholungsnutzung am Gewässer durch die verschiedenen Ufersicherungen beeinträchtigt werden. Zahlreiche Gründe haben dazu geführt, dass heute beim Bau neuer oder bei der Unterhaltung bestehender Ufersicherungen ökologische und soziale Belange immer stärker berücksichtigt werden.

Bei den nachfolgenden Betrachtungen liegt das Hauptaugenmerk auf den heute gebräuchlichsten Ufersicherungen. Auf Ufersicherungen z. B. in Dichtungs- oder Dammstrecken wird nicht eingegangen, da dort aus Sicherheitsgründen entweder kein Bewuchs höherer Pflanzen geduldet oder Bewuchs nur sehr eingeschränkt zugelassen werden kann. Ebenso werden stark versiegelte Ufer (Sicherungen mit Betonplatten, Betonverbundsteinen oder gepflasterte Böschungen) nicht behandelt. Auch Spundwände, die durchgängig und deutlich über dem Wasserspiegel enden, bieten für Pflanzen keine Ansiedlungsmöglichkeiten, außer auf den angrenzenden Landflächen. Die hohen Spundwände bewirken zudem eine Trennung zwischen den Land- und Wasserlebensräumen für alle nicht flugfähigen Tiere und stellen teilweise eine Gefahr für ins Wasser gefallene Tiere dar, da sie sich nicht mehr ans Ufer retten können. Das Landschaftsbild wird durch die meisten dieser Bauweisen deutlich beeinträchtigt. Diese Bauweisen sollte deshalb aus Gründen des Naturhaushalts und des Landschaftsbildes möglichst vermieden werden.

Bei den anschließend beschriebenen Ufersicherungen kann nicht immer eine eindeutige Präferenz in ökologischer Hinsicht gegeben werden, da oftmals die örtlichen Anforderungen und Ausführungsmöglichkeiten über Vor- bzw. Nachteile einer Bauweise entscheiden.

Bei Ausbau und Unterhaltung der Bundeswasserstraßen erfolgt heute die Sicherung der Ufer vor allem mit **durchlässigen Deckschichten aus losen Wasserbausteinen** auf 1:3 geneigten Böschungen. Die meist 40–60 cm starken Deckschichten können oberhalb des Wasserwechselbereichs begrünt und bepflanzt werden. Im unmittelbaren Wellenschlagbereich dagegen ist eine Bepflanzung oder dauerhafte Bewuchsentwicklung nur bedingt möglich. Die Bepflanzung der Deckschichten oder die Entwicklung von Röhrichten, Hochstauden oder Gehölzarten der Weich- und Hartholzaue hängt weitgehend von den technischen Erfordernissen ab (z. B. Dicke der Deckschicht, den notwendigen Steingrößen, der Größe der Hohlräume zwischen den Steinen), aber auch von den jeweiligen Feuchtebedingungen und den Lichtverhältnissen im Ufer- und Böschungsbereich sowie von der durchgeführten Unterhaltung. Damit sich ein Bewuchs auf den Deckschichten rascher einstellen kann und sich das Durchwurzelungsvermögen und somit das Pflanzenwachstum verbessern können, sollte oberhalb des Wasserwechselbereichs ungedüngter Oberboden auf die Deckschicht aufgebracht bzw. die Hohlräume der Steinschüttung mit Oberboden oder einem Oberboden-Alginat-Gemisch aufgefüllt werden. Beim Einbau des Oberbodens ist allerdings darauf zu achten, dass nicht unbeabsichtigt Pflanzenteile oder Wurzelwerk invasiver neophytischer Arten mit eingebracht werden, die sich nachteilig auf die Artenvielfalt und auf die spätere Unterhaltung der Ufer auswirken können.

Diese Art der Ufersicherung ermöglicht grundsätzlich die Ansiedlung und Entwicklung von Biotoptypen der unterschiedlichen Vegetationszonen an Gewässern sowie hauptsächlich für Tiere einen Übergang zwischen den Wasser- und Landlebensräumen. Tieren bieten die unterschiedlichen Bewuchsformen darüber hinaus Lebensraum, Nahrungs-, Schutz- und Fortpflanzungsmöglichkeiten entlang der Gewässer. Aufgrund der vorgegebenen Böschungsneigung können sich diese Biotoptypen oftmals aber nur auf schmalen Geländestreifen einstellen.

Bei losen Deckschichten können jedoch durch die auftretende Wellenbelastung lokal Steine umgelagert werden und zu einer Schädigung von Pflanzen oder Pflanzenteilen führen. Um solche Umlagerungen zu vermeiden, aber auch um die Stärke der Deckschichten teilweise zu reduzieren, werden Deckschichten in manchen Uferabschnitten teilvergossen (Abb. 1). Abhängig vom Umfang des Teilvergusses wird zwar einerseits die von den Pflanzen besiedelbare Oberfläche gegenüber einer losen Deckschicht verringert, die Reduzierung der Deckschichtstärke und die Erosionsstabilität kann andererseits aber die Besiedlung mit Pflanzen dauerhaft erleichtern.

An einigen frei fließenden, aber auch an staugeregelten Bundeswasserstraßen, wie z. B. Rhein, Elbe, Weser wurden zur Verbesserung der Schifffahrtsverhältnisse Buhnen gebaut. Die zwischen den Buhnen liegenden Buhnenfelder weisen meist eine hohe Strukturvielfalt auf, die sonst an den Wasserstraßen kaum vorkommt und die Lebensraum für zahlreiche Pflanzen und Tiere bietet. Beim Bau neuer oder der Instandsetzung vorhandener Buhnen werden darüber hinaus Bauweisen getestet, die ökologisch günstigere Wirkung als die bisherigen Bauweisen aufweisen können und ggf. bestehende Bauweisen ersetzen können (Rödiger et al. 2011).

Nicht nur an Flüssen, sondern auch an Kanälen ist die Profilgestaltung mit 1:3 geneigten Böschungen und die Sicherung mit Wasserbausteinen in Hinblick auf die Lebensgemeinschaften der Ufer und wegen des Landschaftsbildes zu bevorzugen. Örtliche Zwänge können aber vor allem an Kanälen den Bau von Spundwänden erforderlich machen. Sofern diese Bauweise notwendig ist, sollte die Oberkante der Spundwand abschnittsweise jeweils auf Längen von ca. 15–20 m etwa 10 cm über bzw. ca. 30 cm unter dem Kanalwasserspiegel enden und der landseitig angrenzende Bereich als etwa 1:3 geneigte Uferböschung ausgebildet werden (Sundermeier 2011). Diese Bauweise hat den Vorteil, dass landseitig der über Wasser endenden Spundwandabschnitte kleine Flachwasserzonen entstehen können, die über die abgesenkten Bereiche mit dem Kanal in Verbindung stehen. Aufgrund des reduzierten Wellenschlags durch die höhere Spundwand können sich Pflanzen der Röhrichtzone in diesen Uferabschnitten entwickeln und weiter in die Flachwasserbereiche ausbreiten. Die landseitig angrenzenden Böschungsbereiche können ebenfalls begrünt oder bepflanzt werden und diese Lebensräume zu wichtigen Elementen der Landschaft werden. Wasserseitig der Spundwand bestehen allerdings aufgrund der Auswirkungen durch die Schifffahrt keine Möglichkeiten für die Ansiedlung oder Entwicklung von Pflanzen.

Abb. 1. Ufersicherung mit teilvergossener Deckschicht an der Saar. Oberhalb des vegetationsfreien Wellenschlagbereichs haben sich Uferstauden und Gehölze angesiedelt (Foto: Schneider, BfG).

Wo es die Randbedingungen an den Bundeswasserstraßen erlauben, kommen aktuell verstärkt auch wieder naturnähere Bauweisen zur Anwendung, oftmals jedoch nur oberhalb von Mittelwasser bzw. oberhalb des hydrostatischen Staus (Liebenstein et al. 2011). Dies sind beispielsweise Kombinationen aus pflanzlichen und technischen Elementen, wie mit Röhrichten bepflanzte Vegetationsmatten, das Einbringen von Steckhölzern / Setzstangen verschiedener Weidenarten in Deckschichten aus Wasserbausteinen oder Bauweisen, die ausschließlich pflanzliche Materialien verwenden, wie beispielsweise Spreitlagen, mit denen die Ufer geschützt werden.

In Abhängigkeit von den lokalen Verhältnissen an den Bundeswasserstraßen können z. B. mit Holzpfahlreihen oder Lahnungen (Abb. 2), inselartigen Verwallungen aus Steinen bis etwa Höhe des Mittelwassers, durch kleine Parallelwerke oder durch Faschinen, die dem Ufer vorgelagert sind, vorhandene wertvolle Ufervegetation (z. B. Röhrichte) vor nachteiligen Auswirkungen des Wellenschlags geschützt werden. Dies ermöglicht teilweise auch den vollständigen Verzicht auf Ufersicherungen im eigentlichen Uferbereich und damit den Erhalt oder die Entwicklung ökologisch wertvoller Gewässerstrukturen und Habitate.

Sofern Maßnahmen zur Begrünung und Bepflanzung von Ufern geplant sind, soll Saatgut und Pflanzmaterial aus dem Naturraum verwenden werden (autochthones Material), in dem die Maßnahme durchgeführt wird. Dieses Saat- und Pflanzmaterial ist den Standortbedingungen am besten angepasst und trägt dazu bei, den Anforderungen hinsichtlich der natürlichen Artenvielfalt am besten zu entsprechen.

Abb. 2. Holzpfahlreihe zum Schutz von Röhrichtbeständen an der Unteren-Havel-Wasserstraße. Die Öffnung in der Holzpfahlreihe ermöglicht den Austausch von Organismen zwischen Wasserstraße und geschützten Uferbereichen. Die über der Öffnung angebrachte Holzpalisade bildet eine Sperre für Sportboote.

Literatur

Bundesanstalt für Gewässerkunde, BfG (1984): Ufergestaltung bei Ausbau und Unterhaltung der Bundeswasserstraßen – 2. Landschaftsökologische und landschaftspflegerische Aspekte, Jahresbericht 1983.

Bundesanstalt für Wasserbau, BAW, (2008): Merkblatt Anwendung von Regelbauweisen für Böschungs- und Sohlensicherungen an Binnenwasserstraßen (MAR). – Bundesanstalt für Wasserbau (BAW), Eigenverlag, Karlsruhe.

LIEBENSTEIN, H., BAUER, E.M. UND SCHILLING, K. (2011): Versuchsstrecke zu technisch-biologischen Ufersicherungen – Versuchsstrecke Stolzenau an der Mittelweser. – Limnologie Aktuell 13: 161–164.

LIEBENSTEIN, H. (2007): Röhrichte zur Ufersicherung (Versuchsstrecken an Mittelweser und Mittellandkanal). – Veranstaltungen 2/2007, Röhricht an Bundeswasserstraßen (im norddeutschen Raum), Koblenz.

RÖDIGER, S., SCHRÖDER, U., ANLAUF, A. & KLEINWÄCHTER, M. (2011): Ökologische Optimierung von Buhnen in der Elbe, Limnologie Aktuell 13: 179–183.

SUNDERMEIER, A. (2011): Alternative Ufersicherung an stark befahrenen Kanalstrecken am Beispiel der Versuchsstrecke Haimar am Mittellandkanal. – Limnologie aktuell 13: 173–176.

Auswirkung verschiedener Ufersicherungsarten und Baumaterialien auf aquatische Biozönosen

Franz X. Schöll

Bundesanstalt für Gewässerkunde, Am Mainzer Tor 1, 56068 Koblenz, E-mail: schoell@bafg.de

Mit 2 Abbildungen

Zur ökologischen Wirksamkeit von Ufersicherungen werden an der BfG seit langem Untersuchungen durchgeführt, von denen die wichtigsten hier kurz erläutert werden sollen.

Ufersicherungen

Untersuchungen zum Besiedlungsverhalten der zur Sicherung der Gewässerufer gegen Erosion verwendeten Baustoffe zeigen, dass glatte und wellenexponierte Besiedlungssubstrate (hierzu gehören Asphaltmatten, Betonplatten, Stahlbetonbohlen, Stahlspundwände und Natursteinpflaster) von den Makrozoen weit weniger besiedelt werden als lose Bruchsteinschüttungen. Diese bieten wegen ihres Hohlraumsystems und ihrer großen inneren Besiedlungsfläche besonders günstige Lebensbedingungen (Schutz und Nahrung) für Mikro- und Makroorganismen (Tittizer & Schleuter 1989, Abb. 1). Gewässerufer, die durch lose Bruchsteine gesichert sind, sind vom ökologischen Standpunkt daher höher einzustufen als z.B. verspundete oder gepflasterte Ufer. In den Flachlandflüssen, die in der Regel feinkörnige und zugleich mobile Substrate (Schluff, Sand, Kies) aufweisen, sind die zum Schutz der Ufer gegen Erosion eingebrachten Bruchsteine die einzigen „harten" und lagerungsstabilen Substrate, die die Ansiedlung vieler Makrozoen (lithophile Arten) in diesen Bereichen ermöglichen. Sie übernehmen damit die Funktion natürlicher Hartsubstrate wie z.B. am Ufer liegender abgestorbener Baumstämme, die heute nur noch selten in den für die Schifffahrt ausgebauten Flüssen zu finden sind.

Schlacke

Die im Zuge der Metallgewinnung entstehenden Schlacken (Stahlwerk- oder Metallhüttenschlacken) werden seit geraumer Zeit auf Grund ihrer guten physikalischen Eigenschaften im Wasserbau eingesetzt und tragen damit zur Schonung natürlicher Ressourcen bei. Entsprechend ihrer Herkunft weisen Schlackensteine aber unterschiedliche Inhaltsstoffe, insbesondere Schwermetalle, auf. Bedenken gegenüber der Verwendung von Schlackensteinen im Wasserbau bestehen bezüglich einer Abgabe von toxischen Substanzen an das Wasser mit negativen Folgen für die Lebensgemeinschaft. Zahlreiche Vergleichsuntersuchungen im Freiland zwischen der Besiedlung verschiedener Schlackearten gegenüber Natursteinen (Basalt, Grauwacke) zeigen keine negativen Auswirkungen der Schlacke auf das Makrozoobenthos (Zusammenstellung siehe Tittizer 1997). Die getesteten Schlackesteine werden qualitativ und quantitativ in ähnlicher Weise be-

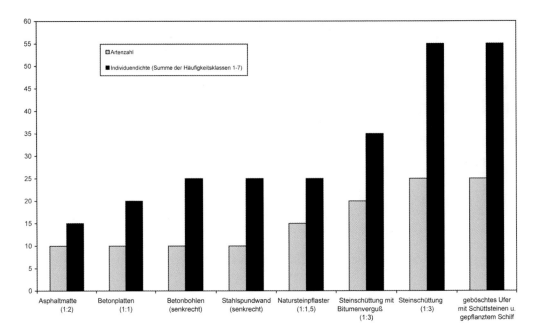

Abb. 1. Makrozoobenthosbesiedlung verschiedenartig ausgebauter Uferstrecken des Dortmund-Ems-Kanals

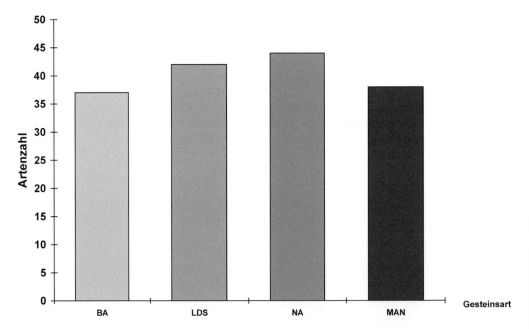

Abb. 2. Gesamtartenzahlen von Besiedlungskörben nach 29-monatiger Exposition im Rhein bei Koblenz. Ba = Basalt, LDS = LD-Schlacke, NA = NA-Schlacke, MAN = Mansfelder Schlacke

siedelt wie die im Wasserbau verwendeten natürliche Gesteine. Unterschiede in der Besiedlung zwischen z. B. Basalt und verschiedenen Schlackearten müssen in den Bereich der natürlichen biozönotischen Bestandsschwankungen und der zufallsbedingten Verteilung der Organismen eingeordnet werden, wie sie im Freiland auch auf Natursteinen häufig anzutreffen sind (Schöll 2002, Abb. 2). Allerdings gibt es Hinweise auf die Akkumulation von Schwermetallen in auf Schlacke lebenden Organismen (Koop & Orthmann 2008). Diese Fragestellung wird zur Zeit in einem größeren Forschungsvorhaben an der BfG untersucht.

Literatur

Koop, J.H.E. & Orthmann, C. (2008): Biologisch-ökologische Untersuchungen zum Einfluss von Schlackensteinen auf die Besiedlung in Bundeswasserstraßen. Zusammenfassung der in der Bundesanstalt für Gewässerkunde vorliegenden Ergebnisse zur Akkumulation von Schwermetallen im Körper und in Gewebe von auf oder an Schlackesteinen lebenden Markozoobenthos-Organismen. – BfG-Bericht 1582, 32 S.

Schöll, F. (2002): Biologisch-ökologische Untersuchungen zum Besiedlungsverhalten (Makrozoobenthos) von Schlackesteinen, Freilandversuche im Rhein, Kurzbericht. – BfG Bericht 1359, 17 S.

Tittizer, T. (1997): Untersuchungen zur Besiedlung von Schlackesteinen durch wirbellose Tiere. – Schriftenreihe der Forschungsgemeinschaft Eisenhüttenschlacken e.V. 4, 89–122.

Tittizer, T. & Schleuter, A. (1989): Über die Auswirkungen wasserbaulicher Maßnahmen auf die biologischen Verhältnisse in Bundeswasserstraßen. – DGM 33, 91–97.

Alternative Ufersicherung an stark befahrenen Kanalstrecken am Beispiel der Versuchsstrecke Haimar am Mittellandkanal

Andreas Sundermeier

Bundesanstalt für Gewässerkunde, Am Mainzer Tor 1, 56068 Koblenz E-mail: sundermeier@bafg.de

Mit 3 Abbildungen

Die deutschen Kanäle sind über weite Strecken im Mulden- oder Trapezprofil ausgebaut. Auch Rechteckprofile mit senkrechten Stahlspundwänden werden wegen ihres geringeren Raumbedarfs verwendet. Allerdings stellen Spundwände für viele Organismen lebensfeindliche Strukturen dar mit fehlendem Übergang zwischen terrestrischen und aquatischen Lebensräumen. Als Alternative zum Rechteckprofil bieten sich Bauweisen mit kombiniertem Rechteck-Trapezprofil (KRT-Profil) an.

Zur Aufwertung der Erholungs- und Lebensraumfunktion des Kanalufers wurden KRT-Profile am Mittellandkanal eingesetzt, etwa in der Stadtstrecke Hannover oder im Großraum Hannover bei Sehnde. Es wurden Spundwände eingebaut, deren Oberkanten wechselweise 30 cm unter oder 10 cm über dem Betriebswasserstand liegen. Hinter den Spundwänden und durch diese vor Schiffswellen geschützt, liegen etwa 1 m breite Flachwasserzonen, an die sich die um 1:3 geneigte Uferböschung anschließt. In das Deckwerk der Uferböschung wurde Oberboden eingespült, dem Alginat zugesetzt war, um die Erosionsstabilität zu verbessern. Im Bereich der Wasserlinie wurden verschiedene Röhrichtarten, Großseggen und Binsen gepflanzt, die terrestrische Böschung mit einer Wildrasenmischung eingesät.

Die einzelnen Kanalstrecken unterscheiden sich hinsichtlich der Anteile von Spundwand unter und über dem Wasserspiegel. In der Versuchsstrecke Haimar bei Sehnde, zwischen MLK-km 189,6 und 190,1, vollzieht sich der Wechsel regelmäßig alle 20 m. Die Versuchsstrecke wurde um 1989 angelegt, um verschiedene Deckwerksbauweisen zu testen (Abb. 1 bis 3).

Bis zum Jahr 1994 wurden erste vegetationskundliche und faunistische Untersuchungen zur Erfolgskontrolle angestellt (BfG 1996). Im Rahmen des F&E-Projektes „Untersuchungen zu alternativen technisch-biologischen Ufersicherungen an Binnenwasserstraßen" (BAW & BfG 2006) findet zur Zeit ein Monitoring statt, in dem der bauliche Zustand, Baugrundparameter, die hydraulische Belastung durch Schiffsverkehr, Vegetation, verschiedene Faunengruppen und der Unterhaltungsaufwand erfasst werden. Im Folgenden werden erste Ergebnisse zur Entwicklung der Ufervegetation präsentiert.

Zunächst entwickelten sich die gepflanzten Arten Wasser-Schwaden (*Glyceria maxima*) und Gelbe Schwertlilie (*Iris pseudacorus*) und das spontan auftretende Behaarte Weidenröschen (*Epilobium hirsutum*) besonders vital. Inzwischen hat sich in der Versuchsstrecke Haimar und an vergleichbaren Streckenabschnitten das Gewöhnliche Schilf (*Phragmites australis*) weitgehend durchgesetzt. Es bildet einen 1–2 m breiten uferparallelen Röhrichtstreifen, der stellenweise von Großseggenrieden der gepflanzten Schlank- und Ufer-Segge (*Carex acuta et riparia*) oder Hochstaudenfluren mit Behaartem Weidenröschen unterbrochen wird. Neben Weidenröschen haben

Abb. 1. Ein Teil der Versuchsstrecke Haimar am 22.06.2007. Die Spundwand verläuft abwechselnd über und unter dem Wasserspiegel.

Abb. 2. Artenreicher Bewuchs in der durch die Spundwand vor Wellenschlag geschützten Flachwasserzone, 22.06.2007.

sich mehr als 20 weitere typische Uferpflanzenarten spontan in der 500 m langen Versuchsstrecke angesiedelt. Zunehmend kommen Gehölze auf, die regelmäßig unterhalten werden müssen. Problematisch für die Unterhaltung ist das Aufkommen der konkurrenzstarken Neophyten Robinie (*Robinia pseudoacacia*) und Japanischer Flügelknöterich (*Fallopia japonica*) in der Stadtstrecke Hannover. Die Arten wurden vermutlich im Zuge der Bauarbeiten über Wurzelstücke eingebracht.

Die Flachwasserzonen der Versuchsstrecke Haimar sind nur bewachsen, wenn die Spundwand-Oberkante über dem Wasserspiegel verläuft (Abb. 1 bis 3). Liegt die Oberkante unter dem Wasserspiegel, wird die Wellenenergie der Schiffe zwar so weit reduziert, dass ein Pflanzenwachstum bis zur Wasserlinie möglich ist, die Flachwasserzone selbst bleibt aber weitgehend vegetationslos. Ein besserer Pflanzenwuchs in den Flachwasserzonen ist zu erzielen, wenn der Anteil von Strecken mit Spundwand über der Wasserlinie auf Kosten der Strecken mit Spundwand unter der Wasserlinie deutlich erhöht wird.

Die Schilfvitalität und die Breite des Schilfgürtels werden von der Art des Deckwerkes beeinflusst. Kräftiger, dichter Röhrichtbewuchs wird durch Deckwerksbauweisen gefördert, die möglichst viel mit Boden gefüllten Wurzelraum bieten.

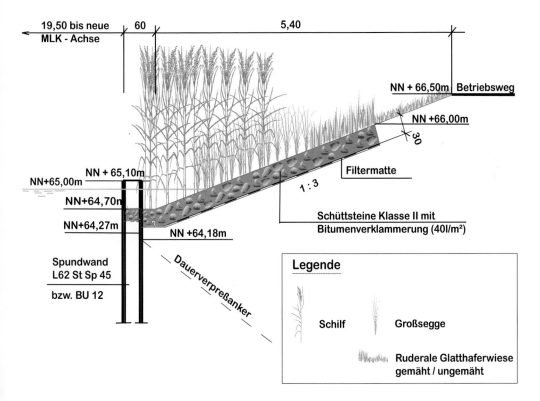

Abb. 3. Querschnitt durch ein KRT-Profil mit baulichen Details und Bewuchs am 22.06.2007. Die Spundwand-Oberkante liegt 10 cm über dem Betriebswasserstand. Die etwa 1 m breite Flachwasserzone und der daran anschließende Uferstreifen sind dicht mit Schilf bewachsen.

Literatur

Bundesanstalt für Gewässerkunde (BfG) & Bundesanstalt für Wasserbau (BAW) (2006): Untersuchungen zu alternativen, technisch-biologischen Ufersicherungen an Binnenwasserstraßen. – Teil 1: Veranlassung, Umfrage und internationale Recherche. Bericht, Koblenz, Karlsruhe, 48 S. (http://www.baw.de/ufersicherung/index.php)

Bundesanstalt für Gewässerkunde (BfG) (1996): Faunistische und floristische Untersuchungen im Bereich der Versuchsstrecke Haimar im Mittellandkanal (MLK-km 189,600–190,100). 1990–1994. Bericht im Auftrag der Wasser- und Schifffahrtsdirektion Mitte, BfG-0933, 41 S.

Ökologische Verbesserungsmaßnahmen an Strömen und Kanälen IV: Ökologische Effizienz der Optimierung von Buhnen und Gestaltung von Parallelwerken

Ecological improvement measures on rivers and canals IV: Ecological efficiency of the optimization of groynes and the design of parallel structures

An vielen Strömen wurden schon im 18. Jahrhundert Buhnen gebaut, die primär dem Ufer- und Eigentumsschutz und später der Sicherung und Bündelung des Abflusses sowie der Verbesserung der Fahrwasserverhältnisse für die Schifffahrt dienten. Rödiger gibt wesentliche Ergebnisse des von der Bundesanstalt für Gewässerkunde (BfG) und von der Bundesanstalt für Wasserbau (BAW) im Auftrag der WSV durchgeführten Projektes „Ökologische Optimierung von Buhnen" wider, in dem alternative Buhnenformen entwickelt, gebaut und langjährig untersucht wurden, die einerseits ökologisch wichtige Dynamik in den betroffenen Buhnenfeldern zulassen und andererseits ihren wasserbaulichen Aufgaben genügen sollen.
Parallelwerke sind Regelungsbauwerke, die den Abflussquerschnitt eines Fließgewässers seitlich begrenzen. Im Gegensatz zu Buhnen werden Parallelwerke in Fließrichtung gebaut. In Bundeswasserstraßen soll durch die erhöhte Schleppkraft des Wassers die Fahrrinne frei von Geschiebeakkumulation gehalten werden, aufwändige Dauerbaggerungen können dadurch vermieden werden. Aus ökologischer Sicht entstehen hinter den Parallelwerken geschützte Bereiche, in denen eine ständige Umlagerung der Ufersubstrate infolge des von Motorschiffen verursachten Wellanschlags nicht stattfindet, auf der anderen Seite aber eine Verschlammung durch Feinsedimentablagerung eintreten kann. Am Parallelwerk am Niederrhein unterhalb von Duisburg bei Walsum Stapp soll die bestehende Gefahr der Verschlammung in der strömungsberuhigten Zone hinter dem Parallelwerk durch die bauliche Konzeption in Form von Inseln und Flutöffnungen und den daraus resultierenden Strömungsgeschwindigkeiten von 0,4 m/s weitgehend verhindert werden. Schöll bewertet die ökologische Effizient des offenen Parallelwerkes anhand verschiedener Auswertungsverfahren für das Makrozoobenthos.

Groynes were built on many rivers already in the 18th century primarily to serve the protection of banks and property, and later the maintenance and concentration of flow and the improvement of navigation conditions in the fairways. Rödiger presents essential results of the project „Ecological optimization of groynes" which was jointly executed by the Federal Institute of Hydrology (*BfG*) and the Federal Waterways Engineering and Research Institute (*BAW*) for the Federal Waterways and Shipping Administration (*WSV*). The aim of the long-term project was to develop, build, and observe alternative shapes of groynes admitting ecologically important dynamics in the affected groyne fields, while at the same time meeting the requirements of hydraulic engineering.
Longitudinal training walls (parallel walls) are regulating structures that provide lateral restrictions of the watercourses. In contrast to groynes, the longitudinal training walls are built in the direction of flow. The intensified drag force of the water should keep the navigation channel free of bedload accumulations, thus avoiding expensive regular dredging. Behind these training walls emerge - in an ecological perspective - protected areas without permanent relocation of the bank substrates due to wave impact caused by motor ships. However, silting by deposits of fine sediments may occur. The longitudinal training wall on the Lower Rhine at Walsum Stapp downstream of Duisburg was designed to prevent such silting in the still-water zone behind the parallel structure. This

was mainly achieved by the constructive concept consisting of islands and flood outlets and the resulting flow velocities of 0.4 m/s. Schöll assesses the ecological efficiency of the open parallel structure by means of several evaluation methods for the macrozoobenthos.

Ökologische Optimierung von Buhnen in der Elbe

Silke Rödiger, Uwe Schröder, Andreas Anlauf und Meike Kleinwächter

Bundesanstalt für Gewässerkunde Mainzer Tor 1 56068 Koblenz, E-mail: roediger@bafg.de

Mit 2 Abbildungen

Intention

Seit dem 18. Jahrhundert werden an der Elbe Buhnen gebaut, die primär dem Ufer- und Eigentumsschutz und später der Sicherung und Bündelung des Abflusses sowie der Verbesserung der Fahrwasserverhältnisse für die Schifffahrt dienten. In den Jahren der deutschen Teilung wurden in Bereichen der Mittelelbe die Unterhaltungsmaßnahmen reduziert – Buhnen zerfielen und wurden durchlässig. Dies führte lokal zu einer Erhöhung der Strömungsdynamik und damit zu größerer Strukturvielfalt in den Buhnenfeldern. Gleichzeitig war jedoch die hydraulische Funktion der Buhnen durch die teilweise erheblichen Schädigungen des Buhnenkörpers eingeschränkt.

Im Rahmen des von der Bundesanstalt für Gewässerkunde (BfG) und von der Bundesanstalt für Wasserbau (BAW) im Auftrag der WSV durchgeführten Projektes „Ökologische Optimierung von Buhnen" wurden daher alternative Buhnenformen entwickelt, gebaut und langjährig untersucht, die einerseits die entstandene Dynamik in den betroffenen Buhnenfeldern erhalten und andererseits ihren wasserbaulichen Aufgaben genügen sollen.

Vorgehensweise

Da auch alternative Buhnenformen regelungs- und strombautechnischen Anforderungen genügen müssen, wurden zunächst unterschiedliche Formen in einem aerodynamischen Modell untersucht. Die mit diesen Untersuchungen ausgewählten Buhnen wurden in einem großmaßstäblichen hydraulischen Modell im Detail untersucht. Anschließend wurden am linken Elbufer zwischen Elbe-km 439 und 446 jeweils vier Buhnen des Typs Knickbuhne und fünf Buhnen des Typs Kerbbuhne eingebaut (Abb. 1). Als Referenzen wurden sechs benachbarte Regelbuhnen einbezogen. Die Auswirkungen der Buhnenformen auf die Gestalt und Besiedlung der Buhnenfelder wurden durch hydraulisch-morphologische, vegetationskundliche und faunistische Aufnahmen untersucht (Anlauf & Hentschel 2002).

Methoden

Die BAW führte in Zusammenarbeit mit der Freien Universität Berlin und freiberuflichen Auftragnehmern mittels ADCP turnusmäßig Aufnahmen der **Topografie** sowie die Messung von Fließgeschwindigkeitsverteilungen in den Buhnenfeldern und bei höheren Abflüssen auf den überströmten Buhnen durch.

Abb. 1. Kerbbuhnen (Foto: T.O. Eggers).

Für die **Vegetation** wurden die Buhnenfelder flächenhaft zweimal jährlich pflanzensoziologisch im Maßstab 1:1.000 kartiert. Die Vegetationsaufnahmen wurden gemäß Braun-Blanquet (1964), modifiziert nach Wilmanns (1998), angefertigt (RANA 1999–2009). Neben eindeutig ansprechbaren Gesellschaften wurden auch Dominanz- und Mischbestände sowie Übergangsformen erfasst (Krumbiegel et al. 2002). Die Kartierungen wurden in einem GIS-gestützten raumzeitlichen Modell aufbereitet. Mittels dieses Modells wurden unterschiedliche rein quantitative Strukturparameter (u. a. die Heterogenität auf Basis des Simpson-Eveness Index und die Grenzliniendichte der kartierten Vegetationseinheiten) im Sinne der landscape ecology (Blaschke 1999) berechnet sowie eine naturschutzfachliche Bewertung in Anlehnung an BfG (1996) der kartierten Einheiten durchgeführt. Die Ergebnisdaten wurden für eine abschließende Gesamtbewertung mittels des multikriteriellen Verfahrens des „Analytic Hierarchy Process" nach Saaty (1990) gewichtet zusammengefasst, wobei dem qualitativen Kriterium der naturschutzfachlichen Bedeutung eine erhöhte Gewichtung zu Teil wurde.

Die **Laufkäfer** wurden durch die Technische Universität Braunschweig mit Hilfe modifizierter Bodenfallen nach Barber (1931) erfasst (Eggers & Kleinwächter 2009). In jedem Buhnenfeld wurden zwei uferparallele Transekte mit drei Bodenfallen platziert. Zusätzlich erfolgte in je zwei Buhnenfeldern pro Buhnentyp eine Beprobung mit zwei Transekten senkrecht zur Wasserkante. Diese Transekte bestanden aus drei bis vier Fallen, die entsprechend der Vegetationszonierung von der Wasserkante bis zum Uferwall ausgebracht wurden. Um Schlüsselfaktoren für das Vorkommen der Arten zu analysieren wurden bei den wöchentlichen Leerungen Struktur- und Bodenparameter an allen Bodenfallenstandorten erhoben.

Das **Makrozoobenthos** wurde ebenfalls durch die Universität Braunschweig erfasst (Eggers & Kleinwächter 2009). Beprobt wurden die Buhnenfelder mit jeweils zwei Transekten aus fünf Probestellen, sowohl in uferparalleler als auch in buhnenparalleler Ausrichtung. An den Buhnenflanken kamen noch fünf Probestellen hinzu. Je nach Wassertiefe und Zugänglichkeit wurden die Probestellen vom Ufer aus zu Fuß erreicht, vom Ufer aus unter Zuhilfenahme eines Kajaks angefahren oder in den stromnahen Bereichen mit Hilfe eines Baggerschiffes beprobt. An allen Probestellen wurden Wassertiefe und Substratzusammensetzung erhoben.

Die Untersuchung der **Fischfauna** erfolgte durch das Meeresmuseum Stralsund bzw. die Universität Hamburg, basierend auf einem Raster-Transekt-Muster ähnlich dem des Makrozoobenthos (Thiel et al. 2009). Die festgelegten Probenahmepunkte wurden im Laufe der regelmäßigen Untersuchungen nacheinander angefahren und bei Anwendung der Point-Abundance-Sampling-Strategie (Copp 1985) mittels Elektrofischerei befischt. Wegen der abnehmenden Effizienz der Elektrofischerei in den tieferen Buhnenfeldbereichen wurde zusätzlich ein Zugnetz eingesetzt. Bei allen Befischungen wurden die Probestellen durch zahlreiche Umweltparameter beschrieben.

Die Untersuchungen begannen vor dem Bau der experimentellen Buhnen im Jahr 1999 und wurden nach deren Neugestaltung bis ins Jahr 2008 mit zeitweisen Unterbrechungen fortgesetzt. Als Ergebniszeitraum werden vorrangig die Jahre 2006–2008 betrachtet.

Ergebnisse und Diskussion

Vergleicht man die Wirkung der neu gestalteten Buhnentypen auf die **Morphologie** der Buhnenfelder, so scheinen die Kerbbuhnen Erfolg versprechender als die Knickbuhnen, da sie die Strömungs- und Strukturvielfalt zumindest in einem der Untersuchungsgebiete erhöhen. Für beide Buhnentypen, Knick- und Kerbbuhnen, ist die Erosion in den Buhnenfeldern bei hohen Abflüssen signifikant erhöht gegenüber den inklinanten Regelbuhnen. Größere Wirkung als der Form der Versuchsbuhnen ist jedoch dem Abflussgeschehen zuzuschreiben. Insbesondere die ausgeprägten Hochwässer der Jahre 2002 und 2006 hatten eine großräumige Umlagerung von Material zur Folge. Interessant war dabei, dass diese beiden Hochwasserereignisse im Untersuchungsgebiet zwar ähnliche Massen bewegten, allerdings die Umlagerung genau gegensätzlich ablief: das Sommerhochwasser 2002 hat großflächig Material im Uferbereich abgetragen, das Winterhochwasser 2006 hingegen hat vor allem Material angelandet (Henning & Hentschel 2006).

Die Ergebnisse aus der gewichteten Bewertung qualitativer und quantitativer Kriterien für eine Bewertung der **Vegetation** hinsichtlich ihrer naturschutzfachlichen Bedeutung, aber auch der räumlichen Heterogenität und Komplexität ihrer Einheiten zeigen eine Differenzierung auf. Demnach entwickelte sich die Mehrzahl der Buhnenfelder im Strömungsschatten von Buhnen ohne Baumaßnahmen positiv, während die Buhnenfelder im Strömungsschatten von Buhnen, die saniert wurden, sich in der Mehrzahl negativ entwickelten. Auch die Buhnenfelder im Strömungsschatten der Kerbbuhnen entwickelten sich eher positiv. Die Buhnenfelder im Strömungsschatten der Knickbuhnen zeigen keinerlei Trend auf (Abb. 2). Krumbiegel et al. (2002) beschreiben einen Effekt grundsanierter Buhnen in der Nähe von Rühstädt. Dort wurden nach der Instandsetzung großflächig dünne schlammige Ablagerungen auf den vorherrschend sandigen Substraten festgestellt. Die Standortbedingungen für wertgebende Vegetationseinheiten, wie z. B. die Hirschsprung-Gesellschaft (*Chenopodio polyspermi-Corrigioletum litoralis*) haben sich dadurch zunächst verschlechtert.

Durch die Erhaltung der strukturellen Vielfalt und die diversere Korngrößenverteilung scheint die Habitatqualität für **Laufkäfer** insbesondere durch die Kerbbuhnen verbessert zu werden. Frühere Studien an zerstörten Buhnen zeigen, dass durch ufernahe Kerben Kolke und Sandbänke entstehen können, die die Uferlinie verlängern (Wirtz & Ergenzinger 2002) und so die Habitatverfügbarkeit für stenotope Uferarten erhöhen. Die sandigen Uferbereiche in den Buhnenfeldern sind wichtige Habitate für Arten, die an Sand- und Kiesbänke angepasst sind, z. B. *Bembidion argenteolum*, *B. velox* und *Dyschirius arenosus* (Kleinwächter et al. 2005).

Es scheint so, dass Buhnenfelder mit Kerbbuhnen mehr Habitate für autochthone **Makroinvertebraten** wie *Gomphus flavipes* und *Pisidium henslowanum* bereitstellen können (Kleinwächter et al. 2005). Bei der Bewertung der einzelnen Buhnenfelder über den Potamon-Typie-Index ist eine ständige Verbesserung seit den Extremjahren 2002 und 2003 festzustellen. Tendenziell tritt dieser Faktor bei den vorliegenden Datensätzen in den Versuchsbuhnenfeldern

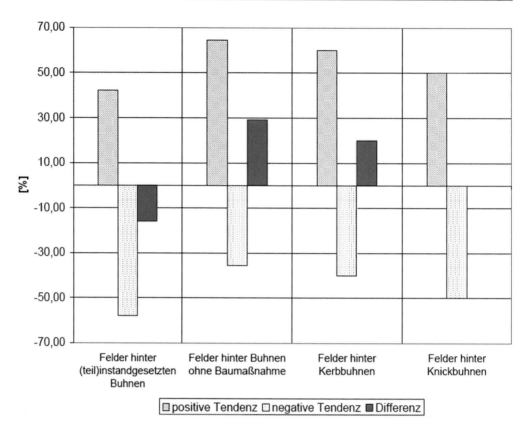

Abb. 2. Verhältnis der Anzahl der Buhnenfeldtypen mit positiver oder negativer Entwicklungsbilanz (vor und nach 2003; gemäß der mittels AHP berechneten Gesamtbewertung).

verstärkt auf. Nach den während der Freilandprobennahmen gewonnenen subjektiven Eindrücken ist die Entwicklung der Habitatqualität zu naturnahen Gewässer- und Uferstrukturen in den Kerbbuhnenfeldern am weitesten fortgeschritten (Eggers & Kleinwächter 2009).

Unterschiede in der Struktur der **Fischfauna** verschiedener Buhnenfeldtypen konnten in Bezug auf die fischökologischen Parameter Diversität, Evenness, Reproduktionsgilden, Nahrungsgilden und Habitatbindungsgilden statistisch signifikant abgesichert werden. Unterschiede waren zwischen den Kerbbuhnen- und den Knickbuhnenfeldern feststellbar. Sie sind zwischen den einzelnen Buhnen jedoch insgesamt größer als zwischen den Buhnentypen. Innerhalb der Buhnenfelder lassen sich drei Bereiche aufgrund der Fischgemeinschaften unterscheiden: strömungsberuhigter Uferbereich, angeströmter Buhnenbereich und Buhnenkopf (Thiel et al. 2009).

Insgesamt kann man feststellen, dass modifizierte Buhnen lokal geeignete Habitate für gefährdete Uferlaufkäfer und Makrozoobenthos bereitstellen und den Erhalt heterogener Vegetationsstrukturen unterstützen können. Die Strukturvielfalt scheint durch den Buhnentyp „Kerbbuhne" am ehesten erhalten bzw. gefördert zu werden. Die diesbezüglichen Unterschiede werden jedoch auch durch andere Einflüsse überlagert. In erster Linie ist hier das Abflussgeschehen zu nennen; hinzu kommen Effekte durch die unterschiedliche Lage und Größe der Buhnenfelder und ihren Ausgangszustand vor dem Umbau.

In naher Zukunft müssen entlang der mittleren Elbe noch viele Buhnen zur Sicherung des Schifffahrtsweges instandgesetzt oder erhalten werden. Dies ermöglicht einen weiteren Umbau zu veränderten Buhnentypen. Die Umgestaltung hat auch schon in größerer Zahl Eingang in die Unterhaltung der Elbe gefunden (Puhlmann & Wernicke 2009). Das Projekt hat außerdem neue Impulse gesetzt, Buhnen zu modifizieren. Zu nennen sind hier z. B. vier Buhnen im Bereich von Elbe-km 450,5 bis 451,2, die zu einem großen Teil aus Totholz bestehen und durch ein vergleichbar gelagertes Monitoring begleitet werden (Puhlmann & Wernicke 2009).

Literatur

ANLAUF, A. & HENTSCHEL, B. (2002): Untersuchungen zur Wirkung verschiedener Buhnenformen auf die Lebensräume in Buhnenfeldern der Elbe. – In: Die Elbe – neue Horizonte des Flussgebietsmanagements, Tagungsband des 10. Magdeburger Gewässerschutzseminars. Verlag Teubner, Stuttgart, S. 199–202.

BARBER, H.S. (1931): Traps for cave-inhabiting insects. – Journal of the Elisha Mitchell Scientific Society. Vol. 46 (1931): 259–266.

BfG (1996): Mitteilung Nr. 9, Umweltverträglichkeitsuntersuchungen an Bundeswasserstraßen. – Materialen zur Bewertung von Umweltauswirkungen, Koblenz

BLASCHKE, T. (1999): Quantifizierung der Struktur einer Landschaft mit GIS: Potential und Probleme. – In: Walz, U. [Hrsg.] (1999): Erfassung & Bewertung der Landschaftsstruktur – Auswertung mit GIS und Fernerkundung. IÖR-Schriften. Band 29. Dresden

BRAUN-BLANQUET, J. (1964): Pflanzensoziologie. – 3. Aufl., 865 S., Wien.

COPP, G.H. (1985): Electrofishing or fish larvae and 0+ juveniles: equipment modifications for increased efficiency with short fishes. – Aquacult. Fish. Mgmt. 20: 453–462

EGGERS, T.O. & KLEINWÄCHTER, M. (2009): Faunistisch-ökologische Untersuchungen zur Ermittlung der Wirkung von Habitatstrukturen auf Makrozoobenthosorganismen und Laufkäfer in der Elbe. –Synoptischer Abschlussbericht März 2009, beauftragt durch die Bundesanstalt für Gewässerkunde. Unveröffentlicht

HENNING, M. & HENTSCHEL, B. (2006) Morphodynamik in Buhnenfeldern – Naturuntersuchungen an der Elbe. – Wasserbaukolloquium 2006: Strömungssimulation im Wasserbau; Dresdener Wasserbauliche Mitteilungen Heft 32

KLEINWÄCHTER, M., EGGERS, T.O., HENNING, M., ANLAUF, A., HENTSCHEL, B. & LARINK, O. (2005): Distribution patterns of terrestrial and aquatic invertebrates influenced by different groyne forms along the River Elbe (Germany). – Arch. Hydrobiol. Suppl. 155/1–4 p. 319–338. Large Rivers Vol. 15, No. 1–4. Mai 2005

KRUMBIEGEL, A., MEYER, F., SCHRÖDER, U., SUNDERMEIER, A. & WAHL, D. (2002): Dynamik und Naturschutzwert anueller Uferfluren der Buhnenfelder im brandenburgischen Elbtal. – Naturschutz und Landschaftspflege in Brandenburg 11 (4). Potsdam

PUHLMANN, G. & WERNICKE A. (2009):Wasserstraßenunterhaltung an der Elbe im Biosphärenreservat Mittelelbe. – Natura 2000 Kooperation von Naturschutz und Nutzern, BfN (Hrsg.), S. 50–54

RANA – Büro für Ökologie und Naturschutz Frank Meyer (1999–2009): Ökologische Optimierung von Buhnen an der Elbe. Teilthema: Biotop- und Vegetationserhebung an der Elbe im Rühstädter Bogen. Halle. – Unveröffentl. Gutachten im Auftrag der Bundesanstalt für Gewässerkunde

SAATY, T.L. (1990): Multicriteria decision making – the analytic hierarchy process. – In: Planning, priority setting, resource allocation. 2. Auflage. RWS Publishing, Pittsburgh 1990.

THIEL, R., EICK, D., HEINRICHS, J., LILL, D., OESMANN, S., THIEL, R. & WEIGELT, R. (2009): Abschlussbericht über das Vorhaben „Faunistisch-ökologische Untersuchung zur Ermittlung der Wirkung von Habitatstrukturen auf Fische in der Elbe". – Beauftragt durch die Bundesanstalt für Gewässerkunde. Unveröffentlicht.

WILMANNS, O. (1998): Ökologische Pflanzensoziologie. – 6. Aufl. Heidelberg

WIRTZ, C. & ERGENZINGER, P. (2002): Die untere Mittelelbe: hydromorphologische Charakterisierung von ausgesuchten Uferbereichen und Nebengewässern. – Zeitschrift für Fischkunde. Suppl. 1 – Ökologie der Elbefische, 2002: 13–40.

Ökologische Bewertung des hinterströmten Parallelwerks Walsum Stapp mittels Makrozoobenthos

Franz X. Schöll

Bundesanstalt für Gewässerkunde, Am Mainzer Tor 1, 56068 Koblenz E-mail: schoell@bafg.de

Mit 1 Abbildung und 1 Tabelle

Einleitung

Parallelwerke sind Regelungsbauwerke, die den Abflussquerschnitt eines Fliessgewässers seitlich begrenzen. Im Gegensatz zu Buhnen werden Parallelwerke in Fließrichtung gebaut. In Bundeswasserstraßen soll durch die erhöhte Schleppkraft des Wassers die Fahrrinne frei von Geschiebeakkumulation gehalten werden, aufwändige Dauerbaggerungen können dadurch vermieden werden.

Aus ökologischer Sicht entstehen hinter den Parallelwerken geschützte Bereiche, in denen eine ständige Umlagerung der Ufersubstrate infolge der von Motorschiffen verursachten Wellanschlag nicht stattfindet. Bislang wurden Parallelwerke allerdings als geschlossene Bauwerke mit Uferanschluss und durchgehender Steinschüttung angelegt. Bei solcher Bauart ist hinter dem Parallelwerk bis Mittelwasser keine Strömung vorhanden, außerdem lagert sich dort Feinmaterial ab, wodurch die Kiessohle verschlammt und sich eine euryöke bzw. Lebensgemeinschaft von Ubiquisten einstellt.

Parallelwerk Walsum Stapp

Das Parallelwerk am Niederrhein unterhalb von Duisburg bei Walsum Stapp (Rhein-km 793,5 und 795,0), das in den Jahren 1996 bis 1997 am rechten Ufer fertig gestellt wurde, soll die aus ökologischer Sicht gegebene Gefahr der Verschlämmung in der strömungsberuhigten Zone hinter dem Parallelwerk durch die bauliche Konzeption in Form von Inseln und Flutöffnungen und den daraus resultierenden Strömungsgeschwindigkeiten von 0,4 m/s weitgehend verhindern (Abb. 1). Daneben ist das Parallelwerk in Höhe und Breite modelliert.

Makrozoobenthos

Im Rahmen der Beweissicherung wurde das Makrozoobenthos der einzelnen Teillebensräume (Abb. 1) im Zeitraum von 1998–2006 erfasst, insbesondere das flussseitige Parallelwerk, das uferseitige Parallelwerk und die ufernahen Kiesflächen hinter dem Parallelwerk (Rütten 2005, Büro für Gewässerökologie 2007).

Die vorgefundene benthische Lebensgemeinschaft zeichnet sich durch einen hohen Anteil an Neobiota (*Dikerogammarus villosus, Chelicorophium robustum, C. curvispinum*) aus. Indi-

Abb. 1. Luftbild Parallelwerk Walsum Stapp mit Angabe der untersuchten Teilbereiche.

gene flusstypische Arten treten demgegenüber zurück. Zu erwähnen sind *Ancylus fluviatilis* und *Chironomidae*. Als typische potamale Charakterarten wurden *Ephoron virgo* und *Gomphus flavipes* nachgewiesen.

Unterschiede zwischen den einzelnen untersuchten Teillebensräumen sind gering, aber nachweisbar. So sind mittlere Artenzahl und -diversität hinter dem Parallelwerk gegenüber der dem Wellenschlag zugewandten Seite erhöht. Wellenschlag bzw. von Schiffen verursachter Sog und Schwall können selektierende Faktoren für die Benthosbiozönose sein (Schleuter et al. 2006).

Die bewusst offene Gestaltung des Parallelwerkes und das dadurch geschaffene durchströmte Seitengerinne wird zudem durch strömungsliebende Arten wie *Jaera istri* und *Psychomia pusilla* angezeigt. Bei geschlossener Bauweise hätten diese flusstypischen Arten keine Lebensmöglichkeiten.

Auch der ökologische Zustand nach WRRL ermittelt nach dem Potamontypieverfahren (PTI) (Schöll et al. 2005) ist hinter dem Parallelwerk geringfügig besser („unbefriedigend") als an der Flussseite („schlecht", Tab. 1). Man darf hierbei aber nicht vergessen, dass die Rahmenbedingungen für die lokale Ausprägung einer flusstypischen Lebensgemeinschaft am Niederrhein denkbar ungeeignet sind. Wegen der morphologischen Veränderungen wird der Niederrhein als „heavily modified" eingestuft (Landesumweltamt NRW 2004). Dazu kommen stoffliche (z.B. Salzgehalt) und thermische Belastungen sowie Veränderungen der einheimischen Lebensgemeinschaft durch eingeschleppte Tierarten. Daher verwundet es kaum, dass der ökologische Zustand der Makrozoobenthosgemeinschaft des Niederrheins nur im Bereich zwischen IV („unbefriedigend") und V („schlecht") liegt (Planungsbüro Hydrobiologie Berlin 2007).

Tab. 1. Gesamttaxazahl, mittlere Taxazahl, Artendiversität und Potamontypieindex, PTI-Klassengrenzen: „sehr gut": 1–1,9; „gut": 1,91–2,6; mäßig: 2,61–3,4; „unbefriedigend": 3,41–4,1; „schlecht": 4,11–5.

	Parallelwerk flussseitig	Parallelwerk uferseitig	ufernahe Kiesflächen
Gesamttaxazahl	21	25	27
mittlere Taxazahl	12,7	17,7	18
Artendiversität	1,93	2,18	2,5
Potamon-Typie-Index (ökol. Zustandsklasse)	4,39 (schlecht)	4,07 (unbefriedigend)	3,96 (unbefriedigend)

Das ökologische Potential offener Leitwerke ist am Niederrhein daher nachweisbar, dürfte aber bei einer besseren Ausgangssituation deutlich höher liegen.

Literatur

Büro für Gewässerökologie (2007): Bewertung von alternativen Ufersicherungsmaßnahmen auf der Basis von Makrozoobenthos. – Unveröffentl. Gutachten im Auftrag der BfG.

Landesumweltamt NRW (2004): Dokumentation der Wasserwirtschaftlichen Grundlagen. Bestandsaufnahme, Flussgebietseinheit Rhein, Bearbeitungsgebiet Niederrhein, Arbeitsgebiet Rheingraben Nord. – 1. Bericht zur Offenlegung vom 23.01.2004 (2 CDs).

Planungsbüro Hydrobiologie Berlin (2007): Ökologische Untersuchung des Rheins in NRW. Ergebnisse der Untersuchungen der ökologischen Qualitätskomponente Makrozoobenthos im Rahmen der Überblicksüberwachungen im Jahr 2007. – Unveröffentl. Gutachten im Auftrag des LANUV NRW.

RÜTTEN, M. (2005): Faunistische Erhebungen (aquatische Makrofauna) im Rahmen der Beweissicherung Parallelwerk Walsum-Stapp (Rhein-km 793,0–795,5), Abschussbericht. – Unveröffentl. Gutachten im Auftrag des WSA Duisburg.

SCHLEUTER, M., KÖNIG, B., KOOP, J.H.E. & SÖHNGEN, B. (2006): Die Wirkung von schiffsbedingtem Wellenschlag auf die Uferbesiedlung mit Makrozoobenthos dargestellt an Untersuchungsergebnisse von Erhebungen an der Unteren Havel-Wasserstraße. – BfG Bericht 1498.

SCHÖLL, F., HAYBACH, A. & KÖNIG, B. (2005): Das erweiterte Potamontypieverfahren zur ökologischen Bewertung von Bundeswasserstraßen (Fließgewässertypen 10 und 20: kies- und sandgeprägte Ströme, Qualitätskomponente Makrozoobenthos) nach Maßgabe der EU-Wasserrahmenrichtlinie. Hydrologie und Wasserwirtschaft 49 (5), 234–247.

Regenerationsmaßnahmen und der ökologische Zustand der Fließgewässer in Schleswig-Holstein

Matthias Brunke und Johanna Lietz

Landesamt für Landwirtschaft, Umwelt und ländliche Räume des Landes Schleswig-Holstein, Hamburger Chaussee 25, D-24220 Flintbek

Mit 3 Abbildungen und 6 Tabellen

Abstract. The majority of streams and rivers in Schleswig-Holstein are classified to be not in a good ecological state. When considering all quality elements, the aquatic flora is assessed to be in a better state than macroinvertebrates and fish. Because of the obvious restoration demand, extensive measures are planned throughout the state. The designation of ecological priority waters supports a temporal prioritization of pressure-dependent and cost-intensive restoration measures. Most measures are planned for waterbodies referring to sand- and gravel dominated stream types. The key aspects of activities cover the reestablishment of longitudinal connectivity and various instream measures in order to improve habitat for aquatic biota. Two types of measures gain in importance, general measures that increase dynamic channel processes in order to improve mesoscale hydromorphological variability and specific measures, such as near-natural sand traps. Mostly several types of measures are realized at a restoration site, so that e.g. stone ramps, gravel riffles, instream deflectors, removing of embankments, sand traps, and the introduction of large woody debris may be arranged depending on local factors and the guiding image. Restoration success will be evaluated principally by the operational ecological monitoring on the scale of water bodies. Selected measure complexes are analysed by using fish, macroinvertebrates and macrophytes by using a specific monitoring design. This paper finally provides a perspective on the role of pressure hierarchy and on principles that support an effective measure planning and restoration success.

Key words: WFD, monitoring, assessment, restoration

Zusammenfassung: Der Großteil der Fließgewässer in Schleswig-Holstein befindet sich in keinem guten ökologischen Zustand. Von den einzelnen Qualitätselementen erhält die Gewässerflora etwas bessere Zustandsbewertungen als das Makrozoobenthos und die Fischfauna. Aufgrund des erheblichen Regenerationsbedarfs sind umfangreiche Maßnahmen geplant. Eine zeitliche Priorisierung der belastungsabhängigen, kostenintensiven Maßnahmen wird durch die Ausweisung von Vorranggewässern unterstützt, die über ein ökologisches Regenerationspotenzial verfügen. Die meisten Maßnahmen werden an sand- und kiesgeprägten Bächen geplant. Die Schwerpunkte bei Restaurationsmaßnahmen liegen in der Herstellung der longitudinalen Durchgängigkeit und verschiedenen habitatverbessernden Maßnahmen. Eine zunehmende Bedeutung gewinnen eigendynamische Gewässerentwicklungen und spezifische Maßnahmen, wie die Anlage von naturnahen Sandfängen. Zumeist werden Maßnahmenkomplexe umgesetzt, bei denen verschiedene Einzelmaßnahmen in den überplanten Strecken kombiniert werden, so dass z.B. Sohlgleiten, impulsgebende Maßnahmen, Uferentfesselungen, Sandfänge und Habitatverbesserung durch Totholzeinbau je nach räumlichen Gegebenheiten zusammen angelegt werden. Der Erfolg von Maßnahmen wird prinzipiell über das operative Monitoring für die jeweiligen Wasserkörper erhoben. Ausgewählte Maßnahmenkomplexe werden durch fisch- und benthosbiologische und floristische Untersuchungen begleitet. Der Artikel gibt abschließend einen Ausblick über die Bedeutung der hierarchischen Struktur von Belastungen und über Grundsätze, die eine effektive Maßnahmenplanung und Gewässerregeneration unterstützen.

Einleitung

Das Land Schleswig-Holstein teilt sich auf in die drei Flussgebietseinheiten Eider, bestehend aus Nordseezuflüssen, Schlei-Trave, mit Ostseezuflüssen, und Elbe, mit Zuflüssen der Tideelbe. Von den insgesamt ca. 30.000 km Fließgewässer gehören ca. 6.000 km zum reduzierten Gewässernetz, in dem nach EG-Wasserrahmenrichtlinie für 604 Wasserkörper der gute ökologische Zustand bzw. das gute ökologische Potenzial zu erreichen ist (Tab. 1). Naturräumlich gliedert sich das Land in (a) das östliche Hügelland mit kiesgeprägten Bächen und Flüssen (Typen 16 und 17), Niederungsgewässern (Typ 19) und Seeausflüssen (Typ 21_N), (b) die hohe und niedere Geest mit den sandgeprägten Bächen und Flüssen (Typen 14 und 15) und Niederungsgewässern (Typ 19) und (c) die Marsch mit den Marschengewässern (Typ 22). Die verschiedenen LAWA-Gewässertypen können in Schleswig-Holstein nur durch das Makrozoobenthos unterschieden werden (Brunke 2004). Bei der Fischfauna hingegen sind longitudinale und azonale Regionen zur Abtrennung von Fischgemeinschaften zu unterscheiden (Schaarschmidt et al. 2005, Brunke 2008b).

Tab. 1. Verteilung der Wasserkörper und deren kumulierte Längen auf die vorkommenden Gewässertypen in Schleswig-Holstein (Stand Oktober 2009)

Typ	natürlich [Anzahl]	natürlich [km]	HMWB [Anzahl]	HMWB [km]	künstlich [Anzahl]	künstlich [km]	Gesamt [Anzahl]	Gesamt [km]
14	26	353	96	982	7	38	129	1.373
15	3	36	4	26	0	0	7	61
16	82	742	150	1191	2	16	234	1.949
17	10	100	3	15	0	0	13	115
19	31	245	62	654	13	76	106	975
20	1	20	1	3	0	0	2	23
21	20	42	8	42	3	7	31	90
22	0	0	18	421	58	676	76	1.097
Übergangsgewässer	0	0	2	107	0	0	2	106
Kanäle	0	0	2	62	2	105	4	167
Summe	173	1.537	346	3.503	85	917	604	5.956

Der ökologische Zustand der Fließgewässer in Schleswig-Holstein wird anhand der Qualitätskomponenten Makrophyten/Phytobenthos nach Phylib (Schaumburg et al. 2005), des Makrozoobenthos nach Perlodes (Meier et al. 2006) und der Fische nach fiBS (Dussling 2009) bewertet. Das Phytoplankton ist für die überwiegend kleinen Gewässer des Landes nicht aussagekräftig. Die Marschgewässer sind aufgrund ihrer variablen hydrologischen Überprägung in ihrer Bewertung noch nicht abgeschlossen und werden daher von der nachfolgenden Auswertung ausgenommen. Die Bewertung des ökologischen Potenzials der erheblich veränderten Gewässer (HMWB) wird bundesweit noch verschiedentlich gehandhabt; nachfolgend wird für diese Gewässer eine Bewertung des ökologischen Zustands analog zur Bewertung der natürlichen Gewässer vorgenommen.

Regenerationsbedarf für die Gewässerflora

Die Gewässerflora, die sich aus den drei Teilkomponenten Makrophyten, Diatomeen und übriges Phytobenthos zusammensetzt, wurde an 60% der Wasserkörper (ca. 3.400 km) untersucht (Tab. 2). Ungefähr 20% der gemessenen Wasserkörper befinden sich im guten und sehr guten Zustand. Der geringste Regenerationsbedarf besteht bei den seeausflussgeprägten Fließgewässern (60%), aufgrund der guten Bewertung der Diatomeen. Die oberhalb liegenden Seen scheinen als Nährstoffsenke zu wirken, so dass die Trophie als wichtige Einflussgröße der Diatomeen hier zumeist niedriger ist als in anderen Gewässerabschnitten. Der größte Regenerationsbedarf besteht bei den Niederungsgewässern, bei denen 90% der untersuchten Gewässer schlechter als gut bewertet werden. Die Analyse der Diatomeen zeigt eine trophische Belastung bei fast allen Typen an, und der geringe Anteil guter Wasserkörper weist nach dem derzeitigen Bewertungsverfahren auf eine nahezu flächendeckende trophische Belastung hin. Der Zustand der Makrophyten hingegen wird wesentlich durch eine intensive Gewässerunterhaltung beeinträchtigt.

Tab. 2. Bewertung von Makrophyten/Phytobenthos der Fließgewässer des Landes Schleswig-Holstein nach Phylib. Dargestellt ist die Anzahl der Wasserkörper mit der jeweiligen Bewertungsklasse unabhängig von der Einstufung (natürlich/HMWB/künstlich) für den Zeitraum von 2005 bis 2008.

Typ	sehr gut	gut	mäßig	unbefriedigend	schlecht	Trophie (%-Anteil guter Wasserkörper)
14	1	13	40	9	0	21
15	0	1	5	1	0	0
16	1	17	78	27	0	9
17	0	3	7	0	0	0
19	1	9	65	17	0	10
21	0	5	5	2	0	73
Summe	3	48	200	56	0	

Regenerationsbedarf für das Makrozoobenthos

Das Makrozoobenthos wurde an 45% der Wasserkörper untersucht (ca. 3.200 km); von diesen befinden sich 15% im guten und sehr guten Zustand. Auch hier schneiden die seeausflussgeprägten Gewässer zusammen mit den sand- und kiesgeprägten Flüssen vergleichsweise besser ab (Tab. 3). Der größte Sanierungsbedarf besteht bei den sandgeprägten Bächen, hier sind Maßnahmen an über 90% der Wasserkörper erforderlich. Ursächlich hierfür sind insbesondere hydromorphologische Belastungen, die zu einer Strukturarmut der Gewässer führen. Vor diesem Hintergrund weisen die Bäche der Typen 14, 16 und 19 ernüchternde Bewertungen zur allgemeinen Degradation auf (Tab. 3). Insbesondere bei den kiesgeprägten Bächen besteht zudem eine saprobielle Belastung, die vermutlich durch oberflächliche, diffuse Einträge entsteht, da dieser Gewässertyp wesentlich im östlichen Hügelland lokalisiert ist, in dem die Ackerbewirtschaftung eine bedeutende Rolle spielt. Die allgemeine Degradation wird hierarchisch durch die saprobielle Belastung überprägt (Lietz & Brunke 2008), so dass diese Bewertungen schlechter ausfallen als die des Saprobienindex.

Tab. 3. Bewertung des Makrozoobenthos der Fließgewässer des Landes Schleswig-Holstein nach Perlodes: Anzahl der Wasserkörper mit der jeweiligen Bewertungsklasse sowie der prozentuale Anteil an Wasserkörpern, die bzgl. allgemeiner Degradation und Saprobienindex im guten Zustand sind, unabhängig von der Einstufung (natürlich/HMWB/künstlich) für den Zeitraum von 2005 bis 2008.

Typ	sehr gut	gut	mäßig	unbefrie-digend	schlecht	allgemeine Degradation (%-Anteil guter Wasserkörper)	Saprobienindex (%-Anteil guter Wasserkörper)
14	0	3	20	19	6	25	78
15	0	3	1	3	0	60	100
16	0	12	21	30	35	17	54
17	0	3	5	2	0	30	100
19	0	8	15	17	11	20	88
21	1	3	2	5	0	38	91
Summe	1	32	64	76	52	–	–

Regenerationsbedarf für die Fischfauna

Die Fischfauna wurde an 52% der Wasserkörper untersucht (ca. 3.740 km); von diesen wurden 9% als gut bewertet (Tab. 4). Für alle Gewässertypen besteht ein hoher Regenerationsbedarf. Lediglich für den Typ der Niederungsgewässer sind die Bewertungsergebnisse milder. Jedoch ist die Indikation durch die Fischfauna in diesem Typen eher gering, da die Zönose sich im Wesentlichen aus euryöken Fischarten zusammensetzt. Die Fließgewässer der Forellenregion, die sich in einem fischbiologisch guten Zustand befinden, sind morphologisch durch eine hohe Tiefenvarianz charakterisiert, fließen durch einen Laubwald oder werden von einem mit Gehölz bestandenen Uferrandstreifen begleitet (Brunke 2008b).

Tab. 4. Bewertung der Fischfauna der Fließgewässer des Landes Schleswig-Holstein. Dargestellt ist die Anzahl der Wasserkörper mit der jeweiligen Bewertungsklasse unabhängig von der Einstufung (natürlich/HMWB/künstlich) für den Zeitraum von 2005 bis 2008.

Typ	sehr gut	gut	mäßig	unbefriedigend	schlecht
14	0	6	18	35	21
15	0	2	2	3	0
16	0	8	23	47	35
17	0	1	4	4	1
19	0	9	26	25	7
21	0	3	3	5	1
Summe	0	29	76	119	65

Bewertung der Chemie

Die Bewertung des chemischen Zustands der Wasserkörper in die zwei Zustandsklassen „gut" und „nicht gut" erfolgt durch Vergleich mit den EU-weit festgelegten Umweltqualitätsnormen für Schadstoffe (Schwermetalle, Pflanzenschutzmittel, Industriechemikalien und andere Schadstoffe) anhand der Jahresmittelwerte. Abgesehen von drei Wasserkörpern wurden bei Berücksichtigung der „Tochterrichtlinie Umweltqualitätsnormen" alle als gut bewertet (Stand 2008). Die chemischen Bewertungen der Fließgewässer können jedoch aufgrund natürlicher und anderer Faktoren von Jahr zu Jahr schwanken; das gilt insbesondere für den Eintrag diffuser Stoffe, beispielsweise Pflanzenschutzmittel, Cadmium und Nitrat.

Für die Einstufung des guten ökologischen Zustands werden zudem die physikalisch-chemischen Bedingungen als eine unterstützende Qualitätskomponente anhand der typspezifischen Orientierungswerte der LAWA hinzugezogen (RAKON Teil B). Hierbei ist zu bewerten, ob die allgemeinen physikalisch-chemischen Bedingungen die Funktionsfähigkeit des Ökosystems gewährleisten und die Umweltqualitätsnormen für die spezifischen Schadstoffe, die nicht zur Bewertung des chemischen Zustands dienen, eingehalten werden. An 378 Wasserkörpern (64%) wurden die physikalisch-chemischen Bedingungen als schlecht bewertet. Ursache hierfür ist ein Überschreiten der LAWA-Orientierungswerte unter anderem bei den Nährstoffen Orthophosphat und Ammonium.

Zustand der Gewässerstruktur

Bisher wurde bei 492 Wasserkörpern die Morphologie anhand einer modifizierten typspezifischen vor-Ort-Strukturkartierung bewertet (81,3%). Dabei konnte bei nur fünf Wasserkörpern eine gute Struktur festgestellt werden, während 85, 388 und 14 Wasserkörper sich auf die Klassen 3, 4 und 5 verteilen. Bezogen auf die Streckenlänge wurden 4396 km der 5859 km Gesamtstreckenlänge des reduzierten Netzes kartiert (73,5%). Davon befinden sich 18 km im guten, 605 km im mäßigen, 3616 km im unbefriedigenden und 67 km im schlechten morphologischen Zustand (in Anteilen an der untersuchten Gesamtstrecke: 0,41%, 14,1%, 84%, 1,6%). Für 90 Wasserkörper der Typen 20, 21_N, 22, T1 und T2 ist derzeit keine sinnvolle Strukturbewertung möglich.

Gesamtbewertung der Fließgewässer

Die ökologische Gesamtbewertung erfolgt in Schleswig-Holstein nach dem „worst case" Verfahren, bei der die empfindlichste der gemessenen Qualitätskomponenten den Ausschlag für die Gesamtbewertung gibt sowie die allgemeinen physikochemischen Bedingungen. Insgesamt wurden bis 2008 66% aller Wasserkörper mit mindestens einer Qualitätskomponente untersucht, und an 25% der Wasserkörper wurden alle Qualitätskomponenten bewertet. Die Untersuchungen der letzten fünf Jahre zeigen, dass sich die Fließgewässer Schleswig-Holsteins überwiegend in einem mäßigen bis unbefriedigenden ökologischen Zustand befinden (Tab. 5). Nur 11 Wasserkörper (3,2% der untersuchten Wasserkörper) mit insgesamt 74 km Länge befinden sich im guten ökologischen Zustand. Dieser, mit den einzelnen Qualitätskomponenten verglichen, schlechtere Befund ist bedingt durch die geringen Übereinstimmungen der guten Einzelbewertung aufgrund des „worst case"-Prinzips. Die einzelnen Komponenten weisen je nach Typ einen Sanierungsbedarf für 60% bis 90% der Wasserkörper aus.

Tab. 5. Verteilung der Gesamtbewertung der untersuchten Wasserkörper des Landes Schleswig-Holstein auf die Gewässertypen (Zeitraum 2005 bis 2008).

Typ	sehr gut	gut	mäßig	unbefriedigend	schlecht
14	0	1	25	30	13
15	0	0	3	4	0
16	0	5	28	55	48
17	0	1	3	7	1
19	0	1	38	37	18
21	0	3	12	9	0
Summe	0	11	109	142	80

Vorranggewässer

Die Zielerreichung des guten ökologischen Zustands bzw. des guten ökologischen Potenzials für alle Wasserkörper bis 2015 ist aufgrund des derzeitigen, zumeist unbefriedigenden Zustands und der vorhandenen ökonomischen und logistischen Ressourcen unrealistisch. Daher ist es sinnvoll, bei der Umsetzung von Maßnahmen diejenigen Gewässer herauszufinden, die geeignet sind, den guten ökologischen Zustand zeitnah zu erreichen, um Prioritäten bei der Umsetzung festzulegen. Aus diesem Grund wurde in Schleswig-Holstein ein Vorranggewässernetz entwickelt (Abb. 1).

Die Auswahl der Vorranggewässer erfolgte nach fachlichen Kriterien. Anhand zur Verfügung (Lietz et al. 2007) stehender Daten zu Makrophyten, Makrozoobenthos und Fischen wurden Gewässer bestimmt, in denen zumindest abschnittsweise noch standorttypische und artenreiche Lebensgemeinschaften zu finden sind. Dabei wird angenommen, dass Gewässer mit hohem Wiederbesiedlungspotenzial die besten Aussichten haben, den guten ökologischen Zustand zu erreichen. Maßnahmen können hier zeitnah zum Erfolg führen, da zumindest Teile der Flora und Fauna im Gewässersystem vorhanden sind und restaurierte Abschnitte schnell wieder besiedelt werden können. Verknüpft wurde die Auswahl mit naturschutzfachlichen aquatischen Zielen in FFH-Gebieten sowie mit einer Einstufung der ansässigen WRRL-Arbeitsgruppen hinsichtlich der Akzeptanz und Umsetzbarkeit von Maßnahmen, insbesondere hinsichtlich der Flächenverfügbarkeit.

Bei der Entwicklung des Vorranggewässernetzes wurden möglichst längere Abschnitte und ganze Nebengewässer ausgewählt, um Gewässersysteme von der Quelle bis zur Mündung zu integrieren. Gewässer, die ein hohes Regenerationspotenzial für alle Qualitätskomponenten besitzen und an denen Maßnahmen als umsetzbar eingeschätzt werden, gehören der Kategorie A an. Gewässer, in denen einzelne Qualitätskomponenten über Potenziale verfügen, werden in die Kategorie B eingestuft. Dazu kommen die Verbindungsgewässer (Kategorie C), die z.B. als Verbindung zum Meer für Wanderfische von Bedeutung sind. Insgesamt sind 70% der natürlichen Gewässer als Vorranggewässer ausgewiesen.

Über die Kombination von Gewässern mit Wiederbesiedlungspotenzialen und der Einschätzung der Umsetzbarkeit von Maßnahmen aus den Arbeitsgruppen vor Ort ergibt sich ein wirkungsvolles Instrument zur räumlichen und zeitlichen Priorisierung von Maßnahmen. Bei den Gewässern außerhalb des Vorrangnetzes können bereits kostengünstige und konzeptionelle Maßnahmen, wie z.B. Optimierung der Gewässerunterhaltung durchgeführt werden.

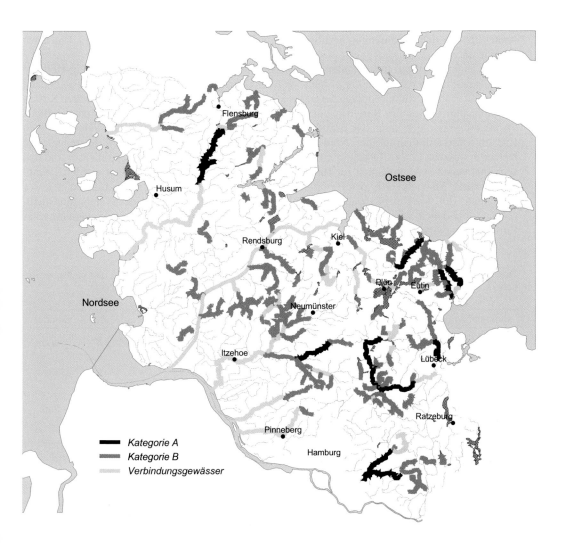

Abb. 1. Das Vorranggewässersystem der Fließgewässer in Schleswig-Holstein.

Maßnahmen in Schleswig-Holstein

Für alle Wasserkörper sind grundlegende Maßnahmen vorgesehen, die der Erfüllung von rechtlichen Mindestanforderungen dienen, z.B. Vorgaben aus dem Landesrecht und EU-Richtlinien. Durch diese Maßnahmen können jedoch die Umweltziele der WRRL zumeist nicht erfüllt werden, so dass weitergehende Maßnahmen notwendig sind. Zu diesen zählen konzeptionelle Maßnahmen, die gegebenenfalls an allen Wasserkörpern belastungsunabhängig durchgeführt werden können. Als konzeptionelle Maßnahmen gelten z.B. Optimierung der Gewässerunterhaltung sowie der Betriebsweise von Kläranlagen, Maßnahmen zur Vermeidung von unfallbedingten

Einträgen und verschiedene Beratungsmaßnahmen. Weiterhin werden ergänzende Maßnahmen umgesetzt, die sich an konkreten hydromorphologischen Belastungen und stofflichen Einträgen orientieren.

Die an den Gewässern geplanten ergänzenden Maßnahmen werden in Schleswig-Holstein im Konsensprinzip durch die ansässigen 34 WRRL Arbeitsgruppen in 11 Teileinzugsgebieten aufgestellt (Tab. 6). Auf Grundlage der ausgewiesenen Vorranggewässer und potenziellen Kosten der Maßnahmen wird eine Rangfolge der Maßnahmen aufgestellt, so dass hierüber eine zeitliche Priorisierung erfolgen kann. Die meisten dieser Maßnahmen finden an sand- und kiesgeprägten Bächen sowie teilmineralischen Niederungsbächen statt, die auch den Großteil des reduzierten Netzes umfassen (Tab. 1). Obschon die Landschaften in Schleswig-Holstein gefällearm sind und seit 2004 verstärkt Maßnahmen zur Herstellung der Durchgängigkeit umgesetzt wurden, ist diese punktuelle Maßnahme für den Bewirtschaftungszeitraum bis 2015 zahlenmäßig nach wie vor bedeutend. Ein weiterer Maßnahmenkomplex umfasst habitatverbessernde Restaurationsmaßnahmen, bei denen zunehmend impulsgebende Maßnahmen zur Initiierung eigendynamischer Entwicklung eingesetzt werden.

Tab. 6. Geplante, gewässertypbezogene Anzahl belastungsabhängiger morphologischer und stofflicher Regenerationsmaßnahmen im ersten Bewirtschaftungszeitraums bis 2015 in Schleswig-Holstein.

Maßnahmegruppe / Typ	14	15	16	17	19	20	21_N	22	Summe
Herstellung der longitudinalen Durchgängigkeit	316	6	478	10	76	1	9	4	900
Initiieren eigendynamischer Gewässerentwicklung	37	1	73	4	25		5	2	147
Habitatverbesserung im Gewässerentwicklungskorridor einschließlich der Auenentwicklung	101	3	57	7	33		3	1	205
Habitatverbesserung im Uferbereich (z.B. Gehölzentwicklung)	76	3	76		51		8	13	227
Optimierung der Gewässerunterhaltung	150	7	258	15	114	1	35	97	683
Reduzierung von Nährstoffeinträgen aus der Landwirtschaft	1		11	1	12		1	5	31
Verminderung punktueller Quellen	68	2	126	10	68	1	7	48	330
Verbesserung des Geschiebehaushaltes bzw. Sedimentmanagement	32	1	29		15				77
davon naturnahe Sandfänge	18		19		6				43

Die Berechnung der Kosteneffizienz zur Aufstellung einer Rangfolge der Maßnahmen ergibt sich aus den Maßnahmenkosten im Verhältnis zur Länge des Wasserkörpers und dem Prioritätsfaktor. Der Prioritätsfaktor basiert auf den drei Kategorien der Vorranggewässer und zwei weiteren Kategorien, die noch ein geringes bzw. ein mangelndes Entwicklungspotenzial differenzieren. Die Gesamtkosten für geplante ergänzende Maßnahmen zur Strukturverbesserung an Oberflächengewässern betragen etwa 69 Millionen Euro für den ersten Bewirtschaftungszeitraum von 2010 bis 2015. Im Zeitraum 2004 bis 2009 wurden sogenannte vorgezogene Maßnahmen umgesetzt, die bereits den Zielen der WRRL dienten. Dabei wurden etwa 42 Millionen Euro für ergänzende Maßnahmen zur Zielerreichung eingesetzt, um die verfügbaren Ressourcen über einen längeren Zeitraum zu verteilen als er nach WRRL vorgesehen war.

Maßnahmenbeispiele

Herstellung der Durchgängigkeit

Zahlreiche Absturzbauwerke, die Wanderhindernisse für Fische darstellen, wurden im Zuge der Umsetzung der WRRL seit 2004 in Sohlgleiten umgebaut. Zur Qualitätssicherung wurden hierzu Leitlinien für Schleswig-Holstein erarbeitet (Brunke & Hirschhäuser 2005), die sowohl die Einzugsgebietsgröße und den Naturraum bzw. die Gewässertypen berücksichtigen. Die hydromorphologischen Empfehlungen umfassen die Bauweise, Gefälleprofile, Strömungsgeschwindigkeiten, Abflüsse und Wassertiefen. Zu den ersten biologischen Profiteuren dieser Maßnahmen zählen das Fluss- und das Meerneunauge. So wurde beispielsweise 2009 das Meerneunauge nach Herstellung der Durchgängigkeit in größerer Anzahl an Laichgebieten in der Rantzau (Flussgebietseinheit Elbe) und im Schafflunder Mühlenstrom (Flussgebietseinheit Eider) nachgewiesen.

Strukturverbesserung

Ein Großteil der Bäche weist morphologische Degradationen auf, insbesondere bezüglich der Laufform, Uferstruktur, Sohltopographie und -substratzusammensetzung. Hier werden nach Möglichkeit strukturverbessernde Maßnahmen auf zumeist mesoskaligem Niveau (1 bis 1000 m Lauflänge) eingesetzt. Zu solchen Maßnahmen zählen impulsgebende Strömungshindernisse, die den Querschnitt einengen und aus Steinen, Kiesen oder Totholz bestehen. Der zeitliche und räumliche Effekt der impulsgebenden Maßnahmen auf die Gewässermorphologie lässt sich schwer prognostizieren. Daher werden an einem Modellgewässer verschiedene Querschnittseinengungen getestet, um die Reaktion der Veränderungen in der Breiten- und Tiefenvarianz und gegebenenfalls Laufform zu testen. Vergleichsweise selten werden neue Gerinne profiliert, da die Erdbewegungen kostenintensiv sind und eine entsprechende Flächenverfügbarkeit voraussetzen.

Ausbaubedingt mangelt es nahezu allen kies- und sandgeprägten Gewässern an Grobmaterial, wie Steinen, Kiesen, Blöcken und grobem Totholz. In Bächen der Forellenregion werden daher auch Kiese und Steine eingebracht, um die Laichhabitate für kieslaichende Fische zu regenerieren. Von Forellen werden diese Substrate auch häufig als Laichplätze angenommen, jedoch sind die Überlebenschancen der Eier zumeist nicht gegeben (Dirksmeyer 2008). Die Ursachen liegen in dem Feinmaterialtransport der Gewässer und mitunter auch einer zu groben Kornzusammensetzung, die rasch zu einer Kolmation der Sohle führen (Brunke 2001). Dennoch sind Kieseinbringungen notwendig, da diese Kornfraktion nicht in ausreichendem Maße durch die Bäche aus dem glazialen Sohlmaterial regeneriert werden kann. Als Hilfestellung für die Herstellung naturnaher Sohlen werden in Brunke (2008a) umfassenden Informationen zur Eignung von Gewässertypen, zu naturnahen Formen sowie zur gestalterischen Planung und Umsetzung gegeben.

Naturnahe Sandfänge

Viele Bäche in Schleswig-Holstein leiden unter einer zu großen Sandfracht. Diese verschlechtert einerseits die ökologische Funktionsfähigkeit und andererseits können Sandablagerungen das Profil einengen und so den Durchfluss verringern. Als Gegenmaßnahme sind linienhafte Unterhaltungsbaggerungen und Grundräumungen aufwendig und schädlich für die Gewässerstruktur und -biologie. Daher ist es praktikabler und ökologisch besser, Feinsedimente punktuell in Sandfängen zurückzuhalten und von dort zu entnehmen. Sandfänge sind auch geeignet unterhalb gelegene Restaurationsmaßnahmen, z.B. Kiesschüttungen, vor einer schädlichen Übersandung zu schützen sowie unterhalb von impulsgebenden Maßnahmen als temporäre Schutzvorkehrung zu wirken, da sie den durch eine Ufererosion verstärkten Sedimenttrieb zurückhalten.

Jedoch dienen Sandfänge nur einer Symptombekämpfung. Nachhaltiger ist es, den Sandeintrag aus dem Einzugsgebiet und dem Gerinne selbst durch entsprechende Maßnahmen und Vorkehrungen zu reduzieren. Oftmals sind Sandquellen jedoch schwierig zu identifizieren und mögliche Gegenmaßnahmen sind langwierig, so dass nur mit Sandfängen eine zeitnahe Verringerungen der Sandfrachten zu erreichen ist.

Sandfänge können ein Habitat in Bächen sein, in denen besonders viele Larven der Neunaugen (Querder) vorkommen. Ein regelmäßiges Entleeren des Sandfangs kann daher die Existenz der Neunaugen gefährden und so den Erfolg von Maßnahmen zur Herstellung der Durchgängigkeit und anderen Restaurationen, beispielsweise Kieseinbringungen, verhindern. Der Bestand an Querdern kann geschützt werden, in dem der Sandfang in verschiedene räumliche Zonen aufgeteilt wird. Diese Zonen werden zu verschiedenen Zeitpunkten bzw. in verschiedenen Intervallen geräumt. Vor jeder Räumung wird der Sandfang daher in Zonen unterteilt, (1) die geräumt werden können, (2) in denen ein Schutz der Querder vorgenommen wird und (3) gegebenenfalls in Zonen, die nicht geräumt zu werden brauchen und auch nicht als Schutzzonen geeignet sind, z.B. weil sich hier nur Schlamme ablagern. Wichtig ist, dass nicht alle Zonen gleichermaßen unterhalten werden und dennoch fortwährend ein Sandrückhalt gewährleistet wird.

Aus Gründen der Effektivität des Sandfangs empfiehlt es sich, die Dimensionierung anzupassen und z.B. vier etwa gleich große Zonen auszuweisen. In zwei Zonen kann bedarfsorientiert und häufig entnommen werden, in den zwei anderen Schutzzonen nur wenn eine zunehmende Verlandung die Entwicklung terrestrischer Vegetation ermöglicht und so diese Zonen als Habitat für Querder ungeeignet werden. Schutzzonen sollten zum einen sich nicht in einem Bereich befinden, der schnell verlandet (hohe Räumungsintensität) und zum anderen sollten die Strömungsbedingungen so gelagert sein, dass nicht primär Schlamme sedimentieren (geringe Habitatqualität). Wird eine Schutzzone geräumt, so dürfen die anderen Zonen vorerst nicht entleert werden, um den lokalen Bestand nicht zu gefährden. Mittels einer fischbiologischen Untersuchung wird erstmalig festgelegt, wie sich die Zonen für die erste Entnahme verteilen. Anschließend erfolgen spätere Entnahme in einem Teil der Zonen je nach dem Fortschreiten der Verlandung.

Eine weitere Anforderung an einen naturnahen Sandfang ist eine durchgehend durchströmte, tiefere Rinne, die als Wanderkorridor fungieren kann, so dass der Sandfang keine Barrierewirkung auf Fische und wirbellose Tiere ausübt. Im Idealfall wird ein stark geschwungener Lauf geformt, bei dem der Sand im Bereich der Gleithänge zurückgehalten und dort auch entfernt wird (Mäandersandfang).

Optimierung der Gewässerunterhaltung

Die Mehrzahl der Fließgewässer Schleswig-Holsteins wird gegenwärtig mehr oder minder intensiv unterhalten, wobei je nach Art und Häufigkeit im und am Gewässer lebende Tier- und Pflanzenarten geschädigt werden. Mit der Einführung einer schonenden Gewässerunterhaltung wird durch die zuständigen Wasser- und Bodenverbände geprüft, ob eine Unterhaltung in der bisherigen Form notwendig ist, reduziert oder aufgegeben werden kann. Durch eine schonende Stromstrichmahd oder einen Verzicht auf jegliche Gewässerunterhaltung werden im Gewässer vorhandene Vegetationsstrukturen gefördert.

Biologische Maßnahmenbegleitung

Die Effizienz von Maßnahmen auf der Skala des gesamten Wasserkörpers wird prinzipiell über das operative Monitoring überprüft. Das operative Monitoring wird für die Qualitätskomponenten Makrophyten/Phytobenthos, Makrozoobenthos und Fische im 3-Jahres-Turnus durchgeführt. Die zu untersuchenden Qualitätskomponenten werden anhand der Belastungen und der geplanten Maßnahmenbegleitung und anhand der Gewässertypen festgelegt. Bei Maßnahmen, welche die Durchgängigkeit der Gewässer verbessern, wird die Fischfauna untersucht. Bei Maßnahmen zur Reduktion der stofflichen Einträge werden Makrophyten/Phytobenthos und das Makrozoobenthos untersucht, bei Maßnahmen zur Verbesserung der Gewässerstruktur werden hauptsächlich Makrozoobenthos und Fische untersucht. Einige Gewässertypen lassen sich nicht mit allen Qualitätskomponenten bewerten. So sind die Niederungs- und Marschengewässer nur eingeschränkt durch Fische und Makrozoobenthos bewertbar, kleine kiesgeprägte Waldbäche sind natürlicherweise nur spärlich von Makrophyten besiedelt und daher mit dieser Komponente nicht bewertbar. Bei diesen Typen wird auf andere Qualitätskomponenten ausgewichen.

Da Maßnahmen vorerst hauptsächlich an Vorranggewässern stattfinden und demnach hier eine ökologische Verbesserung zu erwarten ist, liegt an diesen Gewässern auch ein Schwerpunkt des operativen Monitorings. Ein weiterer Schwerpunkt sind die Gewässer, in denen einzelne Qualitätskomponenten schon im guten Zustand sind, da das Verschlechterungsverbot zu überwachen ist. Von den übrigen Gewässern werden darüber hinaus diejenigen überwacht, an denen Trophie und Saprobie zu verbessern sind. Hier spielen nicht nur Abwasserbelastungen aus Kläranlagen eine Rolle, sondern vor allem die saprobielle Belastung durch diffuse Einträge aus der Landbewirtschaftung und gegebenenfalls direkter, teils organischer Bodeneintrag aus Äckern.

Parallel dazu werden beispielhaft einzelne Maßnahmen oder Maßnahmenkomplexe an ausgewählten Gewässern nach der before-after-control-impact Methode (Underwood 1994) anhand der Hydromorphologie, des Makrozoobenthos und der Fische begleitet. Die Makrozoobenthos-Untersuchungen starten vor Beginn der Maßnahme und erfolgen viermal pro Jahr. So können detaillierte Aussagen über die Reaktion der Fauna auf die Maßnahme getroffen werden. Auch die reduzierte Gewässerunterhaltung wird an Beispielen anhand ihrer Auswirkungen auf die Hydromorphologie, die Makrophyten und das Makrozoobenthos untersucht.

Das spezifische Monitoring einer geplanten Maßnahme kann aus logistischen Gegebenheiten erschwert sein: Biologische Voruntersuchungen, die mindestens eine Vegetationsperiode Vorlauf benötigen, lassen sich nicht rechtzeitig durchführen, wenn bewilligte Maßnahmen aus haushaltstechnischen Gründen noch im gleichen Jahr umgesetzt werden müssen. Nach der Umsetzung der Maßnahme benötigen Flora und Fauna eine geraume Zeit um sich anzusiedeln, d.h. die Erfolgskontrolle muss langfristig ausgelegt sein. Ein Festlegen von finanziellen Mitteln über mehrere Jahre hinaus jedoch ist haushalttechnisch problematisch. Dies hat zur Folge, dass die biologischen Untersuchungen neu ausgeschrieben werden müssten und eine Kontinuität nur bedingt möglich ist.

Beispiele zur biologischen Maßnahmenbegleitung

Gewässerunterhaltung und Fischfauna

Die meisten Gewässerabschnitte im Tiefland erfahren eine mehr oder weniger regelmäßige Gewässerunterhaltung, die Sohlräumungen, punktuelle Entnahme von Sandbänken, Mahd von Makrophyten im Gerinne sowie am Ufer und Gehölzpflege umfassen kann. Im Metarhithral an fünf Bächen wurde der kurzfristige und kleinräumige Effekt von sommerlicher Makrophytenmahd auf die Fischfauna getestet (Purps & Brunke 2007). An vier Bächen wurden jeweils zwei Abschnitte ausgewählt, von denen einer nicht mehr unterhalten wurde und ein anderer im Sommer eine Makrophytenmahd erhielt. Ein naturnaher Bach diente als unbeeinflusste Referenz bzgl. saisonaler Effekte. Alle neun Abschnitte wurden zweimal vor und zweimal nach der Unterhaltungskampagne elektrisch befischt (n = 36; Absperrnetze und drei Durchgänge; Befischungen im April, August, September und Oktober/November 2006) (Abb. 2).

Die Ergebnisse wiesen keinen allgemeinen, kurzfristigen und kleinräumigen Effekt durch die Unterhaltungsmaßnahme bzgl. Artenzahlen, Besiedlungsdichten und Strukturen der Lebensgemeinschaften nach. Es zeigte sich, dass methodische Probleme einen Einfluss auf den Test

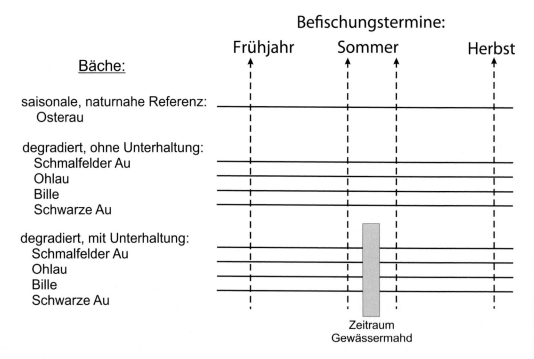

Abb. 2. Untersuchungsdesign zur Erfassung des Effekts der Gewässermahd an vier Bächen auf die Fischfauna.

ausübten, da die Effektivität der elektrischen Befischungen bei den Gewässern durch die Dichte der Makrophyten beeinflusst wird, so dass nach der Unterhaltungsmaßnahme die Fängigkeit der Fische durch die geringere Makrophytendichte am größten war. Weiterhin könnten die längerfristigen und großräumigen Effekte durch Unterhaltung und allgemeine Degradation die Reaktionsbandbreite generell limitieren, so dass das Potenzial für kurzfristige und kleinräumige Reaktionen der Fischfauna begrenzt ist. Damit sind statistische Nachweise auf einen Effekt oder auch nur erkennbare Tendenzen in den Reaktionen nicht zwangsläufig zu erwarten, obschon eine Gewässermahd als Störung für die Fischfauna interpretiert werden kann.

Remäandrierung und Fischfauna

In dem Metarhithral der 4 bis 5 m breiten und etwa 0,4 bis 0,7 m tiefen Brokstedter Au (Typ 14) wurden 2003 zwei Strecken auf etwa je 500 m als Remäandrierung neu profiliert und die begradigten Strecken verfüllt. Im Jahr 2008 wurden die beiden restaurierten Abschnitte und je zwei oberhalb befindliche Stecken auf je 150 m befischt. In den restaurierten Abschnitten befanden sich auf den befischten Strecken mittlerweile 19 bzw. 9 geomorphologische Strukturen, wie z.B. Furte und Kolke, in den begradigten Vergleichsstrecken konnten hingegen keine Strukturen gefunden werden.

Die mit dem Bewertungsverfahren fiBS (Dussling 2009) berechneten Scores unterscheiden sich zwischen den Abschnitten (Scores 1,75 und 2,04 zu 1,46 und 1,67 bzw. Klassen 4 und 3 zu 5 und 4). Jedoch sind die Individuenzahlen deutlich unter dem von fiBS vorgegebenem, statistisch abgesichertem Wert, der in der Regel in den Gewässern in Schleswig-Holstein jedoch nicht erreicht wird. In den restaurierten Abschnitten war die strecken-bezogene Dichte höher als in den ausgebauten Strecken (55 und 58 zu 42 und 32 Individuen/150 m). Die begradigten Strecken wurden im Wesentlichen durch den Aal besiedelt (Dominanzanteil: 72 bzw. 88%). In den remäandrierten Strecken hingegen stellten die Bachforellen einen Anteil von 22 bzw. 29%. Fünf Jahre nach Durchführung der Maßnahme lassen sich bei diesen nahe zusammen liegenden Strecken positive Tendenzen erkennen. Die remäandrierten Gerinne erscheinen hinsichtlich morphologischer Strukturen und Uferbewuchs naturnah, und in dem insgesamt gering besiedelten Gewässer sind die Abundanzen in den remäandrierten Abschnitten durch das Vorkommen der Leitart Bachforelle erhöht.

Impulsgebende und strukturverbessernde Maßnahmen und Fischfauna

In dem Epirhithral der 2 bis 3 m breiten und etwa 0,35 m tiefen Ohlau (Typ 16) wurden in dem ausgebauten und begradigten Gerinne auf zwei Stecken über etwa je 250 m eigendynamische Entwicklungen in 2007 initiiert, indem Totholzstämme und Wurzelstubben eingebaut und Kiese und Steine eingebracht wurden. In den restaurierten Abschnitten erhöhte sich die Sohldiversität, und der Totholzanteil stieg aufgrund der Wurzelstubben auf bis zu 13%. In 2008 wurden die beiden restaurierten Abschnitte und je zwei oberhalb befindliche Stecken auf je 150 m befischt.

Die mit fiBS berechneten Scores weisen keinen eindeutigen Unterschied zwischen den Abschnitten auf (Scores 2,28 und 1,77 zu 2,72 und 2,03 bzw. Klassen 3 und 4 zu 2 und 3). Jedoch waren die Individuenzahlen auch hier deutlich unter dem von fiBS vorgegebenen statistisch abgesicherten Wert. In den restaurierten Abschnitten war die strecken-bezogene Dichte erheblich höher als in den ausgebauten Strecken (209 und 113 zu 87 und 48 Individuen/150 m). Dies war auf höhere Dichten des Gründlings zurückzuführen, der vermutlich aus den unterhalb gelegenen, schlechter strukturierten Strecken einwanderte und die bessere Habitatqualität nutzte. Ein Jahr nach Durchführung der Maßnahme lassen sich positive Tendenzen aufgrund höherer Fischdichten erkennen, obschon diese noch zu keiner Verbesserung in der Bewertung führen.

Impulsgebende und strukturverbessernde Maßnahmen, Makrozoobenthos und Fischfauna

In dem Hyporhithral bis Epipotamal der sandgeprägten Stör werden über zwei Jahre hinweg auf einer Strecke von 12 km neun Abstürze durch Sohlgleiten und Laufverschwenkungen durchgängig gestaltet. Auf 2,5 km werden ca. 30 impulsgebende Maßnahmen inklusive der Entfernung von Ufersicherungen zur Initiierung eigendynamischer Entwicklung eingebaut sowie zwei naturnahe Sandfänge in Form von Mäander angelegt, die zu einem Rückhalt von Feinsedimenten an Gleithängen führen sollen. Der Maßnahmenkomplex wird zu einer erheblichen morphologischen Aufwertung der begradigten und in einem Trapezprofil ausgebauten Stör führen. Die Maßnahmen sollen die Habitatdiversität erhöhen und den belastenden Einfluss des Sandtriebs vermindern, so dass sich hierdurch der ökologische Zustand des Wasserkörpers verbessert.

Das Makrozoobenthos wurde 2009 direkt vor Beginn der Maßnahmen nach dem Perlodes-Verfahren (Meier et al. 2006) sowie nach dem Bewertungsrahmen (Holm 1989), der eine genauere Darstellung der Artenvielfalt durch die saisonalen Aufnahmen ermöglicht, erhoben. Im Anschluss an die Maßnahmen sind zumindest drei weitere Untersuchungskampagnen vorgesehen, um die kurz- und mittelfristige Entwicklung zu erfassen. Für die Fischfauna wird erwartet, dass der Anteil lithophiler Arten zunimmt und sich die Besiedlungsdichte insgesamt erhöht. Es ist jedoch unklar, welche Bedeutung der Wechsel zwischen den weiterhin ausgebauten und den restaurierten Strecken für die Besiedlungsdynamik hat. Daher wird die Umsetzung des Maßnahmenkomplexes durch jährliche Untersuchungen der Fischfauna an sechs Messstellen seit 2008 begleitet. Parallel zu den biologischen Untersuchungen werden Strukturgütekartierungen vorgenommen.

Gewässerunterhaltung und Makrophyten

In den Jahren 2005 und 2006 wurde der Einfluss der Unterhaltungsintensität auf die Vielfalt und den ökologischen Zustand von Makrophyten an 169 Fließgewässerabschnitten untersucht (Stiller & Trepel 2010). Hierzu wurden Art, Umfang und Häufigkeit der Gewässerunterhaltung bei den Wasser- und Bodenverbänden ermittelt und der ökologische Zustand der Makrophyten mit dem Bewertungsverfahren PHYLIB bestimmt. Die Auswertung ergab, dass weniger oft und weniger intensiv unterhaltene Gewässerabschnitte artenreicher und häufiger in einem guten ökologischen Zustand waren als häufiger und intensiver unterhaltene Gewässerabschnitte. Abschnitte, an denen bei Unterhaltungsarbeiten die Gewässersohle angetastet oder geräumt wurde, wiesen häufiger einen schlechten ökologischen Zustand auf als Abschnitte, an denen die Sohle nicht unterhalten wurde.

Ausblick für die Maßnahmenplanung und Gewässerregeneration

Die makroskalige Umsetzung eines rein ökologischen Gewässermanagements lässt sich in der Kulturlandschaft nicht realisieren. Dies wird ganz allgemein durch die Ausweisung erheblich veränderter Gewässer bei der Umsetzung der WRRL nachgewiesen. Daher können die meisten Regenerationsmaßnahmen mit einer meso- und mikroskaligen Effektivität zunächst zu einer Milderung der Gesamtsituation der vielen nicht im guten ökologischen Zustand befindlichen Gewässer beitragen sowie die Abschnitte mit guten ökologischem Zustand stabilisieren. In den stärker landwirtschaftlich geprägten Landschaften spielt das Wiederbesiedlungspotenzial von naturnahen Strecken eine entscheidende Rolle bei den Erfolgsaussichten von Regenerations-

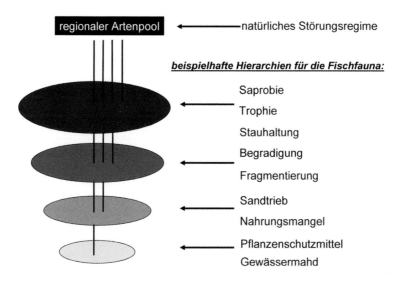

Abb. 3. Hierarchische Bedeutung verschiedener Belastungen in Gewässern für das Artenvorkommen, hier beispielhaft dargestellt für die rhithrale Fischfauna des Norddeutschen Tieflands (verändert nach Poff 1997).

maßnahmen, da Nachbarschaftseffekte (Dunning et al. 1992) grundsätzlich die Kolonisierung strukturell verbesserter Gewässerabschnitte limitieren oder befördern.

Innerhalb der vielfältigen Gewässerbelastungen besteht eine Hierarchie, da einige Belastungen die ökosystemaren Eigenschaften grundlegend ändern. Von herausragender hierarchischer Bedeutung sind eine hohe Saprobie und eine Eutrophierung. Solche Belastungen wirken wie ein Filter, das die natürliche Funktionsfähigkeit und Biodiversität grundsätzlich limitiert (Poff 1997). Aufgrund der unterschiedlichen Frequenzen und Wirkungen von chemischen Einträgen und hydromorphologischen Veränderungen auf die Habitatqualität und Artenvorkommen, sind die Gewässer einer Serie von Belastungsfiltern ausgesetzt.

Im Hinblick auf eine effiziente Gewässerregeneration ist es sinnvoll, zunächst die Einschränkungen durch die hierarchisch höher angesiedelten Belastungen zu reduzieren. Bei einer Nichtbeachtung der Hierarchie werden Maßnahmen auf niedrigen Ebenen allenfalls mildernde Effekte haben. So wird beispielsweise die Herstellung der Durchgängigkeit eines fragmentierten Gewässers kaum positive Wirkungen auf die Fischfauna haben, sofern die Habitatqualität durch Rückstau und Begradigung weiterhin schlecht ist (Abb. 3).

Bei vielen chemischen Belastungen besteht weiterhin wissenschaftlicher und angewandter Klärungsbedarf zur graduellen Bedeutung, hierzu zählen z.B. in die Gewässer gelangte Pflanzenschutzmittel und hormonaktive Substanzen.

Eine Beachtung folgender Grundsätze unterstützt die effiziente Maßnahmenplanung

1. Hydromorphologische Verbesserungen sind vorab in der Maßnahmenplanung über die Erreichung iterativer morphologischer Teilziele zu definieren. Hydromorphologische Verbesserungen orientieren sich an den heutigen Prozessen des Sedimentregimes und Abflussverhaltens. Iterativ eingesetzte impulsgebende Maßnahmen revitalisieren kosteneffizient degradierte Laufformen. Entwicklungsziele, die in kleinen und mittelgroßen Fließgewässern

des Tieflands nicht die Tiefenvarianz und Substratstruktur verbessern und Ufergehölz einbeziehen, dienen nicht der Erreichung des guten Zustands, sondern mildern nur degradierte Habitatbedingungen.
2. Hydromorphologische Verbesserungen überplanen eine geomorphologische Mindeststrecke, um morphodynamische Gleichgewichtszustände zwischen Erosion und Ablagerung anzustreben, so dass die Maßnahme nachhaltig ist. Hydromorphologische Verbesserungen beziehen sich auf eine ökologische Mindeststrecke, um Wirkungen auf der Skala der Populationen zu erreichen und nicht nur die lokalen Habitatbedingungen punktuell zu mildern.
3. Die ökologische Effektivität von Maßnahmen kann anhand kurz- bis mittelfristiger indirekter und langfristiger direkter Indikatoren abgeschätzt werden. Hydromorphologische Teilziele – als indirekte Indikatoren – sind als kurz- und mittelfristige Indikatoren zur Überprüfung der Entwicklungsziele gut geeignet.
4. Die Fischfauna ist als langfristiger Indikator zur Beurteilung der Effektivität von hydromorphologischen Maßnahmen geeignet. Das Makrozoobenthos ist geeignet, die Wirksamkeit kleinräumiger Maßnahmen anzuzeigen, insofern ein Wiederbesiedlungspotenzial besteht. Bei Erfolgskontrollen sind (1) natürliche Schwankungen, (2) statistische Anforderungen an die Auswertungen und (3) eine unklare Reaktionszeit der Arten und Populationen zu berücksichtigen sowie, dass (4) zurückliegende unbekannte Störungen und (5) Nachbarschaftseffekte die Regeneration beeinflussen.
5. Eine Regeneration des gesamten Gewässernetzes ist unrealistisch. Daher ist es fundamental, naturnahe Kernbereiche zu erhalten und ausgehend von diesen iterativ weitere Gewässerstrecken morphologisch zu verbessern oder aufzuwerten (Vorranggewässersystem). Aus pragmatischer Sicht können Gewässernetze aus funktionalen Teilbereichen zusammengesetzt sein, wobei die Ausdehnung, Anzahl, räumliche Anordnung und Vernetzung naturnaher Kernbereiche limitierend für die Erreichung des guten Zustands wirken. Ökologisch orientierte Maßnahmenplanungen bezogen auf das Einzugsgebiet sind eingeschränkt durch Landnutzungen, aber auch durch mangelndes Fachwissens über populationsbiologische Prozesse auf Landschaftsebene. Positive wie negative Nachbarschaftseffekte lassen sich derzeit nur vage prognostizieren.

Literatur

BRUNKE, M. (2001): Wechselwirkungen zwischen Fließgewässern und Grundwasser: Bedeutung für aquatische Biodiversität, Stoffhaushalt und Lebensraumstrukturen. – Wasserwirtschaft 90: 32–37.

BRUNKE, M. (2004): Stream typology and lake outlets – a perspective towards validation and assessment from northern Germany (Schleswig-Holstein). – Limnologica 34: 460–478.

BRUNKE, M., HIRSCHHÄUSER, T. (2005): Empfehlungen zum Bau von Sohlgleiten in Schleswig-Holstein. Landesamt für Natur und Umwelt des Landes Schleswig-Holstein, Flintbek: 1–47.

BRUNKE, M. (2008a): Furte und Kolke in Fließgewässern: Morphologie, Habitatfunktion und Maßnahmenplanung. Jahresbericht 2007/2008 des Landesamtes für Natur und Umwelt des Landes Schleswig-Holstein: 199–212.

BRUNKE, M. (2008b): Hydromorphologische Indikatoren für den ökologischen Zustand der Fischfauna der unteren Forellenregion im norddeutschen Tiefland. – Hydrologie und Wasserbewirtschaftung 52/5: 234–244.

DIRKSMEYER, J. (2008): Untersuchungen zur Ökomorphologie der Laichhabitate von Lachsen und Meerforellen in Deutschland. – Dissertation der Mathematisch-Naturwissenschaftlichen Fakultät der Universität zu Köln.

DUNNING, J.B., DANIELSON, B.J. & PULLIAM, H.R. (1992): Ecological processes that affect populations in complex landscapes. – Oikos 65: 169–175.

DUSSLING, U. (2009): Handbuch zu fiBS. – 2. Auflage: Version 8.0.6- Hilfestellungen und Hinweise zur sachgerechten Anwendung des fischbasierten Bewertungsverfahrens fiBS. Verband Deutscher Fischereiverwaltungsbeamter und Fischereiwissenschaftler e.V. – AK Fischereiliche Gewässerzustandsüberwachung: 1–41.

HOLM, A. (1989): Ökologischer Bewertungsrahmen Fließgewässer (Bäche) für die Naturräume der Geest und des östlichen Hügellandes in Schleswig-Holstein. Landesamt für Naturschutz und Landschaftspflege Schleswig-Holstein: 1–40.

LIETZ, J., BRUNKE, M. & HAMANN, U. (2007): Das neue Vorranggewässernetz. – In: MLUR (Hrsg.): Infobrief zur EU-Wasserrahmenrichtlinie 1/2007, 2–3.

LIETZ, J. & BRUNKE, M. (2008): Zusammenhänge zwischen Strukturparametern und Wirbellosenfauna in kiesgeprägten Bächen des Norddeutschen Tieflands – erste statistische Analysen. Jahresbericht des Landesamtes für Natur und Umwelt des Landes Schleswig-Holstein 2007/08:213–220.

MEIER, C., HAASE, P., ROLAUFFS, P., SCHINDEHÜTTE, K., SCHÖLL, F., SUNDERMANN, A. & HERING, D. (2006): Methodisches Handbuch Fließgewässerbewertung. Handbuch zur Untersuchung und Bewertung von Fließgewässern auf der Basis des Makrozoobenthos vor dem Hintergrund der EG-Wasserrahmenrichtlinie. http://www.fliessgewaesserbewertung.de.

POFF, N.L. (1997): Landscape filters and species traits: towards mechanistic understanding and prediction in stream ecology. – Journal of the North American Benthological Society 16: 391–409.

PURPS, M. & BRUNKE, M. (2007): Fischbiologische Untersuchungen zur Bedeutung von Unterhaltungsmaßnahmen und morphologischen Strukturen sowie Datenbankentwicklung für Hegepläne. Bericht im Auftrag des Ministeriums für Umwelt, Naturschutz und Landwirtschaft des Landes Schleswig Holstein: 1–73.

SCHAARSCHMIDT, T., ARZBACH, H.H., BOCK, R., BORKMANN, I., BRÄMICK, U., BRUNKE, M., LEMCKE, R., KÄMMEREIT, M., MEYER, L. & TAPPENBECK. L. (2005): Die Fischfauna der kleinen Fließgewässer Nord- und Nordostdeutschlands – Leitbildentwicklung und typgerechte Anpassung des Bewertungsschemas nach EU-Wasserrahmenrichtlinie. – LAWA-Projekt im Rahmen des Länderfinanzprogramms Wasser und Boden. Abschlußbericht: 1–330.

SCHAUMBURG, J., SCHRANZ, C., FOERSTER, J., GUTOWSKI, A., HOFMANN, G., KÖPF, B., MEILINGER, P., SCHMEDTJE, U., SCHNEIDER, S. & STELZER, D. (2005): Bewertungsverfahren Makrophyten & Phytobenthos. Fließgewässer- und Seen-Bewertung in Deutschland nach EG-WRRL. Informationsberichte Heft 1/05. Bayerisches Landesamt für Wasserwirtschaft, München: 1–245.

STILLER, G. & TREPEL, M. (2010): Einfluss der Gewässerunterhaltung auf Vielfalt und ökologischen Zustand von Wasserpflanzengemeinschaften in Fließgewässern Schleswig-Holsteins. – Natur und Landschaft 85/6: 239–244.

UNDERWOOD, A.J. (1994): Spatial and temporal problems with monitoring. – In: The Rivers Handbook, Volume 2 In: Calow, P. & Petts, G.E. (eds). Blackwell, Oxford: 101–123.

Die Bedeutung der Gewässerstruktur für das Erreichen des guten ökologischen Zustands in den Fließgewässern des Freistaates Thüringen

Jens Arle[1] und Falko Wagner[2]

[1] Zipsdorfer Str. 1a, 39264 Reuden/Anhalt
[2] Sandweg 3, 07745 Jena, Institut für Gewässerökologie und Fischereibiologie Jena

Mit 7 Abbildungen und 7 Tabellen

Abstract. As stated in the EU-Water Framework Directive the biological elements aquatic flora, benthic invertebrate fauna and fish fauna are defining river ecological status. Thresholds for chemical quality elements to achieve the good status are already available. For most other environmental factors similar thresholds are missing. Thus the IGF Jena analysed the monitoring results of benthic invertebrate and fish fauna of 2005 and 2006 in Thuringia to study the relation between morphological conditions, physico-chemical and additional factors and ecological status. The main questions were:
1. Which environmental factor is actually most important for achieving the good ecological status in Thuringian flowing waters?
2. Can thresholds or recommendation values for morphologic conditions to achieve the good ecological status be given?

Due to their specific conditions small and larger rivers had to be analysed separately. In this article the analytical methods for the small streams are given exemplarily.

The ecological status in small streams strongly correlated with saprobic index (organic pollution) followed by regional and local morphological factors and land use. In large flowing waters chemical factors (mineral salts) were dominant. In most cases the effect of the chemical factors masked those of the morphology. Thus the correlation of morphology and ecological status became more apparent in analyses limited to data subsets of less polluted sites. Concerning morphology the spatial scale influenced generally the results. By combining statistical methods and modelling we were able to define thresholds and recommendation values for the morphological status in small and large rivers for Thuringia as preconditions for the good ecological status.

Key words: ecological status, stream, benthic invertebrates, fish fauna, WFD, morphological conditions, land use, threshold values

Zusammenfassung. Die Grundlagen für das Erreichen des durch die EG-Wasserrahmenrichtlinie (WRRL) geforderten guten Zustands für Fließgewässer sind durch Grenz- und Schwellenwerte in vielen Fällen für stoffliche Faktoren bereits formuliert. Für andere Umweltfaktoren, wie die Gewässerstruktur, fehlen bisher jedoch klare Vorgaben. Aus diesem Grund unterzog das IGF Jena die Ergebnisse des WRRL-Monitorings für das Makrozoobenthos (MZB) und die Fischfauna in Thüringen aus den Jahren 2005 und 2006 einer umfassenden Analyse, wobei die vorhandenen Daten zur Gewässerstruktur, physikalische, chemische sowie weitere Umweltvariablen einbezogen wurden. Im Mittelpunkt standen folgende Fragen:
1. Welche Umweltfaktoren besitzen gegenwärtig in Thüringer Fließgewässern eine besondere Relevanz für das Erreichen des guten ökologischen Zustands?
2. Lassen sich zum Erreichen des guten Zustands Empfehlungs- und Schwellenwerte für die Gewässerstruktur ableiten?

Es zeigte sich, dass aufgrund ihrer Spezifik eine getrennte Betrachtung kleiner (LAWA-Typ 5, 5.1, 6, 7 & 18) und großer Gewässer (LAWA-Typ 5, 5.1, 6, 7 & 18) erforderlich ist. In diesem Artikel werden die Analyseschritte am Beispiel der kleinen Gewässer exemplarisch dargestellt.

Die Korrelationsanalysen ergaben, dass in den kleinen Gewässern der saprobielle Zustand (organische Belastung) die stärkste Beziehung zur ökologischen Qualität des MZB aufwies, gefolgt von den Faktorenkomplexen lokale und regionale strukturelle Faktoren sowie landnutzungsbedingte diffuse Stoffeinträge. In den großen Gewässern dominierte hingegen ein chemischer, von anorganischen Ionen gebildeter Faktorenkomplex.

Der Effekt der Gewässerstruktur auf den ökologischen Zustand wurde durch dominante stoffliche Faktoren maskiert. Bei separater Analyse der Teildatensätze stofflich gering belasteter Gewässerabschnitte trat die Beziehung zwischen Gewässerstruktur und ökologischem Zustand wesentlich deutlicher hervor. Die betrachtete räumliche Skala spielte hierbei eine entscheidende Rolle. In Kombination mit ergänzenden statistischen und modellbasierten Methoden war eine Ableitung konkreter Empfehlungs- und Schwellenwerte für die Gewässerstrukturgüte sowohl kleiner als auch großer Gewässer möglich.

Anlass und Einleitung

Die EG-Wasserrahmenrichtlinie (EG-WRRL) dient dem Schutz der europäischen Oberflächengewässer, Küstengewässer und des Grundwassers. Das Hauptziel der Richtlinie besteht in der Ressourcensicherung für kommende Generationen durch Erreichen einer guten Wasserqualität und eines guten ökologischen Zustands innerhalb von 15 Jahren nach Inkrafttreten der Richtlinie am 22.12.2000 (Amtsblatt der Europäischen Gemeinschaft; L327/1). In Fließgewässern leisten die biologischen Qualitätskomponenten aquatische Flora, Wirbellosenfauna und Fischfauna dabei einen wesentlichen Beitrag zur Bestimmung des ökologischen Zustands. Während für die stofflichen Belastungen der Fließgewässer durch Festlegung von Grenz- und Schwellenwerten für einzelne Faktoren (LAWA 2007) bereits eine Grundlage zur Erreichung des guten ökologischen und des guten chemischen Zustands gelegt wurde, war vor Beginn der von den Autoren im Auftrag des Thüringer Freistaates durchgeführten Datenanalysen weitgehend unklar, welche Anforderungen andere Umweltfaktoren bzw. -gruppen wie u.a. die Gewässerstruktur erfüllen müssen, um den guten ökologischen Zustand erreichen zu können. Die Definition von Zielen war dabei die Voraussetzung für die anschließende Planung des Umfangs von Maßnahmen. Dieser Artikel fasst die wichtigsten Ergebnisse der Datenanalysen zusammen. Diese bildeten die Grundlage zur Beantwortung der folgenden Fragestellungen:

1. Welche Umweltfaktoren besitzen gegenwärtig in Thüringer Fließgewässern eine besondere Relevanz für das Erreichen des guten ökologischen Zustands der Qualitätskomponenten Makrozoobenthos und Fischfauna?

2. Bei welchem strukturellen Zustand ist der gute ökologische Zustand für die Qualitätskomponenten Makrozoobenthos und Fischfauna erreichbar und lassen sich Empfehlungs- und Schwellenwerte für die Gewässerstruktur ableiten?

Abbildung 1 beschreibt die zur Beantwortung dieser Fragen gewählte Vorgehensweise schematisch. Eine exakte Bestimmung der Wirkung eines Faktors ist in der Regel nur mit Hilfe von kontrollierten experimentellen Untersuchungen möglich. Da eine Durchführung derartiger Ansätze im vorliegenden Projekt nicht möglich war, wurden statistische Methoden zur Beantwortung der Fragestellungen eingesetzt. Wie Abb. 1 zeigt, sind die Ergebnisse der Datenanalysen damit stets als Hypothesen zu begreifen. Ein Testen dieser Hypothesen muss Teil der ersten konkreten Maßnahmenumsetzung sein. Obwohl gegenwärtig eine große Anzahl wissenschaftlicher Publikationen, die Bedeutung einer naturnahen Gewässerstruktur für die Lebensgemeinschaft und die Stoffkreisläufe in Fließgewässern unterstreichen (z.B. Cardinale et al. 2002, Lorenz 2004, Feld 2005, u.a.), stehen Tests verschiedenster Hypothesen in Hinblick auf die Gewässerstruktur und deren Wirkung auf die Biozönose weitgehend aus. Gegenwärtig existieren noch

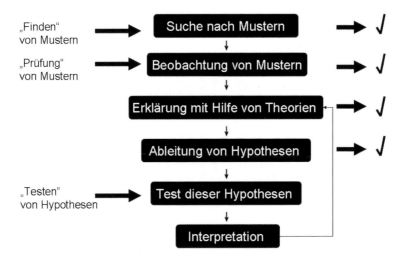

Abb. 1. Schema ökologischer Untersuchungen. Der von Thüringen beschrittene Weg zur Ableitung von Schwellen- und Empfehlungswerten für die Gewässerstruktur ist mit Häkchen markiert.

zu wenige wissenschaftlich begleitete Renaturierungsprojekte (z.B. mittels before-after-control-impact Design), so dass Verallgemeinerungen über den Einfluss einer intakten bzw. wiederhergestellten naturnahen Gewässerstruktur nur eingeschränkt möglich sind.

Methoden

Datenbasis – Makrozoobenthos (MZB)

In den Jahren 2005 und 2006 wurden im Rahmen des EG-WRRL-Monitoring an 250 Probestellen der Thüringer Fließgewässer MZB-Proben entnommen und analysiert. Die Ermittlung des ökologischen Zustands anhand des MZB erfolgte für alle Probestellen auf Basis der offiziellen Standardverfahren (vgl. www.fliessgewaesserbewertung.de) unter Nutzung der aktuellen Version der Software ASTERICS – einschließlich PERLODES-3.0 (Deutsches Bewertungssystem auf Grundlage des MZB). Die Bewertungsergebnisse zum ökologischen Zustand, inklusive Einzelmodule und -metrics sowie die Rohdaten (Taxalisten) wurden den Autoren durch das Thüringer Ministerium für Landwirtschaft, Naturschutz und Umwelt (TMLNU) in Form von Microsoft Excel Dateien bzw. Microsoft Access Dateien zur Verfügung gestellt. Die ökologische Zustandsklasse ergibt sich aus den Qualitätsklassen der Einzelmodule, wobei das Modul mit der schlechtesten Einstufung das Gesamtbewertungsergebnis bestimmt (Prinzip des worst case bzw. one out all out principle vgl. Software-Handbuch Asterics, Version 3, einschließlich PERLODES). Im Fall der Thüringer Gewässer wurde das Gesamtergebnis (ökologische Zustandsklasse) in starkem Maße durch das Modul Allgemeine Degradation geprägt. In mehr als 90 % aller untersuchten Fälle wies das Modul Allgemeine Degradation die schlechteste Einstufung oder eine mit einem der beiden anderen Module vergleichbar schlechte Einstufung auf. Dieser Aspekt weist auf die außerordentliche Bedeutung des Moduls Allgemeine Degradation für die Gesamtbewertung der vorliegenden Daten hin. Aus diesem Grund wurde das Bewertungsergeb-

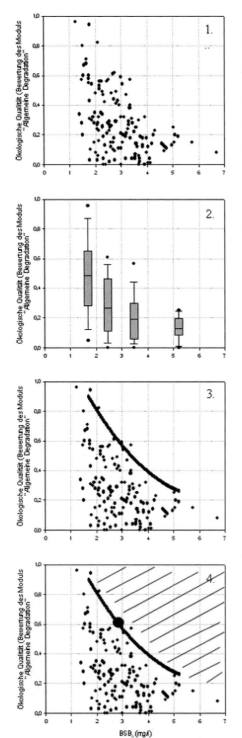

Abb. 2. Die verwendete Methode zur funktionsbasierten Grenzbereichsschätzung. *Erläuterung:* 1. Die Beziehung zwischen der ökologischen Qualität des MZB und den BSB_5 (mg/l). Die Beziehung zwischen den beiden Variablen lässt sich mit Hilfe von Korrelations- bzw. Regressionsanalysen beschreiben. Der ermittelte Zusammenhang ist für einen ökologischen Zusammenhang zwar als recht groß (lineares Modell, $R^2 = 0,21$) zu bezeichnen, die Vorhersage von Empfehlungs- und Schwellenwerten erscheint aufgrund des relativ geringen mathematischen Zusammenhangs erschwert. 2. Zerlegung des Datensatzes in Gruppen mit ähnlichem BSB_5 (mg/l) und Ermittlung der 95-Perzentilwerte für die ökologische Qualität der Gruppen. 3. Nutzung der 95-Perzentilwerte für die ökologische Qualität (y-Achse) der Gruppen und der mittleren BSB_5 (mg/l) – Konzentration aus dem den Gruppen unterliegenden Datensatz zur Ermittlung eines mathematischen Modells (Linie). 4. Ermittlung des Schnittpunktes des mathematischen Modells am Übergang des mäßigen in den guten ökologischen Zustand. Der genannte Schnittpunkt repräsentiert den abgeschätzten Schwellenwert. Das mathematische Modell repräsentiert den abgeschätzten Schwellenbereich.
Die Schraffur beschreibt den Bereich der gegenwärtig nicht realisiert wird (und potentiell nicht realisiert werden kann). *Beachte:* Die Verwendung der Methode setzt das Vorliegen ausreichend großer Datensätze voraus.

nis des Moduls Allgemeine Degradation als primäre Kenngröße für den ökologischen Zustand der MZB-Gemeinschaft in allen folgenden Analysen verwendet.

Datenbasis – Fischfauna

In den Jahren 2005 und 2006 erfolgten Fischbestandsuntersuchungen an insgesamt 105 Probestellen der Thüringer Fließgewässer. Mit Hilfe dieser Ergebnisse wurde der ökologische Zustand der Qualitätskomponente Fischfauna bewertet (Wagner 2005, 2006a). Zur Anwendung kam das von Dußling & Blank (2004) veröffentlichte, fischbasierte Bewertungssystem FIBS in der Version von 2006. Die erforderlichen Eingabedaten für den Referenzzustand stammten aus dem fischfaunistischen Referenzkatalog von 2006 (Wagner 2006b). Die Fangdaten wurden vor der Eingabe in das FIBS entsprechend der methodenspezifischen Fangeffektivität korrigiert (Wagner 2006a).

Neben den Ergebnissen des FIBS, wurde für jede Probestelle die Ähnlichkeit der Fischzönose im Hinblick auf das Leitbild des entsprechenden Gewässertyps (entsprechend Fischfaunistischem Referenzkatalog 2006, Wagner 2006b) ermittelt. Als Ähnlichkeitsmaß diente eine modifizierte Form des Renkonen-Index (Mühlenberg 1993), wobei die relative Abundanz (Dominanz) der Fischarten zugrunde gelegt wurde. Der ermittelte Ähnlichkeitsindex (modifizierter Renkonen-Index$_{\text{real vs. leitbild}}$) beschreibt die prozentuale Ähnlichkeit (Überlappung) einer realen Fischzönose im Vergleich zum idealisierten Leitbild und kann Werte zwischen 100 (komplette Überlappung = reale Fischzönose gleich Leitbild) und 0 (keine Überlappung = keine Übereinstimmung zwischen realer Fischzönose und Leitbild) annehmen. Der genannte Ähnlichkeitsindex wurde als zusätzliches Maß für die ökologische Qualität der Fischzönose an einer Probestelle hinzugezogen, da sich die FIBS – Bewertung gegenüber deutlichen Umweltunterschieden als wenig sensitiv erwies. Sie korrelierte mit weniger Umweltvariablen als der genannte Renkonen-Index und die Korrelationen waren schwächer (niedrigere Korrelationskoeffizienten).

Aus diesem Grund wurde bei weiterführenden Analysen des Zusammenhangs zwischen ökologischem Zustand und Umweltfaktoren an Stelle der FIBS-Ergebnisse häufig auf den Renkonen-Index zurückgegriffen. Dies war möglich, da die Ergebnisse der FIBS-Bewertung und des Renkonen-Index$_{\text{real vs. leitbild}}$ positiv korrelierten (Spearman Rangkorrelation, r_s = 0,578; P<0,05; n=50). Bei isolierter Betrachtung der Datensätze einzelner Fischregionen waren teilweise weit höhere Korrelationen zu verzeichnen. Der Übergang vom mäßigen zum guten Zustand im FIBS bei 2,50 konnte unter Nutzung eines linearen Regressionsmodells einem Renkonen-Index von 39,5 % zugeordnet werden. Ausgehend davon wurde der ganzzahlig gerundete Renkonen-Index von 40 % als Grenzwert festgelegt, bei dessen Überschreiten die Qualitätskomponente Fischfauna den guten Zustand erreichen kann. Die Nutzung des Renkonen-Index als zusätzliches Maß für die ökologische Qualität der Fischzönose wird darüber hinaus durch die Ergebnisse der durchgeführten Ordinationsanalysen gestützt. Renkonen-Index und FIBS-Ergebnis reagieren relativ gleichsinnig entlang der dominierenden Umweltgradienten, besitzen aber trotzdem unterschiedliche Informationsgehalte.

Datenbasis – Abiotische Daten

Neben Gewässerstrukturvariablen (lokale und regionale) wurde eine Vielzahl weiterer Umweltvariablen (162 physikalische und chemische Variablen, Habitatmerkmale, Konnektivitätsmaße u.a.) in die Analysen einbezogen. Eine vollständige Auflistung der verwendeten Umweltvariablen und deren detaillierte Beschreibung enthält Wagner & Arle (2007a).

Die für die Analysen verwendeten Strukturvariablen basieren zum einen auf Vorort-Kartierungen fischrelevanter Strukturen während der jeweiligen Probenahme (Feldprotokolle), zum anderen auf dem von der LAWA vorgeschlagenen Übersichtsverfahren zur Gewässerstrukturkartierung in der Bundesrepublik Deutschland (LAWA 2002) und dem Querbauwerkskataster. Die Strukturdaten wurden den Autoren durch die Thüringer Landgesellschaft Erfurt (TLG Erfurt) und die Thüringer Landesanstalt für Umwelt und Geologie Jena (TLUG Jena) zur Verfügung gestellt.

Als Grundlage für die Analysen wurden jeder Probestelle neben der lokalen Gewässerstruktur (Gewässerstruktur$_{gesamt}$) auch alle verfügbaren Einzelparameter und Gewässerstrukturdaten auf verschiedenen räumlichen Skalen zugeordnet. Basierend auf den Ansätzen und Ergebnissen von Arle (2006a, b) wurden für die Probestellen, an denen das MZB untersucht wurde, Bereiche bis 6 km (kleine Gewässertypen, 5, 5.1, 6, 7 und 18) stromauf bzw. bis 15 km (großen Gewässertypen, 9, 9.1, 9.2) stromauf in die Analysen einbezogen. Stromab gelegene Bereiche blieben beim MZB unberücksichtigt, da im Rahmen einer vorangegangen Analyse (vgl. Arle 2006a, b) keine statistisch signifikanten Korrelationen zwischen der ökologischen Bewertung eines Fließgewässerabschnitts und der Gewässerstruktur flussab ermittelt werden konnten (betrachtet wurden Bereiche bis 5 km stromab einer Probestelle). Dieser Aspekt unterstreicht die Bedeutung stromauf gelegener Fließgewässerbereiche für die MZB-Gemeinschaft. Für alle Probestellen, an denen Informationen zum ökologischen Zustand der Fischfauna vorlagen, wurden Strukturinformationen bis in den Bereich 15 km oberhalb (stromauf) der Probestelle und unterhalb (bis zum nächsten unpassierbaren Querbauwerk) in die Analysen einbezogen. Bei den Erhebungen der durchschnittlichen Gewässerstruktur wurde dem Hauptgewässer gefolgt (ggf. vorhandene Nebengewässer wurden nicht berücksichtigt). Dieser Aspekt ist bei vergleichbaren Ansätzen zu berücksichtigen.

Der Raumbezug der Strukturdaten wurde durch die Berechnung der durchschnittlichen Gewässerstruktur (Gewässerstruktur$_{gesamt}$ bzw. Ausprägung der Struktureinzelparameter) der betrachteten Gewässerstrecke erreicht. Die Berechnung der durchschnittlichen Gewässerstruktur erfolgte nach folgender Formel (Formel 1):

$$S_d = \frac{\sum_{i=1}(S_i \cdot L_i)}{\sum_{i=1} L_i}$$

S_d = durchschnittliche Gewässerstruktur
S_i = Gewässerstruktur im i-ten Gewässerabschnitt
L_i = Länge des i-ten Gewässerabschnittes

Alle innerhalb der Analyse verwendeten physikalischen und chemischen Daten (Wasserqualität) wurden den Autoren von der TLUG Jena zur Verfügung gestellt. Bei den verwendeten Daten handelte es sich um die Mittelwerte, Maxima, Minima und Standardabweichungen (1-fach) wichtiger physikalischer und chemischer Faktoren. Diese wurden auf Basis von monatlichen Einzelproben ermittelt, welche im Zeitraum 2005–2006 im Bereich der Probestellen entnommen und mit Standardmethoden analysiert wurden. Die einbezogenen Faktoren waren: Leitfähigkeit (µS/cm), Sauerstoff (%), Sauerstoff (mg/l), Phosphor gesamt (mg/l); Ortho-Phosphat (mg/l); Ammoniumstickstoff (mg/l); Nitratstickstoff (mg/l); Nitritstickstoff (mg/l); Chlorid (mg/l); Sulfat (mg/l); Biologischer Sauerstoffbedarf – BSB$_5$ (mg/l); Gesamter organischer Kohlenstoff – TOC (mg/l) und Gesamthärte (°dH). Maxima (max), Minima (min) und die Standardabweichungen (stabw) wurden in die Analyse einbezogen, da diese Kriterien neben dem Mittelwert (mw) zusätzliche Informationen zu Extrembedingungen beinhalten und damit einen zusätzlichen Informationsgehalt besitzen.

Als Maß für die Feinsedimentbelastung (bzw. erosionsbedingte Belastungen) des Gewässers diente die spezifische Schwebstofffracht (I_{AFS}). Für Probestellen, bei denen alle notwendigen Ausgangsdaten zur Verfügung standen, wurde die spezifische Schwebstofffracht analog der Vorgehensweise von Bischoff (2006) nach dem Modell von MONERIS (Behrendt et al. 2002) berechnet. Hauptvoraussetzung war die Abgrenzung des zur Probestelle gehörenden Einzugsgebietes (EZG). Da im Rahmen dieser Studie die aufwändige Bestimmung von EZG nicht möglich war, wurden bereits digital vorliegende EZG-Daten permanenter Messpegel der TLUG genutzt, wenn diese in räumlicher Nähe der Probestellen lagen. Diese EZG waren vom Institut für Geographie der Friedrich-Schiller-Universität Jena im Rahmen eines anderen Projektes erarbeitet worden. Eine detaillierte Beschreibung der zur Ermittlung der spezifischen Schwebstofffracht genutzten Formeln und Daten mit Ihren Quellen ist Wagner & Arle (2007a) zu entnehmen.

Datenanalyse – dominante Umweltgradienten

Zur Analyse der Daten wurden die analytischen Methoden Korrelation (Spearman Rank Order und Pearson Korrelation) und Regression (lineare und multiple lineare Regression) verwendet. Darüber hinaus kamen Ordinationsverfahren und Clusteranalysen zum Einsatz. Mit Hilfe erstgenannter Methoden lassen sich aus einer Vielzahl von Einzelbeobachtungen (Proben) Trends ableiten, auf deren Basis anschließend Vorhersagen für weitere Einzelbeobachtungen möglich werden. Ein generelles Problem der genannten statistischen Verfahren ist, dass die ermittelten Korrelationen zwischen den Variablen nicht zwingend auf kausalen Zusammenhängen beruhen müssen. Eine exakte Bestimmung der Wirkung eines Umweltfaktors ist in der Regel nur mit Hilfe von kontrollierten experimentellen Untersuchungen möglich.

Um auf Basis der genutzten analytischen Methoden möglichst sichere Vorhersagen der Bedeutung von Faktoren bzw. Faktorengruppen treffen zu können und um die Wahrscheinlichkeit von Fehlinterpretationen infolge von Kovariationen zwischen Umweltfaktoren einzuschränken, ist es sinnvoll und wichtig, eine möglichst große Anzahl von Umweltfaktoren in die Analyse einzubeziehen. Ein weiteres Argument für dieses Vorgehen ist, dass nach dem Wirkungsgesetz der Umweltfaktoren (Thienemann 1926 und 1941), die Zusammensetzung einer Lebensgemeinschaft in Art und Zahl und damit auch der ökologische Zustand durch denjenigen Umweltfaktor bestimmt wird, der sich am stärksten dem Pessimum nähert (limitierender Faktor). Dies bedeutet, dass in realen Lebensgemeinschaften unterschiedlichste Umweltfaktoren dafür verantwortlich sein können, dass der gute ökologische Zustand nicht erreicht wird.

Für die Analyse von Lebensgemeinschaften bzw. für die Ermittlung von Empfehlungs-, Schwellen- bzw. Grenzwerten eines einzelnen Faktors bzw. Faktorenbündels auf Basis nichtexperimenteller Ansätze bedeutet dies, dass eine Vielzahl von Umweltvariablen betrachtet werden muss. Nur so lassen sich die primären Störgrößen bzw. Steuerfaktoren innerhalb des betrachteten Datensatzes ermitteln und Kovariationen zwischen den betrachteten Faktoren erkennen und ausschließen.

Im ersten Schritt der Analyse wurden die Beziehungen zwischen der ökologischen Qualität der biologischen Qualitätskomponenten (Gesamtbewertung und besonders relevanten Einzelmetrics) und den Umweltvariablen analysiert. Durch den gleichzeitigen Einsatz von Ordinationsverfahren und durch die Bestimmung von Korrelationen zwischen den Umweltvariablen (Kovariationen) untereinander, ließen sich besonders relevante Variablen bzw. Variablengruppen ermitteln.

Das Fehlen signifikanter Korrelationen zu einer Umweltvariable heißt dabei nicht, dass diese keinerlei Relevanz für den ökologischen Zustand besitzt, es bedeutet lediglich, dass im betrachteten Datensatz andere Variablen (mit signifikanten Korrelationen) eine größere Bedeutung besitzen. Es ist dabei möglich, dass die dominierenden Gradienten (Variablen) die Relevanz der anderen Variablen verdecken bzw. maskieren.

Aufgrund des uneinheitlichen Charakters (Rang- bzw. Intervallskalierung) der Umweltvariablen wurden folgende Methoden verwendet: Spearman Rank Order Correlation und Pearson Product Moment Correlation. Wegen der Vielzahl an Variablen erfolgte im ersten Schritt der Analyse keine Überprüfung der Voraussetzungen (Normality Test und Constant Variance Test) zur Verwendung der Pearson-Korrelationsmethode. Beide Kriterien wurden zunächst als erfüllt vorausgesetzt. Vor Einbeziehung der entsprechenden Variablen in Regressionsmodelle erfolgte die Überprüfung dieser Kriterien. Während die lokale Gewässerstruktur (nach LAWA 2002) als rangskalierte Variable betrachtet wurde, wurden regionale strukturelle Faktoren (durchschnittliche Gewässerstruktur$_{gesamt}$ etc.) als intervallskaliert betrachtet. Die verwendete Methode zur Ermittlung der durchschnittlichen Struktur$_{gesamt}$ (bzw. die durchschnittliche Ausprägung anderer Strukturparameter) auf verschiedenen räumlichen Skalen trägt in starkem Maße zur Rechtfertigung dieser Betrachtungsweise bei. Es erfolgte keinerlei Transformation der Daten. Zur Analyse der Beziehung intervallskalierter Variablen wurden beide Methoden eingesetzt, bei rangskalierten Daten wurde die Spearman Rank Order Correlation genutzt.

Diese Herangehensweise erlaubte einen guten Vergleich der Stärke der Beziehungen (Korrelationskoeffizienten) zwischen allen Variablen und damit das Erkennen und die Selektion besonders relevanter Variablen. Dennoch muss daraufhingewiesen werden, dass der direkte Vergleich der Stärke der Beziehungen (Korrelationskoeffizienten) nur mit gegebener Vorsicht erfolgen kann, da innerhalb der Datensätze die Stichprobenanzahl variierte, was die Vergleichbarkeit einschränkte. Obwohl sich dieser Umstand durch Eliminierung von unvollständigen Datensätzen lösen lässt, erschien diese Vorgehensweise im ersten Schritt der Analyse (Korrelation) aufgrund der Vielzahl der betrachteten Variablen und einer resultierenden Reduktion der Datensatzgröße und der Aussagekraft nicht sinnvoll.

Als primäres Ordinationsverfahren wurde die Redundanzanalyse (RDA) (Jongman et al. 1995) eingesetzt. Die Entscheidung für diese Methode erfolgte auf Basis der Ergebnisse einer Vorab-Analyse (Detrended Correspondence Analysis; DCA). Es wurden acht Einzelanalysen durchgeführt, wobei der Datensatz nach zwei Kriterien aufgetrennt wurde. Es erfolgte eine Trennung in kleine und große Gewässer sowie MZB und Fischfauna, für diese fand jeweils eine Analyse auf Basis der Abundanz taxonomischer Gruppen und der ökologischen Bewertungsmetrics statt. Diese Form der Analyse diente noch nicht der Ableitung von Schwellen- bzw. Empfehlungswerten. Sie wurde genutzt, um ein Verständnis über die innerhalb der Datensätze dominierenden Umweltgradienten zu erhalten, sowie einen Einblick in die Reaktion taxonomischer Gruppen und ökologischer Bewertungsmetrics entlang dieser Umweltgradienten zu erlangen (Systemverständnis). Des weiteren dienten die Ergebnisse zur Überprüfung und Bestätigung der auf Basis von einfachen Korrelationen zwischen Umweltvariablen und der ökologischen Qualität ermittelten, als besonders relevant in Bezug auf die Erreichung des guten ökologischen Zustands eingestuften Faktoren und Faktorengruppen.

Aufgrund der bereits erwähnten Unvollständigkeit der Datensätze musste vor Anwendung der Ordinationsverfahren eine Reduktion der Größe der Datensätze erfolgen. Hierbei wurde so vorgegangen, dass entweder unvollständige Einzeldatensätze für Probenahmestellen oder einzelne Umweltvariablen eliminiert wurden. Die Eliminierung ganzer Variablen erfolgte auf Basis bereits bekannter kausaler systeminterner Zusammenhänge. Weitere Details zu diesen Analysen enthält Wagner & Arle (2007a).

Berücksichtigung der Gewässergröße bei der Bestimmung von Schwellen- und Empfehlungswerten für die Gewässerstruktur

Wenn möglich, wurden Schwellen- und Empfehlungswerte der Gewässerstruktur für einzelne Fließgewässertypen ermittelt. Die Größe der MZB-Datensätze für die Fließgewässertypen 5, 9, 9.1 und 9.2 sowie deren Vollständigkeitsgrad reichten aus, um diese Typen getrennt zu betrachten. Die Datensätze für die Fließgewässertypen 7, 17 und 18 waren zu klein, um an diesen eine Ableitung von Schwellen- und Empfehlungswerte für die Gewässerstruktur verlässlich durchführen zu können. Der Datensatz der Fließgewässertypen 5.1 und 6 erfüllte die beiden Kriterien Vollständigkeitsgrad & Datensatzgröße; dennoch verhinderte die Datenstruktur bei diesen Gewässertypen eine separate Analyse. Grund war das Fehlen von Probestellen im guten und sehr guten Zustand. Die Anwendung von Regressionsmethoden ist in diesem Fall nicht sinnvoll. In Anlehnung an die Ergebnisse einer vorherigen Studie (Arle 2006a, b) und der Annahme, dass die Notwendigkeit eines bestimmten Grades an Naturnähe (Gewässerstruktur) zur Erreichung des guten ökologischen Zustands nicht primär vom Gewässertyp, sondern von der Gewässergröße abhängt, wurden die MZB-Datensätze der Gewässertypen 5, 5.1, 6 und 7 zusammengefasst (kleine Gewässer) und gemeinsam analysiert. Dieses Vorgehen lässt sich darüber hinaus auf Basis von Gemeinsamkeiten bei der Bewertung des ökologischen Zustands rechtfertigen:

1. Der Bewertung des Deutschen Fauna Index, dem Metric, welches aufgrund seiner 50%igen Gewichtung die Bewertung des Moduls Allgemeine Degradation prägt, liegen bei allen vier Gewässertypen gleiche Indikatortaxa und Indikatorwerte zugrunde (vgl. Operationelle Taxaliste, http://www.fliessgewaesserbewertung.de/gewaesserbewertung/). Auch die Umrechnung des Messwertes des Deutschen Fauna Index in den Score-Wert des Deutschen Fauna Index ist vergleichbar.
2. Bei allen vier Gewässertypen gehen zum Großteil dieselben Metrics in die Bewertung ein, wobei auch hier die Umrechnung des Messwertes der Metrics in den Score-Wert des Metrics geringe Abweichungen zwischen den Typen zeigt. Die Variabilität, welche durch die nicht bei allen Typen eingehenden Metrics erzeugt wird, ist gering.

Die MZB-Datensätze für die Fließgewässertypen 9, 9.1 und 9.2 wurden weitestgehend getrennt voneinander analysiert mit Ausnahme des ersten Analyseschrittes (Korrelation). Hier wurden die Datensätze zusammengefasst (große Gewässer). Auch dieses Vorgehen lässt sich durch eine hohe Vergleichbarkeit der in die Bewertung eingehenden Metrics rechtfertigen. Obwohl Unterschiede bei den eingehenden Indikatortaxa und deren Indikatorwerten beim Deutsche Fauna Index zwischen diesen Fließgewässertypen vorhanden sind (vgl. Arle 2006a, b), existiert eine hohe Ähnlichkeit (im Hinblick auf die Indikatortaxa und Indikatorwerte) zwischen diesen großen Fließgewässertypen, die sich ihrerseits deutlich von den kleinen Gewässertypen unterscheiden.

Die ökologische Bewertung der Fischfauna erfolgte auf Basis spezifischer Leitbilder für die Thüringer Fischgewässertypen. Sie entsprechen den LAWA-Fließgewässertypen sind jedoch darüber hinaus in Fischregionen untergliedert (Epirhithral, Metarhithral usw.). Diese Unterteilung war im vorhandenen Datensatz weitgehend mit der beim MZB gewählten sekundären Untergliederung in kleine und große Fließgewässertypen kompatibel. Epi- und metarhithrale Probestellen umfassten die Fließgewässertypen 5, 5.1, 6, 7 und 18, hyporhithrale und epipotamale Probestellen umfassten ausschließlich Fließgewässertypen 9, 9.1, 9.2 und 17. Diese Gruppen wurden bis auf eine Ausnahme getrennt analysiert. Die Schwellenwertbestimmung erfolgte aufgrund der hohen Ähnlichkeit der Ergebnisse eine Zusammenfassung und gemeinsame Analyse beider Gruppen.

Gewässerstruktur – Schwellenwerte und Empfehlungswerte

Im zweiten Schritt der Analyse wurden unter Nutzung verschiedener, im folgenden Abschnitt erläuterter Methoden und Kriterien, Empfehlungs- und Schwellenwerte für die Gewässerstruktur$_{gesamt}$ zum Erreichen des guten ökologischen Zustands abgeleitet. Die beiden Begriffe wurden wie folgt definiert:
- Der Schwellenwert für einen Umweltfaktor beschreibt einen Grenzwert, bei dessen Über- bzw. Unterschreitung (faktorenabhängig) der gute ökologische Zustand nicht mehr erreicht werden kann. Bei Einhaltung dieses Grenzwertes ist das Erreichen des guten Zustands möglich, die Sicherheit ist jedoch gering.
- Der Empfehlungswert für einen Umweltfaktor beschreibt einen Wert bei dem der gute ökologische Zustand mit großer Sicherheit erreicht werden wird.

Zur Abschätzung des Schwellenwertes für die Gewässerstruktur$_{gesamt}$, bei dessen Unterschreitung der gute ökologische Zustand nicht mehr erreicht werden kann, wurden die in Tab. 1 aufgelisteten Kriterien zugrunde gelegt. Sie basieren auf den genannten statistischen Maßzahlen der vorliegenden Stichprobe oder wurden auf Basis mathematischer Funktionen abgeleitet, die den Zusammenhang zwischen abhängiger (ökologischer Zustand) und unabhängiger Variable (Umweltvariable) beschreiben. Bei Vorliegen stärkerer Zusammenhänge zwischen abhängigen und unabhängigen Variablen können Kriterien wie zweifacher Fehlerbereich oder Vorhersageintervall zur Abschätzung des Grenzbereichs eines Regressionsmodells eingesetzt werden. Ergänzend wurden jedoch alternative Kriterien ausgewählt und verwendet.

Da wie bereits oben beschrieben das Vorliegen schwacher Korrelationen bzw. das Fehlen signifikanter Korrelationen für eine Umweltvariable mit ökologischen Zustandsvariablen nicht bedeutet, dass diese Variable keine Relevanz für den ökologischen Zustand besitzt, ist es bei der Analyse großer, heterogener Datensätze wie dem vorliegenden sinnvoll und hilfreich, analytische Methoden einzusetzen, um die untergeordnet erscheinende Relevanz einzelner Variablen näher zu prüfen bzw. zu beschreiben. Die Analyse nicht korrelativer Muster zwischen Umweltvariablen und ökologischen Zustandsvariablen erfolgte dabei (wie in Tab. 1, Punkt 4 beschrieben) mit Hilfe des Computerprogramms „Ecosim" (http://www.garyentsminger.com), Programmmodul „Macroecology", welches darüber hinaus zur Grenzbereichsschätzung eingesetzt wurde.

Tab. 1. Die Schwellenwert-Kriterien.

Nr.	Kriterium (Bezeichnung)	Beschreibung des Kriteriums
1.	Maximum	Mittelwert* der Maxima der Gewässerstruktur$_{gesamt}$, bei welchen der gute Zustand auf allen betrachteten räumlichen Skalen (stromauf Bereiche) noch erreicht wurde. Grund: Das Maximum der Gewässerstruktur bzw. durchschnittlichen Gewässerstruktur bei der der gute ökologische Zustand noch erreicht wurde, ist abhängig von der betrachteten räumlichen Skala. Obwohl es sinnvoller erscheint einen Schwellenwert eher am Minimum der festgestellten Gewässerstruktur$_{gesamt}$ – Maxima auf allen betrachteten räumlichen Skalen festzulegen, wurde im genannten Projekt der Mittelwert angesetzt. Hauptgrund hierfür besteht in der bisher beschränkten Anzahl der betrachteten räumlichen Skalen.
2.	95-Perzentil	Mittelwert* der über alle betrachteten räumlichen Skalen (stromauf Bereiche) festgestellten 95-Perzentile der Gewässerstruktur$_{gesamt}$ aller Probestellen im guten Zustand.

Nr.	Kriterium (Bezeichnung)	Beschreibung des Kriteriums
3.	Grenzbereichsschätzung (funktionsbasiert)	Mittelwert* der auf allen betrachteten räumlichen Skalen (stromauf Bereiche) ermittelten Schnittpunkte (Werte) mathematischer Modelle für den Grenzbereich am Übergang vom mäßigen in den guten ökologischen Zustand. Aufgrund der Wirkung multipler Umweltfaktoren (direkt u.o. indirekt, einzeln u.o. kumulativ) und der sich aus dem Wirkungsgesetz der Umweltfaktoren (Thienemann 1926) ergebenden Variabilität der steuernden Faktoren lässt sich ableiten, dass in Datensätzen wie den vorliegenden, sehr starke Korrelationen zwischen unabhängigen (Umweltfaktor) und abhängigen (ökologische Qualität) Variablen nur unter der Voraussetzung zu beobachten sind, dass die jeweilige unabhängige Variable (Umweltfaktor) einen sehr starken Einfluss (auch wenn diesem kein kausaler Zusammenhang zugrunde liegen muss) auf die betrachtete abhängige Variable besitzt. Bei Vorliegen starker Zusammenhänge lassen sich Empfehlungs- oder Schwellenwerte für die entsprechende Variable auf Basis von Regressionsanalysen ermitteln (Trendlinie und Vorhersageintervall). Bei Fehlen bzw. Vorliegen schwacher Korrelationen sind diese Methoden oft nicht oder nur bedingt zur Vorhersage geeignet. Abb. 2 beschreibt das Vorgehen zur Ermittlung des Schwellenwertkriteriums, welches im vorliegenden Projekt genutzt wurde.
4.	Grenzbereichsschätzung (Ecosim)	Mittelwert* der auf allen betrachteten räumlichen Skalen (stromauf Bereiche) ermittelten Schnittpunkte (Werte) des Grenzbereichs mit dem Übergang vom mäßigen in den guten ökologischen Zustand. Aufgrund des Fehlens einer Möglichkeit zur statistischen Absicherung der mit Hilfe der manuellen funktionsbasierten Grenzbereichsschätzung ermittelten Schwellenbereiche, wurde eine weitere Methode verwendet, deren Einsatz eine statistische Absicherung der ermittelten Schwellenbereiche erlaubt. Die Analyse erfolgte mit Hilfe des Computerprogrammes Ecosim (Gotelli & Entsminger 2001)), Programmmodul „Macroecology". Diese Methode ermöglicht die Suche nach bzw. Ermittlung von nicht – zufälligen Mustern innerhalb bivariater Punktdiagramme. Die Ermittlung nicht – zufälliger Muster (deren statistische Absicherung) erfolgt dabei durch den Vergleich der real beobachteten Punktverteilung mit einer durch Randomisierung erzeugten Punktverteilung des originalen Datensatzes. Die durch das Programm erzeugten Grenzbereiche sind abhängig von der innerhalb des Programms gewählten Methode (z.B. symmetrisch, asymmetrisch usw.) als auch vom eingehenden Datensatz (Extremwerte). Durch Entfernung von Extremwerten, lassen sich die durch das Programm ermittelten Grenzbereiche modifizieren bzw. verschärfen (dies ist ggf. notwendig, um manuell oder optisch ermittelte Grenzen auf ihre Zufälligkeit zu überprüfen. Der Hauptvorteil des Verfahrens gegenüber dem der vorgestellten funktionsbasierten Grenzbereichsschätzung besteht in der Möglichkeit zur statistischen Absicherung der Grenzbereiche.

* Mittelwertbildung zur Erhöhung der (räumlich) skalenunabhängigen Aussagekraft (vgl. auch Kriterium Nr. 1).

Zur Abschätzung des Empfehlungswertes für die Gewässerstruktur$_{gesamt}$, bei dessen Unterschreitung der gute ökologische Zustand sicher erreicht werden kann, wurden die in Tab. 2 aufgelisteten Kriterien zugrunde gelegt.

Weitere Details zu diesen Analysen enthält Wagner & Arle (2007a). Die Berechnung und Abschätzung der genannten Kriterien erfolgte zunächst für die Qualitätskomponenten MZB und Fischfauna separat. Aus den Ergebnissen für die Einzelkriterien wurde für jede der Qualitätskomponenten ein Mittelwert errechnet und anschließend auf einen Intervall von 0,5 gerundet.

Nach dem Vergleich der ermittelten Werte für das MZB und die Fischfauna wurde gemäß dem worst case-Ansatz der niedrigere und somit strengere der beiden Werte als Empfehlungswert festgelegt.

Tab. 2. Die Empfehlungswert-Kriterien.

Nr.	Kriterium	Beschreibung
1.	Mittelwert	Mittelwert des auf allen betrachteten räumlichen Skalen (stromauf Bereiche) festgestellten Gewässerstruktur$_{gesamt}$ – Mittelwertes bei welchem der gute Zustand erreicht wurde.
2.	Einfaches lineares Modell	Schnittpunkt der Regressionslinie im Bereich des Übergangs vom mäßigen Zustand in den guten Zustand.
3.	Multiples lineares Modell	Schnittpunkt der Regressionslinie im Bereich des Übergangs vom mäßigen Zustand in den guten Zustand. Mit Ausnahme der Gewässerstruktur (bzw. der Variablen die im Blickpunkt steht) werden alle weiteren Variablen als konstante Werte in das Modell eingeführt. Diese Werte basieren entweder auf geltenden Orientierungswerten (stoffliche Faktoren) oder entsprechen den Mittelwerten der für eine Variable vorliegenden Daten.
4.	Einfaches lineares Modell nach Abspaltung relevanter Gruppen	Schnittpunkt der Regressionslinie im Bereich des Übergangs vom mäßigen Zustand in den guten Zustand. Die Errechnung des Regressionsmodells erfolgt nach Abspaltung relevanter Gruppen. Die Abspaltung von Datencluster erfolgt auf Basis von Clusterverfahren (z.B. Separation des Gesamtdatensatzes in stofflich gering belastete und stofflich höher belastete Probestellen). Diesem Ansatz liegt die Hypothese zugrunde, dass bestimmte Variablen bzw. Variablengruppen in Abhängigkeit von ihrer Ausprägung, die Wirkung andere Faktoren (der zu betrachtenden) überlagern und diese maskieren.
5.	Multiples lineares Modell nach Abspaltung relevanter Gruppen	Schnittpunkt der Regressionslinie im Bereich des Übergangs vom mäßigen Zustand in den guten Zustand. Die Errechnung des Regressionsmodells erfolgt nach Abspaltung relevanter Gruppen. Die Abspaltung von Datencluster erfolgt auf Basis von Clusterverfahren (z.B. Separation des Gesamtdatensatzes in stofflich gering belastete und stofflich höher belastete Probestellen). Mit Ausnahme der Gewässerstruktur (bzw. der Variablen die im Blickpunkt steht) werden alle weiteren Variablen als konstante Werte in das Modell eingeführt. Diese Werte werden entweder auf Basis geltender Orientierungswerte (stoffliche Faktoren) ermittelt oder es wird der Mittelwert der Variablen aus den dem Regressionsmodell unterliegenden Daten verwendet.

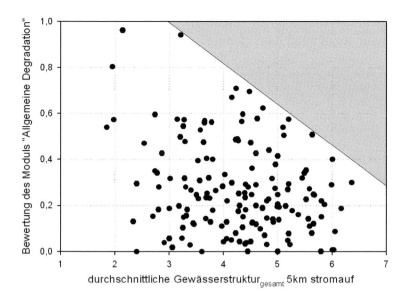

Abb. 3. Nachweis eines Grenzbereichs für die ökologische Bewertung des Makrozoobenthos in Hinblick auf die Gewässerstruktur.

Ergebnisse und Diskussion am Beispiel des Makrozoobenthos in den kleinen Fließgewässern

Im Folgenden wird am Beispiel des MZB in den kleinen Fließgewässern die Analyse der Beziehungen zwischen der ökologischen Qualität und den Umweltfaktoren exemplarisch dargestellt.

Nicht – korrelative Muster zwischen der ökologischen Qualität des Makrozoobenthos und der Gewässerstruktur der kleinen Gewässer

Abbildung 3 zeigt die Datenverteilung aller Proben bei Gegenüberstellung der ökologischen Qualität und der durchschnittlichen Gewässerstrukturbewertung im Bereich 5 km oberhalb der jeweiligen Probestelle. Trotz der visuell heterogenen Punkteverteilung lässt sich ein schwacher aber statistisch signifikanter, negativer Zusammenhang zwischen beiden Variablen beschreiben, wobei die durchschnittliche Gewässerstrukturbewertung des 5 km-Bereichs oberhalb einer Probestelle ca. 7 % der Variabilität der ökologischen Bewertung erklärt ($R^2 = 0{,}071$; $p<0{,}001$, n = 158).

Neben diesem Zusammenhang lässt sich ein weiteres Muster beschreiben, das sehr häufig bei großen Datensätzen zu beobachten ist. Die im Diagramm rechts oben grau abgeteilte Zone markiert einen Bereich, der keine Datenpunkte enthält. Unter Nutzung von Ecosim konnte ermittelt werden, dass das Fehlen von Datenpunkten innerhalb dieses Bereichs mit hoher statistischer Wahrscheinlichkeit ($p<0{,}05$) nicht zufällig ist. Dieses nicht zufällige keilförmige Muster kann zur Beschreibung eines Grenzbereiches genutzt werden. Dieser beschreibt das obere Limit der ökologischen Qualität, die bei entsprechender gewässerstruktureller Ausprägung maximal erreicht werden kann.

Korrelationen zwischen der ökologischen Qualität des Makrozoobenthos und den Umweltvariablen – kleine Gewässer

Tabelle 3 fasst die Ergebnisse der Korrelationsanalysen für die kleinen Fließgewässer in komprimierter Form zusammen.

Die Ergebnisse dieses ersten Analyseschrittes zeigen sehr deutlich, dass innerhalb des betrachteten Datensatzes die stoffliche Belastung (saprobiell relevante Variablen) die stärksten Beziehungen zur ökologischen Qualität des MZB aufwies. Lokale sowie regionale strukturelle

Tab. 3. Die am stärksten mit der ökologischen Qualität des Makrozoobenthos korrelierten Faktoren und Faktorengruppen der kleinen Fließgewässer.

Variablengruppe	Variable	PKK*	Variable	SROK[†]
physikalische und chemische Variablen des Wassers	TOC Mittelwert	–0,55	Leitfähigkeit Minimum	–0,61
	NO3-N Maximum	–0,48	Sulfat Minimum	–0,59
	NO2-N Minimum	–0,46	NO2-N Mittelwert	–0,59
	BSB5 Mittelwert	–0,45	TOC Mittelwert	–0,59
	O2 % Mittelwert	0,42	P-ges Minimum	–0,57
Lokale strukturelle Variablen	Mesolithal	0,39	Mesolithal	0,41
	Makrolithal	0,33	Makrolithal	0,39
	Argyllal	–0,24	Mikrolithal	0,32
	Mikrolithal	0,24	CPOM	–0,28
	Psammal/Psammopelal	–0,23	Argyllal	–0,27
Regionale strukturelle Variablen	Linienführung (5 km stromauf)	–0,35	Linienführung (5 km stromauf)	–0,33
	Struktur Gewässerbettdynamik (5 km stromauf)	–0,28	Hochwasserschutzbauwerke (4 km stromauf)	0,25
	Gewässerstruktur$_{gesamt}$ (5 km stromauf)	–0,27	Gewässerstruktur$_{gesamt}$ (5 km stromauf)	–0,2
	Auenutzung (5 km stromauf)	–0,17	Struktur Gewässerbettdynamik (5 km stromauf)	–0,2
Sonstige Variablen	Höhe (ü. NN)	0,63	I$_{AFS}$ (OWK spezifische Schwebstofffracht)	–0,55
	I$_{AFS}$ (OWK spezifische Schwebstofffracht)	–0,47	Höhe (ü. NN)	0,52

* Pearson Korrelationskoeffizient; [†] Spearman Rank Order Korrelationskoeffizient; p<0,05; n$_{min}$ = 47; n$_{max}$= 182; Beschreibung der Variablen – siehe Wagner & Arle 2007a. Erläuterungen: Es wurden nur die jeweils 5 Variablen mit den höchsten Korrelationskoeffizienten getrennt nach Großgruppen dargestellt. Es erfolgte keine Mehrfachnennung (z.B. bei Strukturvariablen auf unterschiedlichen räumlichen Skalen). Bei assoziierten Variablen (z.B. TOC MW, TOC Max, TOC Min und TOC stabw) wurde ebenfalls nur die Variable mit dem höchsten Korrelationskoeffizienten genannt.

Faktoren zeigten ebenfalls signifikante, aber schwächere Beziehungen zur ökologischen Qualität des MZB. Das Erscheinen der Faktoren Nitrat-Maximum (NO_3-N Maximum) und „OWK spezifische Schwebstofffracht" (I_{AFS}) innerhalb der Tabelle 3 weist auf die Bedeutung des Faktorenkomplexes: landnutzungsbedingte diffuse Stoffeinträge hin. Der Faktor Nitrat-Maximum scheint nicht primär durch innerhalb der Gewässer ablaufende Prozesse gesteuert zu sein, da einerseits nur eine geringe Korrelationen zur Ammoniumkonzentration bestand und andererseits der Faktor stark mit der spezifischen Schwebstofffracht (I_{AFS}) des umgebenen OWK korrelierte. Diese Indizien weisen daraufhin, dass der Faktor in starkem Maße Ausdruck der Intensität der Bodennutzung innerhalb des Einzugsgebietes der Gewässer ist. Es bleibt allerdings unklar, ob ein hoher Eintrag an Nitrat selbst bzw. der korrelierte Faktor Nitrit oder der damit assoziierte Eintrag von Feinsedimenten das primäre Defizit darstellt. Eine additive oder kumulative Wirkung der Nährstoff- und Feinsedimenteinträge ist ebenfalls nicht ausgeschlossen.

Die am stärksten mit der ökologischen Qualität des MZB korrelierende Einzelvariable war die Höhenlage der Probenahmestelle. Diese Variable repräsentiert den Gesamtstörungs- bzw. Nutzungsgradienten. So weisen die höchstgelegenen Probestellen im Mittel geringere stoffliche und strukturelle Defizite auf, als die geographisch tiefer liegenden Probestellen, welche historisch und aktuell einem stärkeren Nutzungsdruck und daraus resultierenden Veränderungen ausgesetzt waren und sind. Dabei erscheint die gegenwärtig noch hohe stoffliche Belastung als „Hauptproblem" der kleinen Fließgewässer.

Zur Ableitung von Empfehlungs- und Schwellenwerten für die Gewässerstruktur sind deshalb stofflich geringer belastete Probestellen vorzuziehen. Die Effekte hoher stofflicher Belastung maskieren ansonsten die Wirkung der Gewässerstruktur auf den ökologischen Zustand in zu starkem Maße.

Aufgrund des Umfanges der Kovarianzmatrix (Korrelationen zwischen einzelnen Umweltfaktoren) wurde diese nicht dem vorliegenden Bericht beigefügt. Alle Interpretationen erfolgten jedoch unter Berücksichtigung dieser Kovariationen, um Fehlinterpretationen zu vermeiden. Dies gilt in besonderem Maße für einige der festgestellten Beziehungen zwischen den Variablen. So wurden beispielsweise negative Korrelationen zwischen der Saprobie und dem Faktor Querbauwerke bzw. positive Korrelationen zwischen dem Deutschen Fauna Index und dem Faktor Querbauwerke registriert. Diese resultieren primär aus der unregelmäßigen Verteilung dieser Strukturen entlang des Höhengradienten (Nutzungsgradienten). In geographisch höher gelegenen Bereichen ist auf Grund des stärkeren Gefälles die Querbauwerksdichte in der Regel größer als in geographisch tiefer gelegenen Bereichen. Dies in Kombination mit einer im Schnitt geringeren Gesamtbelastungssituation der geographisch höher gelegenen Bereiche führt zu einem scheinbar positiven Einfluss des Faktors Querbauwerke auf die betrachteten biologischen Metrics. Auch dieses Beispiel weist auf eine Hierarchie der Belastungsfaktoren hin.

Multivariate statistische Analysen

Die Ergebnisse der Redundanzanalysen (Abb. 4) unterstützen die oben getroffenen Aussagen. Saprobiell relevante bzw. saprobieassozierte Variablen bilden den Hauptbelastungsgradienten innerhalb des betrachteten Datensatzes. Dies galt unabhängig sowohl für die Betrachtung auf Basis biologischer Metrics als auch der Abundanz taxonomischer Gruppen. Hieraus lässt sich ableiten, dass die stoffliche Belastung (mit saprobiell relevanten Stoffen) gegenwärtig noch den Hauptfaktorenkomplex bildet, welcher in zahlreichen der kleinen Gewässer das Erreichen des guten Zustands verhindert. Die Relevanz struktureller Variablen deutet sich ebenfalls an, wobei deren Bedeutung gegenwärtig noch von erstgenannten deutlich übertroffen bzw. überlagert wird. Das Erscheinen des Faktors Nitrat-Maximum (NO_3-Nmax) innerhalb des auf den biologischen Metrics basierenden Ansatzes weist wiederum (neben der Bedeutung des Faktors

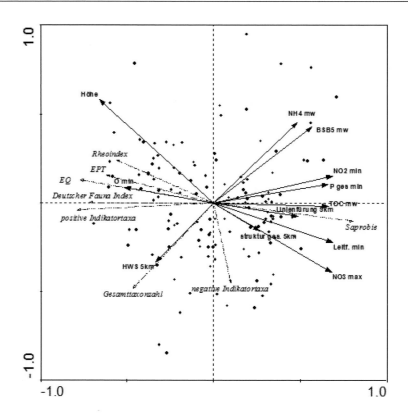

Abb. 4. Redundanzanalyse auf Basis biologischer Metrics und erklärender Umweltvariablen (Datensatz MZB – kleine Gewässer).

innerhalb des Hauptfaktorenkomplexes Saprobie) auf die Relevanz des assoziierten Faktorenkomplexes: Landnutzungsbedingte diffuse Stoffeinträge hin (genauere Erläuterung siehe unten im Text).

Ein Großteil der in die Analyse einbezogenen biologischen Metrics reagiert gleichsinnig entlang des Hauptstörungsgradienten. Lediglich die nicht primär bewertungsrelevanten Metrics Gesamttaxonanzahl und Anzahl negativer Indikatortaxa zeigen Abweichungen. Aus der Reaktion des Metric: Gesamttaxonanzahl ist zu schließen, dass die angestrebten guten Zustände nicht prinzipiell durch eine höhere Diversität (Artenreichtum) gekennzeichnet sein werden, als Zönosen die gegenwärtig diesen Zustand verfehlen. Von größerer Relevanz ist die Zusammensetzung der Lebensgemeinschaften inkl. des Ersatzes von Arten durch andere Arten. Lokale strukturelle Faktoren (Habitatkategorien) und die erosionsbedingte spezifische Schwebstofffracht wurden aufgrund der Unvollständigkeit der Datensätze nicht in die Redundanzanalysen eingezogen.

Einfache und multiple lineare Regressionsmodelle

Zwei der zur Ableitung von Empfehlungswerten für die Gewässerstruktur eingesetzten linearen Regressionsmodelle sind im Folgenden dargestellt. Box 1 beschreibt ein multiples lineares Regressionsmodell für den gesamten MZB – Datensatz kleiner Gewässer. Es erfolgte keine Clusterung der Daten. Die in das Modell eingehenden Variablen waren unter Nutzung von „Best Subset"-Regressionsanalysen bestimmt worden. Zur Ermittlung eines Empfehlungswertes für die Gewässerstruktur wurden alle anderen Variablen als Konstanten in Form der Mittelwerte der Variablen aus dem zugrunde liegenden Datensatz in das Modell einbezogen.

In einem weiteren Ansatz erfolgte die Ermittlung einfacher linearer Regressionsmodelle nach Unterteilung des Datensatzes in Gruppen. Ausgehend von der Hypothese, dass stoffliche Belastungen die Wirkung der Gewässerstruktur maskieren oder sogar aufheben (vgl. Arle 2006a, b) wurde der Datensatz einer Clusterung in 2 Schritten unterzogen:

Im ersten Schritt erfolgte eine Clusterung nach der stofflichen Gesamtbelastung, wobei folgende Faktoren in die Analyse eingingen:

Leitfähigkeit (mw, max, stabw), pH (mw, min, max, stabw), O_2 % (min), o-PO4-P (mw, max), P-gesamt (mw, max), NH4-N (mw, max, stabw), NO3-N (mw, max, stabw), NO2-N (mw, max, stabw), Chlorid (mw, max, stabw), Sulfat (mw, max, stabw), BSB_5 (mw, max, stabw) und TOC mg/l (mw, max, stabw).

Für alle genannten Faktoren wurde der Mittelwert des zugrunde liegenden Datensatzes gebildet. Anschließend erfolgte ein Transformationsschritt jedes Einzelwertes innerhalb des Datensatzes nach folgender Formel:

$$\text{Messwert}_{transformiert} = \frac{100}{\text{Mittelwert des Faktors}} \cdot \text{Messwert des Faktors}$$

Nach der Transformation wurden die Einzelwerte aller Faktoren für jede Probestelle aufsummiert. Dieser Wert diente als dimensionslose Maßzahl für die stoffliche Gesamtbelastung einer Probestelle und beschreibt diese im Verhältnis zum Gesamtmittelwert (Einzelmittelwerte entsprechen jeweils 100) aller Einzelfaktoren des unterliegenden Datensatzes. Im vorliegenden Fall variierte die ermittelte stoffliche Gesamtbelastung zwischen 1117 und 9191. Auf Basis der Werte für die stoffliche Gesamtbelastung erfolgte eine Trennung des Datensatzes in zwei Gruppen unterschiedlicher stofflicher Gesamtbelastung, wobei die Grenze zwischen beiden Gruppen bei 2800 angesetzt wurde. Alle Probestellen mit Werten < 2800 (Gruppe 1) wurden als stofflich geringer belastet eingestuft, alle Probestellen mit Werten > 2800 (Gruppe 2) wurden als stofflich höher belastet eingestuft.

Multiples lineares Modell:

Bewertung des Moduls allgemeine Degradation = 1,186 + (0,03157 * Sauerstoffgehalt, mgl^{-1}) – (0,006195 * Sauerstoffsättigung, %) – (0,02461 * NO$_3$-N, mgl^{-1}) – (0,04281 * BSB$_5$, mgl^{-1}) – (0,04305 * TOC, mgl^{-1}) – (0,03764 * Gewässerstruktur$_{gesamt}$ 5 km)

N = 65

R = 0,7916   R2 = 0,6266   Adj R2 = 0,588

Standard Error of Estimate = 0,118

	Coefficient	Std. Error	t	P	Std. Coeff.	VIF
Constant	1,1860	0,3050	3,8870	<0,001		
Sauerstoffgehalt, mgl^{-1}	0,0316	0,0125	2,5250	0,0140	0,2144	1,1200
Sauerstoffsättigung, %	–0,0062	0,0026	–2,3370	0,0230	–0,2154	1,3200
NO$_3$-N, mgl^{-1}	–0,0246	0,0067	–3,6660	<0,001	–0,3278	1,2420
BSB$_5$, mgl^{-1}	–0,0428	0,0180	–2,4220	0,0190	–0,2583	1,7660
TOC, mgl^{-1}	–0,0431	0,0130	–3,3710	0,0010	–0,3890	2,0680
Gewässerstruktur$_{gesamt}$ 5 km	–0,0376	0,0150	–2,5490	0,0130	–0,2179	1,1360

Analysis of Variance:

	DF	SS	MS	F	P
Regression	6,00	1,36	0,23	16,22	<0,001
Residual	58,00	0,81	0,01		
Total	64,00	2,18	0,03		

All independent variables appear to contribute to predicting EQ (P < 0,05)

PRESS = 1,073

Durbin-Watson Statistic = 1,574

Normality Test: Passed   (P = 0,831)

Constant Variance Test: Passed   (P = 0,258)

Power of performed test with alpha = 0,050: 1,000

Innerhalb des Modells verwendete Konstanten
(Mittelwerte des zugrundeliegenden Datensatzes):
- Sauerstoffgehalt, mgl^{-1} 10,5
- Sauerstoffsättigung, %   100
- NO$_3$-N, mgl^{-1} 2,5
- BSB$_5$, mgl^{-1} 2
- TOC, mgl^{-1} 3

Box 1. Multiples lineares Regressionsmodell.

Bei der anschließenden getrennten Korrelationsanalyse (Abb. 5) der beiden ermittelten Gruppen im Hinblick auf die Beziehung zwischen der ökologischen Qualität (Bewertung des Moduls Allgemeine Degradation) und der Gewässerstruktur$_{gesamt}$ (5 km stromauf Bereich) konnte für die als stofflich geringer belastet eingestufte Gruppe eine negative Beziehung (Pearson Korrelationskoeffizient: -0,55; p<0,001) registriert werden. Für die Gruppe der stofflich höher belasteten

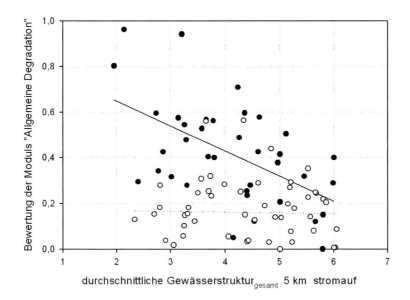

Abb. 5. Bewertung des Moduls Allgemeine Degradation vs. durchschnittliche Gewässerstruktur$_{gesamt}$ im 5 km Bereich stromauf. Leere Kreise: stofflich höher belastete Probestellen, volle Kreise: stofflich geringer belastete Probestellen.

Probestellen war keine Beziehung nachweisbar (p>0,05). Diese Ergebnisse unterstützen die Ergebnisse von Arle (2006) und weisen daraufhin, dass die Gewässerstruktur in stofflich geringer belasteten Gewässern einen Einfluss auf die ökologische Qualität des MZB besitzt. In stofflich höher belasteten Gewässern ist dieser Einfluss nicht nachweisbar.

Aufgrund der zwar deutlichen korrelativen Beziehung zwischen der ökologischen Qualität (Bewertung des Moduls Allgemeine Degradation) und der Gewässerstruktur$_{gesamt}$ (5 km stromauf Bereich), war innerhalb der Gruppe stofflich geringer belasteter Probestellen eine hohe Streuung festzustellen. Dabei fiel in besonderem Maße eine Anzahl von Probestellen auf, die trotz geringer stofflicher Belastung und guter Gewässerstruktur den guten Zustand deutlich verfehlte.

Obwohl dieser Aspekt zweifelsohne als Ergebnis des Einflusses weiterer nicht betrachteter Faktoren angesehen werden kann (z.B. Störungsvergangenheit), wurde in einem zweiten Analyseschritt innerhalb des Datensatzes der stofflich geringer belasteten Probestellen nach Faktoren gesucht, die das abweichende Verhalten dieser Probestellen verursachen könnten.

Dabei zeigten sich 3 Faktoren von Bedeutung: Probenahmeanzahl (Einzelproben) der physikalischen und chemischen Faktoren, Mündungseinfluss sowie anthropogene Überformung (bzw. anthropogenes – nicht natürliches Fließgewässer). Bei den Probestellen, die den guten Zustand trotz guter Gewässerstruktur verfehlten, handelte es sich um solche für die bisher nur eine geringe Anzahl von Messungen (n ≤ 5) der physikalischen und chemischen Faktoren vorlagen, die sich im Mündungsbereich (< 300 m) in ein Fließgewässer anderen Fließgewässertyps befanden oder die anthropogen überformt waren (nicht natürliche Gewässer).

Abbildung 6 beschreibt den Zusammenhang zwischen der durchschnittlichen Gewässerstruktur$_{gesamt}$ (5 km stromauf) und der ökologischen Qualität des MZB für die drei ermittelten Gruppen. Es zeigt sich, dass der Zusammenhang zwischen der Gewässerstruktur und der ökologischen Qualität des MZB in stofflich geringer belasteten Gewässern (nach Eliminierung von Probestellen mit unsicherer Bewertung) noch deutlicher wird (Pearson Korrelationskoeffizient: –0,762; p<0,001). Anhand eines auf Basis dieser Gruppe errechneten Regressionsmodells konnte ein Empfehlungswert für die durchschnittliche Gewässerstruktur$_{gesamt}$ ermittelt werden (Bewertung des Moduls Allgemeine Degradation = 1,124 – (0,1547 x durchschnittliche Gewässerstruktur$_{gesamt}$ 5 km stromauf, R^2 = 0,58; p<0,001; n = 27, Empfehlungswert = 3,39). Auch bei Einbeziehung der aktuellen Monitoring-Ergebnisse aus dem Jahr 2007 bestätigten sich diese Muster für die stofflich geringer belasteten Gewässer (siehe Abb. 7; Bewertung des Moduls Allgemeine Degradation = 1,12 – (0,1477 x durchschnittliche Gewässerstruktur$_{gesamt}$ 5 km stromauf), R^2 = 0,61; p<0,001; n = 39).

Es ist darauf hinzuweisen, dass Mittelwertsvergleiche für nahezu alle stofflichen Faktoren zwischen den stofflich geringer belasteten und stofflich höher belasteten Gruppen statistisch signifikante Unterschiede auswiesen (Mann-Whitney Rank Sum Test, p<0,05). Eine einfache Trennung anhand eines einzelnen Wertes (Grenzwert) fiel in der Regel schwer, da ein gewisser Überschneidungsbereich vorhanden war. Dieser resultiert aus der Heterogenität des Datensatzes, in dem alle Faktoren Gradienten bilden. Darüber hinaus ist davon auszugehen, dass einzelne Faktoren in ihrer Wirkung interagieren. Denkbar ist, dass ein Faktor die Wirkung eines anderen Faktors verstärkt oder hemmt bzw. eine neue, kumulative Wirkung aus mehreren Einzelfaktoren entsteht. Über derartige Interaktionen von Umweltfaktoren ist in Bezug auf den guten ökologischen Zustand nur wenig bekannt. All diese Aspekte erschweren eine Ableitung von Grenzbereichen.

Es muss betont werden, dass die oben präsentierte Methode zur Clusterung der Daten nur eine von vielen möglichen Varianten darstellt. Auf Basis von Standardmethoden (z.B. Distanzmaße) war es ebenfalls möglich, Datencluster zu erzeugen, die eine ähnliche Beziehung (wie die oben gezeigte) zwischen Gewässerstruktur und ökologischer Qualität des MZB (für stofflich geringer belasteten Probestellen) zeigten. Allerdings war die Trennschärfe in diesem Fall geringer. Der Hauptgrund hierfür liegt in der Struktur des Datensatzes als auch in der Art der Clusterung. Die Auswahl der Kriterien für eine „sinnvolle" Clusterung ist dabei schwierig, da sehr wenig über die kausalen Zusammenhänge zwischen den Umweltvariablen und den Organismen, sowie dem, was wir gegenwärtig als den „guten ökologischen Zustand" beschreiben, bekannt ist. Idealerweise sollte eine Clusterung nach den Prinzipien des Wirkungsgesetzes der Umweltfaktoren (Thienemann 1926 und 1941) erfolgen (also nach dem Pessimum). Da dieses Pessimum in Bezug auf einzelne Arten oder den guten ökologischen Zustand für nahezu alle Faktoren weitgehend unbekannt ist, sind alle diesbezüglichen Ansätze (auch der vorliegende) lediglich als Annäherungen an die Realität zu begreifen.

Es muss abschließend darauf hingewiesen werden, dass neben der stark negativen Beziehung zwischen der Gewässerstruktur$_{gesamt}$ (5 km-Abschnitt stromauf) und der ökologischen Qualität (R^2 = 0,58) innerhalb der Gruppe der stofflich geringer belasteten Probestellen weiterhin eine stark negative Beziehung zwischen der stofflichen Gesamtbelastung und der ökologischen Qualität (R^2 = 0,55) bestand. Dieser Aspekt zeigt, dass neben der Gewässerstruktur, die stoffliche Belastung immer noch eine alternative Erklärung für die Unterschiede in der ökologischen Qualität innerhalb der Gruppe liefern kann. Die Kombination beider Variablen innerhalb eines multiplen linearen Regressionsmodells zeigt, dass beide Variablen gemeinsam 77 % der Variabilität der ökologischen Qualität erklären (R^2 = 0,77; VIF < 1,5; p <0,001) und damit mehr als jede einzelne Variable allein. Diese Ergebnisse weisen daraufhin, dass Gewässerstruktur und stoffliche Gesamtbelastung (primär saprobiell relevante Variablen) interagieren, wobei diese Interaktion allerdings erst bei geringer stofflicher Gesamtbelastung sichtbar wird. Resultierend lassen sich folgende Thesen ableiten: Entweder sind natürlich strukturierte Gewässer in der Lage, den Einfluss stofflicher Belastungen partiell zu kompensieren oder geringe stoffliche Belastungen fördern die positive Wirkung einer guten Gewässerstruktur auf den ökologischen Zustand.

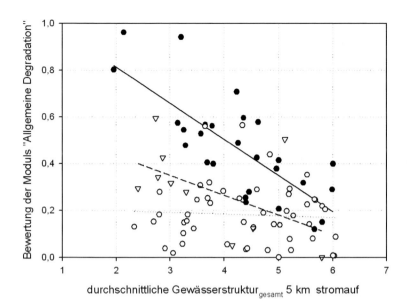

Abb. 6. Bewertung des Moduls Allgemeine Degradation vs. durchschnittliche Gewässerstruktur$_{gesamt}$ im 5 km Bereich stromauf. Leere Kreise: stofflich höher belastete Probestellen, volle Kreise: stofflich geringer belastete Probestellen, Dreiecke: Probestellen mit potentiell nicht korrekter Bewertung des ökologischen Zustands oder zu geringem Messumfang der physikalischen und chemischen Variablen.

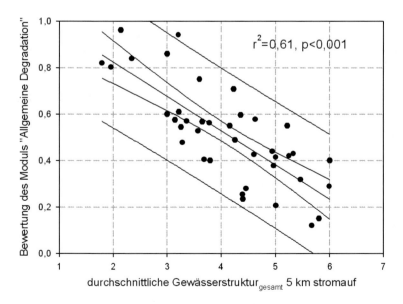

Abb. 7. Bewertung des Moduls Allgemeine Degradation vs. durchschnittliche Gewässerstruktur$_{gesamt}$ im 5 km Bereich stromauf nach Erweiterung des Datensatzes (Monitoring - Ergebnisse 2007).

Ermittlung von Empfehlungs- und Schwellenwerten für die Gewässerstruktur für die kleinen Fließgewässer

Tabelle 4 fasst alle genutzten Entscheidungskriterien und die ermittelten Empfehlungs- und Schwellenwerte für die kleinen Fließgewässer zusammen. Die Ergebnisse zeigen, dass die auf unterschiedlichen Entscheidungskriterien basierenden Einzelwerte nur eine geringe Variabilität aufweisen. Dieser Aspekt stützt die Plausibilität der abgeleiteten Empfehlungs- und Schwellenwerte.

Die ermittelten Empfehlungs- und Schwellenwerte für die Gewässerstruktur$_{gesamt}$ basieren auf einer mit Daten unterlegten Abschätzung. Die Empfehlungs- und Schwellenwerte sind nicht dahingehend zu interpretieren, dass Gewässerabschnitte mit besserer Gewässerstruktur verschlechtert werden dürfen!

Der potentielle Einfluss der Gewässerstruktur erwies sich als abhängig von der betrachteten räumlichen Skala. Die Anwendung bzw. Übertragung der Empfehlungs- und Schwellenwerte auf Skalenbereiche über 15 km (bzw. 5 km bei den kleinen Gewässern) wird nicht empfohlen. Um in größeren Gewässerbereichen bzw. in gesamten Gewässernetzen den strukturelle Rahmen zum Erreichen des guten ökologischen Zustands des MZB und der Fischfauna zu schaffen, sollten die Empfehlungswerte der Gewässerstruktur möglichst flächendeckend im gesamten Gebiet umgesetzt werden. Erste Ansätze zur Beantwortung der Frage: „Welche Ausdehnung strukturell schlechte Teilabschnitte im System haben dürfen?", konnten im Rahmen einer weiteren Analyse der Thüringer Datensätze gewonnen werden (Wagner & Arle 2007b). Die Ergebnisse der genannten Arbeit deuten an, dass nur bei einem Streckenanteil mit schlechter Gewässerstrukturbewertung ($\geq$ 6 nach LAWA 2002) von < 30% (Schwellenwert: kleine Gewässer) bzw. < 45% (Schwellenwert: große Gewässer) der gute ökologische Zustand noch erreichbar ist.

Bei den verwendeten Analysemethoden (Korrelation und Regression) besteht im Gegensatz zu klaren experimentellen Ansätzen stets die Möglichkeit, dass relevante Faktoren nicht in die Analyse einbezogen bzw. betrachtet werden (nicht bekannt, nicht gemessen, nicht messbar oder übersehen). Darüber hinaus muss nochmals betont werden, dass statistische Korrelationen nicht zwingend kausalen Zusammenhängen gleichgesetzt werden dürfen. Die Interpretation solcher Ergebnisse ist deshalb nicht ohne Berücksichtigung des vorhandenen Wissens über systeminterne Prozesse und Zusammenhänge möglich.

Auch bei Umsetzung der Empfehlungswerte mittels geeigneter Maßnahmen kann das tatsächliche Erreichen des guten ökologischen Zustands nicht garantiert werden, da die Wirkung weiterer Faktoren (z.B. Salzbelastung, Schwermetallbelastung, Belastung mit Wirkstoffen aus Pflanzenschutzmitteln, Störungsvergangenheit) dies verhindern kann. Mit einer Umsetzung der getroffenen Empfehlungen wird lediglich der Rahmen für ein Erreichen des guten ökologischen Zustands des MZB und der Fischfauna geschaffen. Einer der wichtigsten Faktoren, der trotz Umsetzung geeigneter Maßnahmen das kurzfristige Erreichen des guten ökologischen Zustands verhindern kann, scheint die Störungsvergangenheit. So können nach Meinung der Autoren Störungen in der Vergangenheit (stoffliche und strukturelle Belastungen) zum lokalen Aussterben von Arten mit einer Relevanz für das Erreichen des guten ökologischen Zustands geführt haben, die aktuell kein oder nur ein stark eingeschränktes Wiederbesiedlungspotential besitzen. Für den Erfolg von Renaturierungsmaßnahmen dürfte somit die Frage: „Woher eine Wiederbesiedlung erfolgen kann?" von zentraler Bedeutung sein (vgl. Spänhoff & Arle 2007). Wegen der Fragmentierung der Gewässer durch Querbauwerke (Hemmung von Immigration) und den vergleichsweise großen Raumanspruch gilt dies in besonders starkem Maße für die Fischfauna.

Es ist zu betonen, dass gegenwärtig keine einheitliche Regelung existiert, die bei Nachweis einer korrelativen Beziehung (bzw. dem errechneten Regressionsmodell) vorgibt, welche Krite-

Tab. 4. Auflistung aller genutzten Entscheidungskriterien zur Ermittlung von Empfehlungs- und Schwellenwerten für die Gewässerstrukturgesamt bei kleinen Gewässern.

Biologische Qualitätskomponente	Methode / Entscheidungskriterium	Empfehlungswert	Schwellenwert
MZB	Mittelwert	3,94	–
Fischfauna (FIBS)	Mittelwert	4,65	–
Fischfauna (Renkonen-Index)	Mittelwert	4,20	–
MZB	Maximum	–	5,64
Fischfauna (FIBS)	Maximum	–	5,37
Fischfauna (Renkonen-Index)	Maximum	–	5,39
MZB	95 Perzentil	–	5,64
Fischfauna (FIBS)	95 Perzentil	–	5,37
Fischfauna (Renkonen-Index)	95 Perzentil	–	5,33
MZB	Grenzwertschätzung (funktionsbasiert)	–	5,63
Fischfauna (FIBS)	Grenzwertschätzung (funktionsbasiert)	–	6,22
Fischfauna (Renkonen-Index)	Grenzwertschätzung (funktionsbasiert)	–	5,78
MZB	Grenzwertschätzung (Ecosim)	–	5,57
Fischfauna (FIBS)	Grenzwertschätzung (Ecosim)	–	5,72
Fischfauna (Renkonen-Index)	Grenzwertschätzung (Ecosim)	–	5,94
MZB	Einfaches lineares Modell	–[1]	–
Fischfauna (FIBS)	Einfaches lineares Modell	n.m.	–
Fischfauna (Renkonen-Index)	Einfaches lineares Modell	(2,87)[2]	–
MZB	Multiples lineares Modell	–[1]	–
Fischfauna (FIBS)	Multiples lineares Modell	n.m.	–
Fischfauna (Renkonen-Index	Multiples lineares Modell	n.d.	–
MZB	Einfaches lineares Modell (nArG)[a]	3,44	–
MZB	Einfaches lineares Modell (nArG)[b]	3,39	–
Fischfauna (FIBS)	Einfaches lineares Modell (nArG)	n.m.	–
Fischfauna (Renkonen-Index)	Einfaches lineares Modell (nArG)[a]	4,01	–
Fischfauna (Renkonen-Index)	Einfaches lineares Modell (nArG)[b]	4,34	–
MZB		**3,59**	**5,62**
Fischfauna		4,30	5,64
	Ergebnis	3,50	5,50

Erläuterungen: Die für die Fischfauna ermittelten Werte basieren auf Abschätzungen für den Gesamtdatensatz.; [1] Modelle statistisch signifikant ($p<0,05$); aber Anstieg zu flach; [2] nur ein Modell für den 12 km-Bereich; relativ schwach korreliert und Power gering (nicht einbezogen); n.m. – nicht möglich (bei Einbeziehung der Variablen Gewässerstruktur$_{gesamt}$ x km konnten keine statistisch signifikanten Modelle ermittelt werden; $p>0,05$); nArG – nach Abspaltung relevanter Gruppen; n.d. – nicht durchgeführt; [a] & [b] Bezeichnung bei Vorliegen mehrerer Modelle, „–" Methode nicht für die Ableitung des betreffenden Wertes geeignet.

rien zur Ableitung von Empfehlungs-, Schwellen- bzw. Grenzwerte zu nutzen sind. Einige der dafür geeigneten Kriterien (z.B. das Regressionsmodell selbst, dessen zweifache Fehlerbereiche oder der Vorhersageintervall) bieten sich für die Festlegung derartiger Werte an, wobei keines dieser Kriterien allein eine allumfassende Antwort liefert. Um Grenzwerte zu definieren, sind der Vorhersageintervall oder auch der zweifache Fehlerbereich zweifelsohne geeignete Kriterien (vorausgesetzt der Datenumfang ist groß genug). Deren Anwendung ist allerdings nur bei Vorliegen stärkerer Zusammenhänge zwischen den Variablen praktikabel. Dies ist in multifaktoriell gesteuerten Systemen selten der Fall, weswegen auf alternative Methoden zurückgegriffen wurde. Durch Selektion von Datengruppen (Clustern) innerhalb welcher die im Focus stehende Umweltvariable den stärksten Gradienten bildet, lassen sich nachträglich Datengruppen aus nicht-experimentellen Datensätzen filtern, die in Bezug auf einen Vielzahl von Umweltvariablen sehr ähnliche Eigenschaften besitzen, sich aber in Bezug auf die betrachtete Umweltvariable deutlich unterscheiden. Obwohl die aus derartigen Ansätzen resultierenden Ergebnisse niemals die Aussagekraft tatsächlicher experimenteller Ansätze erreichen, lassen sich auf deren Basis klare und testbare Hypothesen formulieren.

Zusammenfassende Darstellung der Gesamtergebnisse

Mit Hilfe der Ergebnisse unserer Analysen ließen sich neben Einzelfaktoren, auch Faktorengruppen abgrenzen, welche auf Basis des zugrunde liegenden Datensatzes aktuell die größte Relevanz für das Nichterreichen des guten ökologischen Zustands besitzen (Tab. 5).

Tab. 5. Faktorengruppen mit hoher Relevanz für das Nichterreichen des guten ökologischen Zustands, abgeleitet von den Monitoringergebnissen der Qualitätskomponenten Makrozoobenthos und Fischfauna.

Gewässertypen	Besonders relevante Störgrößen bzw. Defizite
Kleine Gewässertypen (5, 5.1, 6, 7 und 18)	**Saprobie bzw. saprobieassoziierte stoffliche Faktoren** Lokale und regionale strukturelle Faktoren Landnutzungsbedingte diffuse Stoffeinträge (inkl. Feinsedimente)
Große Gewässertypen (9, 9.1, 9.2 und 17)	**Sulfat- und Chloridkonzentrationen** **Lokale und regionale strukturelle Faktoren** Landnutzungsbedingte diffuse Stoffeinträge (inkl. Feinsedimente)

* fett gedruckte Faktorengruppen besitzen gegenwärtig größere Relevanz als nicht fett gedruckte; Achtung: Die Aufstellung basiert auf einem verallgemeinerndem Ansatz, d.h. im Einzelfall (spezieller Gewässerabschnitt) können andere Faktorengruppen größere Relevanz besitzen. Die genannten Faktorengruppen sollten bei der Analyse von Einzelsystemen (Fließgewässer) und Planung von Maßnahmen primär betrachtet werden, „–" die Methode ist nicht für die Ableitung des betreffenden Wertes geeignet.

Tabelle 5 verdeutlicht, dass die Faktorengruppe Saprobie bzw. saprobieassoziierte stoffliche Faktoren gegenwärtig nur noch in den kleinen Gewässern besonders relevant ist. Der Vergleich der mittleren stofflichen Belastung (auf Basis der Mediane, Mann-Whitney Rank Sum Test) zwischen kleinen und großen Gewässern unterstützt nochmals die getroffenen Aussagen über die mögliche Relevanz verschiedener Faktoren bzw. Faktorengruppen im Bezug auf den ökologischen Zustand (Tab. 6).

Tab. 6. Wichtige stoffliche Faktoren im Vergleich und Ergebnis des Medianvergleiches mittels Mann-Whitney-Rangsummen-Test (p-Wert), mw = Mittelwert, max = Maximum.

Variable	kleine Gewässer (Median)	große Gewässer (Median)	p-Wert
NH4 mw mg/l	0,262	0,147	<0,001
NO2 mw mg/l	0,0516	0,0458	0,094
NO3-N max mg/l	7,78	4,72	**<0,001**
NO3-N mw mg/l	4,95	3,42	**0,002**
TOC mw mg/l	4,14	3,99	0,374
BSB mw mg/l	2,76	2,72	0,417
P-ges mw mg/l	0,189	0,183	0,173
o-PO4-P mw mg/l	0,13	0,12	0,393
O2 % mw %	98,3	101,0	**0,002**
O2 mw mg/l	107	109	0,266

Für anthropogen wenig beeinflusste Fließgewässersysteme gilt allgemein, dass die verfügbare Nährstoffmenge im Oberlauf- und Mittellauf geringer ist als im Unterlauf (Schönborn 2003). Unsere Ergebnisse zeigen jedoch, dass die kleinen Gewässer gegenüber den großen Gewässern im Mittel vergleichbare oder sogar höhere Nährstoffkonzentrationen aufwiesen. Hieraus wird deutlich, dass die kleinen Gewässer offensichtlich im Mittel noch deutlich zu hohe Nährstofffrachten aufweisen. Diese sind ein Hauptgrund für das Nichterreichen des guten ökologischen Zustands.

Der bei den kleinen als auch bei den großen Gewässern als weiterhin besonders relevant erscheinende Faktorenkomplex: „Landnutzungsbedingte diffuse Stoffeinträge" (inkl. Feinsedimente) beinhaltet mehrere potentiell relevante Einzelfaktoren. Die deutlichen Korrelationen des ökologische Zustands mit den Faktoren erosionsbedingte spezifische Schwebstofffracht und Nitrat (bes. Nitrat-Maximum, d.h. Nitrat Peaks, $R^2=0,44$) und das Vorliegen starker Korrelationen zwischen diesen Faktoren deutet daraufhin, dass ein Großteil des in den Gewässern vorhandenen Nitrates nicht innerhalb der Gewässer gebildet wurden, sondern durch diffusen Eintrag in die Gewässer gelangte. Unterstützt wird diese Aussage dadurch, dass die Nitratkonzentration (Oxidationsprodukt des Ammoniums) nicht signifikant mit der Ammoniumkonzentration im Gewässer korreliert. Die Bodennutzung innerhalb des Einzugsgebietes und der Feinsedimenteintrag spielen hier vermutlich eine entscheidende Rolle.

Aufgrund der großen Relevanz des Nitrat-Eintrags ist der genannte Faktorenkomplex gleichfalls mit dem Faktorenkomplex Saprobie bzw. saprobieassoziierte stoffliche Faktoren verbunden. Eine genauere Separation zwischen den genannten Faktoren ist auf Basis der zur Verfügung stehenden Daten bzw. Analyse – Methoden nicht möglich.

Basierend auf Regressionsmethoden und Methoden zur Grenzwertschätzung wurden Empfehlung- und Schwellenwerte für die Gewässerstruktur$_{gesamt}$ abgeleitet. Parallel gelang die Identifizierung von Struktureinzelparametern mit starkem Einfluss auf den ökologischen Zustand (Tab. 7). Die Ableitung der besonders relevanten Struktureinzelparameter erfolgte auf Basis der Gesamtdatensätze für jede biologische Qualitätskomponente separat und anhand von Teildatensätzen nach Abspaltung nicht relevanter Gruppen.

Tab. 7. Gewässertypspezifische Empfehlungs- und Schwellenwerte zum Erreichen des guten ökologischen Zustands, abgeleitet von den Monitoringergebnissen der Qualitätskomponenten Makrozoobenthos und Fischfauna.

Gewässertyp	Empfehlungswert	Schwellenwert	Besonders relevante Struktureinzelparameter
5, 5.1, 6, 7 und 18	$\leq 3,5$	5,5	Linienführung, Uferverbau, Auenutzung
9, 9.1, 9.2 und 17	$\leq 4,5$	5,5	Ausuferungsvermögen, Hochwasserschutzbauwerke, Linienführung, Gehölzsaum, Auenutzung

Erläuterungen:
Die Empfehlungs- und Schwellenwerte für die durchschnittliche Gewässerstruktur$_{gesamt}$ sind abhängig von der betrachteten räumlichen Skala. Bei Anwendung der Werte sollten räumliche Bereiche von >1 km bis maximal 15 km als Betrachtungsebene gewählt werden.
Die Empfehlungs- und Schwellenwerte für die durchschnittliche Gewässerstruktur$_{gesamt}$ gelten nicht für quellnahe Bereiche bzw. Oberlaufbereiche mit einem Abstand < 3 km vom Anfang des Gewässerverlaufs (bezogen auf die vorliegenden Gewässernetze, primär: Gewässernetz DLM 1000 W), da hier eine dominante Steuerung des ökologischen Zustands durch die stoffliche Belastungssituation zu vermuten ist. Gleiches gilt für Sondersituationen wie die Unterwasserbereiche von Talsperren (bzw. großen Stauen).
Die Selektion der Struktureinzelparameter basiert auf einem verallgemeinernden Ansatz, d.h. im Einzelfall (spezieller Gewässerabschnitt) können andere Struktureinzelparameter größere Relevanz besitzen. Die genannten Faktorengruppen sollten bei der Analyse von Einzelsystemen (Fließgewässer) und Planung von Maßnahmen primär betrachtet werden.

Danksagung

Unser besonderer Dank gilt den Mitarbeitern des TMLNU Erfurt, für die Möglichkeit dieses Thema bearbeiten zu dürfen sowie für die vielen gemeinsamen Diskussionen während des Fortgangs unserer Arbeiten. Wir danken ebenfalls allen Mitarbeitern der TLUG Jena, die uns maßgeblich bei der Durchführung dieser Arbeiten unterstützt haben sowie schnell und flexibel auf unsere Wünsche in Bezug auf Datenlieferungen eingingen. Wir danken ebenfalls den Editoren der aktuellen Ausgabe der Zeitschrift Limnologie aktuell für die Möglichkeit die im Auftrag des Thüringer Freistaates durchgeführten Analysen in diesem Rahmen vorstellen zu dürfen.

Literatur

ARLE, J. (2006a): Die Bedeutung der Gewässerstruktur für das Erreichen des „guten ökologischen Zustandes" des Makrozoobenthos in den Fließgewässern des Freistaates Thüringen. Ziele – Defizite – Maßnahmen. – Unveröffentlichtes Gutachten im Auftrag des Thüringer Ministeriums für Landwirtschaft, Naturschutz und Umwelt Erfurt / Thüringen: 1–100.

ARLE, J. (2006b): Die Bedeutung der Gewässerstruktur für das Erreichen „guten ökologischen Zustandes" des Makrozoobenthos in den Fließgewässern des Freistaates Thüringen, II. Relevanz der Struktur – Einzelparameter. – Unveröffentlichtes Gutachten im Auftrag des Thüringer Ministeriums für Landwirtschaft, Naturschutz und Umwelt Erfurt / Thüringen: 1–16.

BEHRENDT, H., BACH, M., KUNKEL R., OPITZ, D., PAGENKOPF, W.G., SCHOLZ, G. & WENDLAND F. (2002): Quantifizierung der Nährstoffeinträge in Oberflächengewässer auf Grundlage eines harmonischen Vorgehens. – UFOPLAN-Nr. 299 222 285. Umweltbundesamt, Berlin: 1–201.

BISCHOFF, R. (2006): Abschätzung der Phosphorausträge aus Ackerflächen und Phosphoreinträge in die Fließgewässer Thüringens. – Unveröffentlichtes Gutachten im Auftrag des Thüringer Ministeriums für Landwirtschaft, Naturschutz und Umwelt Erfurt / Thüringen: 1–25.

CARDINALE, B.J., PALMER, M.A., SWAN, C.M., BROOKS, S. & POFF, N.L. (2002): The influence of substrate heterogenity on biofilm metabolism in a stream ecosystem. – Ecology 83 (2): 412–422.
DUSSLING, U. & BLANK, S. (2004): fiBS – Software-Testanwendung zum Entwurf des Bewertungsverfahrens im Verbundprojekt: Erforderliche Probenahmen und Entwicklung eines Bewertungsschemas zur ökologischen Klassifizierung von Fließgewässern anhand der Fischfauna gemäß EG-WRRL – Version 2006. – Fischereiforschungsstelle Baden-Württemberg, Langenargen.
FELD, C.K. (2005): Assessing hydromorphological degradation of sand-bottom lowland rivers in Central Europe using benthic macroinvertebrates. – Dissertation, University Duisburg-Essen.
GOTELLI, N.J. & ENTSMINGER, G.L. (2001): EcoSim: Null models software for ecology. Version 7.0.Acquired Intelligence Inc. & Kesey-Bear. –http://homepages.together.net/~gentsmin/ecosim.htm.
JONGMAN R.H.G., TER BRAAK C.J.F. & VAN TONGEREN, O.F.R. (1995): Data analysis in community and landscape ecology. – University Press, Cambridge.
Länderarbeitsgemeinschaft Wasser (LAWA) (2002): Gewässerstrukturkartierung in der Bundesrepublik Deutschland – Übersichtsverfahren. – Schriftleitung: Bayerisches Landesamt für Wasserwirtschaft. Kulturbund – Verlag GmbH, Berlin.
Länderarbeitsgemeinschaft Wasser (LAWA) (2007): Rahmenkonzeption Monitoring, Teil B, Bewertungsgrundlagen und Methodenbeschreibungen, Arbeitspapier II, Hintergrund- und Orientierungswerte für physikalisch-chemische Komponenten, Gemeinsame Ausarbeitung der LAWA-AO-Expertenkreise „Stoffe" und „Biologisches Monitoring Fließgewässer und Interkalibrierung" unter Beteiligung des AK „Fischereiliche Zustandsbewertung" und des AO-EK „Seen" und der AG „Physikalisch-chemische Messgrößen" des BLMP, Stand: 07.03.2007.
LORENZ, A. (2004): Mid-sized mountain streams: typology, assessment and reliability of sampling and assessment methods. – Dissertation, University Duisburg-Essen.
MÜHLENBERG, M. (1993): Freilandökologie. – UTB-Verlag. Heidelberg.
SCHÖNBORN, W. (2003): Lehrbuch der Limnologie. – Schweizerbart´sche Verlagsbuchhandlung, Stuttgart.
Software-Handbuch Asterics (2006), Version 3, einschließlich PERLODES (Deutsches Bewertungssystem auf Grundlage des Makrozoobentos), Progammierung durch: Wageningen Software Labs, P.O. Box 47, 6700 AA Wageningen, The Netherlands, http://www.fliessgewaesserbewertung.de/.
SPÄNHOFF, B. & ARLE, J. (2007): Setting attainable goals of stream habitat – restoration from a macroinvertebrate view. – Restoration Ecology 15: 317–320.
THIENEMANN, A. (1926): Das Leben im Süßwasser. – Ferdinand Hirt, Breslau.
THIENEMANN, A. (1941): Vom Wesen der Ökologie. – Biol. Gen. 15: 312–331.
WAGNER, F. (2005): Fließgewässerbewertung nach EU-Wasserrahmenrichtlinie -Qualitätskomponente Fische – Thüringen 2005. – Unveröffentlichtes Gutachten im Auftrag der Thüringer Landesanstalt für Wald, Jagd und Fischerei und des Staatlichen Umweltamtes Suhl, Institut für Gewässerökologie und Fischereibiologie (IGF) Jena: 1–373, Jena.
WAGNER, F. (2006a): Fließgewässerbewertung nach EU-Wasserrahmenrichtlinie – Qualitätskomponente Fische – Thüringen 2006. – Unveröffentlichtes Gutachten im Auftrag der Thüringer Landesanstalt für Wald, Jagd und Fischerei, Institut für Gewässerökologie und Fischereibiologie (IGF) Jena: 1–318.
WAGNER, F. (2006b): Dokumentation zur Überarbeitung des „Fischfaunistischen Referenzkataloges für alle Thüringer Fließgewässer". – Institut für Gewässerökologie und Fischereibiologie Jena: 1–18
WAGNER, F. & ARLE, J. (2007a): Die Bedeutung verschiedener Umweltfaktoren für das Erreichen des „guten ökologischen Zustandes" – Analyse vorhandener Daten zum Makrozoobenthos, der Fischfauna, der Gewässerstruktur, der chemischen Qualität und der Erosionsdaten aus Thüringer Fließgewässern. – Unveröffentlichtes Gutachten im Auftrag des Thüringer Ministeriums für Landwirtschaft, Naturschutz und Umwelt Erfurt / Thüringen: 1–105.
WAGNER, F. & ARLE, J. (2007b): Detailanalyse des räumlichen Aspektes von Effekten der Gewässerstruktur auf den ökologischen Zustand – Analyse vorhandener Daten zum Makrozoobenthos, der Fischfauna, der Gewässerstruktur, der chemischen Qualität und der Erosionsdaten aus Thüringer Fließgewässern. – Unveröffentlichtes Gutachten im Auftrag des Thüringer Ministeriums für Landwirtschaft, Naturschutz und Umwelt Erfurt / Thüringen: 1–20.

Das fischökologische Potential urbaner Wasserstraßen

Arnd Weber, Christian Schomaker, Christian Wolter

Leibniz-Institut für Gewässerökologie und Binnenfischerei, Müggelseedamm 310, 12587 Berlin, E-mails: arnd.weber@igb-berlin.de; schomaker@igb-berlin.de; wolter@igb-berlin.de

Mit 2 Abbildungen und 4 Tabellen

Abstract. In 2008 and 2009, mainly in September and October, 50 sites in eight canals in Berlin have been sampled by electro fishing, partially repeatedly. The study aimed to identify habitat use of fish to derive indications for most efficient revitalization measures and the good ecological potential (GEP) of urban waterways.

All together 55,046 fish belonging to 20 native species were caught. Only four species had a frequency >1 % of the total catch; roach with 73.9 % and perch with 20.3 % dominated. Even in the urban waterways a significant correlation between water body length and species number existed. Additionally, species number, proportion of sensitive guilds and fish density increased with rising structural complexity, although the dominance of eurytopic, environmentally tolerant species remained unchanged.

For the management and the GEP delineation of urban waterways three implications resulted: 1) not to designate to small water bodies, 2) to accept, that the GEP of artificial and heavily modified water bodies includes the promotion of eurytopic species, even if they are indicators for degradation elsewhere, and 3) to include adjacent water bodies, because hydromorphological improvements for the promotion of sensitive riverine fish species often collide with the use of the main water bodies.

Key words: Urban waterways, Heavily Modified Water Bodies, Good Ecological Potential, Water Framework, Direktive, Fish, Habitat Use

Zusammenfassung. In den Jahren 2008 und 2009, überwiegend im September und Oktober, wurden insgesamt 50 Probestrecken in acht Berliner Kanälen zum Teil mehrfach elektrisch befischt. Ziel war es, die Nutzung der vorhandenen Habitate durch Fische zu erfassen, um Hinweise auf effiziente Revitalisierungsmaßnahmen und das gute fischökologische Potential (GEP) urbaner Kanäle abzuleiten.

Insgesamt wurden 55.046 Fische aus 20 einheimischen Arten gefangen, von denen lediglich vier mit einer Individuenhäufigkeit >1 % im Gesamtfang auftraten, von diesen Plötzen mit 73,9 % und Barsche mit 20,3 %. Selbst in den urbanen künstlichen Kanälen bestand ein signifikanter Zusammenhang zwischen Gewässerlänge und Fischartenzahl. Zudem nahmen Artenzahl, Anteile sensitiver Gilden und Fischdichte mit zunehmender struktureller Komplexität zu, wobei die Dominanz der eurytopen, umwelttoleranten Fische unverändert bleib.

Für die Bewirtschaftung und das GEP urbaner Kanäle ergaben sich daraus drei Schlussfolgerungen: 1) die Wasserkörper nicht zu klein auszuweisen, 2) zu akzeptieren, dass das GEP künstlicher und erheblich veränderter Gewässer die Förderung eurytoper Arten einschließt, selbst wenn diese anderenorts Störungsanzeiger sind, und 3) angeschlossene Nebengewässer mit einzubeziehen, da hydromorphologische Aufwertungen zur Förderung sensitiverer Flussfischarten oft mit den Nutzungen im Hauptgewässer kollidieren.

1 Einführung

Sesshaft werden und kulturelle Entwicklung des Menschen vollzogen sich wesentlich an Flüssen und Seen, weshalb Gewässer heute zu den am stärksten vom Menschen beeinträchtigten Ökosystemen zählen. Insbesondere die großen Flüsse, unsere heutigen Wasserstraßen, wurden bereits seit langem vielfältig genutzt, anthropogen beeinflusst und morphologisch erheblich verändert, um wichtige sozioökonomische Funktionen zu sichern, wie Hochwasserschutz, Schifffahrt, Wasserversorgung, Fischerei oder Erholung. Aufgrund des vielfältigen sozioökonomischen Nutzens sind die anthropogenen Überformungen der Gewässer häufig irreversibel und als systemimmanent und Teil der Kulturlandschaft zu akzeptieren. Aus diesem Grund bietet auch die Europäische Wasserrahmenrichtlinie (EG-WRRL) die Möglichkeit, Gewässer als „künstlich" oder „erheblich verändert" auszuweisen und geringere Umweltziele festzulegen. Das Gute Ökologische Potential (GEP) ist die effektiv mögliche ökologische Aufwertung eines Gewässers ohne signifikante Beeinträchtigungen der bestehenden Nutzungen.

Der Rückschluss von sinnvollen, anwendbaren Restaurierungs- und Verbesserungsmaßnahmen auf das GEP verlangt allerdings profunde Kenntnisse, sowohl ökologischer Schlüsselprozesse, als auch effizienter Maßnahmen. Hier besteht nicht nur für die biologische Qualitätskomponente Fischfauna erheblicher Forschungsbedarf. Für künstliche Gewässer kommt erschwerend hinzu, dass sie häufig keinem vergleichbaren natürlichen Gewässertyp entsprechen und in der Regel keine natürlichen Vorläufer haben und damit auch keine natürliche Referenzbesiedlung aufweisen.

Der Lebensraum urbane Wasserstraße wird hochgradig von künstlichen Uferbefestigungen geprägt, die sich z.B. als der bedeutendste Einflussfaktor auf die Fischgemeinschaftsstruktur erwiesen (Wolter 2008). Dies wurde als gegeben hingenommen, da hier eine naturraumtypische Strukturvielfalt nicht zu revitalisieren ist, ohne bestehende Nutzungen signifikant einzuschränken bzw. aufzugeben. Deshalb konzentrierte sich diese Studie vielmehr auf die Frage, in welchem Umfang die verbliebenen Strukturen durch Fische genutzt werden, welche Strukturen sich positiv auf die Fischartenvielfalt auswirken und welche Schlussfolgerungen sich daraus für das GEP der Fischfauna urbaner Kanäle ableiten lassen.

Im Rahmen dieser Studie wurde die Fischbesiedlung der Berliner Kanäle erfasst und bewertet, mit dem Ziel, i) fischökologisch bedeutsame Ersatzlebensräume und Habitatstrukturen zu identifizieren, die als Vorlage für effiziente Restaurierungsmaßnahmen dienen könnten, ii) die mögliche Ausprägung des GEP der Fischfauna urbaner Kanäle zu charakterisieren, sowie iii) Hinweise zur räumlichen Ausdehnung potentieller Bewirtschaftungseinheiten und Maßnahmengebiete zu erarbeiten.

2 Das Berliner Wasserstraßennetz

Berlin ist eine Stadt mit fast 3,4 Mio. Einwohnern, was einer durchschnittlichen Besiedlungsdichte von 3.800 Personen je km² entspricht. Rund 57 km² (6,4% der Stadtfläche) sind Gewässerflächen, zwei Drittel davon bilden die beiden Hauptflüsse Havel und Spree mit ihren seenartigen Erweiterungen. Das Berliner Fließgewässernetz umfasst rund 240 km Lauflänge, von denen 195 km schiffbare Wasserstraßen sind (SenStadt 2004). Bei den Wasserstraßen handelt es sich überwiegend um künstliche oder erheblich veränderte Gewässer.

Die Wasserqualität ist poly- bis hypertroph, obgleich die Einträge der Klärwerke und aus der Kanalisation in die Gewässer in den vergangenen zwei Dekaden deutlich zurückgingen und die Nährstofffracht für Fische heute nicht mehr als limitierend angesehen wird (Wolter et al. 2003). Ungeachtet dessen betrug die jährliche Phosphatfracht 2003 insgesamt 335 t P, davon 188 t P aus den Zuflüssen nach Berlin und die jährliche Stickstofffracht 7670 t N, davon 2630 t N aus den Zuflüssen und 4810 t N aus Kläranlagen (SenStadt 2004). Die fünf Berliner Klärwerke haben Kapazitäten zwischen 42.500 m³d^{-1} und 247.500 m³d^{-1} und leiten insgesamt 227 Mio. m³a^{-1} gereinigtes Abwasser ein. Die Abwärmeeinträge von neun Berliner Kraftwerken mit Kühlwassernutzung vor allem in die Spree und in den Teltowkanal summierten sich 2002 auf 9,5 Mio. GJ, bei einer genehmigten Gesamtwasserentnahme von mehr als 670 Mio. km³ jährlich, was einer durchschnittlichen Zirkulation von 20 m³s^{-1} entspricht (SenStadt 2004). Zum Vergleich: der mittlere Abfluss von Havel und Spree betrug 11,2 m³s^{-1} bzw. 26,6 m³s^{-1} (Jahresreihe 1996–2005).

Die Gewässerstruktur der Hauptfließgewässer wurde fast ausschließlich als sehr stark bis vollständig verändert eingeschätzt. Der hydromorphologische Zustand der Spree und der Kanäle in Berlin ist durch begradigte Verläufe und überdimensionierte Querprofile mit befestigten Ufern (Stahl- und Betonspundwände, Blocksteinschüttungen) charakterisiert. Als Hauptdefizite für aquatische Organismen wurden in der Vergangenheit die fehlende Längsdurchgängigkeit der Gewässer, das Fehlen überströmter Grobsubstrate, z.B. als Reproduktionsgebiet für kieslaichende Arten, der Mangel an vor Wellenschlag geschützten Flachwasserbereichen sowie auch das großflächige Fehlen und der Rückgang aquatischer Makrophyten identifiziert (Grosch & Elvers 1982, Krauß 1992, Vilcinskas & Wolter 1993, Arlinghaus et al. 2002, Wolter et al. 2003, 2004, Wolter 2008).

Die Wasserstände werden durch Wehre in Kleinmachnow (Land Brandenburg), Charlottenburg, am Mühlendamm (beide Berlin) und in Brandenburg / Havel reguliert. Bei mittlerem Niedrigwasser (MNW) ist der Wasserstand der Unteren Havelwasserstraße zwischen Berlin und Brandenburg weitgehend ausnivelliert. Darüber hinaus sind die Fließgewässer im Stadtgebiet durch mehr als 60 Querbauwerke fragmentiert und reguliert, in deren Folge auch die mittlere Fließgeschwindigkeit der Spree von 0,5 m s^{-1} auf weniger als 0,1 m s^{-1} zurückging. Der hohe Verbauungsgrad der Gewässer ist auch daran ersichtlich, dass nur etwa 26% der Ufer öffentlich zugänglich sind (media mare 2003).

Neben der o. g. Kühlwasserentnahme unterliegen die innerstädtischen Gewässer vielfachen weiteren Nutzungen. So finden sich an den Berliner Gewässern mehr als 1.116 größere Steganlagen, Yachthäfen und Marinas mit mehr als 27.371 Bootsliegeplätzen, im Mittel fünf Liegeplätze je Hektar (media mare 2000), Tendenz steigend. Die Zahl der zugelassenen Motorboote liegt bei etwa 23.300. Die hohe Schifffahrtsnutzung wird auch durch die Anzahl der Schleusungen belegt. Insgesamt sieben Schleusen bewältigen jährlich rund 26.000 Sportboote, 24.000 Passagier- und 17.000 Frachtschiffe. Die Zahl der auf dem Wasser transportierten Güter ist leicht ansteigend und betrug 2007 rund 3,7 Mio. t.

Zudem werden die Gewässer fischereilich von 29 kommerziellen Fischereien (14 im Haupt- und 15 im Nebenerwerb) sowie von 38.000 registrierten Anglern genutzt. Auch wenn von der letztgenannten Gruppe nur ein Drittel ausschließlich in Berlin angelt (Wolter et al. 2003), liegt der fischereiliche Gesamtertrag bei etwa 400 t pro Jahr.

Das Netz der Berliner Kanäle war in der gegenwärtigen Ausdehnung größtenteils schon in der zweiten Hälfte des 19. Jh. vorhanden und um 1913 weitgehend fertiggestellt. Lediglich die Eröffnung des Westhafenkanals (WHK) erfolgte erst 1956 (Tab. 1).

3 Untersuchungsgebiet

Bei den befischten Wasserstraßen handelte es sich ausschließlich um künstliche Wasserstraßen, die zwischen 1852 und 1956 eröffnet wurden (Tab. 1). Die Festlegung der Probenahmestrecken erfolgte mit dem Ziel, in jedem Kanal sowohl eine repräsentative Strecke zu befischen, als auch die wesentlichen Uferstrukturen, insbesondere die Strecken mit erhöhter Strukturvielfalt, bzw.

Tab. 1. Übersicht der im Rahmen dieser Studie befischten Berliner Kanäle.

Kanal	Kürzel	Eröffnung	Länge (m)	Mittlere Breite (m)	Mittlere Tiefe (m)	Probe- strecken	Befischte Länge (m)
Berlin-Spandauer-Schifffahrtskanal	BSSK	1859	3800	54	2	6	950
Hohenzollernkanal	HZK	1859	7800	54	3,3	3	1500
Westhafenkanal	WHK	1956	3000	47	3,75	2	320
Charlottenburger Verbindungskanal	CVK	1875	1600	37	2	1	230
Landwehrkanal	LWK	1852	10400	23	1,8	7	2750
Neuköllner Schifffahrtskanal	NSK	1913	4100	25	2	4	1730
Britzer Verbindungskanal	BVK	1906	3400	28	2,7	3	1100
Teltowkanal	TK	1906	37800	28	2,7	24	11420

besonderen Strukturelementen zu erfassen. Die Flächendeckung der Befischungsstrecken ist in Abb. 1 wiedergegeben.

Seit Ende der 1980er Jahre wurden insbesondere im Teltowkanal wellenschlagberuhigte Flachwasserbereiche im ansonsten zum Rechteckprofil mit Stahlspundwänden ausgebauten Kanal eingerichtet. In ausgewählten Abschnitten befinden sich hinter den Spundwänden etwa 50 cm tiefe Flachwasserbereiche, die durch für Fische und andere aquatische Organismen passierbare Öffnungen in regelmäßigen Abständen mit dem Kanalwasserkörper verbunden sind. Diese alternativen Uferbefestigungen – im Folgenden als Sonderstruktur bezeichnet – bieten hydrodynamisch beruhigte Flachwasserbereiche, in denen auch Wasserpflanzen wachsen.

Neben diesen Sonderstrukturen wurden im Rahmen der Untersuchung weitere unterschiedlich befestigte Uferstrecken befischt. Eine erste grobe Klassifizierung der Probestellen erfolgte nach Kanalprofil, Uferbefestigung und Uferstruktur. Anschließend wurden anhand der vorherrschenden, fischökologisch relevanten Grobstrukturen sechs verschiedene Makrohabitate unterschieden, denen Kategorien von „1 – niedrigster" bis „6 – höchster" struktureller Komplexität zugeordnet wurden (Tab. 2). Der Vergleich der Nutzung dieser Makrohabitate durch Fische sollte Rückschlüsse auf mögliche, auch unter den vorhandenen Nutzungsbedingungen anwendbare Revitalisierungs- und Restaurierungsmaßnahmen im Uferbereich erlauben.

4 Datenerhebung

In den Jahren 2008 und 2009, überwiegend im September und Oktober, wurden in den Berliner Kanälen insgesamt 50 Probestrecken zum Teil mehrfach befischt (Abb. 1, Tab. 1). Die Probenahmen erfolgten mittels Elektrobefischung, der Standarderfassungsmethode gemäß dem nationalen Fisch-basierten Bewertungsverfahren für Fische in Fließgewässern nach EG-WRRL FiBS (Dußling et al. 2004, Diekmann et al. 2009).

Die Befischungen wurden ufernah, vom Boot aus mit einem generatorgetriebenen 7 kW Gleichstromaggregat Typ FEG 7000 (EFKO Fischfanggeräte Leutkirch) durchgeführt, ausgerüstet mit einer Handanode mit 40 cm Durchmesser. Diese Gerätekonfiguration ist zur repräsentativen Erfassung von Fischen ab etwa 5–6 cm Körperlänge im Uferbereich geeignet. In der

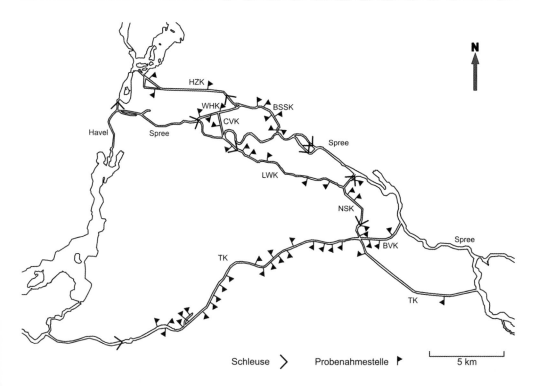

Abb. 1. Berliner Wasserstraßennetz mit Lage der Probenahmestellen. Die Kürzel der Kanäle entsprechen Tab. 1.

Regel wurden je Probestrecke 500 m Uferlänge in einem Durchgang ohne Absperrnetze befischt. Makrohabitate mit kürzerer Ausdehnung, wie die genannten Sonderstrukturen, Ausbuchtungen oder unbefestigte Uferstrecken wurden vollständig befischt und die befischte Uferstrecke im Anschluss mit einem Laser-Entfernungsmesser Typ LEICA LRF 800 „Rangemaster" vermessen. Insgesamt deckten die befischten Strecken zwischen 10% und 42% der jeweiligen Kanallänge ab (Tab. 1).

Die Abschätzung und Beurteilung der fischökologisch relevanten Uferstrukturen erfolgte visuell und wurde unmittelbar nach der Befischung notiert. Daneben wurden bei jeder Befischung die abiotischen Daten pH-Wert, Temperatur, Leitfähigkeit und Sauerstoff gemessen (WTW Multisonde).

Alle gefangenen Fische wurden auf Artniveau bestimmt und ihre Totallänge (von der Maulspitze bis zum längsten Teil der Schwanzflosse) gemessen. Exemplare mit einer Körperlänge bis 10 cm wurden auf den nächst kleineren Millimeter genau gemessen, größere auf den nächst kleineren halben Zentimeter. Bis auf einen im Teltowkanal gefangenen Exoten, einen 37 mm langen Black Molly (*Poecilia sphenops*), der wahrscheinlich seinen ersten Winter nicht überlebt hat, gingen alle gefangenen Fische in die Auswertung ein.

Für den weiteren Vergleich der Gewässer, Probestrecken und Habitate wurden die Fänge anhand der befischten Strecke standardisiert und ein Einheitsfang (CPUE) als Anzahl gefangener Fische pro 100 m befischter Uferlänge errechnet. Die so ermittelte standardisierte Fischdichte diente auch als Grundlage zur Berechnung weiterer Populationsparameter, wie Artdiversität, Dominanzindex, Fischregionsindex und der relativen Anteile ökologisch aussagekräftiger, funktionaler Gilden. Für die Gildenzugehörigkeit der einzelnen Fischarten sei auf Übersichten in Wolter et al. (2003) und Dußling et al. (2004) verwiesen. Der Fischregionsindex (FRI) für die gesamte Stichprobe wurde nach Dußling et al. (2005) berechnet. Er ermöglicht die fischzönotische Eingliederung des Gesamtfanges und die Bewertung seiner Übereinstimmung mit der jeweiligen Fischregion. Der Dominanzindex CDI (Community Dominance Index) nach Krebs (1994) bezeichnet den Anteil der beiden häufigsten Fischarten in einer Stichprobe. Ein hoher CDI gilt als Abwertungskriterium, da die Dominanz von sehr wenigen Arten innerhalb einer Artengemeinschaft auf Extrembedingungen bzw. Degradationen hindeutet (Dußling et al. 2004). Die Fischartendiversität wurde als Artendiversitätsindex nach Shannon (H') auf Basis des natürlichen Logarithmus berechnet, als Summe der Individuenanteile aller Arten in der Stichprobe. Der Shannon-Index bezeichnet den relativen Informationswert der Arten und nimmt mit der Zahl der Arten und ihrer Gleichverteilung zu. Er ist maximal, wenn alle Arten einer Stichprobe exakt gleich häufig sind. Die Evenness wird zusammen mit H' verwendet und beschreibt den prozentualen Anteil des H'-Wertes am maximal möglichen Diversitätsindex bei gegebener Artenzahl.

Für verschiedene vergleichende Analysen wurden die Fangdaten unterschiedlich zusammengefasst und die genannten Populationsparameter berechnet. So wurden für den Vergleich der untersuchten Wasserstraßen sämtliche Probestellen und Befischungen in den jeweiligen Kanälen zusammengefasst. Hingegen wurden für die Analyse des Einflusses der Makrohabitate die Fangdaten in den jeweiligen Strukturen über alle Kanäle zusammengefasst. Letzteres war auch dadurch gerechtfertigt, dass alle Kanäle in ihren abiotischen Parametern relativ uniform waren und nur geringe strukturelle Variabilität aufwiesen. Schlussendlich wurden die Fangergebnisse aus dem Teltowkanal auch noch einmal separat analysiert und mit den übrigen Kanälen verglichen, da dies das größte der untersuchten Gewässer mit dem höchsten Probenumfang war, dessen möglicher Einfluss auf das Gesamtresultat nicht auszuschließen war.

Für die statistische Auswertung wurden Fischdichten $\log(x+1)$- und relative Anteile, z.B. der ökologischen Gilden, arcsin-transformiert. Rangkorrelationen nach Spearman (Rho) dienten zur Ermittlung genereller Abhängigkeiten der Fischverteilung von groben morphologischen Strukturmerkmalen der untersuchten Wasserstraßen bzw. von den unterschiedenen Makrohabitaten. Zwischen den untersuchten Kanälen bzw. zwischen den sechs Makrohabitaten (Tab. 2) erfolgte der Vergleich von Artenzahl, CDI, Gildenanteilen und mittleren Fischdichten mittels Varianzanalyse (ANOVA), gefolgt von einem paarweisen *post hoc*-Vergleichstest; dem Tukey-Test im Falle homogener Varianzen (Levene Test $p > 0,05$) oder dem Dunnett T3-Test bei signifikanten Abweichungen von der Varianzhomogenität (Levene $p < 0,05$). Der Vergleich des Shannon Diversitätsindex H' zwischen den verschiedenen Kanälen bzw. Makrohabitaten erfolgte paarweise mit einem *t*-Test nach Hutcheson (Zar 1999).

Die Mittelwerte ausgewählter Fischbestands-Parameter zwischen dem Teltowkanal und den übrigen Kanälen wurden mittels paarweiser Tests verglichen, bei normal verteilten Daten (Kolmogoroff-Smirnoff $p > 0,05$) mit dem *t*-Test, anderenfalls mit dem Mann-Whitney-U-Test.

Alle statistischen Analysen erfolgten mit PASW Statistics 17.0 (Release 17.0.2, www.spss.com) auf dem 95% Signifikanzniveau.

5 Ergebnisse

Im Rahmen der Befischungen wurden bei insgesamt 63 Einzelbefischungen an 50 Probenahmestellen 55.047 Fische gefangen, die bis auf 18 Hybriden 20 einheimischen Fischarten angehörten (Tab. 3), sowie der bereits genannte, nicht einheimische Black Molly. Die Fischgemeinschaft der Berliner Wasserstraßen wurde in höchstem Maße von sehr anpassungsfähigen, umwelttoleranten Fischarten dominiert, allen voran Plötze und Barsch mit 73,9 % bzw. 20,3 % der Gesamtindi-

Tab. 2. Gruppierung aller befischten Probestrecken nach Kanalprofil und Uferstrukturparametern (Wert = strukturelle Komplexität).

Kanalprofil	Probestrecken	Uferbefestigung	Probestrecken	Fischökologisch relevante Strukturen	Probestrecken	Wert
Rechteck	16	Spundwand	12	Keine / verklammertes Deckwerk	10	1
				Überhängende Büsche und Bäume	2	3
		Sonderstruktur	4	Aquatische Vegetation	4	6
Kasten-Trapez (KRT)	9	Wasserbausteine	9	Keine / verklammertes Deckwerk	1	2
				Überhängende Büsche und Bäume	6	3
				Aquatische Vegetation	2	4
Trapez	11	Wasserbausteine	10	Keine / verklammertes Deckwerk	2	2
				Überhängende Büsche und Bäume	7	3
				Aquatische Vegetation	1	4
		„Naturufer" und verfallenes Deckwerk	1	Aquatische Vegetation	1	5
Aufweitungen, Nebengewässer	14	Spundwand	4	Keine / verklammertes Deckwerk	3	1
				Überhängende Büsche und Bäume	1	3
		Wasserbausteine	7	Überhängende Büsche und Bäume	5	3
				Aquatische Vegetation	2	4
		„Naturufer" und verfallenes Deckwerk	3	Aquatische Vegetation	2	5
				Holz	1	5

viduenzahl. Es folgten Aland (1,11 %) und Dreistachliger Stichling (1,06 %) als die einzigen beiden Arten, die noch einen Individuenanteil >1 % des Gesamtfangs aufwiesen. Alle übrigen 16 Fischarten wurden insgesamt selten, d. h. mit einer relativen Häufigkeit <1 % nachgewiesen.

Die Fischartengemeinschaft der untersuchten Berliner Kanäle wurde von eurytopen Fischarten dominiert, ohne spezifische Ansprüche an Strömung (Strömungs-indifferent: 97,1% aller gefangenen Fische) oder Laichsubstrat (fakultative Pflanzenlaicher, die auch auf alle anderen festeren Substrate ausweichen können, sog. phyto-lithophile Fische: 96,5%). Lediglich 1,9 % aller gefangenen Individuen waren der Gilde der Strömung bevorzugenden, rheophilen Fische, d.h. den typischen Flussfischarten zuzuordnen, aber auch fast ebenso viele (1%) den limnophilen, d.h. Stillwasser bevorzugenden Arten.

Die Anzahl nachgewiesener Fischarten pro Kanal variierte zwischen fünf im Charlottenburger Verbindungskanal und 18 im Teltowkanal (Tab. 3). Der Zusammenhang zwischen Kanallänge und der Zahl der nachgewiesenen Fischarten war hoch signifikant positiv (Spearman's Rho = 0,874, $p < 0,01$). Dagegen bestand kein signifikanter Zusammenhang zwischen Kanallänge und Artdiversität (Spearman's Rho = 0,167, $p = 0,693$), was wiederum unterstrich, dass auch in den einzelnen Kanälen eine Reihe von Arten nur in wenigen oder Einzelexemplaren nachgewie-

Tab. 3. Gesamtfang sowie ausgewählte Gilden- und Populationsparameter der Fischgemeinschaft in den untersuchten Berliner Wasserstraßen 2008–2009 (Kanalkürzel siehe Tab. 1; FRI = Fischregionsindex, Shannon's H' = Artendiversität, CDI = Dominanzindex, Ind. = Individuen).

Fischart	BSSK	CVK	HZK	LWK	NSK	WHK	BVK	TK	Gesamt
Aal	5	3	29	35	24	12	9	234	351
Aland	147	2	9	120	23	80	7	221	609
Barsch	288	303	1 635	385	681	89	229	7 557	11 167
Blei	3		7	12	1		24	64	111
Giebel								24	24
Gründling			1		3			207	211
Güster	1			9			3	15	28
Hasel					2				2
Hecht	9		13	1	1	1		17	42
Karpfen								1	1
Kaulbarsch			5	15	1		2	25	48
Moderlieschen				1					1
Plötze	3 625	9	3 298	12 514	1 271	140	1 781	18 012	40 650
Quappe								2	2
Rapfen	18		5	36	20	7	29	107	222
Rotfeder	8		6		35			437	486
Schleie			3		2			37	42
Stichling, 3-st.	91							491	582
Ukelei			213	4	54			138	409
Zander	1	1			4		7	27	40
Weißfisch-Hybriden	1		1	5	1			10	18
Individuenzahl	4 197	318	5 225	13 137	2 123	329	2 091	27 627	55 047
Artenzahl	11	5	12	11	14	6	9	18	20
FRI Gesamt	6,84	6,92	6,84	6,83	6,85	6,84	6,84	6,85	6,85
Shannon's H'	0,58	0,24	0,88	0,25	1,03	1,28	0,57	0,99	0,84
Evenness	0,24	0,15	0,35	0,10	0,39	0,72	0,26	0,34	0,28
CDI	0,93	0,98	0,94	0,98	0,92	0,70	0,96	0,93	0,94
Ind. indifferent (%)	95,88	99,37	99,54	98,80	96,00	73,56	98,28	96,34	97,14
Ind. rheophil (%)	3,93	0,63	0,29	1,19	2,26	26,44	1,72	1,94	1,90
Ind. limnophil (%)	0,19	0	0,17	0,01	1,74	0	0	1,58	0,96
Ind. phytophil (%)	2,57	0	0,42	0,02	1,79	0,30	0	3,42	2,10
Ind. phyto-lithophil (%)	96,88	99,06	98,91	99,44	95,90	93,92	98,18	94,45	96,47
Ind. psammophil (%)	0	0	0,02	0	0,14	0	0	0,75	0,38
Ind. lithophil (%)	0,43	0	0,10	0,27	1,04	2,13	1,39	0,39	0,41

sen wurden, im Vergleich zu den dominierenden Fischarten. Dem entsprechend variabel waren auch Artendiversität (Shannon's H') und Evenness (Tab. 3). Der Shannon-Index war in CVK und LWK signifikant geringer, in NSK und WHK signifikant höher als in den übrigen Kanälen (Hutcheson t, $p < 0,05$). Interessanterweise war auch die geringe Differenz von H' zwischen NSK und TK (Tab. 3) signifikant (Hutcheson t, $p < 0,05$), was den Einfluss der Varianz von H' und Artenzahl auf die Trennschärfe unterstreicht.

Der Gesamt-Fischregionsindex variierte zwischen den Kanälen nur in geringem Umfang und lag bei 6,83–6,92, was die Fischgemeinschaftszusammensetzung als der Bleiregion natürlicher Gewässer vergleichbar charakterisierte.

Allen Kanälen gemeinsam war die ausgeprägte Dominanz von Barsch und Plötze, die in der Summe fast immer deutlich über 90% lag und in Dominanzindexwerten (CDI) zwischen 0,92 und 0,98 resultierten (Tab. 3). Einzige Ausnahme war der Westhafenkanal, wo Plötze und Barsch zusammen „nur" 70% des Gesamtfanges bildeten. Deshalb unterschieden sich die meisten Kanäle (BVK, LWK, NSK und TK) bezüglich ihres CDI signifikant vom WHK (ANOVA, $F_{6,55}$ = 3,029, N = 63, *post hoc* Dunnett T3, $p < 0,05$).

In den einzelnen Kanälen schwankten die relativen Anteile Strömung bevorzugender Fischarten zwischen 0,3 % und 3,9 %, mit Ausnahme des Westhafenkanals, der einen vergleichsweise hohen Anteil von 26,4 % rheophiler Fische aufwies. Lithophile Fische, d.h. Kieslaicher mit am Boden im Lückensystem des groben Substrates lebenden Larven, reagieren am sensitivsten auf den Verlust flusstypischer Lebensräume. Ihr Anteil lag in den untersuchten Kanälen insgesamt bei lediglich 0,4% und erreichte im Westhafenkanal mit 2,1% das beobachtete Maximum (Tab. 3). Der Anteil obligater Pflanzenlaicher (phytophil) am Gesamtfang lag bei 2,1%, der der obligaten Sandlaicher (psammophil) bei 0,4 % (Tab. 3).

Die Nutzung der vorhandenen Uferstrukturen und ihre fischökologische Bedeutung wurden insbesondere im Vergleich der Makrohabitate über alle Kanäle deutlich (Abb. 2). Mit zunehmender struktureller Komplexität der Makrohabitate nahmen Artenzahl (Spearman's Rho = 0,449, $p < 0,001$), Anteile limnophiler (Spearman's Rho = 0,501, $p < 0,001$), phytophiler (Spearman's Rho = 0,528, $p < 0,001$) und psammophiler (Spearman's Rho = 0,318, $p < 0,05$) Arten sowie CPUE (Spearman's Rho = 0,464, $p < 0,001$) signifikant zu, während die Anteile phyto-lithophiler Arten (Spearman's Rho = –0,298, $p < 0,05$) dagegen abnahmen.

Besonders deutlich waren die fischfaunistischen Unterschiede zwischen befestigen und unbefestigten Uferbereichen (Abb. 2). So unterschied sich die Artenzahl signifikant zwischen Abschnitten mit Naturufer und solchen mit Spundwänden, überhängender und aquatischer Vegetation (ANOVA, *post hoc* Tukey, $p < 0,05$). Auch der Anteil limnophiler Fische war am Naturufer signifikant höher (Abb. 2, ANOVA, *post hoc* Tukey, $p < 0,05$). In den unbefestigten Uferbereichen waren der Medianwert der Artendiversität (H') am höchsten und seine Variabilität am geringsten (Abb. 2). Signifikant verschieden davon waren allerdings nur Bereiche mit überhängender Vegetation (ANOVA, *post hoc* Tukey, $p < 0,05$), während alle Makrohabitate eine weitgehend homogene Gruppe mit stark streuenden Diversitätswerten bildeten. Die Dominanz von Plötze und Barsch war im Bereich von Naturufern deutlich geringer, unterschied sich jedoch nicht signifikant von den übrigen Makrohabitaten.

Die festgestellten Fischdichten waren in den Makrohabitaten Naturufer, überhängende Vegetation und in den Sonderstrukturen signifikant höher als entlang der Stahlspundwände (ANOVA, *post hoc* Tukey, $p < 0,05$), wo sie insgesamt am geringsten waren (Abb. 2).

Der Teltowkanal verfügte als einziges der untersuchten Gewässer über sämtliche der unterschiedenen Makrohabitate, inklusive Sonderstrukturen, weshalb er am intensivsten untersucht wurde und die Daten separat dargestellt werden (Tab. 4).

Die mittlere Fischdichte entlang der im Teltowkanal befischten Ufer betrug 242 Fische 100 m^{-1} (Tab. 4). Sie korrelierte hoch signifikant mit der strukturellen Komplexität der Makrohabitate (Spearman's Rho = 0,533, $p < 0,01$), war entlang der Stahlspundwände extrem gering und

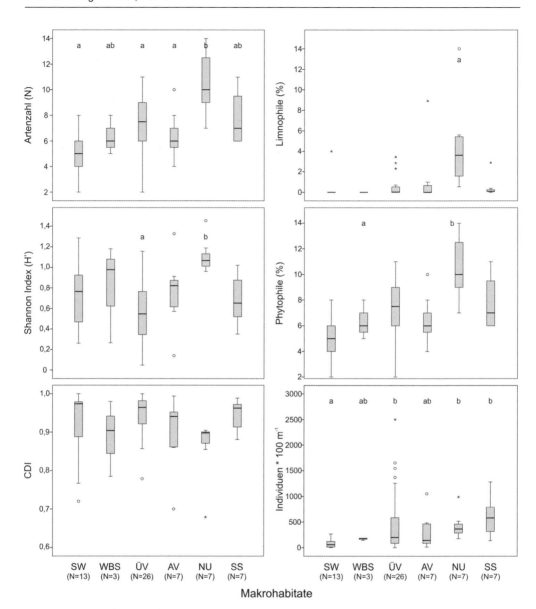

Abb. 2. Boxplots für die mittlere Artenzahl, Shannon's H', CDI, Anteile limnophiler und phytophiler Arten und die Anzahl gefangener Individuen * 100 m^{-1} in den verschiedenen Makrohabitaten, die von links nach rechts mit zunehmender Komplexität geordnet sind (SW = Spundwand ohne Vegetation; WBS = Wasserbausteine ohne Vegetation; ÜV = Überhängende Vegetation; AV = Aquatische Vegetation; NU = Naturufer / verfallenes Deckwerk; SS = Sonderstruktur / N = Anzahl der Probenahmen). Die Boxen repräsentieren 50 % der Beobachtungen, die Linien die Standardabweichung und der waagerechte Balken den Median. Zusätzlich sind Ausreißer (°) und Extremwerte (*) gekennzeichnet. Signifikante Unterschiede werden durch Buchstaben angezeigt (ANOVA, *post hoc* Tukey oder Dunnett T3, $p < 0{,}05$).

Tab. 4. Beobachtete Fischdichten (Individuen 100 m^{-1}) sowie ausgewählte Gilden- und Populationsparameter der Fischgemeinschaft in den verschiedenen beprobten Makrohabitaten (Anzahl Probestrecken / befischte Länge) im Teltowkanal 2008–2009 (Shannon's H' = Artendiversität, CDI = Dominanzindex, Ind. = Individuen).

Fischart	Spundwand (2/1100 m)	Wasserbausteine (1/90 m)	Überhängende Büsche & Bäume (11/5010 m)	Aquatische Vegetation (4/1840)	Naturufer (2/1500)	Sonderstruktur (4/1880 m)	Gesamt
Aal		9,99	1,96	3,75	1,47	1,91	2,05
Aland		3,33	0,96	2,07	6,27	2,02	1,94
Barsch	4,09	121,11	51,90	62,61	109,40	106,91	66,17
Blei			0,20	0,43	1,27	1,44	0,56
Giebel		1,11	0,06		1,33		0,21
Gründling		1,11	0,16		12,87	0,27	1,81
Güster			0,10	0,16	0,13	0,27	0,13
Hecht			0,02	0,11	0,93		0,15
Karpfen					0,07		0,01
Kaulbarsch	0,18	1,11	0,22	0,05	0,20	0,37	0,22
Plötze	6,00	46,67	121,10	111,79	170,73	383,99	157,72
Quappe					0,13		0,02
Rapfen	0,09		1,30	1,58	0,33	0,37	0,94
Rotfeder			0,70	3,97	19,73	1,76	3,83
Schleie			0,10		2,07	0,05	0,32
Stichling, 3-st.			0,02			26,06	4,30
Ukelei	0,09	1,11	0,42	0,60	6,73	0,16	1,21
Zander	0,09		0,46	0,16			0,24
Individuen 100 m^{-1}	10,55	185,56	179,74	187,39	333,87	525,69	241,92
Artenzahl	6	8	16	12	16	13	18
Shannon's H'	0,88	0,98	0,83	0,98	1,29	0,80	0,99
Evenness	0,49	0,47	0,30	0,39	0,47	0,31	0,34
CDI	0,96	0,90	0,96	0,93	0,84	0,93	0,93
Ind. indifferent (%)	99,14	97,6	98,21	95,94	87,6	99,15	96,34
Ind. rheophil (%)	0,86	2,40	1,34	1,94	5,87	0,51	1,94
Ind. limnophil (%)	0	0	0,39	2,12	5,91	0,33	1,58
Ind. phytophil (%)	0	0	0,41	2,18	6,21	5,29	3,42
Ind. phyto-lithophil (%)	99,14	94,01	97,63	94,98	88,74	94,2	94,45
Ind. psammophil (%)	0	0,60	0,09	0	3,85	0,05	0,75
Ind. lithophil (%)	0,86	0	0,72	0,84	0,14	0,07	0,39

auffällig hoch in den Sonderstrukturen (Tab. 4). Einen ähnlich positiven Trend zeigte auch die Artenzahl, wobei der Zusammenhang mit der Strukturvielfalt nicht signifikant war (Spearman's Rho = 0,306, p = 0,07).

Die Sonderstrukturen wiesen zwar den höchsten Einheitfang auf, allerdings auch die geringste Fischartendiversität. Der Shannonindex war hier signifikant geringer als an Probestrecken mit Wasserbausteinen, aquatischer Vegetation und Naturufer (Hutcheson t, $p< 0,05$). Die Differenz des H'-Wertes zwischen den Makrohabitaten überhängende Vegetation und Wasserbausteine war ebenfalls signifikant (Hutcheson t, $p< 0,05$). Fischarten mit geringfügig höheren Habitatansprüchen, wie Strömungs- oder Stillwasserpräferenz bzw. spezifischen Laichsubstraten, fanden sich insbesondere in den Naturuferabschnitten.

6 Diskussion

Insgesamt bestätigte das nachgewiesene Artenspektrum die Ergebnisse früherer Fischerfassungen in den Berliner Gewässern (Vilcinskas & Wolter 1993, Doetinchem & Wolter 2003, Wolter et al. 2003, Wolter 2005, 2008). Die Dominanzstruktur der Fischgemeinschaft war stark zugunsten von Barsch und Plötze ausgeprägt, was darin begründet ist, dass sich diese Untersuchung ausschließlich auf die besonders monotonen, künstlichen Kanäle beschränkt hat (Wolter 2008). Beide Arten können Nährstoffbelastungen und Strukturdefizite besser tolerieren als die meisten der übrigen Fischarten (Oberdorff & Hughes 1992, Wolter & Vilcinskas 1997).

Für die Fischerfassung wurde die Standardmethode gemäß nationalem fischbasierten Bewertungsverfahrens für Fließgewässer FiBS (Dußling et al. 2004, Diekmann et al. 2009) angewendet, wohl wissend, dass die Effektivität der Elektrobefischung bei fehlenden Uferstrukturen, vor allem entlang von Spundwänden stark eingeschränkt ist (z.B. Doetinchem & Wolter 2003). Dieser Einfluss konnte insofern vernachlässigt werden, da die Studie eine fischökologische Bewertung der verschiedenen vorhandenen Uferstrukturen zum Ziel hatte, um daraus Hinweise auf nutzungskonforme effiziente Verbesserungsmaßnahmen und das fischökologische Potential urbaner Kanäle abzuleiten. In diesem Sinne korrelierte die fehlende Effizienz der Elektrobefischung direkt mit dem Fehlen für Fische nutzbarer Habitate.

Übereinstimmend mit den Ergebnissen früherer Untersuchungen an Bundeswasserstraßen der Region (Wolter 2001) wurden seltenere Fischarten nahezu ausschließlich an „besonderen" Uferstrukturen festgestellt, die von den monotonen, strukturarmen Standardprofilen abwichen, wie z.B. Naturufer, verfallene oder stark durchwachsene Deckwerke und Einmündungen von Nebengewässern. An diesen Uferstrukturen wurde auch allgemein eine höhere Fischdichte, Fischartenzahl und -diversität festgestellt (Wolter 2001, 2008), was darauf hindeutet, dass in künstlichen oder erheblich modifizierten Wasserstraßen bereits die unterlassene Unterhaltung der Uferbefestigungen zur ökologischen Aufwertung führen kann.

Im Rahmen dieser Untersuchung wurden die höchsten Fischdichten an eher komplexen Strukturen inmitten langgestreckter monotoner Kanalabschnitte festgestellt, was unterstreicht, dass strukturierte vor Wellenschlag und Strömung geschützte Flachufer in den Berliner Kanälen limitiert sind und daher von Fischen, besonders Jungfischen, überproportional genutzt werden. Sie bieten oft die einzigen Brutaufwuchshabitate und Lebensräume für Jungfische und schwimmschwache Arten in durch Schifffahrt genutzten Wasserstraßen (Arlinghaus et al. 2002, Wolter et al. 2004). In das Wasser ragende terrestrische Vegetation kann diese Strukturen nur unzureichend ersetzen, auch wenn hier z. T. ebenfalls hohe Fischdichten festgestellt wurden.

Allerdings korrespondierten die Strecken hoher Fischdichten vergleichsweise wenig mit solch hoher Fischartendiversität, was darauf zurückzuführen war, dass in diesen Abschnitten ebenfalls Barsch und Plötze dominierten. Letzteres erscheint insofern folgerichtig, als von Jungfischhabitaten nur Arten profitieren können, die unter den gegebenen Bedingungen erfolgreich reproduzieren. Eine Erhöhung der Artendiversität erfordert über die Brutaufwuchsareale hinaus ein Angebot geeigneter Laichsubstrate, wie sie z.B. für kieslaichende Fischarten weitgehend fehlen.

Prinzipiell ist die Förderung von Strukturvielfalt in den Uferbereichen der Schlüssel zum Erreichen des GEP (Smokorowski & Pratt 1997, Schwartz & Herriks 2008) und erscheint ein Anteil von rund 10% flusstypischer Fischarten im GEP realistisch und erreichbar (Pottgiesser et al. 2008). Wichtig ist in diesem Zusammenhang, die Wasserkörper nicht zu kleinräumig zu betrachten und vorhandene Nebengewässer bei der Ermittlung des GEP einzubeziehen. Fische sind vergleichsweise mobile Organismen, die verschiedene Teillebensräume nur temporär, z. B. zur Fortpflanzung aufsuchen und dabei z. T. lange Wanderungen unternehmen.

7 Schlussfolgerungen und Ausblick

Mit der Binnenschifffahrt als ausgewiesenem Nutzen bestehen de facto keine Möglichkeiten zu substantiellen strukturellen Aufwertung eines Wasserkörpers mit hydromorphologischen Auswirkungen, wie z.B. Erhöhung der Breiten- und Tiefenvarianz, Einbau von Störstrukturen oder die Zugabe von Totholz. Insbesondere im urbanen Raum kann aufgrund der Infrastruktur und Siedlungsdichte bei der Umsetzung von Maßnahmen auch kaum in den Uferrandbereich ausgewichen werden. Damit wird das Portfolio möglicher Revitalisierungsmaßnahmen auf solche beschränkt, die weder den Querschnitt des Fahrwassers einengen, noch zusätzlichen uferseitigen Flächenbedarf haben: eher kleinräumige Veränderungen des Substrats der Uferbefestigungen, alternative, ingenieurbiologische Ufersicherungen und die Schaffung geschützter Flachwasserbereiche an bestehenden Aufweitungen des Wasserkörpers.

Die im Rahmen dieser Studie erarbeiteten Ergebnisse sind in dreifacher Hinsicht für die Bewirtschaftung urbaner Wasserstraßen und deren GEP relevant. Erstens bestand selbst in den urbanen Kanälen ein klarer Zusammenhang zwischen Länge und Fischartenzahl, was darauf hinweist, die räumlichen Einheiten für die Entwicklung des GEP nicht zu klein zu wählen, bzw. zu prüfen, inwieweit der ökologische Zustand eines anschließenden Flussabschnitts dem GEP des betrachteten Wasserkörpers entspricht.

Zweitens wird ohne eine deutliche Aufwertung der hydrodynamischen Variabilität, der Abflussverhältnisse und Fließgeschwindigkeitsverteilungen, auch die Summe aller unmittelbar im Wasserkörper anwendbaren Verbesserungsmaßnahmen vor allem den bereits vorhandenen Fischbestand fördern. Da es sich dabei in den urbanen Wasserstraßen um eine von umwelttoleranten, eurytopen Arten dominierte Fischgemeinschaft handelt, wird in diesen Gewässern das GEP auch die Förderung eurytoper Fischarten einschließen, selbst wenn diese anderenorts in natürlichen Wasserkörpern als Störungsanzeiger zu betrachten sind.

Drittens sind typische Flussfischarten in urbanen Kanälen des Tieflands Laichplatz-limitiert und ihre Bestände nur dann substantiell zu fördern, wenn Maßnahmen zur Anlage und zum Erhalt grober Laichsubstrate, d.h. zur Förderung der Strömungsvielfalt und Abflussdynamik umgesetzt werden. Dies kann effektiv nur in Gewässern ohne Binnenschifffahrtsnutzung erfolgen, weshalb vorhandene Nebengewässer prinzipiell in die Herleitung des GEP eines als erheblich verändert ausgewiesenen Wasserkörpers einbezogen werden sollten. Je nach Länge des Wasserkörpers könnten hydromorphologische Verbesserungsmaßnahmen vor allem in den Nebengewässern erfolgen und sich in der Wasserstraße auf notwendige Trittsteinhabitate beschränken. Grundvoraussetzung dafür ist natürlich die Gewährleistung der Durchgängigkeit der Gewässer für Fische und aquatische Organismen generell.

Danksagung

Die Studie wurde anteilig durch das Fischereiamt Berlin aus Mitteln der Fischereiabgabe sowie vom Bundesministerium für Bildung und Forschung im Rahmen des IWRM.NET Projektes FORECASTER (Fkz. 02WM1031) gefördert. Bei den Probenahmen halfen dankenswerterweise Joao Miguel Martins und Oliver Jankowitsch und bei der Erstellung der Karte Linda Engel und Mara-Elena Beck.

Literatur

ARLINGHAUS, R., ENGELHARDT, C., SUKHODOLOV, A. & WOLTER, C. (2002): Fish recruitment in a canal with intensive navigation: implications for ecosystem management. – J. Fish Biol. 61: 1386–1402.

COPP, G.H. (1997): Importance of marinas and off-channel water bodies as refuges for young fishes in a regulated lowland river. – Regul. River. 13: 303–307.

DIEKMANN, M., DUSSLING, U. & BERG, R. (2009): Handbuch zum fischbasierten Bewertungssystem für Fließgewässer (fiBS). – Fischereiforschungsstelle Baden-Württemberg, Langenargen, 2. Auflage: Version 8.0.6.

DOETINCHEM, N. & WOLTER, C. (2003): Fischfaunistische Erhebungen zur Bewertung des ökologischen Zustands der Oberflächengewässer. – Wasser Boden 55: 52–58.

DUSSLING, U., BERG, R., KLINGER, H. & WOLTER, C. (2004): Assessing the ecological status of river systems using fish assemblages. – In: Steinberg, C., Calmano, W., Klapper, H. & Wilken, R. (eds.): Handbuch Angewandte Limnologie. VIII-7.4, 20. Erg.Lfg. 12/04: 1–84: Ecomed Verlagsgruppe, Landsberg/Lech.

DUSSLING, U., BISCHOFF, A., HABERBOSCH, R., HOFFMANN, A., KLINGER, H., WOLTER, C., WYSUJACK, K. & BERG, R. (2005): Der Fischregionsindex (FRI) – ein Instrument zur Fließgewässerbewertung gemäß EG-Wasserrahmenrichtlinie. – WasserWirtsch. 95: 19–24.

GROSCH, U.A. & ELVERS, H. (1982): Die Rote Liste der gefährdeten Rundmäuler (Cyclostomata) und Fische (Pisces) von Berlin (West). – Landsch.entwickl. Umweltforsch. 11: 197–210.

KRAUSS, M. (1992): Röhrichtrückgang an der Berliner Havel – Ursachen, Gegenmaßnahmen und Sanierungserfolg. – Nat. Landsch. 67: 287–292.

KREBS, C.J. (1994): Ecology. The experimental analysis of distribution and abundance. – Harper Collins College Publishers, New York.

media mare (2000): Kapazitäten und Entwicklungspotentiale wasserseitiger Nutzungsformen in Berlin. – Senatsverwaltung für Wirtschaft und Technologie, Berlin.

media mare (2003): Wassertourismus-Konzeption für das Land Berlin. – Senatsverwaltung für Wirtschaft, Arbeit und Frauen, Berlin.

OBERDORFF, T. & HUGHES, R.M. (1992): Modification of an index of biotic integrity based on fish assemblages to characterize rivers of the Seine Basin, France. – Hydrobiologia 228: 117–130.

POTTGIESSER, T., KAIL, J., HALLE, M., MISCHKE, U., MÜLLER, A., SEUTER, S., VAN DER WEYER, K., & WOLTER, C. (2008): Das gute ökologische Potential: Methodische Herleitung und Beschreibung. Morphologische und biologische Entwicklungspotentiale der Landes- und Bundeswasserstraßen im Elbegebiet (Endbericht PEWA II). – Umweltbüro Essen im Auftrag der Senatsverwaltung für Gesundheit, Umwelt und Verbraucherschutz Berlin (SenGUmV), Essen.

SCHWARTZ, J.S. & HERRICKS, E.E. (2008): Fish use of ecohydraulic-based mesohabitat units in a low-gradient Illinois stream: implications for stream restoration. – Aquat. Conserv. 18: 852–866.

SenStadt – Senatsverwaltung für Stadtentwicklung (ed.) (2004): Dokumentation der Umsetzung der EG-Wasserrahmenrichtlinie in Berlin (Länderbericht). – Senatsverwaltung für Stadtentwicklung, Abteilung VIII „Integrativer Umweltschutz", Berlin.

SMOKOROWSKI, K.E. & PRATT, T.C. (2007): Effect of a change in physical structure and cover on fish and fish habitat in freshwater ecosystems – a review and meta-analysis. – Environ. Rev. 15: 15–41.

VILCINSKAS, A. & WOLTER, C. (1993): Fische in Berlin. Verbreitung, Gefährdung, Rote Liste. – Senatsverwaltung für Stadtentwicklung und Umweltschutz (ed.), Kulturbuch-Verlag, Berlin.

Wolter, C. (2001): Conservation of fish species diversity in navigable waterways. – Landsc. Urban Plan. 53: 135–144.

Wolter, C. (2005): Wandel der Berliner Fischfauna im Zeitraum 1992–2002. – Sber. Ges. Naturf. Freunde Berlin 44: 79–91.

Wolter, C. (2008): Towards a mechanistic understanding of urbanization's impacts on fish. – In: Marzluff, J.M., Shulenberger, E., Endlicher, W., Alberti, M., Bradley, G., Simon, U. & Zumbrunnen, C. (eds.): Urban Ecology. An International Perspective on the Interaction between Humans and Nature: 425–436: Springer, New York.

Wolter, C., Arlinghaus, R., Grosch, U.A. & Vilcinskas, A. (2003): Fische und Fischerei in Berlin. – VNW Verlag Natur & Wissenschaft, Solingen.

Wolter, C., Arlinghaus, R., Sukhodolov, A. & Engelhardt, C. (2004): A model of navigation-induced currents in inland waterways and implications for juvenile fish displacement. – Environ. Manage. 34: 656–668.

Wolter, C. & Vilcinskas, A. (1997): Perch (*Perca fluviatilis*) as an indicator species for structural degradation in regulated rivers and canals in the lowlands of Germany. – Ecol. Fresh. Fish 6: 174–181.

Zar, J.H. (1999): Biostatistical Analysis. – 4th ed. Prentice Hall International, London.

Die deutschen Maßnahmenprogramme zur Umsetzung der EU-Wasserrahmenrichtlinie in Fließgewässern: Maßnahmen-Schwerpunkte, potenzielle ökologische Wirkung und Wissensdefizite

Jochem Kail und Christian Wolter

Leibniz-Institut für Gewässerökologie und Binnenfischerei, Müggelseedamm 310, 12587 Berlin

Mit 3 Abbildungen und 4 Tabellen

Abstract. In December 2008, the draft programmes of measures (PoM) have been published, which list the measures that will be taken to enhance the ecological status of surface and groundwater bodies, and to reach the environmental objectives of the EU-Water Framework Directive (WFD). In the EU project FORECASTER (http://forecaster.deltares.nl/), the German draft PoM have been analysed to identify the main pressures and the restoration measures water managers plan to implement in streams and rivers, to assess their efficiency, and to provide this knowledge to stream managers. In general, the selection of measures in the PoM was reasonable. In accordance with the analysis of pressures and impacts in Germany, the PoM focused on measures addressing morphological alterations, river continuity, and diffuse source pollution as well as fine sediment input. Furthermore, conceptual, planning measures have been selected for many water bodies, especially in the lowland region, probably because of the general lack of knowledge on the ecology of lowland rivers, on the effect of multiple pressures and restoration measures, and in how to enhance the ecological state of heavily modified water bodies (HMWB). Although point source pollution was not a main pressure in most rivers, respective point source measures have been selected for many water bodies. Apparently, these were so-called basic measures that have to be taken due to other EU-Directives or national laws. Therefore, although in line with the WFD, it seems doubtful if the point source measures will help to substantially enhance the ecological status. In general, the selected measures will mainly have a positive effect on the well-studied organism groups (fish and invertebrates) and to a lesser extent on macrophytes and phytoplankton. The main knowledge gaps in respect to the main pressures and measures in the PoM are: (i) the morphodynamics of river reaches where natural channel dynamics have been restored, (ii) the combined effect of measures addressing diffuse nutrient and fine sediment input at different spatial scales (e.g. riparian buffer strips and land-use changes), (iii) methods to identify suitable and efficient measures and to define environmental objectives for HMWB, and (iv) the effect of measures on less well-studied biological groups like macrophytes and phytoplankton.

Key words: river basin management plans, restoration, water bodies, programme of measures, restoration measures, ecological assessment

Zusammenfassung. Im Dezember 2008 wurden die Maßnahmenprogramme zur Verbesserung des ökologischen Zustands der Fließgewässer und zur Erreichung der Umweltqualitätsziele der EG-Wasserrahmenrichtlinie (EG-WRRL) in einer ersten Entwurfsfassung veröffentlicht. Diese Entwürfe wurden im Rahmen des EU-IWRM-Projektes FORECASTER (http://forecaster.deltares.nl/) ausgewertet, um die wichtigsten Belastungen und Maßnahmenschwerpunkte zu identifizieren, die potenzielle Wirkung der Maßnahmen abzuschätzen und diese Informationen den Bewirtschaftungsträgern zur Verfügung zu stellen. In Übereinstimmung mit der Bestandsaufnahme liegt der Schwerpunkt der Maßnahmenprogramme auf der Verbesserung der Morphologie und Durchgängigkeit sowie der Verminderung des Nährstoff- und Feinsubstrateintrags aus diffusen Quellen. Darüber hinaus sind insbesondere im Tiefland in vielen Wasserkörpern konzeptionelle, planerische Maßnahmen vorgesehen, vermutlich aufgrund immer noch bestehender Wissensdefizite bezüglich der Ökologie der Tieflandgewässer sowie der Wechselwirkung von multiplen Belastungen und Renaturierungsmaßnahmen, aber auch der hohen Zahl von erheblich veränderten und künstlichen Wasserkörpern, für die das gute ökologische Potenzial als Umweltqualitätsziel erst noch hergeleitet werden muss. Bei den häufig vorgesehen Maßnahmen zur Verminderung punktueller stofflicher Belastungen handelt es sich offensichtlich um so genannte grundlegende Maßnahmen, die nicht aufgrund einer bestehenden, signifikanten stofflichen Belastung sondern aufgrund anderer gesetzlicher Vorschriften vorgesehen sind (z.B. EG-Abwasserrichtlinie). Da in einer großen Zahl dieser Wasserkörper die stofflichen Belastungen den ökologischen Zustand nicht signifikant beeinträchtigen, ist anzunehmen, dass diese Maßnahmen nur zu einer geringen ökologischen Verbesserung führen werden. Insgesamt werden die ausgewählten Maßnahmen potenziell mehr zu einer Verbesserung bei den gut untersuchten Organismengruppen Fische und Makrozoobenthos führen, als bei Makrophyten und Phytoplankton. Die wesentlichen Wissensdefizite bezüglich der vorhandenen Belastungen und der vorgesehenen Maßnahmen sind aus fachlicher Sicht: (1) die Prognose der morphodynamischen Entwicklung von renaturierten Gewässerabschnitten in anthropogen überprägten Einzugsgebieten, (2) die gemeinsame Wirkung von lokalen Maßnahmen zum Rückhalt von Nährstoffen und Feinsubstrat durch Gewässerrandstreifen mit geringer Breite (< 10 m) und Maßnahmen in der Fläche, (3) die Auswirkung der Kolmatierung und Möglichkeiten der Renaturierung des Interstitials sowie (4) die Auswirkung multipler Belastungen und die Wirkung von Renaturierungsmaßnahmen in Tiefland-Gewässern und (5) auf bisher weniger gut untersuchte Organismengruppen wie die Makrophyten und das Phytoplankton.

Wozu eine Auswertung der Maßnahmenprogramme?

Ein wesentliches Ziel der EG-Wasserrahmenrichtlinie (EG-WRRL) ist die Herstellung eines guten chemischen und ökologischen Zustands der Oberflächengewässer (Bäche, Flüsse, Seen). Nach der deutlichen Verbesserung der Wasserqualität durch den Ausbau von Kläranlagen in den letzten Jahrzehnten geht es zukünftig verstärkt darum, die verbleibenden anthropogenen Belastungen zu verringern, z. B. die Durchgängigkeit wieder herzustellen, geeignete Habitate wie Überschwemmungsflächen, Kolke und Totholz zu schaffen und den Eintrag an Nährstoffen und Feinsubstrat zu verringern, so dass sich wieder eine naturraumtypische Artenvielfalt von Fischen und wirbellosen Organismen wie z. B. Insekten, Wasserpflanzen und Algen einstellt. Die aus Sicht der Bewirtschaftungsträger (z. B. Gemeinden, Kommunen, Wasserverbände, Flussgebietsgemeinschaften) notwendigen Maßnahmen zur Erreichung dieser Ziele wurden in Maßnahmenprogrammen zusammengestellt. Diese sind Bestandteil der Bewirtschaftungspläne, die darüber hinaus allgemeine Informationen zu den Gewässern und zum heutigen Zustand enthalten. Im Dezember 2008 wurden sie in einer ersten Entwurfsfassung veröffentlicht. Im Jahr 2009 konnten interessierte Bürger und Verbände im Rahmen der Öffentlichkeitsbeteiligung zu den Entwürfen Stellung nehmen, und diese Anregungen wurden dann bei der Erstellung der Bewirtschaftungspläne bis Ende 2009 soweit möglich berücksichtigt.

Für die Erstellung der Maßnamenprogramme standen den Bewirtschaftungsträgern nur eingeschränkt Kenntnisse über die Wirkung sowohl von anthropogenen Belastungen wie z.B. Gewässerausbau und Flussregulierung als auch von Renaturierungsmaßnahmen auf den ökologischen Zustand der Gewässer zur Verfügung. Zwar wurden in den letzten Jahrzehnten bereits einige Renaturierungsprojekte an Fließgewässern durchgeführt, insbesondere auch zur Verbesserung der Gewässerstruktur (Gunkel 1996, Stanford et al. 1996, Cowx & Welcomme 1998, Simons et al. 2001, Buijse et al. 2002, Grift et al. 2003, Feld et al. 2006), jedoch wurde nur in wenigen Projekten eine Erfolgskontrolle durchgeführt und die Wirkung der Maßnahmen detailliert untersucht (Bernhardt et al. 2005, Palmer et al. 2005, Roni et al. 2005, Alexander & Allan 2006, Kail et al. 2007, Roni et al. 2008, Jähnig et al. 2009).

Im Rahmen des EU-Forschungsprojektes FORECASTER (http://forecaster.deltares.nl) soll daher der vorhandene, aktuelle Wissensstand zur Wirkung der wichtigsten anthropogenen Belastungen und Renaturierungsmaßnahmen zusammengestellt und den Bewirtschaftungsträgern zur Verfügung gestellt werden. Um die wichtigsten Belastungen und Maßnahmen zu identifizieren, wurden in einem ersten Schritt die Bewirtschaftungspläne und Maßnahmenprogramme ausgewertet. Im einzelnen wurde untersucht, welche Belastungen in den verschiedenen Gewässertypen vorkommen, welche Maßnahmen zur Erreichung der Ziele der EG-WRRL vorrangig vorgesehen sind, welche ökologischen Verbesserungen zu erwarten sind und welche Wissensdefizite bezüglich der Wirkung dieser Belastungen und Maßnahmen bestehen. Diese Auswertung der Maßnahmenprogramme hat das übergeordnete Ziel, den Informationsaustausch zwischen der Fließgewässerforschung und der Praxis im Flussgebietsmanagement und in der Gewässerunterhaltung zu verbessern.

Die Maßnahmenplanung auf Grundlage des LAWA Maßnahmenkatalogs

Die Maßnahmenplanung erfolgte durch die zuständigen Landesbehörden bzw. Bewirtschafter i. d. R. auf Ebene der Wasserkörper und wurde, wenn notwendig, länderübergreifend abgestimmt. Um eine einheitliche Berichterstattung auf Bundesebene zu ermöglichen, wurde von der Bund / Länder-Arbeitsgemeinschaft Wasser (LAWA) ein standardisierter Katalog mit 107 Maßnahmen erarbeitet, von denen 78 für Fließgewässer relevant sind (Tab. 1). Bei den dort aufgeführten Maßnahmen handelt es sich eher um Maßnahmenkategorien bzw. Programmmaßnahmen (z. B. *M71 Vitalisierung des Gewässers innerhalb des vorhandenen Profils*) als um konkrete Einzelmaßnahmen (z. B. Einbringung von Totholz) und beim Maßnahmenprogramm mehr um eine übergeordnete, konzeptionelle Planung.

Dies ist aus fachlichen Gründen sinnvoll, da das Maßnahmenprogramm ein gesetzliches Instrument darstellt und behördenverbindlich ist, zum jetzigen Zeitpunkt aber nicht alle Maßnahmen im Detail planbar sind und eine Optimierung und Anpassung der Planung im Laufe des Umsetzungsprozesses notwendig sein wird. Daher enthalten die Maßnahmenprogramme in vielen Bundesländern auch keine Angaben zu Art und Umfang der Maßnahmen, auch wenn die landesinterne Maßnahmenplanung zum Teil bereits sehr viel detaillierter durchgeführt wurde. Für die Ausführungsplanung ist es notwendig, die allgemeine Maßnahmenplanung für alle Gewässer weiter zu konkretisieren und die entsprechenden planungsrechtlichen Schritte einzuleiten (z. B. Planfeststellungsverfahren oder Plangenehmigung).

Datengrundlage und Untersuchungsansatz für die bundesweite Auswertung der Maßnahmenprogramme

Die Maßnahmenplanung wurde für die Berichterstattung auf Bundesebene und an die EU-Kommission zu so genannten Planungseinheiten zusammengefasst. Diese Datenbank zu den Maßnahmenprogrammen wird von der Bundesanstalt für Gewässerkunde (BfG) verwaltet und enthielt zum Zeitpunkt der Untersuchung für 133 der 223 Planungseinheiten Informationen zu den Belastungen und den vorgesehenen Maßnahmen (Flächendeckung 69%) (Datenschablone msrprog, WasserBLIcK WFD Reporting; 12.12.2008). Da die Planungseinheiten mit einer Fläche von ca. 50–6.300 km^2 nur eine recht grobe und großräumige Untersuchung der Maßnahmenprogramme erlauben, wurden zusätzlich die zugrunde liegenden Daten auf Ebene der Wasserkörper bei den

Ländern angefragt. Die acht bereitgestellten Datenbanken umfassen 5.948 der 9.011 Wasserkörper in Deutschland und decken ca. 62% des Berichts-Gewässernetzes ab. Aus der bundesweiten WasserBLIcK-Datenbank der BfG standen darüber hinaus für ca. 55% dieser Wasserkörper Daten zu folgenden signifikanten Belastungen zur Verfügung (Datenschablone rwseg, WasserBLIcK WFD Reporting; 12.12.2008): Punktquellen, diffuse Quellen, Wasserentnahmen, hydromorphologische Belastungen (eine weitere Differenzierung in Wasserhaushalt, Durchgängigkeit und Morphologie war auf dieser Datengrundlage nicht möglich). Für die Untersuchung wurden die Wasserkörper der Kategorie „Flüsse" ausgewählt; Seen, Übergangsgewässer, Küstengewässer und Grundwasserkörper wurden nicht betrachtet.

Die Bestandsaufnahme hat gezeigt, dass i. d. R. nicht mehr die stofflichen, sondern die hydromorphologischen Belastungen den wichtigsten, die Besiedlung der Gewässer limitierenden Faktor darstellen, jedoch auch deutliche regionale Unterschiede bezüglich der Belastungssituation bestehen (Borchardt et al. 2006). Um zu untersuchen, inwiefern sich die Wasserkörper in unterschiedlichen Regionen hinsichtlich der Belastungssituation und der Maßnahmenplanung unterscheiden, wurden die Wasserkörper entsprechend der LAWA-Fließgewässertypen gruppiert. Hierfür wurden die 25 Fließgewässertypen nach Ökoregion und Gewässergröße zu 11 Gruppen zusammengefasst (Tab. 2). Diese 11 Gruppen werden im Folgenden als „Gewässertypen" bezeichnet. Die Maßnahmen wurden, je nachdem welche Belastung sie adressieren, zu folgenden Maßnahmengruppen zusammengefasst (Tab. 1): Punktquellen, diffuse Quellen, Wasserentnahmen, Wasserhaushalt, Durchgängigkeit, Morphologie, konzeptionelle Maßnahmen und andere. Es wurde berechnet, für welchen Anteil der Wasserkörper die einzelnen Maßnahmen bzw. Maßnahmengruppen vorgesehen sind. Da sich Größe und Länge der Planungseinheiten bzw. Wasserkörper deutlich unterschieden, wurden die Planungseinheiten nach ihrer Größe und die Wasserkörper nach ihrer Länge gewichtet. Die errechneten Prozentwerte sind somit ein Maß dafür, für welchen Flächenanteil der Planungseinheiten bzw. Anteil des Berichts-Gewässernetzes die jeweilige Maßnahme ausgewählt wurde.

Die potenzielle Wirkung der Maßnahmen auf die vier Organismengruppen (Fische, Makrozoobenthos, Makrophyten, Phytoplankton) wurde auf einer Skala von −1 (negative Wirkung) bis +3 (hohe Wirkung) abgeschätzt (Tab. 1, in Anlehnung an Pottgiesser et al. 2008 und Wolter et al. 2009). Da es beim derzeitigen Wissenstand nicht möglich war, sämtliche der mehr als 300 Wirkungsbeziehungen durch Studien zu belegen, beruht die Einstufung der Maßnahmenwirkung auf einer Experteneinschätzung, die als solche immer zu einem gewissen Grad subjektiv ist.

Eine aktuelle Untersuchung zur Wirkung von Maßnahmen hat gezeigt, dass auch lokale Renaturierungsprojekte zu einer Verbesserung des ökologischen Zustands führen können (Miller et al. 2010). Hierbei müssen jedoch die weiter bestehenden Belastungen und die Rahmenbedingungen auf anderen räumlichen Skalen berücksichtigt werden (z. B. Landnutzung und stoffliche Belastung im Einzugsgebiet, Zustand des Oberlaufs, Durchgängigkeit und Wiederbesiedlungspotenzial unter- und oberstrom), die nachweislich den lokalen ökologischen Zustand maßgeblich mit bestimmen (Sponseller et al. 2001, Weigel et al. 2003, Feld & Hering 2007, Kail & Hering 2009, Kail & Wolter in prep.). Diese Belastungen sind mögliche Gründe dafür, dass in vielen Renaturierungsprojekten die Verbesserung der lokalen Gewässermorphologie nicht zu einer signifikanten Verbesserung des ökologischen Zustands geführt hat (Jähnig et al. 2009, Palmer et al. 2010). Da keine ausreichend detaillierten Daten zu diesen Belastungen und Rahmenbedingungen vorliegen, wurde bei der Einstufung der Wirkung der Maßnahmen davon ausgegangen, dass diese nicht durch Belastungen auf anderen räumlichen Skalen überlagert werden. Die Einstufung der Maßnahmen erfolgte des Weiteren unter der Annahme, dass die entsprechende Belastung wirklich vorkommt und unter Berücksichtigung der typischen Belastungssituation in Deutschland (z.B. durchschnittliche stoffliche Belastung durch häusliches Abwasser, typische Gewässerunterhaltung).

Tab. 1. Für Fließgewässer relevante Maßnahmen aus dem LAWA Maßnahmenkatalog und Einstufung der ökologischen Wirksamkeit (negativ -1 bis hoch +3) in Anlehnung an Pottgiesser et al. (2008) und Wolter et al. (2009). MP = Maßnahmenprogramm, MZB = Makrozoobenthos.

Maßnahmengruppen	Maßnahmen Untergruppen (Abkürzung)	Nr. nach LA-WA	Kurzbeschreibung der Maßnahme	ökologische Wirkung (negativ −1 bis hoch +3)			
				Fische	MZB	Makrophyten	Phytoplankton
Punktquellen	Abwasserbelastung (PQ_Abwasser)	M01	Neubau und Anpassung von kommunalen Kläranlagen	2	3	1	1
		M02	Ausbau kommunaler Kläranlagen zur Reduzierung der Stickstoffeinträge	1	3	1	1
		M03	Ausbau kommunaler Kläranlagen zur Reduzierung der Phosphoreinträge	1	2	1	1
		M04	Ausbau kommunaler Kläranlagen zur Reduzierung sonstiger Stoffeinträge	1	2	1	1
		M05	Optimierung der Betriebsweise kommunaler Kläranlagen	2	3	1	1
		M06	Interkommunale Zusammenschlüsse und Stilllegung vorhandener Kläranlagen	1	2	1	1
		M07	Neubau und Sanierung von Kleinkläranlagen	2	3	1	1
		M08	Anschluss bisher nicht angeschlossener Gebiete an bestehende Kläranlagen	2	3	1	3
		M09	Sonstige Reduzierung der Stoffeinträge durch kommunale Abwassereinleitungen	3	3	1	3
		M13	Neubau und Anpassung von industriellen/ gewerblichen Kläranlagen	2	3	1	1
		M14	Optimierung der Betriebsweise industrieller/ gewerblicher Kläranlagen	1	2	1	1
		M15	Sonstige Reduzierung der Stoffeinträge durch industrielle/ gewerbliche Abwassereinleitungen	2	3	1	1
	Misch- und Niederschlagswasser (PQ_Misch)	M10	Neubau und Anpassung von Anlagen zur Ableitung, Behandlung und zum Rückhalt von Misch- und Niederschlagswasser	2	2	1	2
		M11	Optimierung der Betriebsweise von Anlagen zur Ableitung, Behandlung und zum Rückhalt von Misch- und Niederschlagswasser	1	2	1	1
		M12	Sonstige Reduzierung der Stoffeinträge durch Misch- und Niederschlagswassereinleitungen	1	2	1	1
	Andere (PQ_Andere)	M16	Reduzierung punktueller Stoffeinträge aus dem Bergbau	2	2	2	2
		M17	Reduzierung der Belastungen durch Wärmeeinleitungen	2	2	0	1
		M18	Reduzierung der Stoffeinträge aus anderen Punktquellen	2	2	1	1

Maßnahmengruppen	Maßnahmen Untergruppen (Abkürzung)	Nr. nach LA-WA	Kurzbeschreibung der Maßnahme	ökologische Wirkung (negativ –1 bis hoch +3)			
				Fische	MZB	Makrophyten	Phytoplankton
Diffuse Quellen	Andere (DQ_Andere)	M24	Reduzierung diffuser Belastungen infolge Bergbau	1	2	1	1
		M25	Reduzierung diffuser Stoffeinträge aus Altlasten und Altstandorten	1	2	1	1
		M26	Reduzierung diffuser Stoffeinträge von befestigten Flächen	1	2	1	1
		M33	Umsetzung und Aufrechterhaltung von spezifischen Wasserschutzmaßnahmen in Trinkwasserschutzgebieten	0	0	0	0
		M34	Reduzierung der Belastungen infolge Bodenversauerung	in MP nicht ausgewählt			
		M35	Vermeidung von unfallbedingten Einträgen	nicht berücksichtigt			
		M36	Reduzierung der Belastungen aus anderen diffusen Quellen	2	2	2	2
Diffuse Quellen	Nährstoff u. Feinmaterial Landwirtschaft (DQ_Landw)	M27	Reduzierung der direkten Nährstoffeinträge aus der Landwirtschaft	0	0	1	2
		M28	Anlage von Gewässerschutzstreifen zur Reduzierung der Nährstoffeinträge	2	2	2	2
		M29	Sonstige Reduzierung der Nährstoff- und Feinmaterialeinträge durch Erosion und Abschwemmung aus der Landwirtschaft	3	3	2	1
		M30	Reduzierung der auswaschungsbedingten Nährstoffeinträge aus der Landwirtschaft	1	1	1	2
		M31	Reduzierung der Nährstoffeinträge durch Drainagen aus der Landwirtschaf	1	1	1	2
		M32	Reduzierung der Einträge von Pflanzenschutzmitteln aus der Landwirtschaft	1	1	0	0
Wasserentnahmen	Wasserentnahmen (WasEnt)	M45	Reduzierung der Wasserentnahme für Industrie/Gewerbe	in MP nicht ausgewählt			
		M46	Reduzierung der Wasserentnahme infolge Stromerzeugung (Kühlwasser)	in MP nicht ausgewählt			
		M47	Reduzierung der Wasserentnahme aus Wasserkraftwerken	in MP nicht ausgewählt			
		M48	Reduzierung der Wasserentnahme für die Landwirtschaft	in MP nicht ausgewählt			
		M49	Reduzierung der Wasserentnahme für die Fischereiwirtschaf	2	1	1	0

Maßnahmengruppen	Maßnahmen Untergruppen (Abkürzung)	Nr. nach LA-WA	Kurzbeschreibung der Maßnahme	ökologische Wirkung (negativ −1 bis hoch +3)			
				Fische	MZB	Makrophyten	Phytoplankton
Wasserhaushalt	Wasserhaushalt (WasHaus)	M50	Reduzierung der Wasserentnahme für die öffentliche Wasserversorgung	in MP nicht ausgewählt			
		M51	Reduzierung der Verluste infolge von Wasserverteilung	in MP nicht ausgewählt			
		M52	Reduzierung der Wasserentnahme für die Schifffahrt	in MP nicht ausgewählt			
		M53	Reduzierung anderer Wasserentnahmen	2	1	1	0
		M61	Gewährleistung des erforderlichen Mindestabflusses	2	1	1	0
		M62	Verkürzung von Rückstaubereichen	2	3	1	0
		M63	Sonstige Wiederherstellung des gewässertypischen Abflussverhaltens	2	2	1	1
		M64	Reduzierung von nutzungsbedingten Abflussspitzen	2	2	2	0
		M65	Förderung des natürlichen Rückhalts (einschließlich Rückverlegung von Deichen und Dämmen)	1	1	0	1
		M66	Verbesserung des Wasserhaushalts an stehenden Gewässern	0	0	1	1
Durchgängigkeit	Durchgängigkeit (Durchgang)	M68	Herstellung der linearen Durchgängigkeit an Stauanlagen (Talsperren, Rückhaltebecken, Speicher)	2	0	0	0
		M69	Herstellung der linearen Durchgängigkeit an sonstigen wasserbaulichen Anlagen	3	1	0	0
Morphologie	Belastungen Laufform und Auenstrukturen (Morph_Gross)	M70	Initiieren/ Zulassen einer eigendynamischen Gewässerentwicklung inkl. begleitender Maßnahmen	3	3	2	0
		M74	Verbesserung von Habitaten im Gewässerentwicklungskorridor einschließlich der Auenentwicklung	3	2	2	0
		M75	Anschluss von Seitengewässern, Altarmen (Quervernetzung)	2	2	3	2
	Belastungen Ufer und Sohle Bauwerke (Morph_Mittel)	M72	Habitatverbesserung im Gewässer durch Laufveränderung, Ufer- oder Sohlgestaltung inkl. begleitender Maßnahmen	3	2	1	0
		M73	Verbesserung von Habitaten im Uferbereich (z.B. Gehölzentwicklung)	2	2	2	0

Maßnahmengruppen	Maßnahmen Untergruppen (Abkürzung)	Nr. nach LA-WA	Kurzbeschreibung der Maßnahme	ökologische Wirkung (negativ −1 bis hoch +3)			
				Fische	MZB	Makrophyten	Phytoplankton
		M76	Beseitigung von / Verbesserungsmaßnahmen an wasserbaulichen Anlagen	2	2	1	0
		M81	Reduzierung der Belastungen infolge Bauwerke für die Schifffahrt, Häfen, Werften, Marinas bei Küsten- und Übergangsgewässern	1	1	1	1
	Belast. Sohle Unterhaltung (Morph_Klein)	M71	Vitalisierung des Gewässers (u.a. Sohle, Varianz, Substrat) innerhalb des vorhandenen Profils	2	2	2	0
		M79	Anpassung/ Optimierung der Gewässerunterhaltung	3	3	2	0
	Geschiebehaushalt (Morph_Sed)	M77	Verbesserung des Geschiebehaushaltes bzw. Sedimentmanagemen	−1	0	0	0
		M78	Reduzierung der Belastungen infolge von Geschiebeentnahmen	1	1	0	0
	Belastungen an stehenden Gew. (Morph_Seen)	M80	Verbesserung der Morphologie an stehenden Gewässern	1	0	1	1
		M86	Reduzierung anderer hydromorphologischer Belastungen bei stehenden Gewässern	1	0	1	1
	Andere (Morph_Andere)	M85	Reduzierung anderer hydromorphologischer Belastungen	1	1	1	1
Andere anthropogene Auswirkungen	Fischerei (Andere_Fisch)	M88	Maßnahmen zum Initialbesatz bzw. zur Besatzstützung	2	0	0	0
		M89	Reduzierung der Belastungen infolge Fischerei in Fließgewässern	0	0	0	0
		M90	Reduzierung der Belastungen infolge Fischerei in stehenden Gewässern	in MP nicht ausgewählt			
		M92	Reduzierung der Belastungen infolge Fischteichbewirtschaftung	0	0	0	0
	Andere (Andere)	M93	Reduzierung der Belastungen infolge Landentwässerung	in MP nicht ausgewählt			
		M94	Eindämmung eingeschleppter Spezies	0	1	1	0
		M95	Reduzierung der Belastungen infolge von Freizeit- und Erholungsaktivitäten	2	1	1	0
		M96	Reduzierung anderer anthropogener Belastungen	1	1	1	1

Maßnahmengruppen	Maßnahmen Untergruppen (Abkürzung)	Nr. nach LA-WA	Kurzbeschreibung der Maßnahme	ökologische Wirkung (negativ –1 bis hoch +3)			
				Fische	MZB	Makrophyten	Phytoplankton
Konzeptionelle Maßnahmen	Konzeptionelle Maßnahmen (Konzept)	M501	Erstellung von Konzeptionen / Studien / Gutachten	kein direkter ökologischer Effekt			
		M502	Durchführung von Forschungs-, Entwicklungs- und Demonstrationsvorhaben				
		M503	Informations- und Fortbildungsmaßnahmen				
		M504	Beratungsmaßnahmen				
		M505	Einrichtung bzw. Anpassung von Förderprogrammen				
		M506	Freiwillige Kooperationen				
		M507	Zertifizierungssysteme				
		M508	Vertiefende Untersuchungen und Kontrollen				

Tab. 2. Gruppierung der LAWA Fließgewässertypen nach Ökoregion und Gewässergröße. Die Gewässergrößen entsprechen in etwa folgenden Einzugsgebietsgrößen: Bäche = 10–100 km^2, Flüsse = 100–10,000 km^2, Ströme = > 10,000 km^2. Der einzige im Untersuchungsgebiet nicht vorkommende Gewässertyp ist mit einem Asterisk gekennzeichnet.

Ökoregion	Gewässergröße	LAWA-Fließgewässertypen	Anzahl untersuchter Wasserkörper
Alpen	Bäche und Flüsse	Typ 1: Fließgewässer der Alpen	36
Alpenvorland	Bäche	Subtyp 2.1: Bäche des Alpenvorlandes Subtyp 3.1: Bäche der Jungmoräne des Alpenvorlandes	200
	Flüsse	Subtyp 2.2: Kleine Flüsse des Alpenvorlandes Subtyp 3.2: Kleine Flüsse der Jungmoräne des Alpenvorlandes Typ 4: Große Flüsse des Alpenvorlandes	71
Mittelgebirge	Bäche	Typ 5: Grobmaterialreiche, silikatische Mittelgebirgsbäche Typ 5.1: Feinmaterialreiche, silikatische Mittelgebirgsbäche Typ 6: Feinmaterialreiche, karbonatische Mittelgebirgsbäche Typ 7: Grobmaterialreiche, karbonatische Mittelgebirgsbäche	1685

Ökoregion	Gewässergröße	LAWA-Fließgewässertypen	Anzahl untersuchter Wasserkörper
Mittelgebirge	Flüsse	Typ 9: Silikatische, fein- bis grobmaterialreiche Mittelgebirgsflüsse Typ 9.1: Karbonatische, fein- bis grobmaterialreiche Mittelgebirgsflüsse Typ 9.2: Große Flüsse des Mittelgebirges	336
	Ströme	Typ 10: Kiesgeprägte Ströme	29
Tiefland	Bäche	Typ 14: Sandgeprägte Tieflandbäche Typ 16: Kiesgeprägt Tieflandbäche Typ 18: Löss-lehmgeprägte Tieflandbäche	1330
	Flüsse	Typ 15: Sand- und lehmgeprägte Tieflandflüsse Typ 15_g: Große sand- und lehmgeprägte Tieflandflüsse Typ 17: Kiesgeprägte Tieflandflüsse	235
	Ströme	Typ 20: Sandgeprägte Ströme	31
Marschen	Bäche und Flüsse	Typ 22: Marschengewässer	84
Ökoregion unabhängige Typen	Bäche und Flüsse	Typ 11: Organisch geprägte Bäche Typ 12: Organisch geprägte Flüsse Typ 19: Kleine Niederungsfließgewässer in Fluss- und Stromtälern Typ 21: Seenausflussgeprägte Fließgewässer	1179
nicht klassifiziert (abweichende Klassifizierung der Gewässergröße)		Typ 2: ohne Information zum Subtyp Typ 3: ohne Information zum Subtyp Typ 23: Rückstau bzw. brackwasserbeeinflusste Ostseezuflüsse*	732

Auf Grundlage der Einstufungen in Tabelle 1 wurde die durchschnittliche Wirkung der in den Maßnahmenprogrammen ausgewählten Maßnahmen berechnet (Mittelwert aus Summe der Wirkungen geteilt durch Anzahl der Maßnahmen). Einige Maßnahmen wurden für Wasserkörper ausgewählt, in denen nach Angaben in der WasserBLIcK-Datenbank die entsprechende Belastung nicht vorkommt (z. B. *M01 Neubau und Anpassung von kommunalen Kläranlagen* für Wasserkörper ausgewählt, in denen keine signifikante Belastung durch Punktquellen besteht). In diesen Fällen wurde die Wirkung dieser Maßnahmen mit 0 (keine Wirkung) eingestuft. Bei der Berechnung der mittleren Wirksamkeit der Maßnahmen für das Phytoplankton wurden nur Fließgewässertypen berücksichtigt, in denen diese Organismengruppe bewertungsrelevant ist.

Der Vergleich von Maßnahmen und Belastungen auf Ebene der Planungseinheiten und Wasserkörper

Die Maßnahmenprogramme haben vermeintlich unterschiedliche Schwerpunkte, je nachdem, ob man diese auf Ebene der Planungseinheiten oder Wasserkörper auswertet. In den meisten Planungseinheiten wurden sowohl Maßnahmen zur Minderung der stofflichen Belastungen (Punktquellen, diffuse Quellen) als auch hydromorphologische Maßnahmen ausgewählt (Abb. 1). Auf Ebene der Wasserkörper spielen die Maßnamen zur Minderung der stofflichen Belastung eine deutlich geringere Rolle. Dort liegt der Schwerpunkt der Maßnahmenprogramme auf hydromorphologischen Maßnahmen, die für den größten Teil der Wasserkörper ausgewählt wurden. Diese Unterschiede zwischen Planungseinheiten und Wasserkörpern lassen sich dadurch erklären, dass die Gewässer in vielen Regionen fast flächendeckend einen schlechten hydromorphologischen Zustand aufweisen, wohingegen die noch bestehenden, punktuellen stofflichen Belastungen durch lokale Maßnahmen in wenigen Wasserkörpern adressiert werden können. Aufgrund dieser deutlichen Unterschiede wurden die weiteren Auswertungen auf der detaillierteren Ebene der Wasserkörper durchgeführt.

Der Vergleich der Maßnahmen und Belastungen zeigt, dass in einem großen Teil der Wasserkörper, in denen Maßnahmen zur Reduzierung der punktuellen stofflichen Belastung vor-

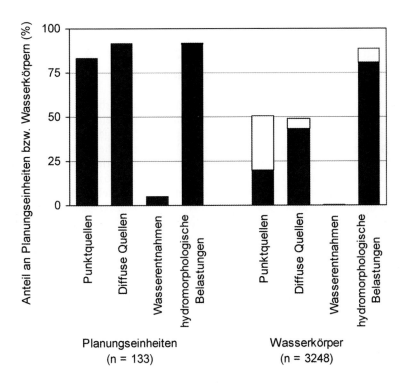

Abb. 1. Anteil der Planungseinheiten (linke Säulen) bzw. Wasserkörper (rechte Säulen), in denen entsprechende Maßnahmen aus den vier Maßnahmengruppen vorgesehen sind; getrennt nach Planungseinheiten und Wasserkörpern, in denen die entsprechenden Belastungen vorkommen (schwarz) bzw. nicht vorkommen (weiß) (gemäß Angaben in WasserBLIcK Datenbank).

gesehen sind, gemäß der WasserBLIcK-Datenbank keine signifikante stoffliche Belastung aus Punktquellen vorliegt (61%). Hierfür gibt es mehrere mögliche Gründe: (1) Ein unterschiedlicher Aktualitätsstand der Angaben der Länder in den Maßnahmenprogrammen und der Angaben zu den Belastungen in der WasserBLIcK-Datenbank. Es erscheint jedoch unwahrscheinlich, dass bei einer solch großen Zahl von Wasserkörpern eine signifikante stoffliche Belastung erst nachträglich, bei der Erstellung der Maßnahmenprogramme, festgestellt wurde. (2) Die Maßnahmen sind möglicherweise aufgrund der negativen Wirkung auf unterstrom liegende Wasserkörper ausgewählt worden. Jedoch nimmt die Belastung von Punktquellen i. d. R. nach unterstrom ab und müsste damit im Wasserkörper, in dem die Punktquelle liegt am größten sein. (3) Wahrscheinlicher ist, dass es sich bei diesen Maßnahmen um so genannte „grundlegende Maßnahmen" handelt, die nicht aufgrund einer bestehenden signifikanten Belastung und dem daraus resultierenden schlechten ökologischen Zustand ausgewählt wurden, sondern aufgrund anderer gesetzlicher Vorschriften umgesetzt werden müssen (z. B. EG-Abwasserrichtlinie). Wenn diese grundlegenden Maßnahmen zur Erreichung der Ziele der EG-WRRL nicht ausreichen, müssen gemäß der EG-WRRL darüber hinaus so genannte „ergänzende Maßnamen" ergriffen werden. Nicht in allen der zur Verfügung gestellten Datensätze wird zwischen grundlegenden und ergänzenden Maßnahmen unterschieden, so dass eine differenzierte Betrachtung nicht möglich ist. Die Berücksichtigung dieser grundlegenden Maßnahmen ist konform mit der EG-WRRL. Aufgrund der hohen Zahl von Wasserkörpern ohne eine signifikante stoffliche Belastung ist jedoch anzunehmen, dass diese Maßnahmen nur zu einer geringen ökologischen Verbesserung führen werden.

Schwerpunkte der Maßnahmenprogramme und die wichtigsten Einzelmaßnahmen

Der Schwerpunkt der Maßnahmenprogramme liegt auf der Verbesserung der Morphologie (78%) und auch Maßnahmen zur Verbesserung der Durchgängigkeit sind in mehr als der Hälfte der Wasserkörper vorgesehen (56%) (Abb. 2). Dies spiegelt die Ergebnisse der Bestandsaufnahmen wider, in denen der schlechte morphologische Zustand und die Einschränkung der Durchgängigkeit durch Querbauwerke als wichtigste Ursache für die Verfehlung der Umweltziele der EG-WRRL identifiziert wurden (BMU 2005, Borchardt et al. 2006). Ein weiterer Schwerpunkt der Maßnahmenprogramme liegt auf der Durchführung konzeptioneller Maßnahmen (63%), insbesondere auf den Einzelmaßnahmen *M501 Erstellung von Konzepten, Studien und Gutachten* (38%) sowie *M508 Vertiefende Untersuchungen und Kontrollen* (25%). Grund hierfür ist vermutlich das bestehende Wissensdefizit über die (Wechsel-)Wirkung von anthropogenen Belastungen und Renaturierungsmaßnahmen auf den ökologischen Zustand der Gewässer und die zum Teil fehlenden Daten zu den Belastungen.

Neben den morphologischen und konzeptionellen Schwerpunkten sind häufig auch Maßnahmen zur Verminderung der punktuellen und diffusen stofflichen Belastungen vorgesehen (59% bzw. 53%). Die diffusen Quellen wurden in der Bestandsaufnahme zwar vor allem als signifikante Belastung für Seen, Küsten- und Übergangsgewässer identifiziert (BMU 2005), die Angaben zu den Belastungen in der WasserBLIcK-Datenbank zeigen jedoch, dass auch nahezu die Hälfte der Fließgewässer-Wasserkörper durch diffuse Quellen signifikant belastet ist. Der hohe Anteil an Maßnahmen zur Verminderung punktueller stofflicher Belastungen steht im Widerspruch zu den in der Bestandsaufnahme und der WasserBLIcK-Datenbank genannten signifikanten Belastungen. Wie oben bereits erwähnt, handelt es sich vermutlich in vielen Fällen um grundlegende Maßnahmen, die aufgrund der oft nicht vorhandenen, signifikanten stofflichen Belastung wahrscheinlich nur eine geringe ökologische Wirksamkeit haben werden.

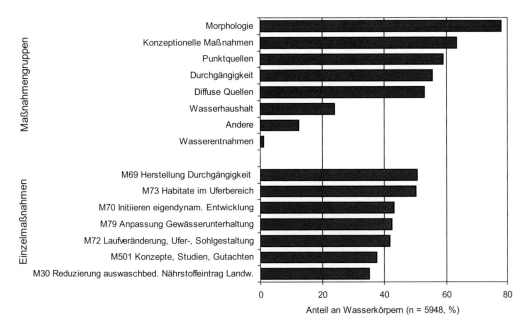

Abb. 2. Anteil der Wasserkörper, in denen entsprechende Maßnahmen aus den acht Maßnahmengruppen bzw. die häufigsten Einzelmaßnahmen vorgesehen sind.

Die am häufigsten vorgesehen Einzelmaßnahmen sind Maßnahmen zur Verbesserung der Morphologie und der Durchgängigkeit (Abb. 2). Einige dieser morphologischen Maßnahmen können auch kleinräumig durchgeführt werden (z. B. *M79 Anpassung / Optimierung der Gewässerunterhaltung*), andere wiederum sind – wenn sie aus gewässermorphologischer, fachlicher Sicht korrekt durchgeführt werden – mit einem größeren Flächenbedarf und Umgestaltungen im Bereich des Gewässerrandstreifens und der Aue verbunden (z. B. *M72 Habitatverbesserung im Gewässer durch Laufveränderung, Ufer- und Sohlgestaltung, M70 Initiieren / Zulassen einer eigendynamischen Gewässerentwicklung*).

Regionale Unterschiede in den Maßnahmenprogrammen

Die regionalen Unterschiede in den Maßnahmenprogrammen spiegeln zum einen die unterschiedliche Belastungssituation in den entsprechenden Gewässertypen wider. So ist in den Alpen aufgrund der guten Wasserqualität und der extensiven Nutzung der Anteil an Wasserkörpern, in denen Maßnahmen zur Verminderung der punktuellen und diffusen stofflichen Belastungen vorgesehen sind vergleichsweise gering (21% bzw. 1%, Tab. 3). Maßnahmen zur Verbesserung der Durchgängigkeit sind am häufigsten in den Flüssen des Alpenvorlandes und der Mittelgebirge ausgewählt worden, die potenzielles Laichgebiet für viele Wanderfischarten darstellen, derzeit jedoch aufgrund der besonders großen Anzahl an Querbauwerken stark fragmentiert sind.

Neben der Belastungssituation bestimmt die Gewässernutzung bzw. der Nutzungsdruck maßgeblich die Maßnahmenauswahl. Morphologische Maßnahmen ohne bzw. mit geringem Flächenbedarf wurden am häufigsten im Tiefland ausgewählt (z. B. *M79 Anpassung / Optimierung der Gewässerunterhaltung*), Maßnahmen mit mittlerem Flächenbedarf kommen in den Maßnah-

Tab. 3. Anteil der Wasserkörper, in denen entsprechende Maßnahmen aus den Maßnahmengruppen vorgesehen sind; differenziert nach den 11 Gewässertypen.

Ökoregion	Gewässergröße	Punktquellen	Diffuse Quellen	Wasserentnahme	Wasserhaushalt	Durchgängigkeit	Morphologie	Konzept. Maßnahmen
alle Gewässertypen		59,0	52,8	1,1	24,1	55,6	78,0	63,4
Alpen	Bäche und Flüsse	21,0	1,2	3,0	54,1	63,8	66,3	27,8
Alpenvorland	Bäche	32,7	61,2	1,0	34,1	64,3	82,6	76,0
	Flüsse	38,7	40,9	4,1	60,6	87,1	94,7	65,2
Mittelgebirge	Bäche	73,4	63,8	1,8	28,9	65,5	75,3	61,4
	Flüsse	70,5	59,5	1,5	34,7	80,4	74,6	60,7
	Ströme	59,8	52,4	0,0	33,7	63,0	81,8	70,6
Tiefland	Bäche	64,6	59,2	0,4	7,5	39,7	70,8	65,4
	Flüsse	51,2	51,8	0,0	30,8	64,0	85,9	88,2
	Ströme	36,7	38,5	0,0	40,6	10,6	32,6	79,4
Marschengewässer	Bäche und Flüsse	74,0	1,8	0,0	11,1	14,6	99,5	0,0
Ökoreg. unabhängige Typen	Bäche und Flüsse	58,0	48,7	0,1	7,8	46,5	85,8	66,9

menprogrammen aller Gewässertypen gleichermaßen häufig vor (z. B. *M72 Habitatverbesserung im Gewässer durch Laufveränderung, Ufer- und Sohlgestaltung*), wohingegen Maßnahmen mit höherem Flächenbedarf vor allem in den Fließgewässern der Mittelgebirge und Voralpen vorgesehen sind (z. B. *M70 Initiieren / Zulassen einer eigendynamischen Gewässerentwicklung*) (Tab. 4). Darüber hinaus wurden in den stark überprägten Tiefland-Strömen mit hohem Nutzungsdruck nur in vergleichsweise wenigen Wasserkörpern Maßnahmen zur Verbesserung des morphologischen Zustands vorgesehen (33%, Tab. 3).

In Tieflandströmen und -flüssen ist darüber hinaus der Anteil von konzeptionellen Maßnahmen besonders hoch (79% bzw. 88%, Tab. 3). Diese regionalen Unterschiede bezüglich der konzeptionellen Maßnahmen zeigen sich besonders deutlich bei der Einzelmaßnahme *M501 Erstellung von Konzepten, Studien und Gutachten*, die für den größten Teil der Wasserkörper im Tiefland (53–80%), häufig im Mittelgebirge (35–42%) und selten im Alpenvorland und den Alpen (0–8%) ausgewählt wurde (Tab. 4). Die Ergebnisse sind ein deutlicher Hinweis darauf, dass die Maßnahmenplanung vor allem im Tiefland schwierig war bzw. noch nicht abgeschlossen ist. Grund hierfür ist vermutlich zum einen das immer noch bestehende Wissensdefizit bezüglich der Ökologie der Tieflandgewässer und der Wechselwirkung von multiplen Belastungen und Renaturierungsmaßnahmen, daneben aber auch die hohe Zahl von erheblich veränderten und künstlichen Wasserkörpern, für die gemäß der EG-WRRL das gute ökologische Potenzial als Umweltqualitätsziel erst noch hergeleitet werden muss.

Tab. 4. Anteil der Wasserkörper, in denen die entsprechenden Einzelmaßnahmen vorgesehen sind; differenziert nach den 11 Gewässertypen. Es sind nur die am häufigsten ausgewählten Einzelmaßnahmen aufgelistet. Die Kürzel der Einzelmaßnahmen entsprechen der Kodierung in Tab. 1.

Ökoregion	Gewässergröße	M30	M69	M70	M72	M73	M79	M501
alle Gewässertypen		35,2	50,4	43,1	41,7	50,1	42,3	37,6
Alpen	Bäche und Flüsse	1,2	52,9	38,7	38,2	26,0	3,0	8,1
Alpenvorland	Bäche	61,2	55,5	53,4	74,0	69,3	0,0	0,3
	Flüsse	40,9	68,2	71,1	70,7	56,1	0,0	2,5
Mittelgebirge	Bäche	30,7	59,0	56,8	47,5	57,7	28,8	34,5
	Flüsse	33,6	71,0	48,2	50,6	58,2	24,2	35,8
	Ströme	45,1	46,7	57,8	33,1	37,6	27,8	42,4
Tiefland	Bäche	49,5	39,7	29,3	23,1	38,7	63,4	53,2
	Flüsse	41,7	64,0	42,9	43,5	66,5	72,4	72,7
	Ströme	28,2	10,6	22,0	21,9	27,3	19,9	79,4
Marschengewässer	Bäche und Flüsse	0,0	14,6	0,3	3,4	24,4	91,0	0,0
Ökoreg. unabhängige Typen	Bäche und Flüsse	36,8	45,1	33,2	43,6	51,4	72,9	42,8

Potenzielle ökologische Wirkung der Maßnahmen

Die ausgewählten Maßnahmen haben jeweils unterschiedliche potenzielle Wirkungen auf die vier betrachteten Organismengruppen. Auf der Skala von –1 (negative Wirkung) bis +3 (hohe Wirkung) ist die mittlere Wirksamkeit der Maßnahmen auf die Fische (1,75) und das Makrozoobenthos (1,63) deutlich größer als auf die Makrophyten (1,18) und das Phytoplankton (0,68) (Mittelwert über alle Maßnahmengruppen). Die Maßnahmenauswahl aus dem vorhandenen Katalog wird potenziell also mehr zu einer Verbesserung der gut untersuchten Organismengruppen Fische und Makrozoobenthos führen und nur eingeschränkt zu einer Verbesserung bei Makrophyten und Phytoplankton. Da sich die Bewertung des ökologischen Zustands gemäß EG-WRRL an der schlechtesten Bewertung der vier Organismengruppen orientiert („worst case" oder „one-out all-out" Ansatz), besteht die Gefahr, dass viele Wasserkörper die Umweltqualitätsziele der EG-WRRL nicht erreichen werden. Eine wirkliche Abschätzung der Zielerreichung ist jedoch auf Grundlage der hier durchgeführten Auswertung nicht möglich, da der aktuelle Zustand der vier Organismengruppen nicht berücksichtigt werden konnte.

Die vier Maßnahmengruppen haben eine deutlich unterschiedliche potenzielle Wirkung auf die vier Organismengruppen. Die hydromorphologischen Maßnahmen haben bei allen Organismengruppen mit Ausnahme des Phytoplankton im Mittel die höchste ökologische Wirksamkeit (Abb. 3). Bei den Fischen ist die mittlere ökologische Wirksamkeit aufgrund der hohen Anzahl und Wirksamkeit der Maßnahmen zur Verbesserung der Durchgängigkeit besonders hoch. Im Gegensatz dazu ist die mittlere Wirksamkeit der Maßnahmen zur Verminderung der punktuellen stofflichen Belastungen vergleichsweise gering. Grund hierfür ist nicht etwa die prinzipiell

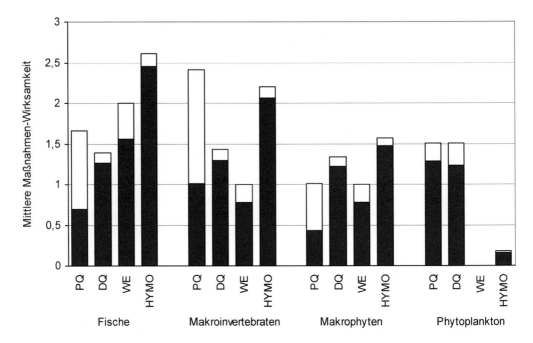

Abb. 3. Mittlere Wirksamkeit der Maßnahmen zur Verminderung der stofflichen Belastung von Punktquellen (PQ), diffusen Quellen (DQ) sowie der Belastung durch Wasserentnahmen (WE) und hydromorphologischen Veränderungen (HYMO, einschließlich Veränderungen von Wasserhaushalt, Durchgängigkeit und Morphologie). Darstellung getrennt nach Wasserkörpern, in denen die entsprechenden Belastungen vorkommen (schwarz) bzw. nicht vorkommen (weiß) (gemäß Angaben in WasserBLIcK Datenbank).

geringe Wirksamkeit dieser Maßnahmen (Tab. 1), sondern der hohe Anteil von Wasserkörpern, in denen zwar die Maßnahmen vorgesehen sind, eine entsprechende signifikante stoffliche Belastung jedoch nicht vorliegt (Abb. 3). Im Gegensatz dazu haben diese Maßnahmen beim Phytoplankton die höchste ökologische Wirksamkeit aller vier Maßnahmengruppen.

Wissensdefizite bezüglich der wichtigsten Belastungen und Maßnahmen

Die oben beschriebene Auswertung der Maßnahmenprogramme hat gezeigt, dass die wichtigsten Belastungen in den Fließgewässern die morphologischen Veränderungen, die eingeschränkte Durchgängigkeit und die diffuse Nährstoff- und Feinsubstratbelastung sind. Diese Belastungen werden in den Maßnahmenprogrammen durch entsprechende Maßnahmen adressiert, wobei insbesondere im Tiefland offensichtlich noch ein Wissensdefizit besteht in Hinblick auf die (Wechsel-)Wirkung der multiplen Belastungen, die sich aufgrund der Mehrfachnutzung z.B. durch Hochwasserschutz, Urbanisierung, Schifffahrt und Landwirtschaft ergeben sowie der Renaturierungsmaßnahmen. Im Folgenden werden die wesentlichen Wissensdefizite bezüglich der wichtigsten Maßnahmengruppen und Einzelmaßnahmen aufgezeigt.

Der Schwerpunkt der Maßnahmenprogramme liegt auf der Verbesserung der Morphologie. Insbesondere in den Mittelgebirgs-Bächen sind in vielen Wasserkörpern (68%) großräumige

Maßnahmen mit höherem Flächenbedarf vorgesehen (z. B. *M70 Initiieren / Zulassen einer eigendynamischen Gewässerentwicklung*). Dies entspricht dem in der internationalen Literatur favorisierten Renaturierungsansatz, natürliche Prozesse und Dynamik zu revitalisieren (passive Renaturierung), anstatt die Strukturen baulich zu schaffen (aktive Renaturierung) (Kauffman et al. 1997, Roni et al. 2002, Bisson et al. 2003, Wohl et al. 2005, Kail et al. 2007). Es stehen einige konzeptionelle Modelle zur Verfügung, um die morphologische Entwicklung von degradierten Gewässerabschnitten abzuschätzen (z. B. Schumm et al. 1984, Knighton 1998, Simon & Rinaldi 2006). Darüber hinaus gibt es auf empirischen (Bledsoe et al. 2002) oder physikalischen Gleichungen (Millar & Quick, 1993, 1998, Eaton 2006) beruhende Modelle zur Abschätzung der stabilen Gerinnebettform und -geometrie sowie Modelle zur Verlagerung von Mäanderbögen (Crosato 2008). Jedoch ist bisher unklar, ob sich mit diesen Modellen die morphologische Entwicklung kurzer renaturierter Gewässerabschnitte in einem ansonsten anthropogen überprägten Einzugsgebiet mit verändertem Abflussregime und Geschiebehaushalt mit ausreichender Sicherheit prognostizieren lässt. Aus anderen Studien ist bekannt, dass diese anthropogen veränderten Steuergrößen bei der Renaturierung von Fließgewässern berücksichtigt werden müssen (Kondolf 2000).

In vielen Wasserkörpern sind Maßnahmen zur Verbesserung der Durchgängigkeit vorgesehen, die potenziell eine hohe ökologische Wirksamkeit für Fische besitzen. In den meisten Fällen umfassen diese Maßnahmen den Bau einer Fischwanderhilfe und nicht den Rückbau des Querbauwerks. Es gibt zahlreiche Arten von Fischwanderhilfen und umfangreiche Angaben zu deren Bau und Dimensionierung (z. B. Clay 1995, Jungwirth et al. 1998, DWA 2005, MUNLV 2005), wohingegen die Durchflussmenge meist weniger nach ökologischen als nach ökonomischen und politischen Gesichtspunkten festgelegt wird. Fischwanderhilfen ermöglichen zweifelsfrei den Genfluss zwischen Subpopulationen bzw. erhalten in aufrecht, was aber für die Wiederherstellung der typspezifischen Häufigkeit von Wanderfischpopulationen noch unzureichend sein kann. Defizite bestehen vor allem bei der Anlage und Dimensionierung von Fischwanderhilfen für große Laichschwärme potamaler Fischarten, wie z. B. Blei (*Abramis brama*), Quappe (*Lota lota*) oder Schnäpel (*Coregonus maraena*), in den langsamer fließenden Unterläufen großer Ströme. Forschungsbedarf besteht auch noch in Hinblick auf den Fischabstieg: Zum Verhalten, insbesondere der adulten Fische nach dem Ablaichen, bei der stromabgerichteten Passage von Querbauwerken (Swanson et al. 2004, Kemp et al. 2005, Enders et al. 2009). Diese Kenntnisse sind notwendig für die Gestaltung effizienter Fischabstiegsanlagen, die den Wirkungsgrad der Wasserkraftanlagen nicht übermäßig verringern (Floyd et al. 2007).

Die Passierbarkeit von Querbauwerken für Fische ist jedoch eher eine Voraussetzung für die erfolgreiche Renaturierung von Habitaten ober- oder unterstrom, da auch naturnah gestaltete Fischwanderhilfen nur kleinräumig eine direkte Funktion als Lebensraum haben. Die Verbesserung der Durchgängigkeit wird nur dann zu einer signifikanten Verbesserung des ökologischen Zustands führen, wenn in den verbundenen Gewässerabschnitten geeignete Lebensräume für Fische existieren bzw. erreichbar werden. Da sich die Gesamtbewertung des ökologischen Zustands gemäß EG-WRRL an der schlechtesten Bewertung der vier Organismengruppen orientiert und die Fischwanderhilfen nur eine hohe ökologische Wirksamkeit für Fische besitzen, wird die Herstellung der Durchgängigkeit allein zur Erreichung der Umweltqualitätsziele i. d. R. nur dann ausreichen, wenn die Erreichbarkeit von Schlüsselhabitaten für Fische, z. B. Laichgründen, die einzige signifikante Beeinträchtigung ist.

Neben den hydromorphologischen Maßnahmen liegt ein weiterer Schwerpunkt der Maßnahmenprogramme auf der Reduzierung der diffusen stofflichen Belastung. Die ausgewählten Maßnahmen adressieren vor allem den Nährstoff- und Feinmaterialeintrag aus der Landwirtschaft (*M28 Anlage von Gewässerschutzstreifen zur Reduzierung der Nährstoffeinträge, M29 Sonstige Reduzierung der Nährstoff- und Feinmaterialeinträge, M30 Reduzierung der auswaschungsbedingten Nährstoffeinträge aus der Landwirtschaft*). Die Wirksamkeit der Gewässerrandstreifen variiert stark, die Ursachen hierfür sind jedoch noch nicht ausreichend verstanden (Mayer et al. 2007). Es fehlen insbesondere Untersuchungen an Gewässerrandstreifen mit einer Breite < 10 m, die in der Praxis ausgewiesen werden (Hickey & Doran 2004). Darüber hinaus wurde bisher die kombinierte Wirkung von Maßnahmen am Gewässer, wie die Ausweisung von Gewässerrandstreifen, und Maßnahmen in der Fläche, wie die Anpassung der Bewirtschaftung, kaum untersucht (Krause et al. 2008).

Der Eintrag von Feinmaterial, die fehlende Abfluss- und Morphodynamik und die damit verbundene Kolmatierung des Kieslückensystems hat einen großen Einfluss auf die Besiedlung der Gewässer durch Fische und das Makrozoobenthos (Niepagenkemper & Meyer 2002, Pusch et al. 2009). Bereits ein Feinsedimentanteil (< 0,85 mm Korndurchmesser) von > 10% führt bei verschiedenen Lachsartigen zu einem starken Rückgang der Überlebensrate vom Ei zum Jungfisch (Jensen et al. 2009). Entscheidend ist hierbei u. a. der Anteil von Schluff und Ton im Feinsediment. So sank in einem Laborexperiment die Überlebensrate des atlantischen Lachses (*Salmo salar*) vom Ei zur Larve von 40% auf 10%, wenn bei einem Sandanteil (0,06–0,5 mm) von 21% noch 1,7% Schluff und Ton (< 0,05 mm) hinzugefügt wurden (Lapointe et al. 2004). Darüber hinaus führt bereits ein geringer Anteil organischen Materials (POM) zu einer Erhöhung der mikrobiellen Aktivität und zur Sauerstoffzehrung (Soulsby et al. 2001). Mit zunehmender organischer Belastung des Feinmaterials reichen daher auch deutlich geringere Anteile, um signifikante Beeinträchtigungen zu verursachen (Greig et al. 2005). Insbesondere in regulierten Flüssen wird die Matrix des kolmatierten Materials immer feinkörniger und das Feinmaterial selbst bei bordvollen Abflüssen kaum noch ausgewaschen (Sear 1993). Das Feinsediment lässt sich zwar kurzfristig und lokal durch Waschung des Sediments beseitigen, das Kieslückensystem ist aber nach wenigen Monaten bereits wieder zugesetzt, wenn nicht der Eintrag unterbunden wird (Meyer et al. 2008). Den Feinsedimenteintrag zu unterbinden wird z. B. von Greig et al. (2005) als einzig wirksame Restaurierungsmaßnahme angesehen, wobei völlig unklar ist, ob regulierte Fließgewässer in hydrologisch überprägten Einzugsgebieten überhaupt noch die für eine Umlagerung und Reinigung des groben Substrats erforderlichen Abflussspitzen aufweisen und welche Zeiträume eine solche Selbstreinigung benötigen würde. Bisher existieren selbst in Tieflandflüssen weder Vorstellungen über die natürliche Feinsedimentfracht (Altmüller & Dettmer 1996) noch werden die Kolmatierung und Bildung von Deckschichten bei der Gewässerstrukturkartierung erfasst und daher sind kaum Informationen über Art und Umfang dieser Belastung in den Gewässern verfügbar. Aufgrund der hohen Bedeutung des Kieslückensystems für die Besiedlung ist es notwendig, diesen Faktor zukünftig bei der Kartierung und Bewertung der Gewässerstruktur besser zu berücksichtigen und die Möglichkeiten der Renaturierung des Kieslückensystems zu untersuchen.

Die wesentlichen Wissensdefizite bezüglich der in den Maßnahmenprogrammen vorgesehenen Maßnahmen und den zugrunde liegenden Belastungen sind somit: (1) die Prognose der morphodynamischen Entwicklung von renaturierten Gewässerabschnitten in anthropogen überprägten Einzugsgebieten, (2) die gemeinsame Wirkung von lokalen Maßnahmen zum Rückhalt von Nährstoffen und Feinsubstrat durch Gewässerrandstreifen mit geringer Breite (< 10 m) und Maßnahmen in der Fläche, (3) die Auswirkung der Kolmatierung auf die Organismengruppen der Fische und des Makrozoobenthos und Möglichkeiten der Renaturierung sowie Daten zu Art und Umfang der Kolmatierung in den Gewässern, (4) die Auswirkung multipler Belastungen und Wirkung von Renaturierungsmaßnahmen in Tieflandgewässern und (5), in allen Fließgewässertypen, auf bisher weniger gut untersuchte Organismengruppen wie das Phytoplankton. Nach einer Befragung der Bewirtschaftungsträger zur Bedeutung dieser Themen in der Bewirtschaftungsplanung sollte der Stand des Wissens zusammengefasst und der Forschungsbedarf zu diesen Themen im Detail identifiziert werden. Die Ergebnisse einer solchen Literaturstudie könnten den Bewirtschaftungsträgern für die Anpassung der Planung im laufenden Bewirtschaftungszyklus und die Erstellung des zweiten Bewirtschaftungsplans zur Verfügung gestellt werden.

Danksagung

Die Auswertung der Maßnahmenprogramme wurde im Rahmen des IWRM.NET Projektes FORECASTER vom Bundesministerium für Bildung und Forschung gefördert (Förderkennzeichen 02WM1031). Wir danken der Bundesanstalt für Gewässerkunde und den Länderbehörden ausdrücklich für die Bereitstellung der Daten zu den Belastungen und Maßnahmenprogrammen.

Literatur

ALEXANDER, G.G. & ALLAN, J.D. (2006): Stream restoration in the Upper Midwest, U.S.A. – Restoration Ecology 14: 595–604.

ALTMÜLLER, R. & DETTMAR, R. (1996): Unnatürliche Sandfracht in Geestbächen – Ursachen, Probleme und Ansätze für Lösungsmöglichkeiten – am Beispiel der Lutter. – Information des Naturschutz Niedersachsen 16: 222–237.

BERNHARDT, E.S., PALMER, M.A., ALLAN, J.D., ALEXANDER, G., BARNAS, K., BROOKS, S.S., CARR, J., CLAYTON, S., DAHM, C., FOLLSTAD-SHAH, J., GALAT, D., GLOSS, S., GOODWIN, P., HART, D., HASSETT, B., JENKINSON, R., KATZ, S., KONDOLF, G.M., LAKE, P.S., LAVE, R., MEYER, J.L., O'DONNELL, T.K., PAGANO, L., POWELL, B. & SUDDUTH, E. (2005): Synthesizing U.S. river restoration efforts. – Science 308: 636–637.

BISSON, P.A., WONDZELL, S.M., REEVES, G.H. & GREGORY, S.V. (2003): Trends in using wood to restore aquatic habitats and fish communities in western North American rivers. – In: Gregory, S., Boyer, K.L. & Gurnell, A.M. (eds.): The ecology and management of wood in world rivers: 391–406: American Fisheries Society, Bethesda, Maryland.

BLEDSOE, B.P., WATSON, C.C. & BIEDENHARN, D.S. (2002): Quantification of incised channel evolution and equilibrium.– Journal of the American Water Resources Association 38: 861–870.

BMU (2005): Bundesministerium für Umwelt, Naturschutz und Reaktorsicherheit. Die Wasserrahmenrichtlinie – Ergebnisse der Bestandsaufnahme 2004 in Deutschland. http://www.umweltbundesamt.de/wasser/index.htm.

BORCHARDT, D., RICHTER, S. & WILLECKE, J. (2006): Vorgehen und Methoden bei der Bestandsaufnahme nach Artikel 5 der Wasserrahmenrichtlinie in Deutschland. – Umweltbundesamt Texte 30, Dessau.

BUIJSE, A.D., COOPS, H., STARAS, M., JANS, L.H., VAN GEEST, G.J., GRIFT, R.E., IBELINGS, B.W., OOSTERBERG, W. & ROOZEN, C.J.M. (2002): Restoration strategies for river floodplains along large lowland rivers in Europe. – Freshwater Biology 47: 889–907.

CLAY, C.H. (1995): Design of fishways and other fish facilities. – Lewis Publishers, Boca Raton.

COWX, I.G. & WELCOMME, R.L. (1998): Rehabilitation of rivers for fish. – FAO, Rome.

CROSATO, A. (2008): Analysis and modelling of river meandering. – IOS Press, Amsterdam.

DWA (2005): Fischschutz- und Fischabstiegsanlagen. Bemessung, Gestaltung, Funktionskontrolle. – Deutsche Vereinigung für Wasserwirtschaft, Abwasser und Abfall e.V., Hennef.

EATON, B.C. (2006): Bank stability analysis for regime models of vegetated gravel bed rivers. – Earth Surface Processes and Landforms 31: 1438–1444.

ENDERS, E.C., GESSEL, M.H. & WILLIAMS J.G. (2009): Development of successful fish passage structures for downstream migrants requires knowledge of their behavioural response to accelerating flow. Canadian Journal of Fisheries and Aquatic Sciences 66: 2109–2117.

FELD, C.K., HERING, D., JÄHNIG, S., LORENZ, A., ROLAUFFS, P., KAIL, J., HENTER, H.-P. & KOENZEN, U. (2006): Ökologische Fließgewässerrenaturierung – Erfahrungen zur Durchführung und Erfolgskontrolle von Renaturierungsmaßnahmen zur Verbesserung des ökologischen Zustands. – Abschlussbericht (unveröffentlicht), University of Duisburg-Essen, Essen.

FLOYD, E.Y., CHURCHWELL, R. & CECH JR., J.J. (2007): Effects of water velocity and trash rack architecture on juvenile fish passage and interactions: a simulation. – Transactions of the American Fisheries Society 136: 1177–1186.

GREIG, S.M., SEAR, D.A. & CARLING, P.A. (2005): The impact of fine sediment accumulation on the survival of incubating salmon progeny: implications for sediment management. – Science of the Total Environment 344: 241–258.
GRIFT, R.E., BUIJSE, A.D., VAN DENSEN, W.L.T., MACHIELS, M.A.M., KRANENBARG, J., BRETELER, J.P.K. & BACKX, J.J.G.M. (2003): Suitable habitats for 0-group fish in rehabilitated floodplains along the lower River Rhine. – River Research and Applications 19: 353–374.
GUNKEL, G. (1996): Renaturierung kleiner Fließgewässer. – Fischer, Jena.
HICKEY, M.B.C. & DORAN, B. (2004): A review of the efficiency of buffer strips for the maintenance and enhancement of riparian ecosystems. – Water Quality Research Journal of Canada 39: 311–317.
JÄHNIG, S.C., BRUNZEL, S., GACEK, S., LORENZ, A.W. & HERING, D. (2009): Effects of re-braiding measures on hydromorphology, floodplain vegetation, ground beetles and benthic invertebrates in mountain rivers. – Journal of Applied Ecology 46: 406–416.
JENSEN, D.W., STEEL, E.A., FULLERTON, A.H. & PESS, G.R. (2009): Impact of fine sediment on egg-to-fry survival of pacific salmon: a meta-analysis of published studies. – Reviews in Fisheries Science 17: 348–359.
JUNGWIRTH, M., SCHMUTZ, S. & WEISS, S. (eds.) (1998): Fish migration and fish bypasses. – Blackwell Sciences, Oxford.
KAIL, J., HERING, D., MUHAR, S., GERHARD, M. & PREIS, S. (2007): The use of large wood in stream restoration: experiences from 50 projects in Germany and Austria. – Journal of Applied Ecology 44: 1145–1155.
KAIL, J. & HERING, D. (2009): The influence of adjacent stream reaches on the local ecological status of Central European mountain streams. – River Research and Applications 25: 537–550.
KAIL, J. & WOLTER, C. (in prep.): The relative importance of multiple stressors at multiple scales in managing heavily degraded Central European streams and rivers.
KAUFFMAN, J.B., BESCHTA, R.L., OTTING, N. & LYTJEN, D. (1997): An ecological perspective of riparian and stream restoration in theWestern United States. – Fisheries 22: 12–24.
KEMP, P.S., GESSEL, M.H. & WILLIAMS, J.G. (2005): Fine-scale behavioural responses of Pacific salmonid smolts as they encounter divergence and acceleration of flow. – Transactions of the American Fisheries Society 134: 390–398.
KNIGHTON, D. (1998): Fluvial forms and processes: A new perspective. – Oxford University Press, Oxford.
KONDOLF, G.M. (2000): Some suggested guidelines for geomorphic aspects of anadromous salmonid habitat restoration proposals. – Restoration Ecology 8: 48–56.
KRAUSE, S., JACOBS, J., VOSS, A., BRONSTERT, A. & ZEHE, E. (2008): Assessing the impact of changes in landuse and management practices on the diffuse pollution and retention of nitrate in a riparian floodplain. – Science of the Total Environment 389: 149–164.
LAPOINTE, M.F., BERGERON, N.E., BÉRUBÉ, F., POULIOT, M.-A. & JOHNSTON, P. (2004): Interactive effects of substrate sand and silt contents, redd-scale hydraulic gradients, and interstitial velocities on egg-to-emergence survival of Atlantic salmon (*Salmo salar*). – Canadian Journal of Fisheries and Aquatic Sciences 61: 2271–2277.
MAYER, P.M., REYNOLDS, S.K., MCCUTCHEN, M.D. & CANFIELD, T.J. (2007): Meta-analysis of nitrogen removal in riparian buffers. – Journal of Environmental Quality 36: 1172–1180.
MEYER, E.I., NIEPAGENKEMPER, O., MOLLS, F. & SPÄNHOFF, B. (2008): An experimental assessment of the effectiveness of gravel cleaning operations in improving hyporheic water quality in potential salmonid spawning areas. – River Research and Applications 24: 119–131.
MILLAR, R.G. & QUICK, M.C. (1993): Effect of bank stability on geometry of gravel rivers. – Journal of Hydraulic Engineering 119: 1343–1363.
MILLAR, R.G. & QUICK, M.C. (1998): Stable width and depth of gravel-bed rivers with cohesive banks. – Journal of Hydraulic Engineering 124: 1005–1013.
MILLER, S.W., BUDY, P. & SCHMIDT J.C. (2010): Quantifying macroinvertebrate responses to in-stream habitat restoration: applications of meta-analysis to river restoration. – Restoration Ecology 18: 8–19.
MUNLV (2005). Handbuch Querbauwerke. – Ministerium für Umwelt und Naturschutz, Landwirtschaft und Verbraucherschutz des Landes Nordrhein-Westfalen (ed.), Düsseldorf.
NIEPAGENKEMPER, O. & MEYER, E.I. (2002): Messungen der Sauerstoffkonzentration in Flusssedimenten zur Beurteilung von potenziellen Laichplätzen von Lachs und Meerforelle. – Veröffentlichungen des Landesfischereiverbandes Westfalen und Lippe e.V., Münster.

PALMER, M.A., BERNHARDT, E.S., ALLAN, J.D., LAKE, P.S., ALEXANDER, G., BROOKS, S., CARR, J., CLAYTON, S., DAHM, C.N., SHAH, J.F., GALAT, D.L., LOSS, S.G., GOODWIN, P., HART, D.D., HASSETT, B., JENKINSON, R., KONDOLF, G.M., LAVE, R., MEYER, J.L., O'DONNELL, T.K., PAGANO, L. & SUDDUTH, E. (2005): Standards for ecologically successful river restoration. – Journal of Applied Ecology 42: 208–217.

PALMER, M.A., MENNINGER, H. & BERNHARDT, E.S. (2010): River restoration, habitat heterogeneity and biodiversity: A failure of theory or practice? – Freshwater Biology 55: 205–222.

POTTGIESSER, T., KAIL J., HALLE, M., MISCHKE, U., MÜLLER, A., SEUTER, S., VAN DE WEYER, K. & C. WOLTER (2008): Endbericht PEWA II – Das gute ökologische Potenzial: Methodische Herleitung und Beschreibung- Morphologische und biologische Entwicklungspotenziale der Landes- und Bundeswasserstraßen im Elbegebiet. – Im Auftrag der Senatsverwaltung für Gesundheit, Umwelt und Verbraucherschutz Berlin (SenGUV). Projektleitung ube, Essen, 234 Seiten. – http://www.berlin.de/sen/umwelt/wasser/wrrl/de/potentiale.shtml.

PUSCH, M., ANDERSEN, H.E., BÄTHE, J., BEHRENDT, H., FISCHER, H., FRIBERG, N., GANCARCZYK, A., HOFFMANN, C.C., HACHOŁ, J., KRONVANG, B., NOWACKI, F., PEDERSEN, M.L., SANDIN, L., SCHÖLL, F., SCHOLTEN, M., STENDERA, S., SVENDSEN, L.M., WNUK-GŁAWDEL, E. & WOLTER, C. (2009): Rivers of the Central European Highlands and Plains. In: Tockner, K., Uehlinger, U. & Robinson, C.T. (eds.): Rivers of Europe: 525–576: Academic Press, London.

RONI, P., BEECHIE, T.J., BILBY, R.E., LEONETTI, F.E., POLLOCK, M.M. & PESS, G.R. (2002): A review of stream restoration techniques and a hierarchical strategy for prioritizing restoration in Pacific Northwest watersheds. – North American Journal of Fisheries Management 22: 1–20.

RONI, P., HANSON, K., BEECHIE, T., PESS, G., POLLOCK, M. & BARTLEY, D.M. (2005): Habitat rehabilitation for inland fisheries. – FAO Fisheries Technical Paper 484, FAO, Rome.

RONI. P, HANSON, K. & BEECHIE, T. (2008): Global review of the physical and biological effectiveness of stream habitat rehabilitation techniques. – North American Journal of Fisheries Management 28: 856–890.

SCHUMM, S.A., HARVEY, M.D. & WATSON, C.C. (1984): Incised channels: Morphology, dynamics, and control. – Water Resources Publications: Littleton, Colorado.

SEAR, D.A. (1993): Fine sediment infiltration into gravel spawning beds within a regulated river experiencing floods: ecological implications for salmonids. Regulated Rivers: research & Management 8: 373–390.

SIMON, A. & RINALDI, M. (2006): Disturbance, stream incision, and channel evolution: The roles of excess transport capacity and boundary materials in controlling channel response. – Geomorphology 79: 361–383.

SIMONS, J.H.E.J., BAKKER, C., SCHROPP, M.H.I., JANS, L.H., KOK, F.R. & GRIFT, R.E. (2001): Man-made secondary channels along the River Rhine (the Netherlands); results of post-project monitoring. – Regulated Rivers – Research and Management 17: 473–491.

SOULSBY, C., MALCOLM, I. & YOUNGSON, A.F. (2001): Hydrochemistry of the hyporheic zone in salmon spawning gravels: a preliminary assessment in a small regulated stream. Regulated Rivers: Research and Management 17: 651–665.

SPONSELLER, R.A., BENFIELD, E.F. & VALETT, H.M. (2001): Relationships between land use, spatial scale and stream macroinvertebrate communities. – Freshwater Biology 46: 1409–1424.

STANFORD, J.A., WARD, J.V., LISS, W.J., FRISSELL, C.A., WILLIAMS, R.N., LICHATOWICH, J.A. & COUTANT, C.C. (1996): A general protocol for restoration of regulated rivers. – Regulated Rivers: Research and Management 12: 391–413.

SWANSON, C., YOUNG, P.S. & CECH, J.J. (2004): Swimming in two-vector flows: performance and behaviour of juvenile Chinook salmon near a simulated screened water diversion. – Transactions of the American Fisheries Society 133: 265–278.

WEIGEL, B.M., WANG, L.Z., RASMUSSEN, P.W., BUTCHER, J.T., STEWART, P.M., SIMON, T.P., WILEY, M.J. (2003): Relative influence of variables at multiple spatial scales on stream macroinvertebrates in the Northern Lakes and forest ecoregion, USA. – Freshwater Biology 48: 1440–1461.

WOHL, E., ANGERMEIER, P.L., BLEDSOE, B., KONDOLF, G.M., MACDONNELL, L., MERRITT, D.M., PALMER, M.A., POFF, N.L., TARBOTON, D. (2005): River restoration. – Water Resources Research 41: W10301.

WOLTER, C., MISCHKE, U., POTTGIESSER, T., KAIL, J., HALLE, M., VAN DE WEYER, C. & REHFELD-KLEIN, M. (2009): A framework to derive most efficient restoration measures for human modified large rivers. In: Science and Information Technologies for Sustainable Management of Aquatic Ecosystems: 1–16: Proceedings of the 7th International Symposium on Ecohydraulics: Concepcion.

Fließgewässer-Renaturierung morgen: Zusammenfassende Bewertung und Handlungsempfehlungen

Daniel Hering[1], Sonja C. Jähnig[2] und Mario Sommerhäuser[3]

[1] Universität Duisburg-Essen, Abteilung Angewandte Zoologie / Hydrobiologie, D-45117 Essen
[2] Abteilung Limnologie und Naturschutzforschung, Senckenberg Gesellschaft für Naturforschung, Clamecystraße 12, 63571 Gelnhausen
Biodiversität und Klima Forschungszentrum (Bik-F), Senckenberganlage 25, 60325 Frankfurt am Main
[3] Emschergenossenschaft, Emschergenossenschaft, Kronprinzenstraße 24, 45128 Essen

Abstract. River restoration will be a major challenge of the next decades. Concluding from the individual chapters of this special issue, we give guidance on four questions. (1) How to measure restoration success? In Europe there is nowadays the tendency to solely focus on achieving "good ecological status", the target of the Water Framework Directive. There is overwhelming evidence that most measures do not achieve this aim within a short timeframe – nevertheless, other aims might be achieved much earlier and which provide valuable additional success indicators. (2) How successful were recent restoration projects? While "good ecological status" has only been achieved in exceptional cases by local restoration measures, other variables changed significantly, paving the way to "good ecological status"; most rapidly floodplain mesohabitats were created enhancing conditions for riparian biota; contrary instream habitats and the aquatic biota respond more slowly. (3) Which parameters support or impede restoration success? The reasons for not achieving "good ecological status" following restoration are manifold, including poor water quality overruling the generation of near-natural habitats, insufficient generation of high-quality aquatic habitats, short lengths of restored stretches and lack of recolonization potential. Overall, catchment-based impacts often mask the effects of local restoration. (4) How can restoration measures be prioritized within large geographical areas? There is a hierarchy of measures: First restoring good water quality before enhancing habitat conditions. Measures close to near-natural river stretches with relict populations of sensitive species acting as recolonization sources are most likely to be successful. And, restoration measure should not be viewed in isolation – only several measures together will be successful, particularly if a minimum habitat quality in the non-restored stretches can be accomplished.

Die Beiträge des vorliegenden Bandes verdeutlichen den Stellenwert von Gewässer-Renaturierungen in Deutschland: zahlreiche Maßnahmen wurden bereits durchgeführt, die Planungen für die Zukunft im Rahmen der Bewirtschaftungspläne sind noch wesentlich umfangreicher. Gleichzeitig wird deutlich, welche Wissensdefizite zu Renaturierungen bestehen und dass viele Maßnahmen (noch) nicht den gewünschten Erfolg hatten. Vor diesem Hintergrund werden im Folgenden die wesentlichen Ergebnisse der einzelnen vorgestellten Studien zusammenfassend interpretiert, gemäß der in der Einleitung des Bandes gestellten Fragen.

Die Interpretation aller Ergebnisse zum Renaturierungserfolg ist davon abhängig, wie der Erfolg definiert wird; daher stellt sich zunächst die Frage: Wie ist der Erfolg von Renaturierungen messbar?

Grundsätzlich sollten Erfolgskontrollen von Renaturierungen im Zusammenhang mit der Wasserrahmenrichtlinie folgende Fragen beantworten:
(1) Hat sich der ökologische Zustand verbessert?
(2) Gibt es Veränderungen der Lebensgemeinschaften, die auf längere Sicht eine Verbesserung des ökologischen Zustands erwarten lassen?
(3) Hat die Renaturierung Habitat-Bedingungen geschaffen, die Voraussetzung für eine Verbesserung des ökologischen Zustands sind?
(4) Welche Einflüsse erschweren die Verbesserung des ökologischen Zustands?

Lautet die Antwort auf die erste Frage: „Der gute ökologische Zustand ist erreicht" sind die Fragen (2) bis (4) für die Wasserwirtschaft weniger relevant, falls der gute ökologische Zustand jedoch nicht erreicht ist, haben sie eine große Bedeutung.

Eine große Lücke in der Beurteilung des Renaturierungserfolgs ist die Bewertung der „erheblich veränderten Gewässer" – hier ist das Erreichen des „guten ökologischen Potenzials" die Messlatte, wobei es noch keinen einheitlichen Ansatz zur biozönotischen Beschreibung gibt. Etwa die Hälfte der Fließgewässer Deutschlands sind als „erheblich verändert" klassifiziert, darunter die meisten Bäche und Flüsse mit großem Sanierungsbedarf.

Die meisten der in diesem Band vorgestellten Renaturierungs-Projekte standen zur Zeit ihrer Planung und teilweise auch ihrer Umsetzung noch in keinem direkten Zusammenhang mit der Wasserrahmenrichtlinie, zumindest waren sie noch kein Resultat der Bewirtschaftungspläne. Zukünftig wird der Erfolg von Renaturierungsmaßnahmen auch über das operative und investigative Monitoring der Wasserrahmenrichtlinie überprüft, das sich gegenüber den hier vorgestellten Beispielen in zweifacher Hinsicht unterscheiden wird: Zum Einen werden sich die Untersuchungen auf Wasserkörper beziehen, den „Grundeinheiten" der Bewirtschaftungspläne – in vielen Fällen werden daher nicht einzelne Renaturierungsmaßnahmen überprüft, sondern die Untersuchung erfolgt an einer oder mehreren Probestellen pro Wasserkörper – unabhängig davon, ob diese Probestellen renaturiert wurden oder nicht. Zum Anderen werden die Untersuchungen im Zyklus der Bewirtschaftungspläne wiederholt, wodurch sich die Möglichkeit ergibt, vor und nach einer Renaturierung zu untersuchen und damit den Effekt einer Renaturierung direkt zu erfassen. Solche Untersuchungen gibt es bislang nur selten. Bei den Beispielen, die in diesem Band vorgestellt wurden, erfolgten meist keine Untersuchungen vor und nach einer Maßnahme, häufig wurde ein renaturierter Abschnitt mit einem nicht-renaturierten Abschnitt verglichen. Diese Herangehensweise hat offenkundig Schwächen, die mit dem Monitoring der Wasserrahmenrichtlinie zukünftig vermieden werden können. In diesem Monitoring sollte aber auch darauf geachtet werden, gezielt renaturierte Probestellen zu untersuchen – zumindest für einen Teil der Maßnahmen; dieses ist Aufgabe des investigativen Monitorings. Nur so kann gewährleistet werden, dass Erfahrungen aus den ersten Renaturierungsmaßnahmen im Zusammenhang mit der Wasserrahmenrichtlinie in zukünftige Planungen mit einfließen.

Die hier vorgestellten Fallbeispiele untersuchten im Wesentlichen die Organismengruppen, die auch für das operative Monitoring herangezogen werden: Fische, das Makrozoobenthos und Makrophyten, zusätzlich wurden hydromorphologische Parameter und Lebensgemeinschaften der Auen erfasst. Wie unten weiter ausgeführt, reagieren diese „Messgrößen" unterschiedlich stark bzw. unterschiedlich schnell auf die Maßnahmen. Es sollte auch zukünftig darauf geachtet werden, sowohl Parameter zu untersuchen, die kurzfristige Maßnahmenwirkung anzeigen, als auch Parameter, die den langfristigen Erfolg abbilden. Für den langfristigen Erfolg eignen sich vor allem die Bewertungsmethoden der Wasserrahmenrichtlinie, die Qualitätsänderungen in ganzen Wasserkörpern anzeigen. Für die kurzfristige Wirkung sind hingegen eher hydromorphologische Parameter geeignet, die unmittelbarer anzeigen, ob sich die Bedingungen für eine naturnahe Besiedlung geändert haben – unabhängig davon, ob sich die naturnahe Lebensgemeinschaft bereits eingestellt hat. Auch können zur Abschätzung eines kurzfristigen Renaturierungs-Erfolges weitere biologische Parameter herangezogen werden, die sich aus den Artenlisten ergeben, die im operativen Monitoring ohnehin erhoben werden: ein Anstieg der Artenzahl oder der Diversität, das erste Auftreten sensitiver Arten oder von Habitatspezialisten sind durchaus als Früh-Indikatoren geeignet, ohne dass sich bereits eine Änderung in der ökologische Zustandsklasse ergeben hat. Schließlich kann die Untersuchung von Lebensgemeinschaften der Aue wichtige Hinweise auf den Renaturierungserfolg geben, da Auenvegetation und terrestrische Uferfauna oft wesentlich schneller auf Veränderungen der Gewässermorphologie reagieren.

Auch wenn bereits Renaturierungsmaßnahmen durchgeführt wurden: in vielen Fällen wird sich beim nächsten Zeitschnitt des operativen Monitoring alle drei Jahre noch keine Verbesserung der ökologischen Zustandsklasse ergeben. Spätestens dann stellt sich die Frage nach den Ursachen, die ohne Hintergrund-Informationen kaum zu ermitteln sind: Gemäß des Abschnittes „Welche Randbedingungen beeinflussen den Erfolg von Renaturierungen?" sind dies vor allem die Wasserqualität, das Zusammenwirken verschiedener Maßnahmen und das Wiederbesiedlungspotenzial. Für die Bewirtschaftungspläne sollten diese Informationen daher erfasst und vorgehalten werden, um die Wirkung von Renaturierungen interpretieren und ggf. Anpassungsmaßnahmen treffen zu können.

Wie erfolgreich sind Renaturierungsmaßnahmen?

Erfolg ist immer eine Frage des vorab definierten Ziels. Gemessen an den Zielen der Wasserrahmenrichtlinie war die Mehrzahl der in diesem Band vorgestellten Renaturierungsmaßnahmen nicht abschließend erfolgreich: der gute ökologische Zustand wurde nur in wenigen Fällen erreicht. Die Gründe hierfür sind vielschichtig und werden im folgenden Abschnitt besprochen. Bei der differenzierten Betrachtung des Maßnahmenerfolgs ist zwar zu berücksichtigen, dass die Mehrzahl der Maßnahmen noch nicht im Rahmen der Bewirtschaftungspläne konzipiert wurde und daher zunächst andere Ziele hatte; allerdings decken die Projekte durchaus das Maßnahmen-Spektrum ab, das auch die Bewirtschaftungspläne prägt.

Werden die generellen Qualitätsziele der Wasserrahmenrichtlinie auf einzelne Maßnahmen herunter gebrochen, so lassen sich analog zu den im vorigen Abschnitt gestellten Fragen folgende abgestufte Ziele definieren:
(1) Erreichung des guten ökologischen Zustandes des Wasserkörpers
(2) Erreichung des guten ökologischen Zustandes des renaturierten Abschnittes (der im Regelfall nur einen Teil des Wasserkörpers umfasst)
(3) Positive Veränderungen der Lebensgemeinschaften in Richtung auf den guten ökologischen Zustand
(4) Schaffung von naturnahen Habitat-Bedingungen als Voraussetzung für eine Verbesserung des ökologischen Zustands

Darüber hinaus haben Renaturierungen weitere Ziele, die nicht direkt von der Wasserrahmenrichtlinie „abgefragt" aber impliziert werden und den generellen Zielen eines naturnahen Gewässermanagements entsprechen, z.B.:
(5) Naturnahe Besiedlung der Gewässerauen
(6) Steigerung des Erholungswertes
(7) Steigerung oder Neuschaffung von Funktionen naturnaher Gewässer, z.B. der Selbstreinigungskraft, der Produktivität oder der Hochwasserretention.

Diese Liste ließe sich beliebig verlängern.

Vor dem Hintergrund solcherart abgestufter Ziele haben die Maßnahmen in ihrer großen Mehrzahl Erfolge aufzuweisen, auch wenn sich diese (noch) nicht in einem guten ökologischen Zustand

manifestieren. Allerdings ergibt sich eine deutliche Rangfolge – bestimmte Erfolgsparameter stellen sich fast durchgehend früh ein, während andere offenbar längere Zeiträume benötigen:
- Unmittelbar und umfangreich wurden durch die Renaturierungen Habitate in der Aue verändert. Anschließend erfolgte in den meisten Fällen eine naturnähere Besiedlung durch Pflanzen und Tiere der Aue. Auch wenn in den vorliegenden Beispielen nicht untersucht, ist davon auszugehen, dass sich auch die Funktionalität der Auen verändert hat, z.B. durch eine bessere Verzahnung von Wasser- und Landlebensräumen.
- Auch die Lebensräume für die aquatischen Organismen wurden meist positiv beeinflusst, z.B. durch eine Erhöhung des Anteils organischer Substrate, oder durch die Reduktion dominanter Substrate zugunsten einer höheren Substratdiversität. Allerdings fielen diese Änderungen in den meisten Fällen weniger stark aus als für die Auen-Habitate. Häufig stellten sich nach der Renaturierung noch keine „hochwertigen" Habitate ein, z.B. Kies in Tieflandbächen oder Totholz. Bei näherer Betrachtung erstaunt dies nicht – die Etablierung von Ufergehölzsäumen, die Voraussetzung für Totholz, benötigt Jahrzehnte; Kiesbetten können nicht durch punktuelle Maßnahmen etabliert werden (vgl. nächster Abschnitt).
- Von den aquatischen Organismengruppen reagieren vor allem die Fische und die Makrophyten – wenn auch nicht in allen Fällen und oftmals ohne dass sich bereits der „gute ökologische Zustand" einstellt. Das Makrozoobenthos scheint fast durchgehend träger zu reagieren. Aber auch hier zeigen sich in manchen Fällen erste Erfolgsindikatoren.

Die Ergebnisse zeigen somit, dass sich die Renaturierungen auswirken – allerdings oftmals noch ein weiter Weg bis zum „guten ökologischen Zustand" zu gehen ist. Damit stellt sich die Frage:

Welche Randbedingungen beeinflussen den Erfolg von Renaturierungen?

So vielfältig die Gewässer und die durchgeführten und geplanten Maßnahmen sind, so vielfältig sind auch die Faktoren, die den Erfolg von Renaturierungen beeinflussen. Auch bei der Betrachtung der Randbedingungen sind prinzipiell die verschiedenen Ebenen des Erfolgs zu berücksichtigen: naturnahe Habitate in einem Abschnitt der Aue lassen sich auch unter schwierigen Bedingungen leichter erreichen als ein guter ökologischer Zustand des ganzen Wasserkörpers. Im Folgenden betrachten wir jedoch nur den Erfolg im Sinne des guten ökologischen Zustandes: Welche Bedingungen fördern oder erschweren die Erreichung dieses Ziels?

Aus der Analyse der vorgestellten Projekte und den Vermutungen, die in den einzelnen Kapiteln geäußert wurden, lassen sich folgende allgemeine Punkte ableiten:
- Die bereits in der Einleitung des Buches erwähnte „Hierarchie der Maßnahmen" muss beachtet werden. Punktuelle Verbesserungen von Habitaten im Gewässer werden im Regelfall keinen Erfolg haben, wenn die Lebensgemeinschaften nach wie vor durch stoffliche Belastungen beeinträchtigt sind. Dies heißt nicht, dass Strukturverbesserungen in belasteten Gewässern von vornherein sinnlos sind, sie erfordern aber zwingend eine parallele Verbesserung der Wasserqualität.
- Auch wenn Maßnahmen „aus menschlicher Sicht" naturnahe Habitatbedingungen zur Folge haben, trifft dies „aus Sicht der Organismen" oft nicht zu. Viele Maßnahmen führten nur zu geringen Veränderungen von Habitaten an der Gewässersohle, obwohl sich Erscheinungsbild und Gerrineform des Gewässers sichtbar änderten. Vermutlich liegen die Ursachen oft in der relative kurzen renaturierten Strecke: in Einzugsgebieten mit überwiegend ausgebauten Gewässern mit entsprechend hoher Schleppkraft sind kurze renaturierte Strecken „Sedimentationsfallen" und neuentstehende Habitate werden von angeliefertem Feinsediment überdeckt.

- Allgemein ist damit die räumliche Ausdehnung von Renaturierungen ein wichtiger Faktor. Die meisten Renaturierungsmaßnahmen sind im Verhältnis zur Gewässerlänge im Einzugsgebiet kurz, das Gewässersystem wird überwiegend von den degradierten Abschnitten geprägt. Viele Faktoren spielen hier eine Rolle: Eintrag von Sediment, veränderte Wassertemperaturen aufgrund fehlender Ufergehölze, ggf. auch stoffliche Belastungen – all dies kann renaturierte Abschnitte negativ beeinflussen. Je länger der renaturierte Abschnitt ist, umso geringer wird der negative Einfluss aus dem Einzugsgebiet sein. Gleichzeitig kann naturnahe Gewässerunterhaltung, z.B. durch die Etablierung von Uferrandstreifen, die Belastung aus dem Einzugsgebiet abschwächen.
- Ähnliches gilt auch für biotische Interaktionen, insbesondere die Wiederbesiedlung renaturierter Abschnitte, eine Voraussetzung für die Erreichung des „guten ökologischen Zustand". Generell erfordert sie Zeit, wobei mobile Organismengruppen schneller reagieren. Lebensgemeinschaften der Aue besiedeln renaturierte Strecken offenkundig besonders schnell, gefolgt von Fischen, Makrophyten und dem Makrozoobenthos. Das Besiedlungspotenzial im Einzugsgebiet spielt hier eine besondere Rolle. In großflächig degradierten Einzugsgebieten ohne Restpopulationen anspruchsvoller Arten wird die Erreichung des ökologischen Zustandes viel längere Zeiträume in Anspruch nehmen als in Gewässersystemen, in denen noch Restpopulationen existieren; eine besondere Bedeutung kommt hier den kleinen Gewässern zu, die für die Wasserrahmenrichtlinie nicht untersucht werden, die aber oft weniger degradiert sind und anspruchsvollen Arten Lebensraum bieten.
- Auch die Durchgängigkeit von Gewässern und Auen beeinflusst den Besiedlungserfolg. Aus den Langzeit-Erfahrungen mit Renaturierungen im Emschergebiet wird ein Zeitraum bis zum Erreichen einer stabilen, „ausgereiften" Makrozoobenthos-Lebensgemeinschaft von mindestens zehn Jahren abgeleitet, allerdings unter den besonderen Bedingungen einer vorher verödeten Situation (Abwasserlauf) und einer noch fortbestehenden Isolation der Gewässer. Es gibt kaum Daten zur Geschwindigkeit der Wiederbesiedlung im landwirtschaftlichen Raum. Die in diesem Buch vorgestellten Beispiele lassen vermuten, dass in vielen Fällen zumindest ähnlich große Zeiträume anzusetzen sind.

Dies alles zeigt: Der Renaturierungserfolg ist vom Umfeld abhängig und einzelne Maßnahmen sollten nicht isoliert betrachtet werden. Es stellt sich daher die Frage:

Wie lassen sich Renaturierungsmaßnahmen großräumig konzipieren und priorisieren?

Verschiedene Renaturierungen, auch bei weitgehend gleichen Maßnahmen, werden zu unterschiedlichen Ergebnissen führen; in den Kapiteln dieses Bandes wird verschiedentlich darauf hingewiesen, dass selbst bei gut konzipierten und durchgeführten Maßnahmen keine Garantie besteht, dass der gute ökologische Zustand im Zeithorizont der Bewirtschaftungspläne erreicht wird. Aus den einzelnen Kapiteln ergeben sich jedoch einige grundlegende Punkte, die bei großräumigen Planungen, etwa auf der Ebene eines Bundeslandes oder eines Flussgebietes, beachtet werden sollten:
- Auf die Maßnahmen-Hierarchie wurde bereits mehrfach hingewiesen: Ohne eine gute Wasserqualität versprechen Habitat-verbessernde Maßnahmen keinen Erfolg.
- Kurzfristigen Erfolg (im Sinne der Erreichung des guten ökologischen Zustandes) versprechen Maßnahmen in der Nähe naturnah besiedelter Gewässerabschnitte. Das Wiederbesiedlungspotenzial ist hier besonders hoch; zudem ist wahrscheinlich, dass keine übergeordneten, im Einzugsgebiet wirksamen Faktoren den Renaturierungserfolg überlagern. Es bietet sich

daher an, die Mittel für Renaturierungen zunächst vorrangig einzusetzen, um Einzugsgebiete ausgehend von noch vorhandenen naturnahen Abschnitten zu entwickeln. Sinnvoll sind parallele Schätzungen von Maßnahmenkosten und der Durchführbarkeit, um anhand der Parameter Lage, Kosten und Machbarkeit eine Priorisierung zu erreichen.
- Um schädliche Einflüsse aus dem Einzugsgebiet auf naturnahe Strecken zu verhindern und gleichzeitig den positiven Einfluss renaturierter Strecken auf benachbarte Abschnitte zu maximieren, sollten einige grundlegende Maßnahmen entlang möglichst vieler Gewässerabschnitte vorgenommen werden. Hierzu zählen vor allem Maßnahmen, die den Eintrag von Feinsediment und Nährstoffen herabsetzen, die Wassertemperatur positiv beeinflussen und für eine basale Habitatqualität in nicht renaturierten Abschnitten beitragen; in den meisten Fällen ist dies durch Uferrandstreifen, auf denen Gehölze aufwachsen können, erreichbar.
- Als Ergebnis solcher Maßnahmen-Kombinationen ist ein Netzwerk hochwertiger Gewässerstrecken anzustreben, verbunden von Abschnitten, die nicht gravierend beeinträchtigt sind und nur wenigen stark degradierten Abschnitten. Abschließende Aussagen zum Prozentsatz dieser drei Kategorien sind derzeit nicht möglich; die Erfahrungen müssen in den nächsten Jahren und Jahrzehnten gesammelt werden.
- Die Planung von Maßnahmen sollte mehrstufig erfolgen und von der ökologischen (idealen) Planung hin zur integrierten (realisierbaren) Planung erfolgen, die sozioökonomische Aspekte und Restriktionen berücksichtigt. Nur diese Reihenfolge ermöglicht es, derzeit festgelegte Nutzungen zu hinterfragen.

Empfehlungen

Die Antworten auf alle eingangs gestellten Fragen sind nicht abschließend. Für die nächsten Jahre ist von einem sprunghaften Anstieg des Wissens über Renaturierungen auszugehen. Folgende Empfehlungen sind jedoch unstrittig:

(1) *Erwartungen dem Zeithorizont anpassen.* Auch wenn die Enttäuschung bei Trägern einzelner Maßnahmen groß sein wird: Es ist unwahrscheinlich, dass viele Renaturierungen zu kurzfristigem Erfolg im Sinne der Erreichung des guten ökologischen Zustands führen werden. Die Erfolge werden vielfach im Kleinen liegen und erst längerfristig, im Verbund mit anderen Maßnahmen, zur Erreichung der Ziele der Wasserrahmenrichtlinie beitragen. Nach mehr als einem Jahrhundert des Gewässerausbaus ist nicht zu erwarten, dass kleine Maßnahmen umfassenden und unmittelbaren Erfolg haben werden.

(2) *Ziele differenzieren, definieren und kontrollieren.* Renaturierungen erfordern eine differenzierte Betrachtung des Erfolges. Die Ziele einer Maßnahme sollten vorab klar definiert sein, überprüft werden und sich nicht in dem übergeordneten Ziel „Erreichung des guten ökologischen Zustands" erschöpfen. Hydromorphologische Parameter und die Auswertung von Artenlisten ermöglichen die Abschätzung, ob sich das Gewässer in Richtung auf den ökologischen Zustand verbessert. Auch sollten die Ziele „jenseits der Lebensgemeinschaften" in der Ermittlung und Darstellung des Erfolges grundsätzlich Berücksichtigung finden, wie Erholungswert, Selbstreinigungskraft und Hochwasserretention.

(3) *Betrachtungsebene korrigieren.* Die Lebensgemeinschaften der Gewässer spiegeln Vieles wider, das dem menschlichen Auge zunächst verborgen bleibt. Auch wenn sich die Gewässermorphologie einer renaturierten Strecke verbessert hat, heißt dies nicht zwangsläufig, dass sich bereits Bedingungen für eine naturnahe Lebensgemeinschaft etabliert haben. Vor allem sind Veränderungen des Sedimentregimes und der Hydrologie zu berücksichtigen, die oft zu einer Vereinheitlichung der Sohlhabitate auch in renaturierten Gewässerstrecken führen. Diese Probleme sind durch lokale Maßnahmen meist nicht zu lösen.

(4) *Maßnahmen verbinden.* Das Ziel der Wasserrahmenrichtlinie, den ökologischen Zustands ganzer Gewässersysteme zu verbessern, ist nur durch das Zusammenwirken vieler Maßnahmen erreichbar. Renaturierte und nicht renaturierte Abschnitte beeinflussen sich gegenseitig, positiv wie negativ. Der naturnahen Gewässerunterhaltung und wenig flächenintensiven Maßnahmen, die auf einem Großteil der Gewässerlänge angewandt werden können (z.B. Uferrandstreifen), kommt eine große Bedeutung zu. Der Erfolg oder Misserfolg von Renaturierungen entscheidet sich nicht auf der Ebene einer einzelnen Maßnahme sondern auf der Ebene des Einzugsgebietes.

(5) *Dokumentation aufbauen und fortführen.* Um Renaturierungen in Zukunft zu optimieren, müssen Erfahrungen dokumentiert, gesammelt und ausgewertet werden.

Angesichts der oft eingeschränkten Möglichkeiten im Gewässermanagement erscheinen die weitgesteckten Ziele der Wasserrahmenrichtlinie manchmal unrealistisch. Gleichzeitig sind die Chancen, die sich für eine naturnahe Entwicklung der Gewässer ergeben, offensichtlich. Ein zunächst ausbleibender Erfolg von Einzelmaßnahmen sollte nicht als Rückschlag interpretiert werden, denn die Entwicklung der Gewässer hin zu einem guten ökologischen Zustand ist eine Aufgabe für Jahrzehnte. Schon heute gibt es viele Teilerfolge, die wertvolle Hinweise für zukünftige Planungen geben.

Limnologie aktuell

*Bis Band 8 erschien die Reihe **Limnologie aktuell** im Gustav Fischer Verlag, ab Band 9 (Unteres Odertal) wird die Reihe durch die E. Schweizerbart'sche Verlagsbuchhandlung (Nägele u. Obermiller) weitergeführt.* ISSN 0937-2881, 17 x 24 cm

Band 1: **Biologie des Rheins.** Hrsg.: Ragnar Kinzelbach, Günther Friedrich. 1990. XIV, 496 Seiten, 193 Abb., 52 Tab., ISBN 3-510-53001-2

Band 2: **Biologie der Donau.** Hrsg.: Ragnar Kinzelbach. 1994. vergriffen

Band 3: **Ökologische Bewertung von Fließgewässern.** Hrsg.: Günther Friedrich, Jochen Lacombe. 1992. vergriffen

Band 4: **The Zebra Mussel Dreissena Polymorpha.** Ed.: Dietrich Neumann, Henk A. Jenner. 1992. X, 262 p., 115 figs., 40 tables, ISBN 3-510-53002-0

Band 5: **Seeuferzerstörung und Seeuferrenaturierung in Mitteleuropa.** Hrsg.: Wolfgang Ostendorp, Priska Krumscheid-Plankert. 1993. X, 264 Seiten, 104 Abb., 30 Tab., ISBN 3-510-53003-9

Band 6: **Die Weser.** Hrsg.: Bernd Gerken, Michael Schirmer, Wolfgang Figura. 1995. vergriffen

Band 7. **Abgrabungsseen – Risiken und Chancen**. Hrsg.: Walter Geller, Gabriele Packroff. 1995. XIII, 263 Seiten, 126 Abb., 32 Tab. ISBN 3-510-53005-5

Band 8: **Verfahren zur Sanierung und Restaurierung stehender Gewässer.** Hrsg.: Dieter Jaeger, Rainer Koschel. 1995. XIII, 330 S., 142 Abb., 40 Tab., ISBN 3-510-53006-3

Band 9: **Das Untere Odertal.**

Hrsg.: Wolfgang Dohle, Reinhard Bornkamm, Gerd Weigmann.

1999. XII, 442, S., 149 Abb., 80 Tab., 8 Tafeln, ISBN 3-510-53007-1

Der vorliegende Band fasst ökologische Untersuchungen der Auenlandschaft, Vegetation, Bodenfauna, Gewässerökologie, Fischfauna im Unteren Odertal (welches sich in einer Länge von 60 km zwischen Hohensaaten und Szczecin erstreckt) zusammen.

Schweizerbart

Johannesstr. 3 A, 70176 Stuttgart, Germany   Tel. +49(0)711/3514560
Fax + 49(0)711/35145699   order@schweizerbart.de   www.schweizerbart.de

Als einer der größten Ströme Mitteleuropas rückte die Oder im Sommer 1997 drohend in das Bewusstsein der Öffentlichkeit, als ein extremes Hochwasser weite Teile des Odertals überflutete und dabei unermessliche Schäden anrichtete. Das Odertal war über Jahre hinweg aus politischen Gründen unerforscht geblieben und wurde 1992 in einer deutsch-polnischen Erklärung zum Schutzgebiet deklariert. Zwischen 1993 und 1995 war es Gegenstand eines umfangreichen Projektes zur Erforschung der Auswirkungen, die Wechsel von weiträumigen periodischen Überschwemmungen und dem anschließenden Trockenfallen auf Biozönosen und Arten, auf Biodiversität und Produktivität, und auf Ökologisches Gleichgewicht überhaupt haben kann.

Die fünfundzwanzig Beiträge der Polnisch-Deutschen Forschergruppe beschreiben die Ökologie dieser Auenlandschaft, ihre Böden, die Schwermetallbelastung, beschreiben die Vegetation sowohl des polnischen Zwischenoderlandes als auch der Grünland- und Auenflächen im brandenburgischen Nationalparkgebiet. Die Bodenfauna, ihre Besiedlungsdynamik und ihre Überlebensstrategien werden in mehreren Kapiteln behandelt.

Ein Schwerpunkt der Untersuchungen ist die Gewässerökologie: sieben Arbeiten behandeln Phyto- und Zooplankton von Alt- und Restgewässern, dem Zoobenthos und möglichen Adaptionen an das Überflutungsgeschehen. In weiteren Arbeiten wird die Fischfauna im Deutschen und Polnischen Teil des Odertals, Arteninventar, Bestandsentwicklung, Schadstoffbelastung und Parasitenbefall dargestellt und diskutiert.

Der Band leistet einen Beitrag zum Verständnis der ökologischen Zusammenhänge in den Flußauen und soll die Notwendigkeit des Schutzes dieser höchst gefährdeten Ökosysteme aufzeigen.

Band 10: **Die Spree.**

Zustand, Probleme, Entwicklungsmöglichkeiten.

Hrsg.: Jan Köhler, Jörg Gelbrecht, Martin Pusch.

2002. XVI, 384 S., 126 Abb., 65 Tab., 32 Farbtaf., ISBN 3-510-53008-X

Die Spree gehört mit etwa 380 km Länge nicht zu den größten Flüssen Deutschlands, wohl aber zu den bekanntesten. Die mit ihr verbundenen Bilder sind jedoch widersprüchlich: breite Kanäle in Berlin, beliebte Badestrände an den durchflossenen Seen und Talsperren, die "Mondlandschaft" der Braunkohlentagebaue in der Lausitz. Als wichtigste Wasserquelle Berlins wurde die Spree wissenschaftlich intensiv untersucht.

 Schweizerbart

Johannesstr. 3 A, 70176 Stuttgart, Germany Tel. +49(0)711/3514560
Fax + 49(0)711/35145699   order@schweizerbart.de www.schweizerbart.de

Das nun vorliegende Werk vereint die in langjähriger Forschung gewonnenen Kenntnisse zu einem ganzheitlichen und dennoch faktenreichen Gesamtbild des Spreegebietes. Es schlägt den Bogen von der Entwicklungsgeschichte des Naturraumes und seiner Nutzung über Hydrologie, Chemismus und biologische Besiedlung der Spree hin zu den die Wasserqualität steuernden Prozessen. Dem Spreewald ist ein eigenes Kapitel gewidmet. Anschließend werden Ergebnisse der Gewässerüberwachung vorgestellt und Sanierungskonzepte entwickelt. Das Buch schließt mit einem Überblick über Entwicklungsperspektiven des Spreegebietes. Fachbegriffe werden in einem Glossar erläutert, ein Register erleichtert das Nachschlagen.

Band 11: **Typologie, Bewertung, Management von Oberflächengewässern.**

Hrsg.: Christian K. Feld, Silke Rödiger, Mario Sommerhäuser, Günther Friedrich.

2005. 243 Seiten, zahlr. Abb., 20 Farbtafeln
ISBN 3-510-53009-8

Die EG-Wasserrahmenrichtlinie trägt der bemerkenswerten Eigenschaft aquatischer Lebensräume Rechung, ein vernetztes System zu bilden. Eingriffe an einer Stelle dieses Gewässernetzes bedingen Veränderungen an anderer Stelle, die sich in Flora und Fauna abbilden.
Diese neue Sichtweise des Gesetzgebers gab den Anstoß zu intensiver Forschung auf dem Gebiet einer ganzheitlichen ökologischen Gewässerbewertung und Flusseinzugsgebietsbewirtschaftung.
Der Grundstein jeder Gewässerbewertung und daher auch der Einstieg in diesen Band wird durch die Typisierung der Oberflächengewässer gesetzt. Dabei werden die biozönotisch relevanten Parameter für die Kategorien Fließgewässer, Seen und Küstengewässer beschrieben. Es schließt sich die biologische Bewertung mit der Darstellung des weitgehend abgeschlossenen Entwicklungsstandes der neuen Bewertungssysteme an. Konkrete Hinweise zur Methodik und Anwendung werden gegeben, offene Aspekte dargestellt und diskutiert. Abschließend werden Instrumente des Einzugsgebietsmanagements am Beispiel der Flüsse Elbe, Ems, Havel und Werra vorgestellt.

 # Schweizerbart

Johannesstr. 3 A, 70176 Stuttgart, Germany   Tel. +49(0)711/3514560
Fax + 49(0)711/35145699   order@schweizerbart.de   www.schweizerbart.de

Der vorliegende Band trägt den Stand der Forschung zur biologischen Gewässerbewertung und zum Flussgebietsmanagement zusammen. Er richtet sich an die mit der Umsetzung der Richtlinie betrauten Anwender aus Wasserwirtschaft und Naturschutz. Der interessierten Fachöffentlichkeit wird darüber hinaus eine umfassende Informationsquelle über die Grundlagen einer nachhaltigen Bewirtschaftung der Gewässer in Deutschland geboten.

Bd. 12
Staugeregelte Flüsse in Deutschland

Herausgegeben von Dieter Müller, Andreas Schöl, Tanja Bergfeld, Yvonne Strunck

2006. XII, 337 Seiten, 185 teilweise farbige Abbildungen, 50 Tabellen, 24 x 17 cm, broschiert.
ISBN 3-510-53010-1

Die großen Flüsse Deutschlands werden seit der Römerzeit als Transportwege genutzt. Die Stauregelung dient der besseren Schiffbarkeit, oft mit der Nutzung der Wasserkraft verbunden. Durch die Stauregelung werden das hydraulisch-morphologische Geschehen, die Stoffkreisläufe und die Lebensbedingungen für die Tier- und Pflanzenwelt erheblich verändert. Die Auswirkungen der Stauregelungen werden oft kontrovers diskutiert. So schien es sinnvoll, die in den letzten Jahrzehnten in Deutschland gesammelten Erfahrungen zusammenzutragen. Besondere Aktualität bekommt die Thematik durch die Europäische Wasserrahmenrichtlinie, welche die Bewertung des ökologischen Zustandes der Gewässer in den Vordergrund rückt. Fachleute aus den verschiedensten Institutionen des In- und Auslands haben die Veränderungen der Gewässerstruktur und die Folgen für die Gewässerbiologie erörtert und Beiträge in diesem Buch veröffentlicht. Beispiele vermitteln einen Überblick über die staugeregelten Flüsse in Deutschland, den Hochrhein und die Elbe in Tschechien. Das Buch dokumentiert damit den derzeitigen Wissensstand über die ökologischen Zusammenhänge staugeregelter Flüsse in Deutschland.

Das Buch richtet sich an Naturwissenschaftler und Ingenieure aus Umwelt- und wasserwirtschaftlichen Behörden sowie Hochschulinstituten, aber auch an die Umweltverbände und alle an der Ökologie unserer Flüsse Interessierten.

Schweizerbart

Johannesstr. 3 A, 70176 Stuttgart, Germany   Tel. +49(0)711/3514560
Fax + 49(0)711/35145699   order@schweizerbart.de   www.schweizerbart.de

Lehrbuch der Hydrologie, Band 2
Qualitative Hydrologie - Wasserbeschaffenheit und Stoff-Flüsse
von Hubert Hellmann

1999. XIX , 468 Seiten, 237 Abbildungen, 90 Tabellen, gebunden, 24 x 17 cm.
ISBN 978-3-443-30003-6   86,– €
www.schweizerbart.de/978344330036

Wasser tauscht im Kontakt mit Atmosphäre, Boden und Gesteinen zahlreiche Stoffe aus. Die dabei ablaufenden Vorgänge sind komplex. Zahlreiche Gleichgewichte werden dabei eingestellt. Nach der Darstellung dieser Vorgänge stellt der Autor die festen und gelösten Stoffe in Fließgewässern, Seen, dem Grund- und Bodenwasser vor und diskutiert biologische, photochemische und klimatische Wechselwirkungen welche für die Wasserzusammensetzung maßgeblich sind. Besonders auf die Wechselwirkungen zwischen Wasser und Boden wird ausführlich eingegangen. Immer häufiger beeinflussen auch anthropogene Stoffe die Wasserzusammensetzung und sind daher auch berücksichtigt. Ein umfangreiches Kapitel stellt die Stoff-Flüsse, Stoffbilanzen, Quellen und Senken der im Wasser vorkommenden Stoffe anschaulich dar.

Herausgeber:
Gerhard Strigel, Anna-Dorothea Ebner von Eschenbach, Ulrich Barjenbruch
Wasser – Grundlage des Lebens
Hydrologie für eine Welt im Wandel

2010. 133 Seiten, durchgehend farbige Abbildungen, gebunden, 22 x 28 cm.
ISBN 978-3-510-65266-2   26,80 €
www.schweizerbart.de/9783510652662

Ziel der Wasserbewirtschaftung ist die Bereitstellung von Wassermengen in entsprechender Qualität, wie sie für die Bedürfnisse von Mensch und Natur benötigt werden. Die Bewirtschaftung soll nachhaltig sein, Umweltschäden müssen vermieden werden und sie soll auch Schutz vor dem Wasser gewähren. Dieses breite Aufgabenfeld verlangt differenzierte Ansätze, um die komplexen Zusammenhänge und Wechselwirkungen zu verstehen und nutzen zu können. Erkenntnisse aus den Geowissenschaften, Biologie, Ökologie, Gewässerchemie, Ingenieurhydrologie und der Arbeit der operationellen hydrologischen Dienste sind die Grundlage der Wasserbewirtschaftung. Das Buch zeigt Facetten der Hydrologie im Zeitfenster der letzten 200 Jahre von der technischen Entwicklung wesentlicher hydrologischer Messgeräte für die Erfassung der Wasserhaushaltsgrößen über Bewirtschaftungsbeispiele bis zu den aktuellen Herausforderungen. Beginnend mit dem Ablesen von Wasserständen hat sich die Hydrologie zu einer ganzheitlichen Wissenschaft vom Wasser entwickelt. Die Auswirkungen der Bewirtschaftung, des gesellschaftlichen Wandels, des Klimas und seiner Variabilität auf das Wasser werden ebenso aufgezeigt wie die Ansätze zur Bewältigung des zunehmenden Wasserbedarfs für die Nahrungsmittelproduktion einer ständig wachsenden Weltbevölkerung.

Allgemein verständlich formuliert und mit zahlreichen Fotos illustriert richtet sich das Buch an alle Interessierten, die verstehen wollen, wie Wasserbewirtschaftung, Wasserversorgung, Wasserstraßen und Hochwasserschutz organisiert werden, um unserem täglichen Bedarf und Umgang mit dem Wasser zu entsprechen.

 Schweizerbart · Gebr. Borntraeger
Johannesstr. 3a, 70176 Stuttgart, Germany. Tel. +49 (711) 351456-0 Fax. +49 (711) 351456-99
order@schweizerbart.de   www.borntraeger-cramer.de

Lehrbuch der Hydrogeologie

Herausgegeben von Georg Matthess, Kiel

Die Hydrogeologie ist die Wissenschaft vom Grundwasser; sie befasst sich mit seiner räumlichen Verbreitung, seinen Eigenschaften, Menge und Beschaffenheit, seiner Neubildung, seiner Bewegung und seinem natürlichen Verbrauch.

Die Hydrogeologie hat sich im Laufe der letzten Jahrzehnte auch in Deutschland zu einer selbständigen Fachdisziplin entwickelt, die in enger Zusammenarbeit mit den verwandten Fächern der Bodenkunde, der Hydrologie, der Hydrometeorologie und der Hydromechanik die Gesetzmäßigkeiten des Vorkommens und des Haushaltes des Grundwassers erforscht. Sie wird in zunehmenden Maße durch die Aufmerksamkeit herausgefordert, die die Öffentlichkeit an den Problemen der Bewirtschaftung, der Nutzung, aber auch des Missbrauchs des Grundwassers nimmt.

Die bisher veröffentlichten 9 Bände dieses sehr gut beurteilten Lehrbuches der Hydrogeologie befassen sich mit einzelnen Themen aus diesem Problemkreis, unter anderem der Markierungstechnik, Grundwassererschließung, Talsperrenbau und der Geohydraulik.

Das Werk richtet sich an Studenten und Professionals der Hydrogeologie sowie allen in der Praxis mit Grundwasser befassten Ingenieurbüros und Einzelpersonen

Lieferbare Bände:

Band 1: Allgemeine Hydrogeologie – Grundwasserhaushalt
von G. Matthess und K. Ubell
2. überarb. u. erw. Aufl. 2003. XIV, 575 S., 249 Abb., 83 Tab. 17 x 24 cm. Gebunden.
ISBN 978-3-443-01049-2 € 78,–

Band 2: Die Beschaffenheit des Grundwassers
von G. Matthess
3. überarb. Aufl. 1994. X, 499 S., 139 Abb., 116 Tab. 17 x 24 cm. Gebunden.
ISBN 978-3-443-01008-9 € 71,–

Band 3: Geohydraulik
von K.-F. Busch, L. Luckner und K. Tiemer
3. neubearb. Aufl. 1993. XIV, 497 S., 238 Abb., 50 Tab. 17 x 24 cm. Gebunden.
ISBN 978-3-443-01004-1 € 86,–

Band 4: Grundwassererschließung – Grundlagen – Brunnenbau – Grundwasserschutz – Wasserrecht
von K.-D. Balke, U. Beims, F.W. Heers, B. Hölting, R. Homrighausen, R. Kirsch und G. Matthess
2000. XIV, 740 S., 398 Abb., 81 Tab. 17 x 24 cm. Gebunden.
ISBN 978-3-443-01014-0 € 137,–

Band 5: Talsperren
von K.-H. Heitfeld
1991. XVI, 468 S., 354 Abb., 37 Tab., 17 x 24 cm. Gebunden
ISBN 978-3-443-01009-6 € 86,–

Band 6: Das Wasser in der Litho- und Asthenosphäre – Wechselwirkung und Geschichte
von E.V. Pinneker
1992. X, 263 S., 86 Abb., 48 Tab., 17 x 24 cm. Gebunden.
ISBN 978-3-443-01010-2 € 49,80

Band 7: Mineral- und Thermalwässer – Allgemeine Balneogeologie
von Gert Michel
1997. XII, 398 S., 104 Abb., 72 Tab. 17 x 24 cm. Gebunden.
ISBN 978-3-443-01011-9 € 76,–

Band 8: Isotopenmethoden in der Hydrologie
von H. Moser und W. Rauert
Unter Mitarbeit von H. Behrens, W. Drost, M.A. Geyh, D. Klotz, S. Lorch, H. Pahlke, K.-P. Seiler und W. Stichler
1980. XX, 400 S., 227 Abb., 32 Tab. 17 x 24 cm. Gebunden.
ISBN 978-3-443-01012-6 € 71,–

Band 9: Geohydrologische Markierungstechnik
von W. Käss
Mit Beiträgen von H. Behrens, J. Fank, N. Goldscheider, K. Rust, Th. Himmelsbach, R. Hock, P. Höhener, H. Hötzl, D. Hunkeler, H. Moser, P. Rossi, H.D. Schulz, I. Stober und A. Werner
2. überarb. Aufl. 2004. ca. 550 S., 239 Abb., 30 Tab., 8 Farbtafeln. 17 x 24 cm. Gebunden.
ISBN 978-3-443-01050-8 € 94,–

Gebr. Borntraeger
Johannesstr. 3a, 70176 Stuttgart, Germany. Tel. +49 (711) 351456-0 Fax. +49 (711) 351456-99
order@schweizerbart.de
www.borntraeger-cramer.de